Detlef Fluch

Technische Grundlagen für Mediengestalter*innen

Handbuch der Audio- und Videotechnik

Siebte aktualisierte und erweiterte Auflage

Detlef Fluch: Technische Grundlagen für Mediengestalter*innen

Bibliographische Informationen Der Deutschen Nationalbibliothek:
Die Deutsche Nationalbibliothek verzeichnet diese Publikation in der
Deutschen Nationalbibliografie; detaillierte bibliografische Daten sind
im Internet über http://dnb.dnb.de abrufbar.

erste Auflage 2005
zweite Auflage 2006
dritte Auflage 2008
vierte Auflage 2010
fünfte Auflage 2016
sechste Auflage 2019
siebte Auflage 2021

© 2021 Detlef Fluch
Herstellung und Verlag:
BoD – Books on Demand, Norderstedt

ISBN: 9783754304914

Vorwort

Dieses Handbuch ist bei der praktischen Arbeit in meiner Videoproduktionsfirma entstanden. Es waren ganz praktische Fragen, die bei dieser Arbeit aufkamen: Welche Geräte brauche ich für eine Auftragsproduktion? Was sind die technischen Qualitätskriterien? Welche technischen Grenzen haben die Geräte? Wie verkabele ich einen Schnittplatz? Warum brummt der Ton? Kurz: Wie funktioniert das eigentlich? (Vor allem, wenn es gerade nicht funktioniert.) Sehr hilfreich waren dabei die Fragen meiner Auszubildenden, denn etwas zu wissen und es auch erklären zu können, sind zweierlei Dinge.
Das Buch richtet sich an Auszubildende, Studierende und Fortgeschrittene in Film-, Fernseh- und Videoberufen. Es ist auch als Nachschlagewerk konzipiert, das Stichwortregister ist mit über 1100 Einträgen vergleichsweise umfangreich. Die dort angegebenen Seitenzahlen beziehen sich dabei nur auf Textpassagen, in denen der jeweilige Begriff auch erklärt und in einen Kontext gestellt wird. Zudem gibt es an vielen Stellen im Buch Querverweise, die auf die Haupteinträge zu dem jeweiligen Begriff verweisen.

An dieser Stelle möchte ich auch denjenigen danken, ohne deren Hilfe dieses Buch nicht zustande gekommen wäre:
Der Autofocus Videowerkstatt, dem Medienzentrum Clip, den Mitarbeiter*innen und Lehrenden des Studiengangs "Screen Based Media" an der Beuth Hochschule für Technik Berlin, sowie Paul Stutenbäumer (ECC Berlin), Walter Mönster und der Geiertronic GmbH Berlin.

Detlef Fluch

www.df-dok.de

Inhaltsverzeichnis

Elektrizität

In der Audio- und Videotechnik geht nichts ohne Strom: Signalherstellung und -transport, sowie die Speicherung auf Bändern, Festplatten und Speicherkarten basieren auf elektrischen Prozessen. Daher kommt an dieser Stelle zunächst eine kurze Einführung in die Grundlagen der Elektrizität.

Atomkerne haben eine positive Ladung, die sie umgebenden Elektronen haben eine negative Ladung. Sind in einem Stoff freie Elektronen vorhanden, dann wird dieser als elektrischer Leiter bezeichnet, enthält er keine, handelt es sich um einen Nichtleiter oder Isolator.
Die Veränderung der Elektronenmenge in einem Körper bewirkt eine elektrische Ladung - ein Elektronenmangel stellt eine positive Ladung dar, ein Elektronenüberschuss eine negative Ladung. Ungleiche Ladungen haben das Bestreben sich auszugleichen. Die daraus resultierende Bewegung von Elektronen in eine Richtung ist ein elektrischer Strom. Ein elektrischer Strom kann nur in einem geschlossenen (Strom-) Kreis fließen, denn Elektronen werden durch eine Stromquelle ("Elektronenpumpe") nur bewegt, nicht erzeugt. Für die Stromrichtung gibt es allerdings zwei gegensätzliche Definitionen: Zum einen die "physikalische Stromrichtung", die besagt, dass die Elektronen vom Minuspol (Elektronenüberschuss) zum Pluspol (Elektronenmangel) fließen. Zum anderen die historisch ältere "technische Stromrichtung", die besagt, dass der Strom vom Pluspol zum Minuspol fließt. Sie wurde aus pragmatischen Gründen beibehalten, somit ist der Stromfluss in Schaltungen immer noch von Plus nach Minus definiert.

Kenngrößen:
— **I** = Stromstärke = Elektronenmenge, die in einer Zeiteinheit durch einen Leiter bewegt wird. Die Einheit ist **Ampere = A.**
— **U** = Spannung = Ladungsunterschied (Elektronenüberschuss, bzw. -mangel). Die Einheit ist **Volt = V.**
— **P** = Leistung = Arbeit, die in einer bestimmten Zeit vollbracht werden kann. Die Einheit ist **Watt = W.**

Die drei Größen stehen in einem Zusammenhang:

$$P\,(W) \;=\; U\,(V) \;\times\; I\,(A)$$
$$U\,(V) \;=\; P\,(W) \;:\; I\,(A)$$
$$I\,(A) \;=\; P\,(W) \;:\; U\,(V)$$

Wer ein Beispiel zur Veranschaulichung mag - man kann das mit einem Wasserfall vergleichen: Die Stromstärke entspricht der Menge des Wassers, die an einem bestimmten Punkt fließt, die Spannung entspricht der Höhe des Wasserfalls und die Leistung entspricht der Wirkungskraft, mit der das Wasser unten auftrifft. Wenn man zwei der Größen kennt, kann man die dritte berechnen.

Arten von Spannungsquellen
- <u>Primärelement</u>: nicht-elektrische Energie wird in elektrische Energie umgesetzt: mechanisch (Generator), Licht (Solarzelle), Wärme (Thermoelement), chemisch (Batterie).
- <u>Sekundärelement</u>: elektrische Energie wird chemisch gespeichert (Akku).

Funktionsweise einer Spannungsquelle im Stromkreis
Spannungsquellen stellen eine Ladungstrennung her, sie zwingen die Elektronen in eine Fließrichtung. Die Spannungsquellen haben dabei einen "inneren Widerstand", der sich bei zunehmendem Stromfluss verstärkt, weil die Stromquelle nicht mehr in der Lage ist, die "angeforderten" Elektronen schnell genug nachzuliefern. Die Ladungstrennung erfolgt nicht mehr schnell genug, die Spannung sinkt. Es muss daher unterschieden werden zwischen der Urspannung U_0 (gemessen ohne Verbraucher) und der Klemmenspannung U_K (unter Belastung).

Serienschaltung von Spannungsquellen:
Spannung U steigt: $\qquad U_{ges} = U_1 + U_2 + ... U_n$
Innenwiderstand steigt: $\quad R_{ges} = R_1 + R_2 + ... R_n$

Parallelschaltung von Spannungsquellen:
Spannung U bleibt gleich (bei gleichen Quellen)
Innenwiderstand sinkt:
$$R_{i\,ges} = (R_{i1} \times R_{i2} \times R_{i3}) : (R_{i2} \times R_{i3} + R_{i1} \times R_{i2} + R_{i1} \times R_{i3})$$

In Bezug auf den Innenwiderstand definiert sich die Stromstärke so:
$$I = U_0 : (R + R_i)$$
Die Klemmenspannung ist damit:
$$U_K = U_0 \times R : (R + R_i)$$

Ist $\quad R_i : R \qquad$ möglichst klein, dann ist die Spannung groß
$\qquad R_i : R = 1 \qquad$ also gleich, dann ist die Leistung groß
$\qquad R_i : R \qquad$ möglichst groß, dann ist die Stromstärke groß

Man kann so von Spannungsanpassung, Leistungsanpassung und Stromanpassung sprechen. Eine Anpassung bei der Zusammenschaltung verschiedener Geräte bedeutet in der Praxis, dass der Eingangswiderstand des einen Gerätes (z.B. Recorder) um ein vielfaches höher sein muss, als der Ausgangswiderstand des Zuspielers. Es wird dabei ein Verhältnis von mindesten 25:1 angestrebt. Genau genommen ist das eine "Überanpassung". Die Überanpassung bedeutet, dass der Zuspieler gegenüber dem Recorder eine hohe Leistung anbietet. Bei Mikrofonen, die ja eine Spannungsquelle sind, kann der Ausgangswiderstand auch mit "Impedanz" oder "Quellwiderstand" bezeichnet werden.

Eigenschaften von Wechselstrom

Wechselstrom ist eine Stromschwingung, bei der die Spannung zunächst von Null auf die volle positive Spannung anwächst, dann wieder zu Null wird, danach eine negative Spannung aufbaut, die schließlich auch wieder zu Null wird. Die Kurzbezeichnung für Wechselstrom lautet AC (aus dem englischen "Alternating Current"). In Europa hat das Stromnetz 50 solcher Schwingungen pro Sekunde, also eine Frequenz von 50 Hz (Hertz). Die Effektivspannung beträgt dabei 230 Volt, dies ist ein leistungsbezogener Mittelwert, das heißt, dieser Wechselstrom mit einer Spitzenspannung von 325 Volt (am Scheitelpunkt der Schwingung), kann genauso viel leisten wie eine Gleichspannung von 230 Volt. Die genaue Bezeichnung für eine Effektivspannung von 230 Volt lautet 230 V_{eff}AC. In den USA hat das Stromnetz eine Spannung von 120 Volt (effektiv) und eine Frequenz von 60 Hz.

Wechselspannung wird nicht immer als Effektivspannung angegeben, z.B. ist es für Signalströme sinnvoller, von Spitzenspannung oder "Spitze-Spitze" zu sprechen, also den Abstand vom Nullpunkt (V_S = Volt-Spitze, bzw. V_P = Volt-Peak) oder vom niedrigsten Spannungswert zu messen (V_{SS} = Volt-Spitze-Spitze, bzw. V_{PP} = Volt-Peak-to-Peak). Am Beispiel von 230 V Wechselstrom würden sich somit 325 V_P, bzw. 650 V_{PP} ergeben (siehe auch: untenstehende Grafik für Kraftstrom). Ein Videosignal arbeitet mit einem Spannungsbereich von 1 V_{PP}.

Für Wechselstrom ergibt sich das Problem, dass die bereitgestellte Leistung nicht immer optimal umgesetzt werden kann. Daher werden auf Netzteilen und elektrischen Verbrauchern unterschiedliche Angaben für die bereitgestellte, bzw. verbrauchte Leistung gemacht: Auf Verbrauchern wird die Leistung im allgemeinen in Watt angegeben, das ist die sogenannte Wirkleistung.
Zusätzlich wird jedoch Leistung verbraucht, z.B. um elektromagnetische Felder aufzubauen, also zur Überwindung von induktivem Widerstand. Auch zur Überwindung von kapazitivem Widerstand (in Kondensatoren oder langen Leitungsstrecken) wird Leistung benötigt. Beim Abbau der elektromagnetischen Felder fließt die Leistung wieder zurück in das Stromnetz. Da dies phasenverschoben geschieht, ist die Rückleitung in das Stromnetz nicht nutzbar, sie ist sozusagen Ballast für die Leitungswege. Diese Leistung wird als Blindleistung bezeichnet. Wenn man Blindleistung und Wirkleistung addiert, ergibt sich die Scheinleistung, also die Leistung, die Stromversorger oder Netzteile zur Verfügung stellen. Sie wird in VA (Volt x Ampere) angegeben.

Kraftstrom / Drehstrom / Dreiphasenstrom

Hierbei handelt es sich um eine Stromübertragung mit 3 Leitungen á 230 Volt Effektivspannung und einem Nullleiter (Rückleitung), sowie einer Erdung. Die fünfpoligen Stecker und Kupplungen für den Kraftstrom tragen als Normbezeichnung das Kürzel CEE. Die Stecker sind je nach zulässiger Amperebelastung in unterschiedlichen Größen ausgeführt.

Der Strom in den 3 Leitungen ist phasenversetzt (schwingungsversetzt), d.h., die Sinuswelle jeder Leitung ist gegenüber den anderen um ⅓ (= 6,6 ms) versetzt. Somit beträgt die Effektivspannung zwischen einer Leitung (Phase) und dem Nullleiter 230 Volt, zwischen 2 Leitungen (Phasen) jedoch 400 Volt (dabei ist kein Nullleiter nötig).

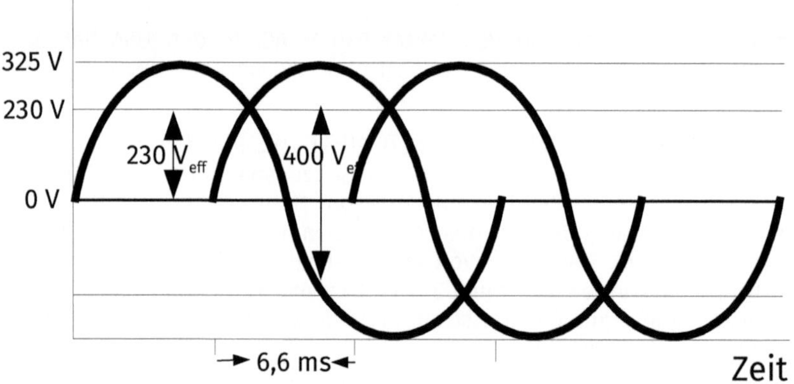

Die drei Phasen des Kraftstroms

Gleichspannung

Die elektromagnetische Stromerzeugung in Kraftwerken, Dynamos oder Auto-Lichtmaschinen erzeugt stets eine Wechselspannung. Gleichspannung mit konstanter Spannung und Polung muss durch Gleichrichter aus der Wechselspannung gewonnen, oder aus chemischen (Batterien und Akkus), photoelektrischen Quellen oder Brennstoffzellen entnommen werden. Gleichspannung wird mit dem Kürzel DC (= Direct Current) bezeichnet.

Statische Aufladung

Wenn zwei Nichtleiter aneinander reiben, werden Elektronen von dem einen Nichtleiter auf den anderen übertragen, es findet eine Ladungstrennung statt, einer der Nichtleiter wird statisch aufgeladen. Das Phänomen ist bekannt: Wenn man mit Schuhen, die eine Kunststoffsohle haben, über einen Teppich geht, lädt man sich auf und entlädt sich schlagartig bei Berührung eines metallischen Gegenstandes. Besonders gut funktioniert die statische Aufladung bei sehr trockener Raumluft, weil diese ein besonders schlechter Leiter ist, feuchte Luft leitet die Ladung etwas besser ab. Die Ladung kann dabei eine hohe Voltzahl erreichen, einige hundert bis hunderttausend Volt, allerdings ist der dabei fließende Strom sehr gering (Nanoampere) und daher für den menschlichen Körper ungefährlich.

Gefährlich ist die statische Aufladung aber für elektronische Schaltungen, sie können dadurch zerstört werden. Insbesondere Computeranschlüsse und Platinen sind gefährdet, Firewire-Anschlüsse stellen gelegentlich ihren Dienst ein. Daher sollten Geräte nur in ausgeschaltetem Zustand miteinander verbunden werden und zunächst Massekontakt erhalten. Man sollte beim Anfassen von Platinen darauf achten, dass man selbst geerdet und somit entladen ist (z.B. mittels einer Erdungsmanschette).

Widerstand

Elektrische Leiter und Verbraucher setzen dem Stromfluss einen Widerstand entgegen, d.h., es wird eine Arbeit verrichtet, bzw. Leistung geht (aus der Sicht der Quelle) "verloren". Die Bezeichnung für Widerstand ist **R**, die Einheit ist **Ohm (Ω)**. Der Widerstand errechnet sich aus dem Verhältnis von Spannung und Stromstärke:

$$\mathbf{R}\,(\Omega) = \mathbf{U}\,(V) : \mathbf{I}\,(A)$$

Daraus folgt auch: Die Stromstärke steigt mit zunehmender Spannung und sinkt mit zunehmendem Widerstand:

$$\mathbf{I}\,(A) = \mathbf{U}\,(V) : \mathbf{R}\,(\Omega)$$

Verzweigte und unverzweigte Stromkreise

Widerstände/Verbraucher sind in Reihe (unverzweigt) oder parallel (verzweigt) geschaltet.

Sind sie in Reihe geschaltet, addieren sich die Widerstände:

$$\mathbf{R_{ges}} = \mathbf{R_1} + \mathbf{R_2} + ...\, \mathbf{R_n}$$

Sind die Widerstände parallel geschaltet, teilt sich der Widerstand:

$$\mathbf{1 : R_{ges}} = \mathbf{1 : R_1} + \mathbf{1 : R_2} + ...\, \mathbf{R_n}$$

Bei der parallelen Schaltung addiert sich dabei die Stromstärke:

$$\mathbf{I_{ges}} = \mathbf{I_1} + \mathbf{I_2} + ...\, \mathbf{I_n}$$

Widerstände in elektrischen Leitern und Kabeln

Spannung und Stromstärke erleiden in Leitungen Verluste durch:
- Materialwiderstand,
- Induktion = Aufbau eines Magnetfeldes, das wiederum auf den Stromfluss Einfluss nimmt,
- Kapazität = Entstehung eines elektrischen Feldes zwischen Hin- und Rückleiter,
- Ableitung = Leckstrom durch nicht ideale Isolierung.

Diese Leitungsverluste treten je nach Stromart und Stromfrequenz in verschiedenen Formen auf und werden daher in die folgenden Widerstandsarten unterschieden:

Leitungswiderstand

Ein elektrischer Leiter und somit auch ein Kabel weist immer einen Leitungswiderstand R (in Ω) auf. Dieser Widerstand hängt von drei Faktoren ab: dem Material mit seinem spezifischen Materialwiderstand ρ (in Ω x mm² : m), der Kabellänge l (in m) und dem Leitungsquerschnitt A (in mm²), also der Dicke des Kabels. Die Formel dafür lautet:

$$R = \frac{\rho \times l}{A}$$

Daraus wird ersichtlich, dass der Leitungswiderstand mit zunehmender Länge linear steigt, bzw. mit zunehmendem Kabeldurchmesser sinkt. Den geringsten Widerstandswert hat Silber, dann folgen Kupfer und Gold. Sofern man ein nicht allzu langes Kabel mit einem Multimeter prüft, sollten Widerstandswerte nicht über 2 Ω angezeigt werden. (Der eigentliche Kabelwiderstand ist deutlich geringer, für 5m Kupferleitung mit 0,5 mm² Querschnitt beträgt der Wert 0,18 Ω, aber dazu kommen Messungenauigkeiten, etwa die Kontaktwiderstände zu den Messfühlern des Multimeters.) Genaugenommen muss man für den Kabelwiderstand zwei Messungen durchführen, den es gibt ja nicht nur die Signalleitung, sondern auch die Rückleitung und deren Widerstände addieren sich.

Videokabellängen (BNC-Kabel) ab 50m sind problematisch und müssen durch Entzerrer (Verstärker) ausgeglichen werden. Für Audiokabel lässt sich das so pauschal nicht sagen, das hängt von der Kabelqualität, dem Signalpegel und der Signalführung (symmetrisch/asymmetrisch) ab.

Impedanz

Die Impedanz gibt den frequenzabhängigen Wechselstrom-Widerstand eines Bauteils an. Üblicherweise bezieht sich eine Impedanz-Angabe auf komplexe Bauteile, in der Audiotechnik etwa Mikrofone und Boxen. Aber auch ein mehrpoliges Kabel setzt einem Wechselstrom einen frequenzabhängigen Widerstand entgegen. Eine ungünstige Verlegung eines langen Kabels, z.B. wenn es ringförmig aufgewickelt ist, kann die

Impedanz erhöhen und damit den Signalfluss schwächen.
Die Abnahme von Strom und Spannung wird auch als Dämpfung = α (in dB)
in Abhängigkeit von der Frequenz f angegeben.

Wellenwiderstand

Eine Spannungsquelle liefert Energie in ein Kabel. Wenn am Kabel kein
Verbraucher angeschlossen ist, dann wird die Energie in das Kabel zurück
reflektiert, das heißt, die Schwingungen des reflektierten Wechselstroms
überlagern das eigentliche Signal. Bei Audiosignalen mit ihren
niederfrequenten Schwingungen bis 20 kHz und somit vergleichsweise
langen Wellenlängen spielt das noch keine wesentliche Rolle für die
Signalqualität, wohl aber bei hochfrequenten analogen Video- und
Antennensignalen. Hier werden reflektierte Signalanteile zu Geisterschatten im Bild, d.h., senkrechte Konturen im Bild werden mehrfach
abgebildet und es entstehen unzulässige Signalverstärkungen.
Der Wellenwiderstand ist der Wellenlängen-abhängige Scheinwiderstand
eines zwei- oder mehrpoligen Kabels. Bei solchen Kabeln bildet sich dabei
um jeden Leiter ein Magnetfeld (Induktion) und zwischen den Leitern
entstehen elektrische Felder (Kapazität). Der Wellenwiderstand hat die
Bezeichnung Z_W und wird berechnet mit der Formel $Z_W = \sqrt{(L:C)}$, wobei L die
Induktivität je Längeneinheit ist, und C die Kapazität. Der Wellenwiderstand ist nicht abhängig von der Länge eines Kabels, sondern von
der Bauform - vereinfacht gesagt, davon, wie die Leiter in einem Kabel
angeordnet sind (z.B. als Kabel mit Abschirmung) und wie weit sie
voneinander entfernt sind.
Ideal ist, wenn der an das Videokabel angeschlossene Verbraucher einen
Eingangswiderstand hat, der ebenso groß ist, wie der Wellenwiderstand
des Kabels. Nicht erlaubt sind somit Verzweigungen im Kabelweg, etwa
mittels T-Stücken, damit reduziert sich der Abschlusswiderstand
unzulässig. Außerdem sind daher offene Leitungsenden mit einem
Widerstand (Abschlusswiderstand) abzuschließen, der gleichgroß dem
Wellenwiderstand ist, um die Kabelreflektionen zu vermeiden.
Für Videokabel beträgt der typische Wellenwiderstand 75 Ω
(Kabelbezeichnung: RG 59), es ist also gegebenenfalls ein Abschlusswiderstand von 75 Ω an der letzten offenen Steckverbindung zu
verwenden. Bei manchen offenen Verbindungen ist das jedoch nicht
notwendig, dort kann gegebenenfalls der Abschlusswiderstand manuell
geschaltet werden, bzw. wird automatisch eingeschaltet bei einer offenen
Verbindung. Deutliches Anzeichen für einen fehlenden Abschlusswiderstand bei analogen Videosignalen ist ein zu helles Bild, es wirkt
überbelichtet und hat auch zu hohe Schwarzwerte.
Bei den ehemals verwendeten sehr ähnlich aussehenden BNC-Kabeln für
Computeranwendungen (die ehemaligen Netzwerkverbindungen) sind es
50 Ω (Kabelbezeichnung: RG 58).

Es ist davon auszugehen, dass kurze dünne "Videokabel" mit Cinch-Steckern, wie sie beispielsweise Consumer-Kameras beigelegt werden, keine 75 Ω Wellenwiderstand aufweisen. Sofern solche Kabel nur zum zwischenzeitlichen Betrachten von Aufnahmen verwendet werden, ist das unproblematisch, für Überspielungen, z.B. an Schnittplätzen sollten sie jedoch nicht verwendet werden.

Ebenfalls problematisch sind Beschädigungen eines BNC-Kabels: Knickstellen und Dellen, z.B. verursacht durch das Überfahren des Kabels oder Trittschäden durch spitze Absätze. Solche Beschädigungen verändern den Abstand zwischen Leiter und Abschirmung und damit den Wellenwiderstand. Das kann, besonders bei längeren digitalen Videokabeln (SDI und HD-SDI), zu Totalausfällen führen. Bei Laufwegen für Publikum sollten also stets Kabelkanäle oder Kabelbrücken verwendet werden. Auch für sehr hochwertige HD-SDI-Kabel beträgt die maximale Länge etwa 100 Meter (Kosten: cirka 400 €), längere Strecken sollten mit Glasfaserkabel verlegt werden.

Elektrische Bauelemente

Widerstand

Elektrische Widerstände (Zeichen: ▭) bilden einen Engpass für den Elektronenfluss. Die dabei entstehende Elektronenreibung erzeugt Wärme. Wegen dieser Wirkung wird ein (ohmscher) Widerstand auch Wirkwiderstand genannt. Widerstände bestehen häufig aus einem Widerstandsdraht oder einer Kohleschicht, die auf einem Keramikträger aufgebracht ist, ein Lacküberzug schützt die Kohleschicht gegen äußere Einflüsse. Widerstände gibt es in unterschiedlichen Funktionsweisen:

— NTC-Widerstände (NTC = Negative Temperature Coeffizient, Zeichen: ▱), häufig Heißleiter genannt, vermindern bei steigender Temperatur ihren Widerstandswert.
— PTC-Widerstände (PTC = Positive Temperature Coeffizient, Zeichen: ▱), erhöhen bei steigender Temperatur ihren Widerstandswert. Beide Arten werden zur Stromstabilisierung eingesetzt.
— VDR-Widerstände (VDR = Voltage Dependent Resistor) sind spannungsabhängige Widerstände. Ihr Widerstandswert nimmt stark ab, wenn die angelegte Spannung größer wird. Sie werden vorwiegend zur Spannungsstabilisierung und zur Funkenlöschung verwendet.
— LDR-Widerstände (LDR = Light Dependent Resistor) sind lichtabhängige Widerstände. Der Widerstandswert nimmt zu, wenn die Helligkeit abnimmt. Sie werden vorwiegend in Lichtschranken oder Zählschaltungen als Sensor verwendet.
— Spannungsteiler sind Widerstände in einer Reihenschaltung. Der Stromfluss ist zwar an jeder Stelle dieser Schaltung gleichgroß, aber die Spannungswerte teilen sich in der Reihenschaltung über den einzelnen Widerständen entsprechend ihrer Werte auf. So kann bei unterschiedlichen Widerständen an jedem Widerstand eine andere Spannung abgegriffen werden.
— Potentiometer sind einstellbare Widerstände. Hier gleitet ein Schleifkontakt über die Kohleschicht oder den Widerstandsdraht und verkürzt oder verlängert so den Weg, den der Strom in diesem Widerstand zurücklegen muss. Potentiometer werden zum Beispiel in Aussteuerungs- und Lautstärkereglern verwendet.

Kondensator

Kondensatoren (Zeichen: ┤├) bestehen aus zwei parallelen Metallplatten oder -folien in geringem Abstand, dazwischen ist Luft oder ein nichtleitendes Material, z.B. Glas, Keramik oder Kunststoff. Normalerweise könnte zwischen den Platten kein Stromfluss, bzw. Elektronenbewegung stattfinden, da der Spalt zwischen den Platten den Stromkreislauf unterbricht. Aber wenn nun an den Platten eine Spannung angelegt wird, dann sammeln sich auf der am Minuspol angebrachten Platte die negativ geladenen Elektronen, während an der positiv geladenen Platte ein Elektronenmangel herrscht. Aufgrund des Ladungsunterschieds zwischen den beiden Platten entsteht zwischen ihnen ein elektrisches Feld. Dieses Feld bleibt erhalten, auch wenn die Stromquelle vom Kondensator getrennt wird. Erst wenn die beiden Platten kurzgeschlossen werden, oder ein Verbraucher dazwischen geschaltet wird, baut sich die Ladung, bzw. das elektrische Feld ab. Kondensatoren können also mit einem Ladestrom aufgeladen werden, die Ladung speichern und bei Bedarf einen Entladestrom abgeben.

Das Fassungsvermögen an Ladung, die Kapazität, hängt von der Größe und dem Abstand der Platten ab. Je geringer der Abstand ist, desto größer ist die Kapazität. Sie errechnet sich aus dem Verhältnis der Ladungsmenge (Q) zur Spannung (U). Die Einheit für die Kapazität (C) ist Farad (F).

$$C = Q : U$$

Wenn Gleichstrom an einen Kondensator angelegt wird, speichert dieser zwar die Ladung, lässt den Strom aber nicht hindurch. Anders wirkt sich Wechselstrom aus: Eigentlich wird auch dieser nicht vom Kondensator durchgelassen, aber Wechselstrom lädt und entlädt die Platten mit seiner Frequenz, das heißt, die Frequenz und die Stromflussrichtung werden sozusagen als Information durch den Kondensator weitergegeben. Hierbei gilt, je größer der Kondensator ist, desto besser wird die Wechselspannung übertragen. Weiterhin gilt, niedrige Wechselstromfrequenzen werden schlechter übertragen als hohe.

Kondensatoren werden also dazu benutzt, Gleichstrom auszufiltern, Wechselströme verschiedener Frequenzen von einander zu trennen, als Elektrizitätsspeicher (z.B. um Schaltspannungen zu dämpfen) und zur Entstörung.

Spule

Spulen (Zeichen: ⏚) sind Wicklungen von Leitern, entweder als 'Luftspulen' ohne Kern, oder mit einem Eisenkern, der die Wirkung einer Spule verstärkt. Wenn Strom eine Spule durchfließt, entsteht ein elektromagnetisches Feld. (Ein solches Feld entsteht auch bei einem einfachen Draht, aber die Wirkung ist dann wesentlich schwächer.) Das elektromagnetische Feld wird stärker bei höherem Stromdurchfluss und bei mehr Windungen (Wicklungen) der Spule.

Der Prozess lässt sich auch umkehren: Wenn ein magnetischer Einfluss auf die Spule ausgeübt wird (Induktion), entsteht ein Stromfluss, allerdings nur solange, wie sich das magnetische Feld gegenüber der Spule verändert. Diese Veränderung kann auf drei Arten stattfinden: Ein Magnetfeld wird an der Spule vorbeigeführt (z.B. Generator im Kraftwerk,

Lichtmaschine, Dynamo), oder eine zweite Spule mit Gleichstrom induziert beim Ein- und Ausschalten eine kurze Spannung (z.B. Zündanlage im Auto), oder eine zweite Spule mit Wechselstrom induziert ständig eine Wechselspannung (z.B. Transformator). Dabei wird die Spule, die das elektromagnetische Feld herstellt, Primärspule genannt, die Spule auf die das Feld einwirkt, Sekundärspule.
Spulen induzieren nicht nur elektromagnetische Felder, sondern es findet auch eine Selbstinduktion statt. Der Aufbau eines Feldes wirkt sich auch innerhalb der Spule auf die benachbarten Wicklungen aus. Da dieses Feld gegenläufig ist, wird dadurch der Aufbau des Primärmagnetfeldes verlangsamt, ebenso der Abbau des Feldes. Unerwünschte Ströme (Wirbelströme) können auch im Eisenkern einer Spule entstehen, sie sorgen für eine Erwärmung des Kerns und rufen Verluste in der Wirkung der Spule hervor. Bei Wechselstrom bilden Spulen also einen Widerstand, der frequenzabhängig ist.

Transformator (auch: Umspanner, Übertrager)
Transformatoren (Zeichen: ⦚) bestehen aus einer Primär- und einer Sekundärspule, die mit Wechselspannung betrieben werden, und dienen dazu, die elektrische Spannung zu transformieren. Der Transformationsgrad hängt dabei von dem Verhältnis der Wicklungen von Primär- und Sekundärspule ab, d.h., wenn zum Beispiel die Sekundärspule doppelt so viele Wicklungen wie die Primärspule hat, dann ist dort auch die Spannung doppelt so hoch.
Ein weiterer Zweck von Transformatoren ist es, getrennte erdungsfreie Stromkreise ("Galvanische Trennung") herzustellen, z.B. um bei Audiogeräten Brummstörungen und gefährliche Spannungen zu verhindern (Übertrager), Erdungsstörungen von Videosignalen zu unterdrücken (Mantelstromfilter), oder ein gefahrloses Reparieren von stromdurchflossenen Geräten mittels Netztrennung zu ermöglichen (Trenntransformatoren).

Röhre
In einem luftleeren Raum, einer Glasröhre mit einem Vakuum, befindet sich ein negativ geladener Glühfaden (Kathode), an dessen Oberfläche Elektronen austreten (emittieren). Diese werden von einer ebenfalls in der Röhre befindliche Anode angezogen. Zwischen Anode und Kathode befindet sich ein Gitter, das, wenn es nicht mit Elektronen geladen ist, den Elektronenstrom zwischen Anode und Kathode ungehindert passieren lässt. Wird das Gitter dagegen mit Elektronen aufgeladen, dann wird der Elektronenstrom mehr oder minder stark behindert. Für die Ladung des Gitters genügt ein schwacher Strom. Mit diesem schwachen Strom kann also die Stärke eines starken Stromes zwischen Anode und Kathode gesteuert werden. Man spricht dann von einem Röhrenverstärker. In der

Praxis bedeutet das, dass zum Beispiel der schwache Strom eines CD-Player-Line-Signals auf das Gitter übertragen wird und damit der starke Strom zwischen Anode und Kathode moduliert wird, der dann in den Audioboxen für die Töne sorgt.

Röhrenverstärker sind nicht zu verwechseln mit Bildröhren, die ein elektrisches Signal in ein optisches umwandeln, oder Aufnahmeröhren in Kameras, die ein optisches Signal in ein elektrisches umwandeln.

Inzwischen werden Röhrenverstärker nur noch selten verwendet, da sie vergleichsweise teuer in der Herstellung sind, relativ große Bauteile darstellen und mechanisch empfindlich sind. Sie sind weitgehend durch Transistoren verdrängt worden.

Halbleiter

Halbleiter sind schwach leitende Stoffe, deren Leitfähigkeit unter anderem von der Temperatur abhängt (beim absoluten Nullpunkt = 0 Kelvin, bzw. - 273 Grad Celsius sind sie nicht leitend). Für elektronische Bauteile werden zumeist Germanium und Silizium verwendet. Werden diese beiden Stoffe als Platten aneinander gefügt, dann können sie in eine Richtung Strom leiten, in der anderen Richtung wird der Stromfluss gesperrt, sie stellen sozusagen ein elektrisches Ventil dar. Halbleiter werden in Dioden und Transistoren verwendet.

Diode

Dioden (Zeichen: ▸⊢) werden hauptsächlich zur Gleichrichtung von Wechselspannungen verwendet oder um schwankende Spannungen zu stabilisieren. Eine andere Aufgabe haben Photodioden, die unter Lichteinwirkung einen Sperrstrom aufbauen (z.B. in Belichtungsmessern). Spezielle Dioden, **LED**s (Light Emitting Diode), können elektrische Energie in sichtbare elektromagnetische Strahlung wandeln. Dabei kann eine LED jeweils nur einen geringen Teil des Farbspektrums abstrahlen, sie sind also stets farbig. Weißes Licht kann nur durch eine additive Farbmischung, also der Kombination mehrerer verschiedenfarbiger LEDs, hergestellt werden, z.B. mit jeweils einer roten, grünen und einer blauen LED, oder indem die LED mit einem Leuchtstoff kombiniert wird. Üblich ist dafür die Verwendung einer blauen LED in Kombination mit gelbem Phosphor.

Genutzt werden Leuchtdioden in Anzeigeinstrumenten (z.B. in Peakmetern), bei LED-Bildwänden, als stromsparende Leuchtmittel und als Hintergrundbeleuchtung in LCD-Monitoren, die eine variable und partiell steuerbare Helligkeit ermöglichen und somit das Kontrastverhältnis eines Monitors verbessern.

LEDs gibt es auch im nicht für das menschliche Auge sichtbaren Bereich, z.B. mit infraroter Abstrahlung. Sie können beispielsweise in Fernbedienungen eingesetzt werden.

Transistor

Transistoren sind ähnlich wie Röhren aktive Bauelemente und können als Verstärker oder elektronische Schalter verwendet werden, d.h., mit einer kleinen Steuerspannung kann ein starker Stromfluss gesperrt, teilweise durchgelassen oder ganz durchgelassen werden, also gesteuert werden. Sie arbeiten mit niedrigen Spannungen, haben einen hohen Wirkungsgrad, sind sehr zuverlässig und kostengünstiger zu produzieren als Röhren.

Es gibt zwei Arten von Transistoren: Flächentransistoren und Feldeffekttransistoren.

Flächentransistoren bestehen aus 3 Halbleiterschichten, die in der Reihenfolge PNP (positiv-negativ-positiv, Zeichen: ⊣⌐) oder NPN (Zeichen: ⊕) montiert sein können. Die Schichten haben je einen Anschluss und werden als Emitter (E), Basis (B) und Kollektor (C) bezeichnet. Die an der Basis anliegende Spannung steuert den Stromfluss von Emitter zu Kollektor. Ein NPN-Transistor leitet, wenn Basis und Kollektor ein positives Potential gegenüber dem Emitter haben, ein PNP-Transistor leitet, wenn Basis und Kollektor negatives Potential gegenüber dem Emitter haben.

Feldeffekttransistoren steuern den Stromfluss in einem Halbleiter durch ein induziertes elektrisches Feld. Bei Feldeffekttransistoren sind die Anschlüsse anders benannt: Source (S), Gate (G) und Drain (D).
Bei diesen Transistoren unterscheidet man den Sperrschicht-Typ (FET) und den Isolierschicht-Typ (MOS-FET). Die Steuerung der beiden Typen erfolgt völlig leistungslos nur über die angelegte Spannung am Gate. Sie sind unempfindlich gegen thermische Instabilitäten, haben einen größeren Aussteuerungsbereich und bessere Eigenschaften, z.B. in HF-Schaltungen. Die MOS-FET-Typen haben dabei noch bessere Eigenschaften, sind dabei aber empfindlich gegen statische Aufladungen, was durch eine elektronische Schaltung kompensiert werden muss.

IC (Integrierte Schaltung)

IC's sind stark miniaturisierte Schaltungen aus Widerständen, Transistoren, Dioden und kleineren Kondensatoren, die zu einem Bauteil zusammengefasst sind. Linear- (oder Analog-) Schaltungen werden im allgemeinen für Verstärkungszwecke eingesetzt, Digital-Schaltungen im Datenverarbeitungsbereich (z.B. als Speicher).

Stromversorgung

Batterien können im Verhältnis zu ihrer Größe sehr viel Energie speichern und diese Ladung über lange Zeit halten. Sie sind ideal, wenn man über lange Zeit geringe Strommengen benötigt.

Batterien sind so genannte galvanische Elemente, sie bestehen aus zwei Platten unterschiedlicher Materialien, die sich in einem Elektrolyt, einer elektrisch leitenden Flüssigkeit, befinden. Im Elektrolyt sind Wasserstoff-Ionen enthalten. Eine der beiden Platten, die Kathode (= Plus-Pol) besteht aus einem so genannten 'edlen' Element (zum Beispiel Kupfer, Kohle, Silber) und baut eine positive Spannung zum Elektrolyt auf. Die andere Platte, die Anode (= Minus-Pol) aus einem so genannten 'unedlen' Element (zum Beispiel Blei, Zink, Lithium), baut eine negative Spannung zum Elektrolyt auf.

Wenn der Batterie Strom entnommen wird, beginnen die Elektronen zu fließen. Dabei verbraucht sich die Anode, sie löst sich auf und damit verringert sich die chemisch wirksame Oberfläche. Es baut sich dadurch ein immer größer werdender Innenwiderstand in der Batterie auf, infolge dessen sinkt die Spannung.

Die Nennspannung eines galvanischen Elements, also einer Batterie-Zelle (Zink-Kohle, Alkali-Mangan) beträgt 1,5 Volt. Durch eine Reihenschaltung mehrerer Zellen können auch höhere Voltzahlen erreicht werden, zum Beispiel enthält eine 9 V-Blockbatterie sechs Zellen. Die Nennspannung ist ein Durchschnittswert, die tatsächlich vorhandene Spannung einer Batterie hängt davon ab, ob und wieviel Strom gerade entnommen wird (sowie vom Alter und der Umgebungstemperatur). Daher gibt es noch die 'Ruhespannung', sie wird ohne angeschlossenen Verbraucher gemessen und ist (sofern die Batterie nicht völlig verbraucht ist) höher als die Nennspannung, etwa 1,6 – 1,7 V. Wenn ein Verbraucher angeschlossen ist, kann die Entladespannung ermittelt werden. Sie sinkt bei Stromfluss kontinuierlich ab, wird der Verbraucher jedoch von der Batterie genommen, steigt die Spannung wieder, je nach Restkapazität bis zur anfänglichen Ruhespannung.

Die (Lade-)Kapazität bezeichnet die Fähigkeit, eine bestimmte Stromstärke für eine bestimmte Zeit zur Verfügung stellen zu können. Sie wird in Stromstärke (A) x Zeit (h) angegeben. Eine Batterie mit 1,5 Ah könnte also eine Stunde lang 1,5 Ampere oder eine halbe Stunde lang 3 Ampere abgeben. Am Beispiel einer 1,5 Volt Batterie mit einer Kapazität von 1,5 Ah heißt das, dass diese 1 Stunde lang einen Verbraucher mit einer Leistung von 2,25 Watt speisen könnte, oder eine halbe Stunde einen Verbraucher mit 4,5 Watt.

Auch in einer nicht genutzten Batterie finden chemische Reaktionen statt, die die Batterie langsam entladen. Man spricht dabei von einer Selbstentladung. Bei Kälte verlangsamen sich die chemischen Reaktionen, daher scheinen die Batterien bei Benutzung schneller leer zu werden, sie 'erholen' sich aber in einer wärmeren Umgebung. Wärme erhöht andererseits die Selbstentladung. Batterien, die sehr lange an einen Verbraucher angeschlossen und somit irgendwann tiefentleert sind, können auslaufen und dabei auch Geräteteile zerstören.

Zink-Kohle-Batterien haben eine Nennspannung von 1,5 V. Sie sind besonders preiswert und weisen eine geringe Selbstentladung auf. Sie sind etwa 3-4 Jahre lagerfähig.

Alkali-Mangan-Batterien (auch Alkaline genannt), mit 1,5 Volt Nennspannung, haben bei gleicher Baugröße im Vergleich zu Zink-Kohle Batterien die vierfache Kapazität. Sie weisen aber eine etwas höhere Selbstentladung auf und sind etwas teurer.

Nickel-Oxyhydroxid-Batterien (Oxy-Ride) mit 1,5 Volt Nennspannung weisen eine gleichmäßigere Leistungsabgabe (gegenüber Alkali-Batterien) auf, zudem haben sie eine längere Lebensdauer.

Lithium-Batterien (3 V, neuere Typen haben auch 1,5 V) haben in Bezug auf ihre Größe eine sehr große Kapazität, sowie eine sehr geringe Selbstentladung. Sie können bis zu 10 Jahren gelagert werden und sind in einem weiten Temperaturbereich von -55° bis +150° einsetzbar.

Silberoxyd-Batterien (1,55 V) sind meistens als Knopfzelle ausgeführt und gut geeignet für eine lange Stromabgabe bei kleinem Strombedarf.

Zink-Luft-Batterien (1,4 V) haben eine höhere Kapazität als andere Batterietypen. In ihnen reagiert der Luft-Sauerstoff mit der Zink-Elektrode. Daher werden Zink-Luft-Batterien bei der Herstellung luftdicht verpackt. Nach dem Auspacken dauert es ein paar Minuten bis der chemische Prozess in Gang kommt und Strom entnommen werden kann. Bei Benutzung muss eine Luftzufuhr gewährleistet sein.

Akkus

Im Gegensatz zu Batterien ist in Akkus der chemische Prozess umkehrbar, sie sind wieder aufladbar. Im Prinzip sind Akkus wie Batterien aufgebaut, bestehen jedoch aus anderen Materialien. Akkus haben je nach Typ Nennspannungen von 1,2 bis 3,6 V pro Zelle, andere Spannungswerte werden durch eine Reihenschaltung von Zellen hergestellt.

Die Entladeschlussspannung gibt an, welche Restspannung beim Entladen eines Akkus nicht unterschritten werden sollte, damit keine dauerhaften Schäden im chemischen Aufbau entstehen. Beispielsweise beträgt bei Nickel-Cadmium-Akkus mit einer Nennspannung von 12 V die Entladeschlussspannung 10,8 V. Die Kapazität eines Akkus wird immer in Bezug auf die Entladeschlussspannung angegeben. Eine Entladung, die die Entladeschlussspannung deutlich unterschreitet wird als Tiefentladung bezeichnet. Die Ladeschlussspannung gibt den maximal vertretbaren Spannungswert beim Aufladen des Akkus an. Mit dem Begriff Energiedichte wird die Kapazität des Akkus in Bezug auf Baugröße und

Gewicht bezeichnet. Zur Zeit haben Lithium-Ionen-Akkus die höchste Energiedichte, sind also die vergleichsweise kleinsten und leichtesten Akkus bezogen auf ihre Kapazität.

Die 'C-Rate' gibt an, mit wieviel Ampere ein Akku am günstigsten ge- oder entladen werden sollte. Die C-Rate bezieht sich dabei auf die Gesamtkapazität des jeweiligen Akkus und gibt den Verhältniswert zur Gesamtkapazität an. Zum Beispiel: Ein Akku hat eine Kapazität von 2,3 Ah (das ist der C-Wert) und die Rate C/10 bedeutet nun, das der Akku mit 1/10 seines Nennwertes, also 0,23 A, zehn Stunden lang geladen werden sollte. Effektiv sind es dann mehr als zehn Stunden, weil nicht die ganze Ladung im Akku gespeichert wird, sondern ein Teil der Energie als Wärme verloren geht. In der Praxis bedeutet eine C/10-Aufladung eine Ladezeit von 12-16 Stunden. Analog dazu sind die Angaben zur Entladefähigkeit eines Akkus zu verstehen: Eine C-Rate von 0,2C als zulässige Dauerstrom-Entnahme bedeutet, dass zum Beispiel ein 4 Ah-Akku mit einem maximalen Dauerstrom von 0,8 A entladen werden kann.

Blei-Akkus (Pb) haben eine Nennspannung von 2 Volt und bestehen aus Blei (Anode), Bleidioxyd (Kathode) und Schwefelsäure (Elektrolyt). Beim Entladen reagieren Blei und Bleidioxyd zu Bleisulfat, die Schwefelsäure verbraucht sich dabei. Gleichzeitig wird Wasser produziert, das Elektrolyt verdünnt sich zunehmend. Beim Laden verläuft die Reaktion in umgekehrter Weise. Wenn die Zelle überladen wird, bildet sich an der Anode Sauerstoff, der bei nicht-wartungsfreien Akkus entweicht. Daher muss gelegentlich destilliertes Wasser nachgefüllt werden. (In undestilliertem Wasser sind Reststoffe enthalten, die auf Dauer die chemischen Reaktionen in der Zelle beeinträchtigen würden.) In wartungsfreien Batterien wird der entstehende Sauerstoff zunächst von der Kathode absorbiert. Entsteht jedoch zu viel Sauerstoff, dann entwickelt sich ein Überdruck in der Zelle, der durch ein Überdruckventil entweichen können muss. Eine besondere Art von wartungsfreien Blei-Akkus sind Blei-Gel-Akkus. Hier ist das Elektrolyt in einem Gel gebunden, ein Auslaufen des Akkus ist damit nicht mehr möglich. Der Blei-Gel-Akku kann daher auch lageunabhängig eingesetzt werden.

Die Entladespannung von Blei-Akkus nimmt zunächst kontinuierlich, dann aber immer mehr beschleunigend ab. Eine Entladung mit starken Strömen verstärkt diesen Effekt. Der maximale Dauer-Entladestrom von Blei-Akkus beträgt 0,2 C, kurzfristig ist 1 C möglich.

Blei-Akkus nehmen Schaden durch Tiefentladung, das Bleisulfat kristallisiert dabei aus und der Akku verliert an Kapazität. Blei-Akkus mit flüssigem Elektrolyt weisen eine hohe Selbstentladung von etwa 1% pro Tag auf. Gel-Akkus haben eine deutlich geringere Selbstentladung, nach 18 Monaten weisen sie noch etwa 50% ihrer Kapazität auf. Bei kühler Lagerung ist die Selbstentladung geringer.

Nickel-Cadmium-Akkus (NiCd) haben eine Nennspannung von 1,2 Volt und bestehen aus Nickeloxyd-Hydroxyd (Anode), Cadmium (Kathode) und Kalilauge (Elektrolyt). Beim Entladen wird das Nickeloxyd-Hydroxyd zu Nickelhydroxyd, das Cadmium zu Cadmiumhydroxyd. Beim Laden findet der umgekehrte Prozess statt. Auch beim NiCd-Akku entsteht beim Überladen Sauerstoff, er kann bei geeigneter Konstruktion jedoch vollständig an die Kathode gebunden werden. Der Akku kann somit gasdicht gebaut werden. Für den Fall, dass der Akku über lange Zeit zu großen Ladeströmen ausgesetzt wird, gibt es jedoch ein Sicherheitsventil. Der Vorteil an NiCd-Akkus ist, dass sie lange Zeit eine konstante Entladespannung abgeben, erst nahe der Entladeschlussspannung sinkt die Spannung rapide ab. Wenn NiCd-Zellen in Reihe geschaltet sind, zum Beispiel bei einem 12 V-Akku, sind Tiefentladungen zu vermeiden. Einzelne Zellen können sich dabei umpolen, der Akku ist dann irreparabel geschädigt.

Unangenehm ist der ''Memory-Effekt'': NiCd-Akkus, die lange Zeit nur mit kleinen Strömen ge- oder entladen werden, oder immer nur Teilentladungen bis zu einem bestimmten Punkt erfahren, scheinen nur noch eine geringe Kapazität aufzuweisen. Dann haben sich aus der eigentlich feinkörnigen Kristallstruktur im Innern des Akkus Großkristalle gebildet. Die großen Kristalle haben insgesamt eine wesentlich geringere Oberfläche als viele kleine Kristalle und sind daher weniger reaktionsfreudig. Der Memory-Effekt ist aber reparabel, indem der Akku langsam auf 0,5 bis 0,8 Volt pro Zelle (entspricht bei einem 12 V-Akku 5 bis 8 V) entladen und anschließend wieder aufgeladen wird. Bei neueren NiCd-Akkus tritt der Effekt nicht mehr auf.

Für den Kamera- und Akkulicht-Betrieb sind die so genannten Hochstrom-Typen (Sinterzellen) geeignet. Sie können mit hohen Strömen entladen werden und sind schnell-ladefähig. Dafür ist ihre Selbstentladung (50% in einem Monat) höher als bei normalen NiCd-Akkus (50% in 10 Monaten). Der maximale Dauer-Entladestrom beträgt je nach Typ 10 C bis 30 C. Alle NiCd-Akkutypen dürfen nicht bei unter 0° Celsius geladen werden.

Nickelmetalhydrid-Akkus (NiMh) haben eine Nennspannung von 1,2 Volt pro Zelle. Sie ähneln in ihrem Aufbau NiCd-Akkus, mit dem Unterschied, dass die Kathode aus Metallhydrid besteht. Im Entlade-Verhalten gleichen sie NiCd-Akkus. NiMh-Akkus haben zwar keinen Memory-Effekt, ältere Modelle können jedoch den ''Batterieträgheitseffekt'' aufweisen, eine Leistungsminderung mit einem geringen Abfall um 50 mV bis 100 mV bei der erzielbaren Entladespannung. Sie haben, auf die Baugröße bezogen, die doppelte Kapazität und sind grundsätzlich schnell-ladefähig. Die Selbstentladung ist jedoch höher als bei NiCd-Akkus. Der maximale Dauer-Entladestrom von NiMh-Akkus beträgt 5 C bis 15 C. Auch NiMh-Akkus dürfen nicht bei Temperaturen unter 0° Celsius geladen werden.

Lithium-Ionen-Akkus (Li-Ion) haben eine Nennspannung von 3,6 Volt. Die Kathode besteht aus einer Lithium-Verbindung (Lithium-Cobalt-Oxid), die Anode aus einer Graphit-Verbindung und das Elektrolyt ist ein gelöstes Lithium-Salz. Li-Ion Akkus haben eine höhere Energiedichte als andere Akkutypen, allerdings ist die Kombination der verwendeten Bestandteile hoch reaktiv. Das ist nicht unproblematisch: Äußere und innere Kurzschlüsse können zu Bränden führen, daher müssen die Li-Ion-Akkus mehrfach abgesichert sein, mit einer Stromunterbrechung bei Überdruck, einem Sicherheitsventil, einem Thermoschalter, einer elektrischen Sicherung und einer elektronischen Kontrolle für den Ladevorgang.

Dennoch können falsche Lagerung, Tiefentladung, ein minderwertiges Ladegerät, oder auch schlicht bauliche Mängel (z.B. bei Billigprodukten) zu gefährlichen Schäden führen: Das Elektrolyt kann sich chemisch verändern und dabei Gase freisetzen. Diese Gase blähen zunächst das Gehäuse auf und können bei noch stärkerem Überdruck entweichen, zudem verringert sich die Kapazität des Akkus merklich. Wenn eine solche Veränderung am Akku bemerkt wird, sollte der Akku möglichst schnell fachgerecht entsorgt werden. Zum einen können die entweichenden Gase giftig sein, möglich ist aber darüber hinaus, dass der Akku sich entzündet. Wenn der Akku sich noch in einem Gerät befindet, muss dieses unbedingt ausgeschaltet werden, danach sollte vorsichtig versucht werden, den Akku zu entnehmen. Wenn der Akku sehr stark aufgebläht ist, oder zu fest klemmt, sollte das Entnehmen und Entsorgen durch Fachpersonal erfolgen.

Ganz wichtig: Wenn ein Lithium-Ionen-Akku brennt, darf er keinesfalls mit Wasser gelöscht werden, das facht den Brand nur weiter an. Wenn kein geeigneter Feuerlöscher zur Hand ist, sollte man den Akku auf einer feuerfesten Unterlage oder im Sand, möglichst im Freien, kontrolliert ausbrennen lassen.

Li-Ion-Akkus kennen keinen Memory-Effekt, ein Entladen vor dem Wiederaufladen ist daher unnötig, im Gegenteil verkürzen regelmäßige Tiefentladungen die Lebensdauer. Der maximale Dauer-Entladestrom von Li-Ion-Akkus beträgt je nach Zellentyp bis zu 4 C, besser für die Lebensdauer der Akkus ist es, mit maximal 3 C zu arbeiten. Für einen NP-L50-Akku mit 14,4 Volt / 55 Wh werden maximal 38 Watt Belastung empfohlen. Die Selbstentladung ist gering und liegt bei 5-10% im Monat, die Akkus sollten nicht im entladenen Zustand gelagert werden. Eine längere Lagerung sollte bei kühlen Temperaturen (aber über 0 Grad) erfolgen. Im Allgemeinen empfehlen die Hersteller Betriebstemperaturen zwischen 0 und 40° (z.B. bei "Swit" NP1B-Akkus, die Firma IDX ist da etwas großzügiger und differenziert zwischen Aufladung: 0° − +40°, Betrieb: -20° - +45°, sowie Lagerung: -20° - +65°). Die Lagerung sollte nicht im Kühlschrank erfolgen, dort könnte sich Kondenswasser bilden, das auf

Dauer die Kontakte schädigt. Bei Betrieb und Lagerung können hohe Temperaturen über den angegebenen Temperaturbereichen zu irreparablen Schäden führen. Auch dürfen Li-Ion-Akkus nicht bei unter 0° Celsius geladen werden. Die Akkus sollten sich zunächst auf Zimmertemperatur anwärmen und die Aufladung dann auch bei Zimmertemperatur erfolgen.

Lithium-Polymer Akkus (Li-Po) sind ähnlich aufgebaut wie Lithium-Ionen-Akkus, die Kathode besteht aus Graphit, die Anode aus Lithium-Metalloxid. Das Elektrolyt ist jedoch nicht flüssig, sondern besteht aus einer Folie aus Polymerbasis, die fest oder gelartig ist. Die Nennspannung liegt bei 3,7 Volt. Die Energiedichte ist höher als bei Lithium-Ionen-Akkus, allerdings sind sie elektrisch und thermisch sehr empfindlich gegen Überladung, Tiefentladung, zu hohe Ströme, Betrieb bei hohen Temperaturen (über 60°), bei niedrigen Temperaturen (unter 0°), sowie Lagern in entladenem Zustand. Die im Handel erhältlichen Akkupacks enthalten Schutzschaltungen gegen Überstrom und Unterspannung. Lithium-Polymer-Akkus werden vorwiegend in Handys und im Modellbau verwendet.

Aufladungs-Verfahren
Die Standard-Aufladung findet mit einer C/10-Ladung statt, das heißt, die Akkus werden mit der Stromstärke von 1/10 ihrer Kapazität in 12-16 Stunden aufgeladen. Dieses Ladeverfahren ist für jeden Akku geeignet und wird deswegen meist auch in einfachen Ladegeräten verwendet.
Das beschleunigte Ladeverfahren findet mit einer C/4 bis C/2 Ladung statt, abgesehen von einigen NiCd-Typen ist das mit den meisten Akkus möglich. Ladegeräte für eine beschleunigte Ladung sind häufig mit einem Timer ausgestattet, der nach gegebener Zeit den Ladestrom abschaltet und auf Erhaltungsladung umschaltet.
Schnell-Ladung ist eine Ladung mit größeren Strömen als C/2, einige Akkus können mit 4C geladen werden. Nur geeignete Akkus dürfen einer Schnell-Ladung ausgesetzt werden, das heißt, Akkus müssen als schnell-ladefähig gekennzeichnet sein. Schnell-Ladegeräte laden mit 1C bis 5C, das heißt, professionelle Geräte für Kamera-Akkus benötigen etwa 45 Minuten für einen NP1B-Akku (12 V, 2,3 Ah). Da bei diesen sehr hohen Ladeströmen schon eine kurzfristige Überladung den Akku schädigen kann, muss der Vorgang durch einen Mikroprozessor gesteuert und überwacht werden. Die Überwachung kann durch einen Temperaturfühler erfolgen, denn am Ende eines Ladevorgangs steigt die Temperatur des Akkus relativ schnell. Eine andere Möglichkeit der Überwachung bietet die Delta-Peak-Methode: Während des Ladevorgangs steigt die Akkuspannung zunächst konstant an, am Ende der Aufladung jedoch proportional stärker. Dieser verstärkte Anstieg wird gemessen und bringt das Ladegerät zum

Umschalten auf Erhaltungsladung. NiMh-Akkus können prinzipiell mit den gleichen Ladegeräten wie NiCd-Akkus geladen werden, der Ladestrom darf jedoch 1C nicht überschreiten.

Mit einer Erhaltungsladung kann die Kapazität eines voll geladenen Akkus bei längerer Ladung erhalten werden. Das ist entweder eine dauerhaft schwache Ladung mit C/20 oder eine Ladung mit kurzen Impulsen von 1C, gefolgt von längeren Pausen. Mit einer Formierungsladung kann eventuell verloren gegangene Kapazität, insbesondere beim Auftreten des Memory-Effekts, wieder hergestellt werden. Dazu wird der Akku mehrfach nacheinander entladen und wieder geladen.

Eine 'Konstantstrom-Ladung' (I-Ladeverfahren) passt bei gleich bleibendem Strom die Spannung an die Ladespannung des Akkus an. Somit bestimmt die Ladungsdauer die Ladungsmenge für den Akku.

Bei der 'Konstantspannungs-Ladung' (U-Ladeverfahren) wird die Ausgangs-Spannung des Ladegeräts konstant gehalten, die Ladespannung der Akkuzellen steigt jedoch. Je mehr sich die Ausgangs-Spannung der Ladespannung angleicht, desto mehr nimmt der Ladestrom ab. Ist der Akku passend zum Ladegerät, indem die Ladeschlussspannung des Akkus exakt mit der Ausgangsspannung des Ladegeräts übereinstimmt, kann es nicht zur Überladung kommen.

Hochwertige Ladegeräte kombinieren das U- und das I-Ladeverfahren, indem sie zuerst den Akku mit dem I-Verfahren laden und dann auf das U-Verfahren umschalten. Einige Geräte arbeiten dabei nicht mit einer konstanten, sondern mit einer pulsierenden Ladung.

Blei-Akkus müssen am Ende des Ladevorgangs immer mit dem U-Ladeverfahren geladen werden, da sonst eine verstärkte Gasbildung eintritt.

Das Ladegerät sollte einen der Akku-Kapazität angepassten Ladestrom aufweisen, sowie einen Verpolungsschutz bieten, da Verpolungen Akku und/oder Ladegerät zerstören können. Komfortable Geräte haben eine Spannungsüberwachung, die den Ladestrom gegebenenfalls abschaltet, oder einen Mikroprozessor, der den Ladevorgang in verschiedene Phasen einteilt: Zuerst wird ein Ladestrom mit hoher Leistung abgegeben, bei erreichen der Ladeschlussspannung wird auf einen mittleren Ladestrom umgeschaltet, der sogar den Akku ganz kurz überlädt, um die volle Akku-Kapazität zu erreichen und schließlich wird auf Erhaltungsladung umgeschaltet. Nützlich ist auch eine Entladefunktion, die teilentladene Akkus zunächst bis zur Entladeschlussspannung entladen und dann erst laden. So kann der Memory-Effekt vermieden werden.

Netzgeräte

Netzgeräte stellen aus der Haushalts-Wechselspannung eine Gleichspannung her, üblich sind dabei Ausgangsspannungen von 1,5 , 3, 4,5 , 6, 9 und 12 Volt. Bei der Wandlung wird zunächst der Wechselstrom auf die benötigte Voltzahl herunter transformiert und dann mit einer Diodenschaltung gleichgerichtet. Dabei bleiben zumeist Überlagerungen der Gleichspannung mit Wechselspannungen übrig, der Gleichstrom weist eine Rest-Welligkeit auf. Die Welligkeit wird dann mit Hilfe eines Kondensators vermindert und bei besser ausgestatteten Netzgeräten wird die Ausgangsspannung mit einem Stabilisator konstant gehalten. Wie weit die Welligkeit eliminiert werden kann, ist ein Qualitätskriterium für Netzgeräte.

Einfache Netzgeräte sind ungeregelt, das heißt, die angegebene Nennspannung wird durch den Stromverbrauch eines angeschlossenen Geräts verändert, bei einem Gerät mit starkem Verbrauch kann die Nennspannung des Netzgerätes auch deutlich unterschritten werden. (Das kann dazu führen, dass der angeschlossene Verbraucher nicht mehr ordnungsgemäß funktioniert und dass das Netzteil überhitzt.) Im Leerlauf, also ohne angeschlossenen Verbraucher, ist die Ausgangsspannung dagegen meist höher als die Nennspannung. Bei steigendem Stromverbrauch steigt auch die Rest-Welligkeit an. Ungeregelte Netzgeräte sind für elektronische Kleingeräte aller Art im Haushalt häufig vorhanden. Oft sind sie mit verstellbarer Ausgangsspannung ausgestattet, ein Dreh- oder Schieberegler greift dafür die entsprechende Sekundärspannung am Trafo ab.
Aufwendiger sind **stabilisierte Netzgeräte** (auch: geregelte Netzgeräte) . In ihnen ist ein Regel-Transistor eingebaut, der als veränderlicher Widerstand die Ausgangsspannung stabilisiert. Dadurch geht leider viel Leistung in Form von Wärme verloren, diese Netzgeräte sind daher oft an ihrem Kühlkörper erkennbar. Die Rest-Welligkeit eines stabilisierten Netzgeräts ist sehr gering, sie liegt bei einigen Millivolt. Aufgrund dieses 'sauberen' Stroms werden sie für Kameras und Laborzwecke genutzt.

Getaktete Netzgeräte haben einen deutlich höheren Wirkungsgrad, also weniger Leistungsverlust, als stabilisierte Netzgeräte. In 'primär-getakteten' Netzgeräten wird die 230 V-Wechselspannung zuerst gleichgerichtet und geglättet. Diese hohe Gleichspannung wird dann von einer Transistorschaltung mit hoher Frequenz (100 kHz) getaktet und zu einer rechteckförmigen Wechselspannung gewandelt. In einem Trafo wird nun die Amplitude verringert, anschließend durchläuft der Strom wieder einen Gleichrichter und wird geglättet.
Weiterhin gibt es 'sekundär-getaktete' Netzgeräte, in denen die Taktung erst hinter dem Netztrafo erfolgt. Sie erfordern dann aber einen höheren Aufwand für die Ausfilterung der Restanteile des Rechteckstroms.

Bei getakteten Netzgeräten ist die Rest-Welligkeit deutlich höher als bei stabilisierten Netzgeräten, sie liegt bei 50 mV oder auch deutlich darüber. Getaktete Netzgeräte können durch Betrieb ohne angeschlossenen Verbraucher zerstört werden. Verwendet werden getaktete Netzgeräte in Computern.

Inverter

Wenn Netzstrom benötigt wird, aber kein Anschluss vorhanden ist, kann ein Inverter nützlich sein. Er erzeugt aus Gleichspannung (zum Beispiel aus einer Autobatterie) Wechselspannung mit 230 Volt. Der Gleichstrom wird dazu mit 20 kHz getaktet, also ein- und ausgeschaltet und dann auf die Ausgangs-Wechselspannung hochtransformiert. Einfachere Schaltungen in einem Trapez-Wechselrichter erzeugen dabei eine trapezförmige, abgestufte Wechselspannung, die nicht ganz 'sauber' ist, aber für anspruchslose Geräte verwendet werden kann.
Sinus-Wechselrichter können eine sinusförmige Wechselspannung erzeugen, die auch höheren Ansprüchen genügt. Allerdings ist der schaltungstechnische Aufwand höher (- und damit auch der Preis).
Je nach angeschlossenem Verbraucher kann die benötigte Strommenge recht hoch sein. Ein professionelles Ladegerät für Kamera-Akkus hat einen Verbrauch von 100-150 W. Wenn es an einen Inverter angeschlossen ist, der von einer Autobatterie gespeist wird, empfiehlt es sich, den Automotor dabei laufen zu lassen.

Strommessung

Für die Arbeit an Kameras und Schnittplätzen sind im wesentlichen zwei Arten der Messung wichtig: Liegt an einem Bauteil Strom an und funktionieren die Signalleitungen? Somit müssen also Stromspannung und Widerstand gemessen werden. (Das Messen der Stromstärke ist eher geeignet, Schaltungen zu überprüfen und vergleichsweise aufwändig, da die Schaltungen aufgetrennt werden müssen, um das Messgerät in Reihe schalten zu können.)

Ob an einer Steckdose ein Wechselstrom mit einer Spannung von 230 Volt anliegt, lässt sich auf einfache Weise mit einem Phasenprüfer erkennen. Das Gerät enthält einen hochohmigen Widerstand und eine kleine Glimmlampe. Die Messspitze wird an den zu prüfenden Leiter, z.B. in einer Steckdose, gehalten, der Metallkontakt am anderen Ende des Phasenprüfers wird mit einem Finger berührt. Liegt am zu prüfenden Leiter nun Wechselstrom an, dann glimmt die Glimmlampe. Je nachdem jedoch, wieweit die prüfende Person selbst gegen Erde isoliert ist (Holzfußböden, Gummistiefel, etc.) und je nach Lichtsituation, ist das Glimmen der Glimmlampe jedoch mitunter schwer zu erkennen. Auch kann so nicht sicher überprüft werden, ob der Nullleiter einwandfrei funktioniert. Wird jedoch bei der Messung zusätzlich mit einem Finger der Erdungskontakt der Steckdose berührt, glimmt das Lämpchen etwas heller und man kann zudem erkennen, ob der Erdungskontakt angeschlossen ist.
Für das Feststellen von Spannungsfreiheit bei Reparaturarbeiten muss auf jeden Fall die Funktionsfähigkeit des Phasenprüfers an einer funktionierenden Steckdose zuvor überprüft werden. (Ein Phasenprüfer ist übrigens nicht für starke mechanische Belastungen gebaut, als Schraubendreher sollte er damit nur für leichte Aufgaben, z.B. das Festschrauben von Litzen in Lüsterklemmen, verwendet werden.)

Wesentlich aussagekräftiger und universeller einsetzbar ist ein Multimeter. Anders als ein Phasenprüfer zeigt ein Multimeter den Spannungswert in Volt an und man kann sicher feststellen, ob ein Nullleiter und die Erdung funktionieren. Neben der Spannungsprüfung von Wechsel- und Gleichstrom, können auch Stromstärken und Widerstände damit gemessen werden. Ein kostengünstiges Multimeter ist ab etwa 10 € erhältlich.

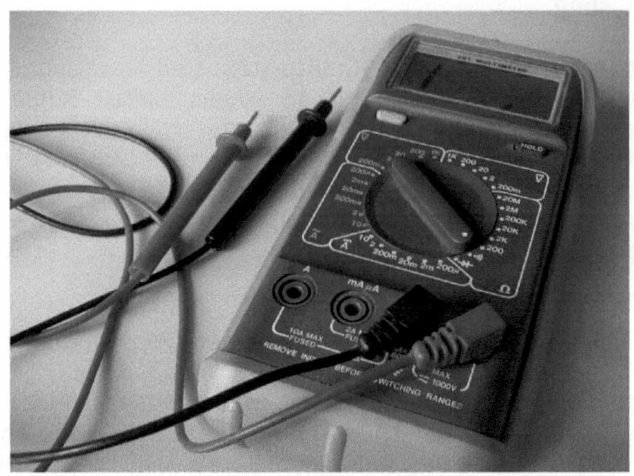

Digitales Multimeter

Die Spannung wird gemessen, indem zunächst der Messbereich des Multimeters eingestellt wird: DC für Gleichstrom oder AC für Wechselstrom. Dabei muss der eingestellte Voltbereich deutlich über dem zu erwartenden Messwert liegen. (Achtung: Kostengünstige Multimeter sind häufig nur bis 250 Volt Wechselspannung ausgelegt, für Starkstrom also nicht zulässig.) Dann werden die Messfühler parallel, also mit oder ohne angeschlossenen Verbraucher, einfach an die Kontakte, bzw. Leiter angesetzt:

Bei Gleichspannung (Batterie, Netzteil-Ausgang): Der rote Messfühler an Plus, der schwarze an Minus, bei Verpolungen zeigt das Multimeter einen negativen Wert.

Bei Wechselspannung (Steckdose): Einen Messfühler (rot oder schwarz macht keinen Unterschied) an die Phase (den stromführenden Leiter) ansetzen, den anderen Messfühler an den Nullleiter. Der gleiche Wert muss angezeigt werden, wenn der zweite Messfühler an den Erdungs-kontakt angelegt wird.

Vorsicht: Bei Messungen von Wechselspannungen dürfen die Metallspitzen der Messfühler keinesfalls berührt werden.

Einfache Multimeter messen nur die Effektivspannung. Ein analoges Videosignal mit einer veränderlichen Wechselspannung von bis zu 1 V_{pp} Spitzenspannung, kann damit also nicht sinnvoll gemessen werden. Die Messung eines Videosignals erfordert ein Oszilloskop oder einen Waveformmonitor, siehe Seite 213.

Die Spannungsmessung von Akkus und Batterien ohne angeschlossenen Verbraucher ist nur bedingt aussagekräftig. Ein Akku oder eine Batterie ist weitgehend erschöpft, wenn die gemessene Voltzahl unter der Nennspannung liegt. Liegt sie knapp darüber, kann das eine geringe Restkapazität sein, die sich mit angeschlossenem Verbraucher schnell abbaut, daher ist eine Messung mit Verbraucher aussagekräftiger. Zeigt eine Akkumessung dagegen einen Wert, der etwa 15% über dem Nennwert liegt, kann davon ausgegangen werden, dass der Akku voll geladen ist. (Es besagt allerdings immer noch nichts über die tatsächlich verfügbare Kapazität, die bei altersschwachen Akkus weit geringer als der Nennwert sein kann.) Aussagekräftiger ist die Messung, wenn das Messgerät eine Batterie-Prüffunktion anbietet. Hierbei wird in den Stromkreis eine "Last" geschaltet, also ein Verbraucher simuliert und somit die Batterie unter einer definierten Belastung geprüft.
Mit einer Spannungsmessung kann auch festgestellt werden, ob ein Netzteil in Bezug auf einen Verbraucher eine genügend große Kapazität aufweist. Ungeregelte Netzteile haben ohne angeschlossene Verbraucher zumeist einen Spannungswert, der deutlich über dem Nennwert liegt. Bei einer Messung mit angeschlossenem Verbraucher kann nun festgestellt werden, ob die Spannung noch im Soll-Bereich liegt.

Mit der Widerstandsmessung kann einfach überprüft werden, ob ein Leiter funktioniert. Von Vorteil ist dabei eine Durchgangs-Prüffunktion, die ein akustisches Signal abgibt, wenn der Widerstand unterhalb eines bestimmten Wertes liegt (meist 200 Ω), das ist besonders für die Überprüfung von Multicore-Kabeln nützlich. Während der Messung darf kein Strom anliegen, dadurch würde das Multimeter zerstört werden. Das Multimeter sendet zur Messung selbst einen Strom durch das Messobjekt. Geringe Widerstandswerte von etwa 1 Ω sind bei jeder Messung zu erwarten, aber je nach Kabeltyp und -länge kann es auch etwas mehr sein. (Besser ausgestattete Multimeter haben eine Kalibrierungs-Funktion, so dass Kontaktwiderstände an den Messfühlern ausgeglichen werden können.) Schwierig festzustellen sind Wackelkontakte, wenn die Bruchstelle nicht bekannt ist. Die Wahrscheinlichkeit ist jedoch hoch, dass die Bruchstelle sich am Übergang vom Stecker zum Kabel befindet.

Kleiner Lötkurs

Wenn ein Kabelbruch repariert werden muss, kommt der Lötkolben zum Einsatz. Dabei ist darauf zu achten, dass der Lötkolben nicht zu heiß wird, also für elektronische Schaltungen geeignet ist und nicht die Bauteile oder Isolierungen wegbrennt, aber auch heiß genug wird, um die Lötstelle hinreichend zu erhitzen, so dass das Lötzinn darauf fließt. Für feine Lötstellen, etwa auf Platinen, sollte der Lötkolben eine Leistung von etwa 15 Watt haben, für das Löten von Steckern und Kabeln mit dicken Litzen (Lautsprecherkabel) sind Lötkolben mit 40 Watt geeignet. Ein Lötkolben mit etwa 25 Watt ist für XLR- oder Cinch-Stecker gut geeignet und kann mit etwas Vorsicht auch auf Platinen eingesetzt werden. Falls Lötstationen mit einstellbarer Temperatur verwendet werden, sind Temperaturen von 310-370°C geeignet, je nach Größe der Lötstelle. Als Lötzinn empfiehlt sich Elektronik-Lötdraht mit Flussmittel.

Vor jedem Lötvorgang wird die erhitzte Lötspitze kurz an einem feuchten Schwamm abgewischt, um Verunreinigungen zu entfernen. Die einzelnen Lötstellen werden zunächst separat verzinnt, also heiß gemacht, und dann kurz das Lötzinn daran halten, bis es zerfließt. Nun erst werden die beiden Lötstellen zusammengebracht, wieder kurz erhitzt und dabei gegebenenfalls noch weiteres Lötzinn zugegeben. Beim Erkalten dürfen die Lötstellen nicht bewegt werden, sonst wird das Lötzinn brüchig. Ein kleiner Schraubstock ist dabei recht nützlich.

Lötstellen, die mit zu niedriger Temperatur gefertigt wurden, wirken matt und das Lötzinn verläuft dann nicht richtig, es bildet eine Tropfenform statt eines kleinen glänzenden Kegels. Solche "kalten" Lötstellen bilden eine schlecht leitende, brüchige Verbindung. Zu viel Lötzinn an einer Lötstelle kann dazu führen, dass das Bauteil zu lange erhitzt werden muss und dadurch beschädigt werden kann, außerdem steigt die Gefahr von Kurzschlüssen bei überbordenden Lötstellen.

Während des Lötens sollte auf eine gute Belüftung geachtet werden, da das Flussmittel Dämpfe abgeben kann, die Schleimhäute und Augen reizen können. Nach Abschluss der Lötarbeiten sollten die Hände gründlich gereinigt werden, da Lötzinn meistens giftiges Blei enthält. (Es gibt auch bleifreies Lötzinn, es ist jedoch schwieriger zu handhaben und erfordert höhere Löttemperaturen, so dass die Gefahr von Hitzeschäden an Bauteilen zunimmt.)

Arbeitsschutz

Die Organisation des Arbeitsschutzes im Rundfunk- und Fernsehbereich erfolgt durch die Berufsgenossenschaften. Die Verwaltungs-Berufsgenossenschaft (www.vbg.de) hat dazu beispielsweise den Leitfaden "Sicherheit bei Veranstaltungen und Produktionen - Leitfaden für Theater, Film, Hörfunk, Fernsehen, Konzerte, Shows, Events, Messen und Ausstellungen" herausgebracht (Stand 2020: Version 5.6/2020-02). Des weiteren hat die Berufsgenossenschaft ETEM (Energie, Textil, Elektro, Medienerzeugnisse) eine App zur "Ergänzenden Gefährdungsbeurteilung" für Filmsets herausgebracht. Im privaten Bereich sind TÜV, DIN und VDE zuständig.

Bei Produktionen sollen fachlich geeignete Personen die Leitung und Überwachung der Arbeitssicherheit übernehmen, d.h.:

— Überwachung und Einhaltung der Vorschriften,
— Organisation des Brandschutzes,
— Erteilen von Anweisungen bei Gefahrensituationen,
— Unterweisung der Mitarbeiter*innen und Mitwirkenden.

Zu den Aufgaben zählen im einzelnen:

— Festlegung von Leitung und Aufsicht
— Vorbesichtigung des Arbeitsortes
— Koordinierung von Arbeiten
— Unterweisung der Mitarbeiter*innen
— Verteilung der Sicherungsaufgaben an Mitarbeiter*innen
— Organisation der 'Ersten Hilfe' (Ersthelfer*innen, Material Meldeeinrichtungen)
— Zuteilung von persönlichen Schutzausrüstungen
— Sicherung von Flächen und Aufbauten
— Festlegung von Verkehrs- und Rettungswegen, sowie Notausgängen
— Schutz vor herabfallenden Gegenständen
— Festlegung von Zutrittsverboten
— Feuerschutz, Rauchverbot
— Prüfen (und ggf. genehmigen lassen) von Aufbauten
— Prüfen von Kabelführungen
— Absichern, dass die Produktionsgeräte von sachkundigen Mitarbeiter*innen bedient werden
— Ggf. einzusetzende Laser einrichten und prüfen

Produktionsstätten müssen die "Erste Hilfe" insofern sicher stellen, als dass Meldeeinrichtungen (z.B. Telefon) und Erste-Hilfe-Material (Verbandskasten) vorhanden sind, sowie dass ein/e Ersthelfer*in mit einer Grundausbildung von mindestens 8 Doppelstunden zur Verfügung steht.

Sicheres Arbeiten

Gerade die Arbeit bei Filmproduktionen verführt gelegentlich zu gewagten Improvisationen: Manchmal besteht der Bedarf nach besonders raffinierten Ausleuchtungen am Set, die nur mit komplexen und schwierigen Scheinwerfer-Aufstellungen und langen Kabelwegen realisiert werden können, oftmals finden Dreharbeiten weitab von jeder Servicewerkstatt oder Ersatzteillagern statt und fast immer findet die Arbeit unter hohem Zeitdruck statt. Spätestens an dem Punkt, wo es heißt: "Das wird schon gutgehen ..." weiß man selber, dass es kritisch ist und gefährlich für sich und andere werden kann. Versicherungen stufen Improvisationen dieser Art als grob fahrlässig ein und sind damit von einer Regulierung solcher Schadensfälle entbunden.

Regeln für die Praxis

- Den einwandfreien Zustand der eingesetzten Technik überprüfen, insbesondere die Stromkabel.
- Keine nassen oder feuchten Geräte verwenden. Geräte auf Kondenswasser überprüfen, wenn man aus einer kalten Umgebung in eine warme Umgebung kommt. Geräte vor eventuell auftretendem Spritzwasser schützen.
- Die Belastbarkeit des Stromkreises prüfen, insbesondere beim Einsatz von Scheinwerfern oder anderen starken Verbrauchern. Auch prüfen, ob weitere Geräte, die nicht zur Filmausrüstung gehören, bereits an den Stromkreis angeschlossen sind. (Formel: Watt : Volt = Ampere) Gelegentlich sollte zudem die Wärmeentwicklung an stark belasteten Kabeln und Steckern geprüft werden: Kontaktprobleme an Steckern oder zu klein dimensionierte Leitungen können einen erhöhten Widerstand aufweisen, sich dadurch unzulässig erwärmen und einen Schwelbrand oder Kurzschluss auslösen.
- Stromkabel sicher verlegen. Vorsicht bei der Verlegung in Türdurchgängen (Kabelbruch durch zuklappende Türen). Nicht an scharfkantigen Ecken verlegen, nicht an feuchten Stellen verlegen, Kabel nicht frei hängend in Verkehrswegen verlegen. In Verkehrswegen die Kabelführung mit Matte oder Kabelschiene abdecken oder zumindest abkleben.
- Mehrere Geräte, die an einen Stromkreis angeschlossen sind (z.B. ein Schnittplatz), sollten nicht gleichzeitig mit einem Hauptschalter eingeschaltet werden, sondern einzeln nacheinander. Durch das Einschalten von Geräten können kurzzeitig Überspannungen auftreten, die die Sicherung auslösen oder Schäden an elektronischen Schaltungen hervorrufen können.
- Wenn Scheinwerfer oder andere starke Verbraucher an einer Kabeltrommel angeschlossen werden, muss das Kabel von der Trommel abgewickelt werden.

- Beim Herausziehen von Kabeln aus Steckdosen immer am Stecker ziehen, niemals am Kabel.
- Elektrische Geräte der Schutzklasse 1 (siehe unten) müssen an Steckdosen mit funktionierendem Erdungskontakt angeschlossen werden. (Ersatzweise kann ein Trenntrafo verwendet werden, oder wenn die erforderliche Leistung zu hoch für einen Trenntrafo ist, ein geprüfter FI-Schutzschalter nach DIN VDE 0661.)
- Einige elektrische Geräte benötigen Kühlung. Auf ausreichende Belüftung achten. Grundsätzlich sollten elektrische Geräte im Betrieb nicht abgedeckt werden.
- Bereiche unter schwebenden Lasten (z.B. Scheinwerfer, Traversen und Deko-Elemente, die gerade transportiert oder installiert werden) dürfen nicht betreten werden.
- Auf die Standsicherheit von Geräten und großen Deko-Elementen achten. Insbesondere Scheinwerfer mit ihrem hohen Schwerpunkt sind leicht kipp-gefährdet. Daher die Stativbeine möglichst weit spreizen, ggf. eine Sicherungsbefestigung mit Gaffertape, Schnur oder Stahlseil vornehmen. Das Stromkabel darf nicht frei im Raum hängen, also zunächst am Stativ herunter, ggf. mit Verlängerung, zum Boden verlegen.
- Scheinwerfer, die hängend befestigt sind, z.B. an Traversen, müssen zusätzlich mit einem Stahlseil gesichert werden.
- Scheinwerfer in hinreichendem Abstand von brennbaren Materialien aufbauen. Die heiße Abluft muss ungehindert abfließen können.
- Beim Austausch von Sicherungen nur solche mit gleichen Eigenschaften (Spannung, Nennstromstärke, träge oder flink) verwenden.
- Bei Störungen und vor Reparaturen die Spannung abschalten an Hauptschalter, Sicherung oder durch Ziehen des Steckers (detaillierte Sicherheitsregeln siehe unten). Auch beim Verkabeln von Audio- und Videosignalen empfiehlt sich das Abschalten, weil sonst Schaltspannungen und statische Aufladungen elektronische Schaltungen zerstören können.

Die fünf Sicherheitsregeln für die Arbeiten an elektrischen Anlagen
Auch als Mediengestalter/in oder Kameramann/frau hat man es gelegentlich mit Arbeiten an elektrischen Anlagen zu tun, z.B. beim Reparieren von Steckdosen oder Schaltern, oder auch beim Auswechseln von Brennern an Scheinwerfern.
Für die Arbeit an elektrischen Anlagen mit gefährlichen Spannungen gibt es Sicherheitsregeln, die unbedingt einzuhalten sind. Als gefährliche Spannungen gelten hierbei mehr als 50 Volt Wechselspannung, bzw. 120 Volt Gleichspannung (in der Schweiz werden zusätzlich auch Stromstärken über 2 Ampere als gefährlich eingestuft). Arbeiten an Anlagen mit

mehr als 1000 Volt dürfen nur durch ausgebildete Fachkräfte erfolgen. Die fünf Sicherheitsregeln für Arbeiten an elektrischen Anlagen sind:

1. Freischalten

Der Anlagenteil, an dem die Arbeiten stattfinden sollen, muss frei von elektrischer Spannung sein. Je nachdem müssen also Hauptschalter ausgeschaltet werden und/oder Sicherungen entfernt werden, Steckverbindungen gezogen werden, dafür vorgesehene Trennschalter betätigt werden.

2. Gegen Wiedereinschalten sichern

Die elektrische Anlage muss gegen irrtümliches Wiedereinschalten gesichert werden. Dazu muss mit einem Verbotsschild vor dem Wiedereinschalten gewarnt werden. Wenn die Anlage für Laien zugänglich ist, sollte der Hauptschalter, Schaltschrank oder Sicherungskasten abgeschlossen werden, bzw. ein Einschalten nur mit zusätzlichem Werkzeug möglich sein.

3. Spannungsfreiheit feststellen

An dem zu bearbeiten Teil der elektrischen Anlage muss vor Beginn der Arbeiten die Spannungsfreiheit geprüft werden. Das ist auch insofern wichtig, da bestimmte Geräte trotz Freischaltung noch gefährliche Restspannungen enthalten könnten. Die Prüfung sollte am besten mit einem 2-poligen Spannungsprüfer erfolgen (z.B. Multimeter, siehe Seite 27). Die spannungsführende Leitung ist dabei sowohl gegen den Nullleiter, wie auch gegen die Erdung zu prüfen. (Die einwandfreie Funktion des Messgerätes sollte dabei zuvor an einem eingeschalteten Stromkreis überprüft werden.)
Eine Überprüfung auf Spannungsfreiheit mit einem einpoligen Phasenprüfer ist nicht zuverlässig, die Anzeige kann beispielsweise durch eine starke Isolation der Prüfperson gegenüber der Erdung verfälscht werden.

4. Erden und Kurzschließen

Wenn die Spannungsfreiheit festgestellt ist, müssen die elektrischen Leiter geerdet und kurzgeschlossen werden, damit beim irrtümlichen Wiedereinschalten keine Gefahr davon ausgeht. Bei Anlagen bis zu 1000 Volt Wechselspannung (bzw. 1500 Volt Gleichspannung) kann dieser Schritt unterbleiben, sofern die Schritte 1 - 3 ordnungsgemäß erfolgt sind.

5. Benachbarte, unter Spannung stehende Teile abdecken oder abschranken

Stromführende Bauteile und Leitungen, die bei den vorgesehenen Arbeiten versehentlich berührt werden könnten, müssen gesichert werden durch isolierende Abdeckungen, bzw. der Zugang dazu muss ggf. mit einer Abschrankung gesichert werden.

Schutzklassen von Geräten

Schutzklasse 0: Basisisolierung, kein Schutzleiter, in Deutschland nicht zugelassen.

 Schutzklasse I: Basisisolierung und Schutzleiter. Dreipoliger Stecker (Schukostecker, Kaltgerätestecker)

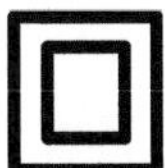 Schutzklasse II: Basisisolierung und Schutzisolierung, kein Schutzleiter. Zweipoliger Stecker (Euro-Stecker)

 Schutzklasse III : Geräte für Kleinspannungen bis 50 V Wechselstrom oder 120 V Gleichstrom. Kein Schutzleiter.

Darüber hinaus gibt es die **IP-Kennzeichnung** (International Protection, auch: Ingress Protection), die besagt, wie gut ein Gerät gegen das Eindringen von Fremdkörpern und gegen Feuchtigkeit geschützt ist. Die erste Ziffer der IP-Kennzeichnung bezieht sich auf das Eindringen von Fremdkörpern, die zweite Ziffer auf den Schutz gegen Feuchtigkeit. Je höher die Ziffer ist, desto besser ist der Schutz. Wenn für die Kennzeichnung die 1. oder 2. Stelle nicht von Bedeutung ist, dann wird sie durch ein X ersetzt. Beispiele: Die Kennzeichnung IP20 besagt, dass das Gerät nur in trockenen Wohnräumen eingesetzt werden darf, Geräte mit der Kennzeichnung IPx7 dürfen auch einmal ins Wasser fallen, ohne dass es gleich zu einem Stromschlag oder Kurzschluss kommt.

Für die erste Kennziffer (Schutz gegen Fremdkörper) gilt:

0   kein Schutz
1   Geschützt gegen feste Fremdkörper mit Durchmesser ≥ 50 mm
2   Geschützt gegen feste Fremdkörper mit Durchmesser ≥ 12,5 mm
3   Geschützt gegen feste Fremdkörper mit Durchmesser ≥ 2,5 mm
4   Geschützt gegen feste Fremdkörper mit Durchmesser ≥ 1,0 mm
5   Geschützt gegen Staub in schädigender Menge
6   Staubdicht

Für die zweite Kennziffer (Schutz gegen Wasser) gilt:

0   kein Schutz
1   Schutz gegen Tropfwasser
2   Schutz gegen fallendes Tropfwasser, wenn das Gehäuse bis zu 15° geneigt ist
3   Schutz gegen fallendes Sprühwasser bis 60° gegen die Senkrechte
4   Schutz gegen allseitiges Spritzwasser
5   Schutz gegen Strahlwasser (Düse) aus beliebigem Winkel
6   Schutz gegen starkes Strahlwasser
7   Schutz gegen zeitweiliges Untertauchen
8   Schutz gegen dauerndes Untertauchen
9   Schutz gegen Wasser bei Hochdruck-/Dampfstrahlreinigung

Vorgeschriebene Kabelquerschnitte

Um Leistung zu verrichten müssen Elektronen transportiert werden. Die Elektronen durchfließen dabei einen Leiter (Kabel). Wenn dieser Leiter zu klein dimensioniert ist, setzt er dem Elektronenfluss einen zu hohen Widerstand entgegen und erwärmt sich dabei. Das kann zum Schmelzen der Isolation, zu Bränden und Kurzschlüssen führen. Die nachfolgende Tabelle zeigt, welcher Kabelquerschnitt für welche Leistung mindestens erforderlich ist (- bezogen auf 230 V):

Leistung (kW)	3,5	4,4	5,5	7,7	11	13,8	17,6
Sicherung (A)	16	20	25	35	50	63	80
Leiter (mm$^{2)}$)	1,5	2,5	4	6	10	16	25

Beispiel: Wenn mehrere Verbraucher (z.B. Scheinwerfer) mit insgesamt 3500 Watt über ein Kabel versorgt werden sollen, dann muss dieses Kabel mindestens einen Querschnitt von 1,5 mm^2 pro Leiter aufweisen. Die Sicherung des betreffenden Stromkreises muss mindestens 16 Ampere aufweisen, ebenso müssen alle verwendeten Stecker und Steckdosen für 16 Ampere zugelassen sein.

Erdung

Wechselstrom verlässt das Kraftwerk mit dem dreiphasigen Drehstrom, einem Nullleiter (Rückleitung) und der Erdung, d.h., jede Phase enthält gegenüber dem Nullleiter und der Erde die volle Spannung.

Wenn nun der Nullleiter unterbrochen ist, oder einen hohen Widerstand bietet, kann ein defektes Gerät eine gefährliche Außenspannung aufweisen. Gleiches gilt für eine defekte Erdung.

Wird ein Gerät über einen Trenntransformator betrieben, besteht keine Gefahr mehr, dass eine Geräteaußenspannung durch Berührung an die Erde weitergeleitet wird. Ein Trenntrafo überträgt den Strom elektromagnetisch, es gibt also keinen direkten Kontakt über elektrische Leiter. Es darf aber nur ein Gerät an den Trenntrafo angeschlossen sein.

Sicherung

Eine Sicherung trennt die Phase nur, wenn die Stromstärke ein bestimmtes Maß überschreitet, also bei einer Überlastung oder Kurzschluss.

Für die Absicherung von Netzstrom gibt es zwei Typen:

- Die Schmelzsicherung, sie ist nur einmal verwendbar. Darin befindet sich ein feiner Draht, der bei Überlastung durchglüht.
- Der Sicherungsautomat, bei dem entweder thermisch oder magnetisch ein Ausschalter ausgelöst wird. Er weist einen Druckknopf auf, mit dem die Sicherung wieder eingeschaltet werden kann.

In elektrischen Geräten sind häufig Feinsicherungen eingebaut, zumeist Schmelzsicherungen in kleinen Glasröhren. Falls eine solche Sicherung ersetzt werden muss, ist darauf zu achten, ob diese als "träge" oder "flink" ausgelegt ist, das heißt, ob sie schnell auf kurzzeitige Stromspitzen anspricht oder erst bei andauerndem starken Stromfluss auslöst.

Achtung:

➜ Mit den oben genannten Sicherungen werden Geräte und Leitungen geschützt, sie schützen jedoch nicht vor Schwelbrand bei Kontaktproblemen oder in zu schwach dimensionierten Leitungen.

➜ Die oben genannten Sicherungen schützen nicht vor einem tödlichen Stromschlag, da bei 230 Volt Wechselstrom schon vergleichsweise geringe Stromstärken ab etwa 40 Milliampere Herzkammerflimmern auslösen können. Eine heute übliche Haushaltssicherung ist jedoch für Stromstärken bis zu 16 Ampere ausgelegt, erst bei noch höheren Stromstärken löst sie aus. Einen wirksamen Schutz gegen gefährliche Stromschläge bieten daher nur FI-Schutzschalter (siehe unten). Die FI-Schutzschalter sind jedoch leider erst seit 2009 bei Neu-Installation von Stromkreisen zwingend vorgeschrieben. Bei älteren Sicherungskästen sollte also im eigenen Interesse überprüft werden, ob FI-Schutzschalter eingebaut sind. Sollte kein FI-Schutzschalter vorhanden sein, kann temporär auch ein sogenannter "Personenschutzschalter" verwendet werden (siehe unten).

FI-Schutzschalter
In einem FI- (= Fehlerstrom-) Schutzschalter wird der zum Verbraucher fließende Strom zum Aufbau eines Magnetfeldes genutzt, der rücklaufende Strom im Nullleiter baut ein gegenpoliges Magnetfeld auf. Sind beide Magnetfelder gleich groß, neutralisieren sie sich. Wenn jedoch aufgrund eines defekten Bauteils oder einer mangelhaften Isolierung ein Teil des Stroms über Erde abgeleitet wird, dann sind die Magnetfelder ungleich und ein Schalter wird ausgelöst, der allpolig den Stromkreis trennt.
Üblicherweise sind FI-Schutzschalter fest in Sicherungskästen eingebaut. Wenn dort jedoch kein FI-Schutzschalter eingebaut ist, oder ein Generator als Stromquelle verwendet wird, kann temporär, z.B. bei Filmproduktionen auch ein sogenannter Personenschutzschalter verwendet werden. Das ist ein ortsveränderlicher Schutzschalter, der wie ein FI-Schutzschalter funktioniert, er kann wie ein Verbindungskabel zwischen Stromquelle und Verbraucher gesteckt werden.

Erste Hilfe bei Stromschlag

1. Stromkreis unterbrechen (Sicherung ausschalten, oder Hauptschalter ausschalten, oder Stecker ziehen, oder die Person mithilfe eines nichtleitenden Gegenstandes von der Stromquelle trennen).

2. Notruf (Festnetz und mobil: 112)

   Für den Notruf sind die folgenden Angaben wichtig:
   • Wo ist es passiert?
   • Was ist passiert?
   • Wieviele Personen sind betroffen?
   • Welche Verletzungen liegen vor?
   • Dann: Warten auf Rückfragen!

3. Wiederbelebung: Atem und Puls kontrollieren, bei Bewusstlosigkeit in die stabile Seitenlage bringen, bei Atemstillstand Atemspende geben, bei Herzstillstand eine Herz-Lungen-Wiederbelebung verabreichen. Bei der Wiederbelebung sollen abwechselnd zunächst 30 Herz-Druckmassagen und dann 2 Beatmungen stattfinden. (Für die Herz-Druckmassage soll dabei eine Frequenz von 100 Druckmassagen pro Minute erreicht werden.)

4. Schockbekämpfung (starke Blutungen stillen, schmerzfrei lagern, beengende Kleidung öffnen, frische Luft, ansprechen, beruhigen)

5. Brandwunden: Kaltwasser, Wunde keimfrei bedecken

Bei Hochspannung (mehr als 1000 Volt) darf eine Rettung nur durch Fachpersonal nach Abschalten der Spannung erfolgen.
Grundsätzlich gilt: Spannungen über 50 Volt sind gefährlich.

Übrigens: Wer als Ersthelfer*in nach bestem Wissen und Gewissen Erste Hilfe leistet, kann nicht für dabei entstehende Schäden an fremden Sachen oder für ungewollt zugefügte Körperverletzung (z.B. Rippenbrüche bei einer Herzdruckmassage) haftbar gemacht werden. Strafbar hingegen ist unterlassene Hilfeleistung, zumindest muss Hilfe herbeigeholt werden oder ein Notruf erfolgen. Erleidet der/die Helfer*in selbst bei der Hilfeleistung einen Gesundheits- oder Sachschaden, kann er/sie Schadensersatz vom Verletzten, dessen Versicherung oder der gesetzlichen Unfallversicherung erhalten.

<u>Videotechnik</u>

Grundsätzlich ist Fernseh- und Videotechnik zu jedem Zeitpunkt ein Kompromiss aus dem, was gerade technisch machbar ist (z.B. analog, digital, 4K, etc.), den Übertragungsmöglichkeiten eines Signals (Bandbreite, bzw. Datenrate) und dem, was ökonomisch sinnvoll ist (Kosten für die Produzenten, bzw. für die Konsumenten). Beim Kinofilm kann man das beispielsweise an der Bildrate sehen:
Um den Eindruck von einer Bewegungsillusion zu erhalten (und nicht nur eine schnelle Dia-Show wahrzunehmen) müssen mindestens 15 Bilder pro Sekunde projiziert werden. In der Stummfilmzeit wurden Bilder daher zunächst mit 16 Bilder/s projiziert, mit Beginn des Tonfilms (etwa 1930) wurde die bis heute gültige Kinofilm-Frequenz von 24 Bildern/s festgelegt. Allerdings genügt diese Frequenz zwar für eine passable Bewegungs-auflösung, jedoch tritt dabei ein Flimmern auf, besonderes bei starken Kontrastwechseln, das eher unbewusst wahrgenommen wird und bei längerer Betrachtungsdauer zu Ermüdung oder Kopfschmerzen führen kann. Ab etwa 45 Bildern/s tritt dieses Phänomen nicht mehr auf, eine höhere Bildwechselfrequenz ist also sinnvoll. Ökonomisch wäre es allerdings zu teuer geworden, tatsächlich mehr Bilder pro Sekunde zu drehen und zu projizieren, die Kosten für Rohmaterial und Vorführkopien hätten sich damit verdoppelt. Eine Lösung für dieses Problem war, jedes Bild im Kino zweimal zu projizieren, das einzelne Bild wird also einmal kurz abgedunkelt und dann erneut projiziert.
Vergleichbar ist die Situation beim Fernsehen. Auch hier wird eine Bildfrequenz von (mindestens) 50 Hertz angestrebt. Hier in Europa ist eine Frequenz von exakt 50 Hertz sinnvoll, da das Stromnetz mit Wechselstrom mit einer Frequenz von 50 Hertz arbeitet - andere Frequenzen hätten elektrotechnisch bei Kamera und Monitor zusätzliche Bauteile erfordert. (In den USA hat das Stromnetz eine Frequenz von 59,94 Hertz und diese Frequenz wird daher auch beim dortigen Fernsehstandard NTSC verwendet.)
In den Anfangszeiten des europäischen Fernsehens (etwa 1950) war in Kameras und Monitoren zwar eine Frequenz von 50 Hertz machbar, der Engpass war jedoch die Übertragung vom Sender zu den Zuschauer*innen. Bei der Funkübertragung reichte die Bandbreite der UHF-Frequenzen zunächst nicht aus, um 50 Vollbilder pro Sekunde zu übertragen. Man behalf sich mit "Halbbildern" (siehe unten) und konnte damit eine weitgehend flimmerfreie und für damalige Verhältnisse passable Schärfeauflösung realisieren. Später gab es mehr Bandbreite für die Übertragung, das Prinzip der Halbbilder wurde jedoch beibehalten, die höhere Kapazität wurde für die Übertragung weiterer Sender genutzt. 1967 kam das Farbfernsehen hinzu. Zusätzliche Übertragungsfrequenzen waren zu dem Zeitpunkt jedoch nicht realisierbar, wichtig war also, dass auch die

bestehenden Schwarzweiß-Fernseher aus dem gesendeten Farbsignal störungsfrei das Schwarzweiß-Bild darstellen konnten.

In den 90er Jahren gab es den Übergang zu digitalen Bildsignalen. Der Vorteil ist die stabilere Bildübertragung und -darstellung, sowie das praktisch verlustfreie Kopierverhalten. Zu Beginn war jedoch die Kompression (bei guter Qualität) nicht sehr effizient und die Festplatten wiesen nur geringe Kapazitäten und Schreibgeschwindigkeiten auf. Bei großen Datenmengen wurde daher anfänglich häufig zunächst ein "Offline-Schnitt" mit gering aufgelösten Bildern gemacht und für den "Online-Schnitt" mussten anschließend die verwendeten Bilder hochaufgelöst neu digitalisiert werden. Zu den Zuschauer*innen kamen die digitalen SD-Formate weiterhin über analoge Signalwege. Das war sowohl beim Fernsehempfang auf den Röhrenmonitoren so, wie auch bei den damals aufkommenden DVDs der Fall – die DVD-Player wurden immer noch mit einem analogen (SCART-) Kabel an den Fernseher angeschlossen. Das bedeutete aber auch, dass die digitalen Signale gar nicht in voller Qualität zu den Zuschauer*innen übertragen werden konnten: Bei der Umwandlung eines digitalen 8-Bit Farbsignals in ein analoges Farbsignal können Farbwerte entstehen, die eine Übersteuerung des Monitorbildes zur Folge haben (s.u.). Die Digitaltechnik musste also auf die zulässigen Werte der Analog-Technik eingegrenzt werden.

Die HD-Technik schließlich setzte sich durch, als Flachbildschirme erschwinglich und die Signalkette durchgehend bis zu den Zuschauer*innen digital wurde (Produktion, Übertragung, Fernseher). Für die Produktion war zudem wichtig, dass Rechner mit hohen Geschwindigkeiten und Speichermedien mit hohen Kapazitäten verfügbar waren (beispielsweise werden HD-Signale in Broadcast-Kameras mit etwa 1 GigaByte pro Minute aufgezeichnet). Die obengenannten Beschränkungen bezüglich der Umwandlung von Digitalsignalen in analoge Signale sind allerdings teilweise aus Kompatibilitätsgründen auch heute noch bei der HD-Technik vorhanden. Daher ist es sinnvoll, sich zunächst auch mit den Grundlagen der Analogtechnik zu beschäftigen.

Analoge Bildsignale

Fernsehbilder werden als Zeilen geschrieben, das heißt, eine Kamera liest auf einem Bildsensor zeilenweise Bildpunkt für Bildpunkt die Helligkeitsinformationen und setzt diese in elektrische Spannungen um. Man kann sich das wie mit Solarzellen vorstellen: Ein heller Bildpunkt enthält viel Lichtenergie und kann somit auf einem lichtempfindlichen Sensor eine hohe elektrische Spannung erzeugen, ein dunkler Bildpunkt erzeugt eine geringe oder gar keine Spannung. Es entsteht also eine den Helligkeitsinformationen analoge Darstellung durch Stromspannungs-werte. Diese analoge Technik ist immer noch Grundlage und Ausgangspunkt der Videotechnik, die digitalen Signale der heutigen

Technik werden in der Kamera aus analogen Signalen gebildet und schließlich wird am Ende der Signalkette, zumindest in Röhrenmonitoren, das Bild wiederum mit einer analogen Technik erzeugt. (In anderer Weise geschieht das auch in LCD-Monitoren, die unterschiedliche Feldstärken, also Spannungswerte nutzen, um die LCD-Kristalle mehr oder weniger stark auszurichten).

Der Hauptbestandteil eines Videosignals ist das Schwarzweiß-Bildsignal. Hiermit werden die wesentlichen Bildinformation, in Bezug auf Schärfe und Auflösung des Bildinhaltes, übertragen. In dieser Bildinformation müssen die Signale für die Taktung des Bildes enthalten sein, die das Bild in Zeilen, Halbbilder und ganze Bilder 'zerlegen'. Falls das Bild außerdem farbig sein soll (- und dabei kompatibel zu Schwarzweiß-Monitoren), braucht es zusätzlich zum Schwarzweiß-Signal eine Farbinformation.

Für eine einfache analoge Übertragung zum Konsumenten (z.B. analoges Kabelfernsehen, sowie die Aufzeichnung auf VHS, aber durchaus auch für eine einfache Signalübertragung zu Kontrollmonitoren im Broadcastbereich) werden die notwendigen Video-Signalbestandteile zu einem Signal zusammengefasst, dem FBAS- oder Composite-Signal (engl.: CVBS = Color Video Blanking Sync). Jahrzehntelang bildete dieses FBAS-Signal die Grundlage von Videoaufzeichnung und Fernsehübertragung. Weiterentwicklungen wie Komponentensignale, digitale Signale und HD-Technik basieren darauf und immer noch gibt es aus Kompatibilitätsgründen an vielen Geräten (auch im Broadcast-Bereich) eine Schnittstelle mit einem anlogen FBAS-Ausgang, bzw. -Eingang. Daher macht es Sinn, sich zunächst mit den Grundlagen dieser analogen SD-Übertragung (SD = "Standard Definition" = Videosignale mit einer Auflösung bis zu 625 Zeilen) zu beschäftigen, um die Weiterentwicklung zu den heutigen HD-Systemen (HD = "High Definition" = Videosignale mit einer Auflösung von mehr als 625 Zeilen) nachvollziehen zu können und deren Möglichkeiten und Grenzen zu verstehen.

Dieses FBAS-Signal setzt sich zusammen aus den Komponenten:
F = Farbsignal
B = Bildsignal
A = Austastsignal
S = Synchronsignal

Bildsignal (SD, PAL, schwarz-weiß)
Das Bildsignal beim analogen PAL-System (= Phase Alternation Line, TV-Standard in Westeuropa) wird zusammengesetzt aus 625 Bildzeilen, von denen 575 sichtbar sein sollen. (*Man findet für Digitalformate eine Angabe mit 576 sichtbaren Zeilen, weil dort die Verwendung von 2 x 287,5 Zeilen*

problematisch ist. Daher werden der digitalen Information zwei halbe leere Zeilen hinzugefügt, so dass nun pro Halbbild 288 aktive Zeilen verwendet werden.) Die restlichen Zeilen bilden die vertikale Austastlücke (unsichtbare Bildbestandteile), mit dem Vertikal-Synchronimpuls (Trabanten für die Vertikalsynchronisation in den Zeilen 1-5, 311-318, 623-625), dem Referenz-Hilfsträger-Signal (Zeile 8), Prüfzeilen (die Zeilen 17, 18, 330, 331), Timecode und Videotext (innerhalb der Zeilen 7-22 und 320-335), VPS (Zeile 16) und der Signalisierung für PALplus (Zeile 23, 1.Hälfte).

Es werden 25 Bilder (Frames) pro Sekunde übertragen, jedes davon als 2 Halbbilder (Fields). Es finden also 50 Bildwechsel pro Sekunde statt. Das erste Halbbild zeigt, wenn man von oben herab zählt (räumlich) die Zeilen 1,3,5,... bis zur ersten Hälfte der Zeile 625, das zweite die Zeilen 625 (zweite Hälfte), 2, 4, 6,... bis zur Zeile 624. Da die beiden Halbbilder aber nicht untereinander gezeigt werden, sondern ineinander verschachtelt, sähe die Abfolge beim gleichzeitigen Betrachten von beiden Halbbildern so aus: Zweite Hälfte von Zeile 625, 1, 2, 3, 4, 5, usw. *(Mit gleicher Berechtigung kursieren übrigens Grafiken mit einer anderen Zählweise, bei der die Zählung in einer zeitlichen Abfolge geschieht: Hier werden die Zeilen des ersten Halbbildes von 1 bis 313 gezählt und die des zweiten Halbbildes von 313 bis 625.)*

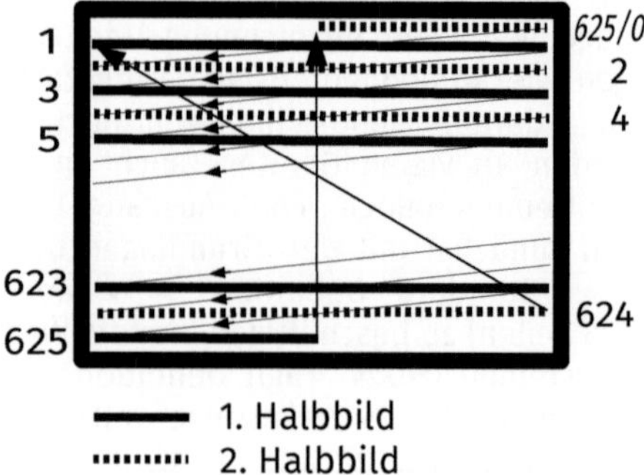

Zeilenaufbau eines Fernsehbildes

Diese Verkämmung von Halbbildern wird auch 'Zeilensprungverfahren' oder 'Interlaced-Mode' genannt. Die Aufteilung der Zeile 625 in zwei Hälften ist unter anderem deswegen notwendig, damit beide Halbbilder die gleiche Dauer haben. Diese komplex erscheinende Halbbild-Technik hat gute Gründe: Damit das menschliche Auge überhaupt ein Bewegtbild wahrnimmt und nicht nur eine schnelle Diaschau, braucht es mindestens etwa 16 Bildwechsel pro Sekunde. In der Anfangszeit des Films und später noch beim 8mm-Film konnte man beispielsweise noch mit 18 Bildern/s filmen und projizieren. Mehr Bildwechsel verbessern den Bildeindruck jedoch, daher wird beim Kinofilm mit 24 Bildern/s gearbeitet. Projiziert man allerdings nur diese 24 Bilder/s im Kino, kommt es zu Flacker-Effekten. Deswegen wird jedes Bild im Kino zweimal projiziert, d.h., die Projektion jedes Einzelbildes einmal kurz unterbrochen. Dies geschieht im Projektor mit Hilfe einer rotierenden Umlaufblende mit zwei Flügeln (daher auch: Flügelblende): Der eine Flügel unterbricht die Projektion für den Moment des Bildwechsels, das ist notwendig, damit keine verwischte Projektion während des Bildwechsels geschieht. Der andere Flügel unterbricht dann einmal die Projektion des jeweiligen Einzelbildes. Die Bilder werden also mit einer Frequenz von 48 Hz dargestellt. Ähnlich verhält es sich beim Fernsehen: 25 Bilder/s erlauben zwar eine flüssige Bewegungsdarstellung, würden aber ein deutliches Flackern auf dem Bildschirm erzeugen. Eine einfache Lösung wie das zweimalige Projizieren der Einzelbilder war für die Bewegungsauflösung nicht befriedigend. Andererseits war es lange Zeit technisch nicht sinnvoll, Fernsehen mit 50 Vollbildern pro Sekunde zu produzieren, die Datenmenge wäre für Speicherung, Bearbeitung und vor allem die Übertragung zu groß gewesen. Der Kompromiss war, das Einzelbild in zwei zeitlich nacheinander erfolgenden Halbbildern (s.o.) aufzuzeichnen und auch wieder darzustellen. Die Verwendung der Frequenz von 50 Halbbildern für das PAL- (und SECAM-) System ergibt sich übrigens daraus, dass das europäische Stromnetz genau diese Frequenz aufweist. Bei Verwendung dieser Frequenz sind Kameras, Monitore und Fernseher mit technisch geringerem Aufwand (und somit Kosten) herzustellen.

Ein wichtiger Parameter für ein Videobild ist die "Auflösung", also wieviele Details in einem Bild dargestellt werden können und somit also auch, welche "Schärfe" ein Bild haben kann. Dafür lässt sich ein Testbild verwenden, dass abwechselnd schwarze und weiße Flächen für jeden Bildpunkt aufweist. Ein Schachbrettmuster ist hierfür allerdings unpraktisch, aus der Entfernung wirkt es wie eine homogene graue Fläche. Es wird ein Streifenmuster verwendet, in dem die schwarzen und die weißen Bildpunkte jeweils in Spalten zu Linien zusammengefasst sind.

Testmuster mit vertikalen Linien

Bei dem damals gegebenen Bildseitenverhältnis von 4:3 ergibt sich bei der vorgegebenen Zahl von 575 sichtbaren Zeilen, dass damit horizontal 766 Bildpunkte pro Zeile dargestellt werden könnten. Bei gleicher horizontaler und vertikaler Auflösung könnten idealerweise also 766 senkrechte Linien in einem Videobild dargestellt werden. Die Helligkeitswerte der einzelnen 766 Bildpunkte pro Zeile werden in elektrische Spannungen umgewandelt: Zwischen dem Schwarz- und Weißwert soll ein maximaler Unterschied von 0,7 Volt (= 100% Bildamplitude) bestehen. *(Für diesen Unterschied zwischen dem Schwarz- und Weißwert wird auch der Begriff "Modulationstiefe" verwendet, siehe S. 237.)*

Die Dauer einer Bildzeile im Videosignal (bei Übertragung und Aufzeichnung) lässt sich leicht errechnen:

$$\frac{1\ \text{Sekunde}}{25\ \text{Bilder} \times 625\ \text{Zeilen}} = 0{,}000064\ \text{Sekunden} = 64\ \mu s$$

Eine Bildzeile enthält neben den für die Zuschauer*innen sichtbaren Signalen auch noch weitere technisch notwendige, jedoch nicht sichtbare Anteile. Diese Anteile werden als Austastsignal (siehe unten) bezeichnet, sie dauern 12 µs. Für die sichtbare Bildinformation verbleiben also 52 µs (Mikrosekunden) pro Bildzeile. Das ist für eine Wahrnehmung durch den/die Zuschauer*in natürlich viel zu kurz, daher leuchtet jede auf den Bildschirm projizierte Zeile noch 1/25 Sekunde nach, bevor sie durch eine neue Bildzeile des übernächsten Halbbildes ersetzt wird.

Die 766 abwechselnd weißen und schwarzen Punkte pro Bildzeile des o.g. Auflösungstestmusters entsprechen 383 Schwingungen des elektrischen Signals pro Bildzeile: Eine vollständige Schwingung umfasst je zwei Bildpunkte, sie beginnt bei einem Mittelwert, steigt an bis zum hellsten Weißwert (weißer Pixel), fällt dann bis zum tiefsten Schwarzwert (schwarzer Pixel) und führt schließlich wieder zu einem Mittelwert. Diese 383 Schwingungen müssen in 52 µs dargestellt werden, daraus ergibt sich, wieviele Schwingungen das PAL-Videosignal pro Sekunde aufweisen müsste:

383 Schwingungen : 0,000052 sek = 7.365.384 Schwingungen/sek

Es ergibt sich also eine Schwingungsfrequenz von 7,37 MHz. Durch Übertragungs- und Darstellungsprobleme lassen sich in analogen Systemen davon jedoch nur 70 – 80 % darstellen, dies entspricht einer Auflösung von etwa 5 – 5,8 MHz.

Austastsignal

Der Elektronenstrahl eines Fernsehers kann nicht ausgeschaltet und an anderer Stelle wieder eingeschaltet werden, er muss kontinuierlich nach dem Ende einer Zeile wieder zum Anfang der nächsten geführt werden. Dazu wird er auf "schwarz" geschaltet, das entspricht 0,3 Volt der Signalamplitude. Das Austastsignal für die Zeilenrückführung hat eine Dauer von 12 µs und besteht aus der so genannten 'vorderen Schwarzschulter' mit 1,5 µs, dem Synchronsignal (siehe unten) mit 4,7 µs und der 'hinteren Schwarzschulter' mit 5,8 µs. Auf der hinteren Schwarzschulter befindet sich bei einem PAL-Farbsignal auch der Burst (siehe unten: Farbe)

Die nachfolgende Grafik stellt die Anzeige eines Farbbalkens in einem Waveformmonitor dar. Damit werden die Helligkeitswerte eines Bildes als Spannungswert in Volt dargestellt. Das ist für eine objektive Beurteilung der Helligkeits- und Kontrastwerte der Videobilder sehr hilfreich (näheres dazu im Kapitel "Messgeräte", S. 213). Die beiden Skalen am linken Rand der Grafik beziehen sich auf den Signalpegel: SA bedeutet Signalamplitude und bezieht sich auf den Gesamt-Spannungsunterschied zwischen dem niedrigsten Wert (unterer Wert des Synchronsignals) und dem maximalen Helligkeitswert. BA (Bildamplitude) bezieht sich auf den Unterschied zwischen dem Schwarzwert und dem maximalen Helligkeitswert (das ist für Cutter*innen die gängigere Skala).

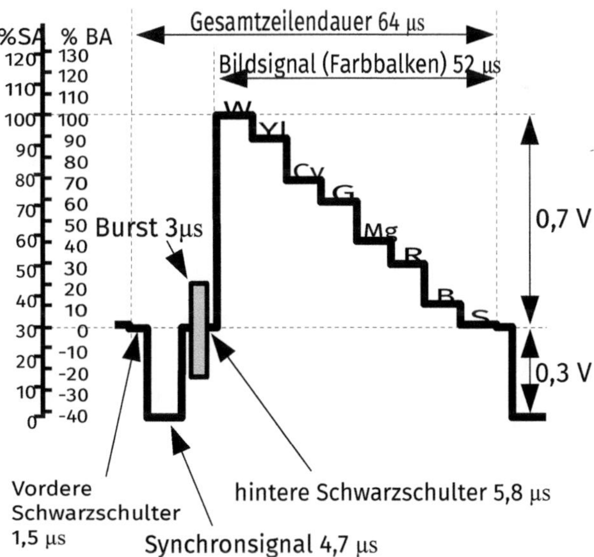

FBAS-Signal einer Zeile (am Beispiel eines Farbbalkens)

Synchronsignal

Im Austastsignal ist das Synchronsignal enthalten, das den Zeilenwechsel veranlasst. Dazu muss sich das Synchronsignal deutlich vom Bildsignal und dem Austastsignal unterscheiden. Für die Dauer von 4,7 µs schaltet es die Spannung auf 0 Volt herunter. Die Videosignalamplitude beträgt somit maximal 1 Volt = 0,3 Volt Austastsignal + maximal 0,7 Volt Bildamplitude.

Das Synchronsignal besorgt auch den Halbbildwechsel., indem das Synchronsignal dazu eine Dauer von 2½ Zeilen, also 160 µs, erhält. Damit der Rhythmus für die Zeilensynchronisation währenddessen erhalten bleibt, wird dieser lange Vertikal-Synchronimpuls zweimal pro Zeile, also insgesamt fünf mal für 4,7 µs durch ein Schwarz-Signal unterbrochen (sozusagen ein umgekehrtes Synchronsignal). Um den Vertikal-Synchronimpuls einzuleiten gibt es noch die so genannten Trabanten, das sind fünf Synchronimpulse, jeweils im Abstand einer halben Gesamtzeile, vor und nach dem Vertikal-Synchronimpuls (Vortrabanten und Nachtrabanten).

Der Wechsel vom ersten zum zweiten Halbbild muss dabei anders signalisiert werden, als der Wechsel vom zweiten zum ersten Halbbild. Für die nachfolgende Grafik wird zur Vereinfachung der Zählung der Zeilen die Abfolge: Zeile 1, 2, 3,…bis Zeile 313 für das erste Halbbild verwendet und Zeile 313, 314, 314,…bis Zeile 625 für das zweite Halbbild. Danach wird vom ersten zum zweiten Halbbild bereits nach dem Ablauf der halben 313ten Zeile umgeschaltet, vom zweiten zum ersten Halbbild erst nach dem Ende der 625ten Zeile.

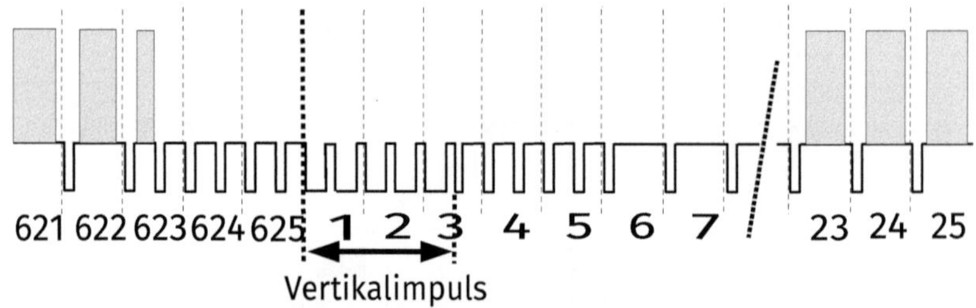

Zeilenfolge und Vertikalimpuls

B (Bildsignal), A (Austastsignal) und S (Synchronsignal) ergeben zusammen das Schwarz-Weiß-Signal Y. Dazu muss nun noch das Farbsignal übertragen werden.

Farbe (PAL)

Um die Übertragungskapazität zu erhöhen wird ein Farbsignal nicht in der vollen Auflösung jeder einzelnen Grundfarbe (Rot/Grün/Blau = additive Farbmischung) übertragen, sondern nur das Schwarz-Weiß-Signal "Y", das für den Bildschärfeeindruck verantwortlich ist, wird in der vollen

Auflösung im PAL-System mit 5 MHz übertragen. Für die Farbinformation hingegen genügt eine reduzierte Darstellung mit etwa 1,3 MHz Bandbreite, da das menschliche Auge für Farbinformationen nicht so empfindlich ist. Daher wird aus dem RGB-Signal, das der Bildsensor (CCD oder CMOS) herstellt, zunächst das Komponentensignal Y / R-Y / B-Y errechnet: Das Helligkeitssignal Y wird dabei mit der vollen Auflösung, die Farbinformation dagegen in verringerter Auflösung mittels der Komponentenanteile R-Y (für rot) und B-Y (für blau) übertragen und aufgezeichnet. Der Grünanteil lässt sich mit Hilfe der Komponentenanteile aus dem Schwarz-Weiß-Signal errechnen, da bei der additiven Farbmischung für einen Helligkeitswert ja alle 3 Grundfarben enthalten sein müssen (Y setzt sich aus den Anteilen 0,299 R + 0,587 G + 0,114 B zusammen). R-Y, bzw. B-Y bedeutet, das in diesen Signalen nicht mehr die Helligkeit des Rot-, bzw. Blausignals mit übertragen wird, dieses ist ja für jeden Bildpunkt bereits im Y-Signal enthalten. Die Farbanteile R-Y und B-Y übertragen nur den jeweiligen Farbton und die Farbsättigung (Farbintensität). Neben der geringeren Bandbreite, die das Y / R-Y / B-Y Signal für Übertragung und Aufzeichnung im Vergleich zum RGB-Signal benötigt, ist ein weiterer Vorteil, dass die Kompatibilität des farbigen Y / R-Y / B-Y Signals zu Schwarz-Weiß-Geräten unproblematisch ist.

Die beiden Farbdifferenzsignale R-Y und B-Y weisen zunächst allerdings verschiedene Pegelbereiche auf: R-Y = +/- 490 mV, B-Y = +/- 620 mV. Es ist für die Signalbearbeitung daher zweckmäßig, die beiden Farbdifferenz-signale auf den gleichen Pegelbereich von ±350 mV (bezogen auf einen 100/100 Farbbalken) zu reduzieren. Sie entsprechen (für Systeme mit 625 Zeilen) damit dem 'EBU Technical Standard N10', kurz: 'EBU N-10'. Diese reduzierten Farbdifferenzsignale (R-Y x 0,713 sowie B-Y x 0,564) werden als Pb und Pr bezeichnet und ohne eigenes Synchronsignal übertragen. Das Synchronsignal dazu ist im zugehörigen Y-Signal enthalten, das vollständige Signal heißt dann also Y/Pb/Pr.
[*Abweichend davon gab es noch die sogenannte Sony-Norm: Für die interne Verarbeitung beim Betacam-System (nicht: SP) werden R-Y und B-Y weniger stark reduziert: Hier ergibt sich bereits bezogen auf einen 100/75 Farbbalken bereits ein Pegelbereich von ±350 mV, das führt bei einem 100/100 Farbbalken zu einem (unzulässigen) Pegel von +/- 467 mV.*]

Für eine FBAS-Übertragung im PAL-System wird das Farbsignal nun noch weiter reduziert: Wenn man die Werte von R-Y und B-Y in ein Koordinatensystem überträgt, dann ergibt jede mögliche Kombination aus den Werten einen Punkt im Koordinatensystem, der auch als Vektor (in Bezug auf den Nullpunkt des Koordinatensystems) beschrieben werden kann.

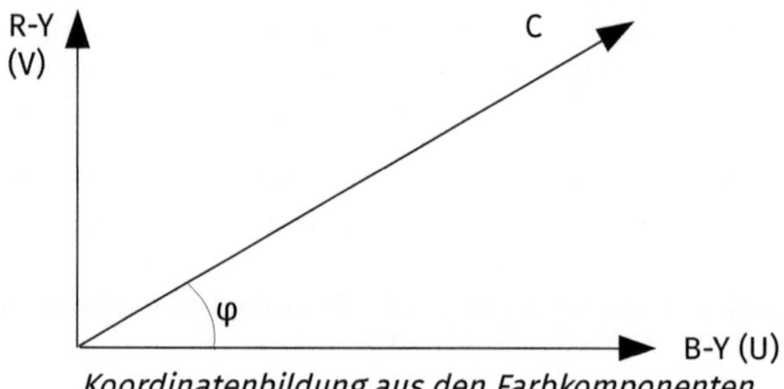

Koordinatenbildung aus den Farbkomponenten

Der Wert der aus den beiden Koordinaten von R-Y und B-Y gebildet wird, kann somit durch die Länge des Vektors C und seinem Winkel φ (Phi) im Koordinatensystem beschrieben werden. Die Länge des Vektors entspricht dabei der Farbsättigung, der Winkel φ (Farbphasenwinkel) entspricht dem Farbton .

Voll gesättigte Farbtöne könnten als elektrische Spannung allerdings den Wert des Synchronsignals erreichen und damit die Bildübertragung stören. Um solche Übermodulationen zu verhindern, wird zunächst das Y/U/V-Signal gebildet: Dazu werden die Signale R-Y und B-Y reduziert, es ergeben sich die Werte   U = 0,49 x (B-Y)   und   V = 0,88 x (R-Y). Nun kann aus U und V ein Vektor gebildet werden, indem das U- und das V-Signal jeweils separat auf eine gleiche Trägerfrequenz als Amplitude aufmoduliert werden. Diese beiden modulierten Trägerfrequenzen werden dann um 90 Grad phasenverschoben addiert (d.h., die erste Schwingung geht gerade durch Null wenn die zweite ihr Maximum erreicht) zu einer Schwingung. Dieses Verfahren heißt Quadratur-Amplituden-Modulation, kurz QUAM. Das so entstandene Chrominanzsignal wird mit C bezeichnet.

Das C-Signal kann als separates Signal zum Y-Signal übertragen werden. Es wird dann als Y/C-Signal bezeichnet, dabei enthält das C-Signal den Burst (siehe unten). Das Y/C-Signal ist ein hochwertiges analoges Consumersignal, bei dem Cross-Colour- und Cross-Luminanz-Fehler (s.u.) nicht auftreten, allerdings ist es aufgrund der reduzierten Farbkomponenten für eine professionelle Weiterverarbeitung weniger geeignet als das Y / R-Y / B-Y-Signal. Die Reduzierung macht sich insbesondere dort bemerkbar, wo Farben elektronisch ausgestanzt werden sollen, also beispielsweise bei einem Chrominanzkey in der Bluebox, bzw. Greenbox. Die weniger feine Abstufung der Farben führt dann leicht zu unerwünschten Farbsäumen.

Für eine weitere Verarbeitung zum FBAS-Signal wird der Vektor von C als Schwingung in das Schwarz-Weiß-Signal Y integriert und zwar als

Amplituden-Modulation auf einer Trägerfrequenz von 4,43 MHz. Das heißt, die Länge des Vektors wird als Ausschlag (Höhe) der Amplitude dargestellt, der Farbphasenwinkel als Phasenversatz in der Trägerfrequenz. Damit der Phasenversatz beim Empfänger erkannt wird, gibt es ein Referenzsignal in jeder Bildzeile, den Burst. Er befindet sich auf der hinteren Schwarzschulter des Videosignals, zwischen Synchronsignal und der eigentlichen Bildinformation. Der Burst besteht aus 10 Schwingungen der Farbträger-Frequenz von 4,43 MHz (ohne Phasenversatz ergibt das die Farbe Braun-Orange), er hat eine Spannung von 0,3 Volt und eine Dauer von ca. 3 µs. Beim PAL-System (PAL bedeutet "Phase Alternation Line") wird zusätzlich dazu bei jeder Zeile die Farbphase gewechselt (an der X-Achse, bzw. vertikal gespiegelt), um Übertragungsfehler zu minimieren. Im Empfänger wird das Farbsignal nun in jeder Zeile mit der nächsten Zeile verglichen, in der das Farbsignal mit einer anderen Phasenlage übertragen wird. Phasenfehler können so heraus gerechnet werden. Welche Phasenlage für die jeweilige Zeile übertragen wird, zeigt dabei das Burst-Signal an.

Beim analogen Videoschnitt war es für PAL-Signale (FBAS) notwendig, die so genannte PAL-Sequenz zu berücksichtigen, das heißt, solches Material konnte nur dann sauber aneinander geschnitten werden, wenn dabei die Farbphasen-Reihenfolge eingehalten wurde. Eine PAL-Sequenz besteht aus acht Halbbildern. Beispielsweise kann deswegen an das sechste Halbbild einer PAL-Sequenz nur ein Bild angefügt werden, das sich gerade im siebten Halbbild der PAL-Sequenz befindet. Die Schnittsteuerung eines analogen Schnittplatzes korrigiert beim Nichteinhalten der PAL-Sequenz automatisch den In-Punkt des Players, es wird also nicht bildgenau geschnitten. Bei Betacam-Recordern kann eingestellt werden, ob in einer 8er-Sequenz (8 Field) ein störungsfreier Schnitt gewährleistet sein soll, oder ob mit einer 4er-Sequenz (4 Field) bildgenaueres Schneiden gewünscht ist, jedoch mit der Gefahr gelegentlich auftauchender Ruckler (H-Ruck) im Bild, oder ob man in einer 2er-Sequenz (2 Field) Komponenten-Signale bearbeiten möchte. Der H-Ruck kann auch auf eine verschobene H-Phase (siehe Seite 254) zurückzuführen sein.
Ein H-Ruck kann natürlich auch dann auftreten, wenn man etwa bei einer Präsentation verschiedene Videoquellen auf einen Bildschirm oder Videobeamer schalten kann. Wenn der Umschalter zwischen den Signalquellen nur ein mechanischer ist, dann werden die H-Phasen und PAL-Sequenzen der einzelnen Videoquellen nicht zueinander passen und es wird beim Umschalten eine kurze Störung geben. Das lässt sich nur vermeiden, wenn die Signale mit einem "Time Base Corrector" (siehe Seite 143) synchronisiert werden, der zum Beispiel in einer Kreuzschiene oder einem Videomischpult eingebaut ist.

Analoge Fernsehnormen

SDTV (Standard Television)

Mit dem Kürzel SDTV werden alle herkömmlich Fernsehsysteme mit einer vertikalen Zeilenauflösung von nicht mehr als 625 Zeilen bezeichnet. Die wichtigsten davon sind:

- PAL   vorwiegend in Westeuropa, 50 Hz Halbbildfrequenz, 625 Zeilen
- SECAM Frankreich, Russland,   50 Hz,   "   625 Zeilen
- NTSC   USA, Japan, Korea,   59,94 Hz,   "   525 Zeilen

Daneben gibt es noch einige Mischformen: NTSC mit 50 Hz (z.B. in Chile) oder SECAM mit 60 Hz (z.B. in Tahiti). In den meisten Ländern ist die Hertz-Zahl des Videosystems an die Frequenz des Stromnetzes angepasst.

PAL (**P**hase **A**lternating **L**ine) ist auf den vorhergehenden Seiten (Kapitel: FBAS) beschrieben. Allerdings gibt es für verschiedene Länder differierende Video- und Übertragungsparameter, die Norm für Deutschland heißt: PAL B/G (siehe unten: CCIR-Standards).

SECAM (**SE**quentielle **C**ouleur **A** **M**émoire) benutzt für das Y-Signal die gleichen Parameter wie PAL, jedoch werden bei SECAM die Farbkomponenten R-Y und B-Y abwechselnd Zeile für Zeile übertragen. R-Y und B-Y müssen daher jeweils für die Dauer einer Zeile zwischengespeichert und dann zusammengerechnet werden.
PAL und SECAM sind als Schwarz-Weiß-Signal miteinander kompatibel, für das Farbsignal sind jedoch Decoder notwendig, die in VHS-Recorder und Fernseher meistens bereits eingebaut sind. Bei professionellen Recordern und DVD-Playern, die mit Komponentensignal arbeiten, unterscheidet sich das Signal nicht, aber an den Composite-Ausgängen liegt dann natürlich nur das PAL- oder das SECAM-Signal an.

NTSC (**N**ational **T**elevision **S**ystem **C**ommittee) hat aufgrund der deutlich geringeren Zeilenzahl (525, davon sichtbar: 486) eine schlechtere vertikale Auflösung als PAL und benötigt daher nur eine Signalbandbreite von 4,2 MHz (PAL = 5 MHz). Dafür ist bei NTSC aber die Bewegungsauflösung mit 60 Halbbildern pro Sekunde (exakt: 59,94) besser als bei PAL (50 Halbbilder). Der Farbträger für das Videosignal liegt bei 3,58 MHz. Problematisch ist bei NTSC die terrestrische Übertragung, da der Farbträger nur in einer Phase arbeitet und sich je nach Übertragungsbedingungen leicht verschieben kann. Zum Ausgleich dieser Farbverschiebung gibt es an den NTSC-Empfangsgeräten den Tint-Regler, mit dem wieder eine korrekte Farbphase eingestellt werden kann. (NTSC wird daher gelegentlich scherzhaft als '**N**ever **T**he **S**ame **C**olour' bezeichnet.) Digitales NTSC, z.B. auf DVDs, weist eine Auflösung von 480 x 720 Pixeln auf.

NTSC ist nicht mit PAL und Secam kompatibel, das Signal muss vollständig transformiert werden. Die meisten PAL-VHS-Recorder sind inzwischen allerdings in der Lage, ein NTSC-Signal abzuspielen, das von den meisten Fernsehgeräten akzeptiert wird. Nicht möglich ist es jedoch, ein solches Signal, das auf einem PAL-VHS-Recorder abgespielt wird, zu kopieren. Für den aufnehmenden Recorder enthält das Signal keine akzeptablen Synchronsignale. Bei professionellen PAL-Systemen ist es nicht vorgesehen, dass NTSC-Signale abgespielt werden können. Manche Player und Recorder bieten allerdings die Möglichkeit von PAL auf NTSC-Betrieb umzuschalten, eine Konvertierung ist damit aber nicht möglich. DVD-Player können meistens PAL und NTSC abspielen, das Player-Ausgangssignal kann dann auf den benötigten Standard für den Monitor eingestellt werden.

Um NTSC-Signale analog auf PAL, oder umgekehrt zu kopieren, braucht es in jedem Fall einen Normkonverter, den es als Consumer-Gerät auf FBAS-Basis und als professionelles Gerät auf Komponenten-Basis gibt. Das Importieren eines digitalen NTSC-Signals in ein 25p oder 50i Projekt bei einem digitalen Schnittplatz ist möglich, natürlich muss die Framerate angepasst werden.

CCIR-Standards

Detailliert festgelegt sind Video- und Übertragungsnormen der verschiedenen Standards für die einzelnen Länder in der CCIR-Norm (Comite Consultativ International des Radiocommunications). Die CCIR-Norm legt die folgenden Parameter für Video und die terrestrische Übertragung fest: Kanalbandbreite, Bild-/Tonträgerabstand, Bandbreite für oberes und unteres Seitenband, Frequenzhub, Bildmodulation und Tonmodulation.

Parameter für Video

CCIR-Standard	B	G	H	D	K	I	L	M	N
Zeilenzahl	625	625	625	625	625	625	625	525	625
Zeilenfrequenz (Hz)	15625	15625	15625	15625	15625	15625	15625	15750	15625
Zeilendauer (µs)	64	64	64	64	64	64	64	63,5	64
Vertikalfrequenz (Hz)	50	50	50	50	50	50	50	60	50
Halbbilddauer (ms)	20	20	20	20	20	20	20	16,677	20
Videobandbreite (MHz)	5	5	5	6	6	5,5	6	4,2	4,2

Frequenzen für die terrestrische Übertragung (Antennenübertragung)

CCIR-Standard	B	G	H	D	K	I	L	M	N
Kanalbandbreite (MHz)	7	8	8	8	8	8	8	6	6
Bild/Tonträger-abstand (MHz)	5,5	5,5	5,5	6,5	6,5	6	6,5	4,5	4,5
Bandbreite oberes Seitenband (MHz)	5	5	5	6	6	5,5	6	4,2	4,2
Bandbreite unteres Rest-seitenband (MHz)	0,75	0,75	1,25	0,75	1,25	1,25	1,25	0,75	0,7
Bildmodulation	AM negativ	AM negativ	AM negativ	AM negativ	AM negativ	AM negativ	AM positiv	AM negativ	AM negativ
Tonmodulation	FM	FM	FM	FM	FM	FM	AM	FM	FM
Frequenzhub (kHz)	50	50	50	50	50	50	-	75	75

CCIR-Ländergruppen

B/G	Deutschland, Dänemark, Finnland, Italien, Niederland, Norwegen, Österreich, Schweden, Schweiz, u.a.
D	Osteuropa, Russland (VHF), China
H	Belgien
I	Großbritannien
K	Osteuropa, Russland (UHF)
L	Frankreich (UHF)
M	USA, Kanada, Japan
N	Südamerika

16:9 – PALplus

Die Darstellung von Breitwandfilmen (1,66:1, 1,85:1 und 2,35:1) auf einem 4:3-Monitor (entspricht 1,33:1) ist unbefriedigend, da dabei entweder das Bild verkleinert werden muss oder Teile des Bildes nicht gezeigt werden:

- Beim **Letterbox**-Verfahren mit schwarzen Balken oben und unten, werden für die eigentliche Bildinformation nur noch etwa 75 % des Monitors genutzt, das sind 432 aktive Zeilen zur Bilddarstellung. (Anmerkung: Die Einpassung eines 4:3 Bildes in einen 16:9 Monitor mittels schwarzer Balken links und rechts wird als **Pillarbox**-Verfahren bezeichnet.)

- Beim **Side-Panel**-Verfahren wird das Bild am linken und rechten Rand gleichmäßig abgeschnitten (bei der Filmproduktion wird darauf oftmals mit dem Shoot-and-protect-Verfahren Rücksicht genommen, indem die wichtigen Bildinformationen auf die Bildmitte konzentriert werden).

- Beim **Pan-Scan**-Verfahren wird bei der Filmabtastung nur der "bildwichtige" Teil des Bildes erfasst, d.h., es wird je nach Bildinhalt horizontal innerhalb des Ursprungsbildes geschwenkt.

Die Lösung dieses Problems wurde von der Video-Industrie in Form des 16:9-Fernsehers (entspricht einem Format von 1,78:1) auf den Markt gebracht. Dieser Standard hat inzwischen das 4:3-Format weltweit weitgehend verdrängt.

Bereits 1995 kam eine Verbesserung des PAL-Formats auf den Markt: Das PALplus-Verfahren. PALplus ist ein 16:9-Format, das vollständig kompatibel mit dem PAL 4:3-Format ist und gleichzeitig noch eine qualitative Bildverbesserung gegenüber dem normalen PAL-Format bietet.

Für ein 16:9-Bild (SD) wird zunächst das Signal in einer 16:9 Kamera mit einem 16:9-Sensor erstellt, d.h., mit entweder breiterem Bildwandler (z.B. mit 576 x 1024 Pixeln) oder durch Umrechnung eines 4:3-Bildwandlers (Herausrechnen von Subpixeln). *(Falls man beim Schnitt eine Grafik in ein 16:9 SD-Videobild importieren will, muss man zunächst die Grafik ungestaucht mit 576 x 1024 Pixeln erstellen und diese dann auf 576 x 720 Pixel komprimieren, also stauchen, sofern das Schnittprogramm diese Anpassung nicht automatisch vornimmt.)*

SD-Bild im 16:9-Format (entspricht 576 x 1024 Pixeln)

Für die Aufzeichnung auf einem SD-Videosystem werden die 16:9-Aufnahmen nun horizontal komprimiert, was auf einem 4:3-Monitor sehr gut erkennbar ist, man sieht dann dort ein anamorphotisches Signal ohne schwarze Letterbox-Balken.

16:9 SD-Bild in anamorph verzerrter 4:3 Aufzeichnung mit 576 x 720 Pixeln

Diese anamorph verzerrte Aufzeichnung erfolgt, weil es keine besonderen SD-Videosysteme für 16:9 gibt - das in der Darstellung breitere Signal darf daher nur die gleiche Zeilendauer wie ein 4:3-Signal haben, nämlich 52 µs. Deswegen muss die gemeinsame Verwendung von 4:3- und 16:9-Material in einer SD-Sendung insofern vorbereitet werden, als dass das 4:3-Material durch vertikale Vergrößerung dem 16:9-Material angepasst wird. Geschieht das nicht, entstehen bei einem 16:9-Bildschirm links und rechts schwarze Balken und schlimmer noch bei einem 4:3-Bildschirm links, rechts, oben und unten Balken. (Für eine 4:3-Sendung im HD-Format werden schwarze Balken links und rechts akzeptiert, das Vergrößern des 4:3-Bildes würde die mindere SD-Qualität zu stark sichtbar werden lassen.)

Damit das PALplus-Format auf einem 4:3-Bildschirm dargestellt werden kann, werden von den 576 aktiven Zeilen zwei Zeilen für eine PALplus-Steuerinformation benötigt. Von den verbleibenden 574 Zeilen werden durch Interpolation 430 Zeilen für die Darstellung auf einem 4:3-Bildschirm errechnet. Die restlichen 144 Zeilen werden je zur Hälfte in dem dunklen Bereich der Letterbox 'versteckt' und nun als 'Helpersignale' bezeichnet.

16:9-Bild auf einem 4:3-Monitor mit Helperzeilen im Letterbox-Bereich

Ein 16:9-PALplus-Empfänger erkennt mit Hilfe der Steuerinformation eine PALplus-Übertragung, kann die Helpersignale decodieren, daraus wieder eine volle Bildinformation mit 574 Zeilen herstellen und diese wieder anamorph entzerren, d.h., bildfüllend auf dem 16:9-Bildschirm darstellen. Auf einem 4:3-Bildschirm lässt sich eine PALplus-Sendung daran erkennen, dass die Letterbox-Balken nicht ganz schwarz sind, sondern je nach Bildinhalt schwache blaue Streifen erkennbar sind. Außerdem muss das Senderlogo außerhalb der Letterbox-Balken liegen, da sonst die Helpersignale gestört würden.

PALplus beinhaltet zusätzlich eine Verbesserung der Bildqualität: In einem PALplus-Empfänger wird das Bild so decodiert, dass Cross-Colour- und Cross-Luminanz-Störungen wirksam unterdrückt werden, allerdings nur bei Filmabtastungen. Filme haben 25 Vollbilder (Frames), damit haben bei einer Abtastung die jeweiligen Halbbilder zwar unterschiedliche Zeilen, aber keine Bewegungsveränderung innerhalb zweier Halbbilder. Somit sind die aufeinander folgenden Zeilen vom ersten und zweiten Halbbild nahezu gleich, jedoch mit dem Unterschied, dass die entsprechende Zeile des zweiten Halbbildes einen PAL-bedingten Farbphasenversatz von 180° gegenüber der Vergleichszeile des ersten Halbbildes aufweist.

PALplus-Bilder, die als Komponenten-Signal vorliegen, werden daher mit einem MACP- (Motion Adaptive Colour Plus) Konverter encodiert, der zunächst das Y-Signal durch Hoch- und Tiefpass-Filter in jeweils einen hohen und einen tiefen Frequenzbereich trennt. Der tiefe Frequenzbereich ist für Grundstrukturen des Bildes zuständig und wird nicht weiter bearbeitet. Der hohe Frequenzbereich hingegen, der die Bilddetails ausmacht, ist bei einer PAL-Decodierung nicht sauber vom Farbsignal trennbar. Bei PALplus aber wird aus dem hochfrequenten Signal einer Zeile des ersten Halbbildes und der korrespondierenden Zeile des zweiten Halbbildes ein Mittelwert gebildet, der dann für die Übertragung beider Zeilen verwendet wird (= "Intra Frame Averaging"). Das gleiche geschieht mit dem Farbsignal. Anschließend werden die Signale wieder zusammenaddiert. Somit sind die ausgegebenen Zeilen des ersten Halbbildes mit den entsprechenden des zweiten Halbbildes identisch, mit Ausnahme der tieffrequenten Y-Anteile und des Farbphasenversatzes. Nun kann im Empfänger durch einfache Addition und Subtraktion der betreffenden zwei Zeilen jeweils einzeln das Helligkeits- und Farbsignal herausgerechnet werden:

$$(Y + C) + (Y - C) = 2\,Y \quad \text{sowie} \quad (Y + C) - (Y + C) = 2\,C$$

Die in den Halbbildern unterschiedlichen tieffrequenten Restanteile des Y-Signals können keine Cross-Colour- und Cross-Luminanz-Störungen mehr hervorrufen, somit liegen das Y-Signal und das C-Signal hinreichend getrennt vor. (Ein Y/C-Signal ist ohnehin ein notwendiger Zwischenschritt der FBAS-Dekodierung in einem Monitor.) Dieses sogenannte 'Fixed-Colour-Plus'-Verfahren ist auch für 4:3-Signale verwendbar und kompatibel für normale PAL-Empfänger.

Für Videoaufnahmen ist das Fixed-Colour-Plus-Verfahren leider nur bedingt verwendbar, da sich der Inhalt des zweiten Halbbildes gegenüber dem ersten fast immer ändert. Um dennoch eine möglichst gute Signalverarbeitung zu erreichen, wird für die PALplus-Encodierung von Videoaufnahmen ein Bewegungssensor (Motion Adapter) zugeschaltet, der dafür sorgt, dass unveränderte Zeilen im PALplus-Verfahren und farbige, bewegte Zeilen im einfachen PAL-Modus encodiert werden. Somit hat der MACP-Encoder zwei Arbeitsweisen: Die Filmbearbeitung findet stets im 'Fixed-Colour-Plus'-Verfahren (kurz: Filmmode) statt und die Videobearbeitung im 'Motion Adaptive Colour Plus'-Verfahren (kurz: Kameramode). Der Decoder im Empfänger kann unabhängig davon eine eigene Schaltung mit Bewegungssensor enthalten, die zwischen PALplus- und einfacher PAL-Decodierung entscheidet.

Die Steuer- und Referenzsignale für die PALplus-Übertragung befinden sich in den Zeilen 23 und 623. In der Zeile 23 ist das Signal für die Breitbild-Erkennung (WSS = Wide Screen Signalling), sowie ein Referenzwert für Schwarz und den Pegel der Helpersignale, in der Zeile 623 befindet sich ein Referenzsignal für den Weiß- und Schwarzwert.

100 Hertz-Technologie

Die 100-Hertz-Technologie für analoge SD-Monitore war keine eigene Sendenorm, sondern bedeutete nur, dass in einem entsprechend ausgestatteten Monitor jedes Halbbild zweimal gezeigt wird, somit also 100 Bildwechsel pro Sekunde stattfinden. Der Vorteil dabei ist, dass das Bild bei unbewegten Bildinhalten wesentlich ruhiger wirkt, weil das "Großflächenflimmern' von 50 Hz Monitoren vermieden wird. Dieses unbewusst wahrgenommene Flimmern ist auf die Dauer für den/die Zuschauer*in sehr anstrengend und ermüdend. (Das ist auch ein Grund, warum Computer-Monitore mit höheren Frequenzen arbeiten.) Der Nachteil an der 100 Hz-Technik für die SD-Fernsehdarstellung war, dass sich die Bewegungsauflösung als problematisch erweist, daher gab es unterschiedliche 100 Hz-Verfahren: Die ersten 100 Hz-Fernseher hatten einen Zwischenspeicher für ein Halbbild, so dass die Halbbilder in der Abfolge 1,1,2,2 ausgegeben wurden. Bei diesem Verfahren flimmern jedoch waagerechte Zeilen und bei horizontalen Bildbewegungen kommt es zu leichten Doppelkonturen. Die nächste Geräte-Generation arbeitete mit einem Vollbildspeicher, der nun mit der Halbbildfolge 1,2,1,2 arbeitete. Das Zeilenflimmern verschwand, leider verstärkten sich die Doppelkonturen bei schnell bewegten Bildinhalten. Daraufhin gab es 100 Hz-Röhren-Fernseher, die Zwischenbilder errechneten, die immerhin nur noch eine unnatürliche Bewegungsauflösung boten und daher auch die Möglichkeit für den Nutzer, auf die Halbbildfolge 1,1,2,2 umzuschalten.

Spätere 100 Hz-Fernseher arbeiteten mit einer Bewegungserkennung, die bei Kantenflimmern automatisch auf die Halbbildfolge 1,2,1,2 umschaltete und bei schnellen Bewegungen auf 1,1,2,2. Eine weitere Möglichkeit von 100-Hz-Fernsehern war, 50 Vollbilder zu zeigen, die zwar sehr ruhig und detailreich wirkten, damit entstand allerdings wieder das 50-Hz-Großflächenflimmern.

Wichtig ist die 100-Hz-Technik auch für LCD-Monitore, bei denen die Halbbildübergänge nicht weich wie bei Röhrenmonitoren erfolgen, sondern hart geschaltet werden. Das kann bei Bewegungen im Bild zu einem Ruckeln führen. Eine höhere Frequenz mit berechneten Zwischenbildern ist inzwischen gängig und vermeidet dieses Problem.

Stereoskopie (3D)

Stereoskopie für Kino, TV und Fotos wird gerne verkürzt als 3D bezeichnet, das aber wäre genaugenommen eine räumliche Projektion, die auch die Möglichkeit beinhaltet, sich als Zuschauer*in in dem dargestellten Raum bewegen zu können, oder zumindest eine andere Perspektive darauf einnehmen zu können. Im folgenden wird daher hier nur der Begriff "Stereoskopie" verwendet.

Das stereoskopische Sehen beim Menschen beruht darauf, dass die Augen einen horizontalen Abstand von etwa 6,5 cm haben. Die beiden Augen sehen somit eine unterschiedliche Perspektive, also Seitenansicht, des betrachteten Objekts. Das wird als "visuelle Disparität" bezeichnet. Die menschliche Wahrnehmung errechnet aus der perspektivischen Ansicht und den Größenverhältnissen nun die Entfernungen und die (relativen) Positionen im Raum, es entsteht also eine räumliche Wahrnehmung.

Aufnahme

Um mit Video eine stereoskopische Aufnahme zu erstellen muss prinzipiell eine ähnliche Technik verwendet werden, d.h., das Motiv muss mit zwei Kameras aufgenommen werden, die einen geringen horizontalen Abstand zueinander haben. Beide Kameras müssen dabei eine präzise gleiche Einstellung von Entfernung, Helligkeit und Belichtungsdauer aufweisen (auch weitere Parameter wie Gamma und Detailing müssen identisch sein).

Wichtig ist nun die Festlegung der sogenannten "Stereobasis", d.h., der Entfernung der beiden Kameras voneinander, genauer gesagt, der Entfernung der Mittelpunkte der beiden Bildsensoren. Idealerweise sollte diese Entfernung dem Augenabstand entsprechen, also etwa 6,5 cm betragen. Die Ausrichtungen der beiden Kameras müssen dabei konvergieren, also auf einen gemeinsamen Punkt ausgerichtet sein, dem "Konvergenzpunkt". Objekte, die vor diesem Konvergenzpunkt liegen, werden bei der Projektion später als "vor der Leinwand liegend" empfunden (auch als "negative Parallaxe" bezeichnet), Objekte hinter dem Konvergenzpunkt werden als "hinter der Leinwand liegend" empfunden (positive Parallaxe).

Bei professionellen Kameras ergibt sich allerdings schon aus der Baugröße der Kameras ein Problem: Die Bildsensoren von zwei nebeneinander platzierten Kameras haben einen größeren horizontalen Abstand als die menschlichen Augen. Beträgt die Entfernung mehr als 6,5 cm, dann erzeugt man auch bei weiter entfernten Objekten einen für unsere Wahrnehmung ungewohnt starken räumlichen Effekt, ein sogenanntes "Hyper-Stereo". Normalerweise wirken Objekte am Horizont (Häuser, Berge) oder der Anblick der Erdoberfläche aus dem Flugzeug für uns nur noch zweidimensional, die Perspektive der Augen auf diese Objekte unterscheidet sich ja praktisch nicht mehr. Eine starke

Verbreiterung der Stereobasis kann aber dann auch in diesen Entfernungen noch eine Räumlichkeit erzeugen. Andererseits kann auch durch eine Verengung der Stereobasis bei Makroaufnahmen eine größere Tiefe beim Motiv erzeugt werden.

Das Problem des Kameraabstandes kann dadurch gelöst werden, dass die beiden Kameras rechtwinklig zueinander montiert werden und durch ein teildurchlässiges Spiegelsystem hindurch filmen. In jedem Fall ist eine genaue Justierung des Winkels der Kameras zueinander erforderlich, denn hierdurch wird bestimmt, in welcher Entfernung die Achsen der Kameras konvergieren, also welche Entfernung später als "genau auf der Leinwand liegend" dargestellt wird. Einige Prosumer-Camcorder, die bereits mit zwei parallelen Objektiven ausgerüstet sind, ermöglichen ebenfalls stereoskopische Aufnahmen.

Problematisch ist die Darstellung von Objekten, die räumlich vor der Leinwand zu liegen scheinen, wenn sie nur angeschnitten abgebildet werden. Unsere Logik schließt daraus, dass diese sich eigentlich hinter dem Bildfenster (der Leinwand) befinden müssten, da sie ja angeschnitten sind. Das ist eine sogenannte "Scheinfensterverletzung".

(Eine parallele Ausrichtung der Kameras ist ebenfalls möglich, dann müssen aber die Bildinhalte, deren Entfernungsebene später bei der Projektion "scheinbar" auf der Leinwand abgebildet wird, später bei der Postproduktion zueinander verschoben werden.)

Übertragung

Häufig wird für die Übertragung das "**Side-by-Side**"-Verfahren (kurz: **SBS**) verwendet. Hierbei werden die Signale für das linke und das rechte Bild horizontal anamorph auf jeweils die Hälfte gestaucht, bei einem Full HD-Bild also auf jeweils 1080 x 960 Bildpunkte, und werden dann nebeneinander zu einem Bild mit 1080 x 1920 Bildpunkten zusammen-gefügt. Ein 3D-Fernseher kann dieses Signal wieder dekodieren und in eine sequentielle Darstellung der beiden Bilder wandeln. Da für eine flackerfreie Darstellung für jedes Auge eine Frequenz von mindestens 50 Hz erreicht werden muss, werden die Bilder vom 3D-Fernseher mit 100 Hz (bzw. 120 Hz für NTSC) dargestellt. Diese 3D-Bilder haben natürlich nur die halbe horizontale Auflösung, verglichen mit 2D-Bildern. Der Vorteil ist jedoch, dass für die Übertragung keine höhere Bandbreite benötigt und dass dieses Signal zu allen HDTV-Receivern kompatibel ist. Ein ähnliches Verfahren arbeitet mit der Top-Bottom-Kompression (auch als Over-Under bezeichnet). Hier werden die Bilder vertikal gestaucht, haben damit also für den/die Zuschauer*in schließlich nur die halbe vertikale Auflösung, d.h., bei HDTV dann nur noch 540 für jedes Auge.

Eine andere Möglichkeit ist die separate Übertragung der 3D-Bilder in Halbbildern (**zeilensequentiell**), das erste Halbbild (Field) transportiert also den Inhalt für das linke Auge und das zweite den für das rechte Auge.

Eine weitere Variante ist das "Multiview Video Coding"-Verfahren (kurz: MVC), das für BluRays verwendet wird. MVC ist eine Ergänzung zum Codec H.264/MPEG-4 AVC. Der normale 2D-Stream, der hier die Bilder für das linke Auge liefert, wird ergänzt durch einen Stream, der nur die Abweichungen für die Perspektive des rechten Auges beinhaltet. Da diese Abweichungen mit vergleichsweise (zu einem Vollbild) wenig Daten beschrieben werden können, erhöht sich die Datenmenge gegenüber einer 2D-BluRay nur moderat. (Dieses Verfahren lässt sich vergleichen mit der Interframe-Codierung einer DVD.) Für die Übertragung vom BluRay-Player zum Fernseher oder Beamer ist mindestens HDMI 1.4 notwendig.
Ein 3D-Video mit MVC kann auch auf einem herkömmlichen, nicht 3D-fähigen BluRay-Player in 2D abgespielt werden.
Der BluRay-Nachfolger "Ultra HD BluRay" (3840 × 2160 Pixel) unterstützt übrigens keine 3D-Darstellung. In Ultra HD BluRay-Player können aber 3D-BluRays abgespielt (und auf entsprechenden HDTV-Fernsehern in 3D dargestellt) werden.

Darstellung
Bei der Projektion (oder auf dem Monitor) muss schließlich dafür gesorgt werden, dass das linke und das rechte Auge des Betrachters unterschiedliche Informationen erhalten, also die linke Perspektive und die rechte Perspektive separat. Das lässt sich durch Filterung erreichen. Bei dem ältesten Kinoverfahren, der Farbstereoskopie, genauer: **"Farbanaglyphes 3D"** werden dazu die jeweiligen Perspektiven auf den separaten Filmstreifen eingefärbt (rot, bzw. grün) und zusammen auf eine Leinwand projiziert. (Im TV werden die Perspektiven, also die eingefärbten Bildinhalte, auf die einzelnen Halbbilder aufgeteilt.) Der/die Zuschauer*in benötigt eine Brille, die links eine rote und rechts eine grüne Filterfolie aufweist. Dadurch wird für das linke Auge der grüne Filminhalt ausgefiltert und für das rechte Auge der rote Filminhalt. Im Ergebnis weisen die so projizierten Filme für den/die Zuschauer*in allerdings nur noch eine geringe Farbigkeit auf.
Ab Ende der 70er Jahre wurde auch das **"Deep Vision"**-Verfahren verwendet, das mit Cyan als Filter (links) und rot (rechts) arbeitete. Der Vorteil war eine bessere Farbdarstellung. Später gab es unter dem Namen **"Trio Scopics"** auch eine Kombination von Grün (links) und Magenta (rechts).

Eine neuere Art der stereoskopischen Kino-Projektion erfolgt mittels **polarisiertem Licht**: Separate Projektoren, die mit Polfiltern ausgestattet sind, projizieren die linke und die rechte Bildperspektive auf die Leinwand. Möglich ist auch ein Projektor mit einem Filter, der die linken und rechten Bilder sequentiell (also alternierend nacheinander) zeigt und mit einem Polfilter ausgestattet ist, der passend dazu seine Polarisierung ändert. Die Polfilter für die linke und die rechte Projektion müssen dabei das Projektionslicht möglichst unterschiedlich polarisieren, der/die Zuschauer*in wiederum muss eine Brille mit Polfiltern tragen, die passende Polarisierungen für das jeweilige Signal aufweisen. Das wurde zunächst mit linearer Polarisation durchgeführt, d.h., die Lichtwellen der beiden Signale stehen dabei im rechten Winkel zueinander (horizontal und vertikal). Dabei war allerdings ein Übersprechen zwischen beiden Signalen nicht zu vermeiden, ungünstig war zudem eine mögliche Kopfneigung bei Zuschauer*innen. Technisch bessere Resultate sind mit der "zirkularen Polarisation" möglich. Bei Filtern mit zirkularer Polarisation durchläuft das Licht zunächst einen linearen Polfilter und anschließend einen Filter mit optisch anisotropem Material, welches für unterschiedlich polarisiertes Licht verschiedene Ausbreitungs- geschwindigkeiten in verschiedenen Richtungen aufweist. Dadurch wird das Licht in eine Drehung versetzt, je nach Anordnung des Filters mit dem anisotropem Material in eine links- oder in eine rechtsdrehende Bewegung. Eine zirkular polarisierte Brille kann nun das linksdrehende Licht durch einen rechtsdrehenden Filter blockieren (und umgekehrt).

Notwendig ist zudem eine Leinwand mit metallbeschichteter Oberfläche (siehe Leinwände, Seite 196), die bei der Reflektion die Polarisierung erhält. Bei nicht-metallisch beschichteten Leinwänden wird das polarisierte Licht zerstreut und die Polarisation hebt sich auf.

Zwar fallen für die Einrichtung dieser 3D-Varianten in den Kinos einige Zusatzkosten (Projektorausstattung und spezielle Leinwand) an, jedoch sind die nachfolgenden Kosten für die polarisierten Brillen vergleichsweise gering (und werden meist ohnehin von den Zuschauer*innen übernommen).

Möglich ist das Polarisationsverfahren auch bei Monitoren: Auf dem Display wird ein Polarisationsfilter aufgebracht, der die Polarisierung zeilenweise wechselt. Damit genügt eine einfache Polarisationsbrille für die Zuschauer*innen. Der Nachteil ist, dass die Bildauflösung in der Vertikalen nur noch halb so hoch ist, also für jedes Auge bei HDTV dann nur noch 540 Zeilen betragen würde. Mit einem 4K-Fernseher könnte dann aber für 3D bereits wieder HDTV-Auflösung erreicht werden.

Vorwiegend für kleinere Zuschauer*innen-Zahlen (d.h., für den Gebrauch bei Monitoren) ist das **Shutter-Verfahren** geeignet: Die Bilder für die linke und die rechte Perspektive werden sequentiell projiziert, der/die Zuschauer*in muss eine Active-Shutter-Brille mit LCD-Technik tragen, die in passendem Rhythmus das linke, bzw. rechte Auge verdunkelt. Diese Brille benötigt eine vergleichsweise aufwendige Technik, da sie ständig per Funk oder Infrarot vom Monitor synchronisiert werden muss.

Digitale Videosignale

Das digitale Videosignal wird bei allen aktuellen Videosystemen auf der Grundlage des (analogen) Y/R-Y/B-Y-Signals gebildet. Das heißt, auch hier werden Farbe und Helligkeit getrennt übertragen, bzw. verarbeitet und aufgezeichnet. Die Trennung findet allerdings nicht über verschiedene Leitungen statt, sondern die Signale werden in einer seriellen Abfolge in einer Leitung übertragen. Der Vorteil gegenüber analogen Übertragungs- und Aufzeichnungssystemen ist, dass eine Veränderung der Signalamplitude, etwa bei Übertragungsproblemen durch zu lange Leitungen, keinen Einfluss auf die Signaldarstellung hat, solange das digitale Signal in seiner Struktur erkennbar bleibt und damit vollständig rekonstruierbar ist.

Aus dem zunächst analogen Signal, wie es aus den Pixeln des Bildsensors der Kamera kommt, wird das digitale Signal abgetastet. In regelmäßigen Abständen werden dazu Proben (Samples) erstellt und den dabei gemessenen Werten ganze Zahlen aus einer endlichen Menge zugeordnet. Dabei muss zum einen festgelegt sein, wie häufig das Signal abgetastet wird (Abtastfrequenz) und zum anderen, wie viele Wertstufen pro Abtastung möglich sind (Quantisierungsstufen).

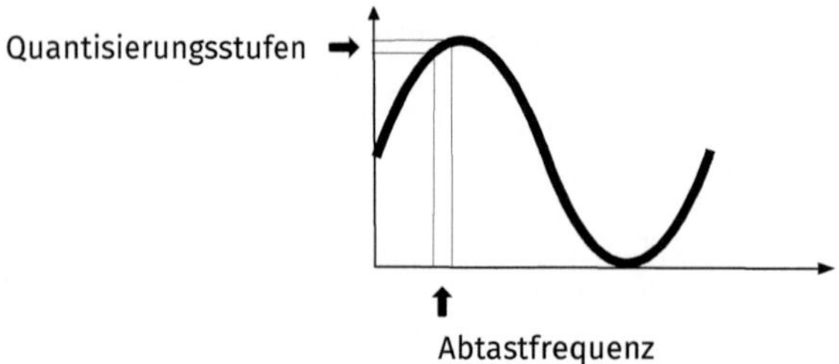

Digitale Abtastung eines analogen Signals

Für die Abtastfrequenz gilt: Sie muss mindestens das doppelte der wahrnehmbaren Frequenzen betragen, damit jede nutzbare Schwingung erfasst werden kann (Nyquist-Shannon-Abtasttheorem). Bei Audiosignalen ist das anschaulich, die höchste wahrnehmbare Frequenz liegt (je nach Alter des Hörers) bei etwa 18 bis 20 kHz. Wenn man dazu noch etwas Reserve packt und dann das ganze verdoppelt, ergeben sich 44,1 kHz, das ist die Abtastrate einer Audio-CD. (Die Fernsehsendeanstalten fordern jedoch für die Bearbeitung und Speicherung von digitalen Audiosignalen eine höhere Abtastrate von 48 kHz.) Beachtet werden muss dabei, dass höhere Frequenzen oberhalb des gewünschten Frequenzbereiches vor einer Digitalisierung ausgefiltert werden müssen. Sonst kann es geschehen, dass diese höheren Frequenzen beim Prozess der Digitalisierung fehlinterpretiert werden, also neue Frequenzen im wahrnehmbaren Bereich entstehen. Dieser Digitalisierungsfehler wird als "Alias-Effekt" oder auch als "Aliasing" bezeichnet.

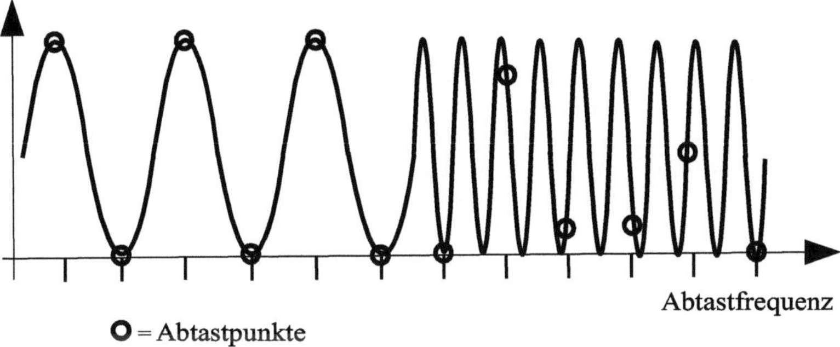

Abtastung eines Signals mit zu geringer Abtastrate

Würde nun man die obige Abtastung nun wieder decodieren, also wieder in ein analoges Signal transformieren (bei gleichzeitiger Interpolation der Frequenzkurve), entstünde die folgende Kurve:

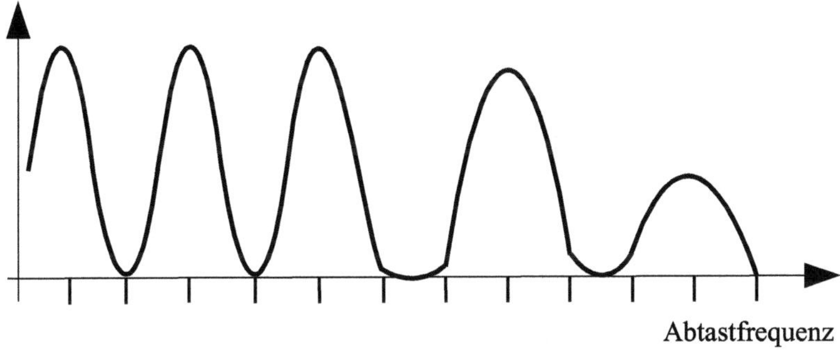

Resultat einer Abtastung mit zu niedriger Abtastrate

Für ein Videovollbild im PAL-Format ergibt sich somit: In einem 4:3-Bildformat mit 575 aktiven Zeilen müssten pro Zeile 766 Punkte dargestellt werden können und zwar jeweils in 52 µs, der Dauer der reinen Bildinformation pro Zeile. Für die digitalen Formate wurden die Anforderungen etwas verändert:
575 aktive Zeilen bedeuten 287,5 Zeilen pro Halbbild. Eine halbe Zeile stellt aber ein Problem für digitale Datenwörter dar. Also wurden die halben Zeilen mit jeweils einer halben Leerzeile aufgefüllt, so dass nun jedes Halbbild 288 Zeilen und das Vollbild somit 576 aktive Zeilen hat.

Wenn die Bildsignale horizontal und vertikal mit einer gleich hohen Auflösung dargestellt werden sollen, müssen die einzelnen Bildpunkte quadratisch sein ('square Pixel'). Theoretisch ergäbe sich somit für digitale PAL-Videosignale in einem Bild-Seitenverhältnis von 4:3 bei 576 aktiven Zeilen eine Bildauflösung von 576 x 768 Pixeln. Um aber die Formate PAL und NTSC (horizontal = 640 Pixel) einander anzunähern, wurde die horizontale Auflösung für beide Systeme auf 702 Pixel in 52 µs Abtastzeit festgelegt. Dazu kam noch die Verbreiterung der bisherigen Bildinformation um jeweils 9 Pixel zu Beginn und am Ende jeder Zeile, um einen Sicherheitsrand für eine Wiedergabe mit analoger Technik zu schaffen. Die dafür benötigte Zeit wurde den Schwarzschultern abgezogen (siehe Austastsignal, Seite 45). Damit beträgt die Dauer einer aktiven Bildzeile nun 53,33 µs. Allerdings ist jetzt das Seitenverhältnis der Pixel nicht mehr quadratisch: Pro Zeile teilen sich nun 720 Pixel die Fläche, die vorher von 768 Pixeln beansprucht wurden. Es sind nun 'non-square-Pixel' mit einem Seitenverhältnis von 1:1,0667 entstanden. Wichtig ist das insofern, als dass Computer und somit Bildbearbeitungsprogramme (Photoshop, etc.) mit square-Pixeln arbeiten, das heißt, bei der Übertragung von Videodateien in Grafikprogramme (und umgekehrt) müssen die Bild-Seitenverhältnisse gegebenenfalls um den Faktor 1,0667 korrigiert werden.

Auch das digitale 16:9-SD-Videobild arbeitet mit 720 Pixeln in der Bildbreite, diese sind allerdings wesentlich breiter als die Standardpixel, sie haben nämlich ein Seitenverhältnis von 1,422. Daher spricht man beim SD-Video vom "anamorphical widescreen" (im Gegensatz zum HD-Video, das inzwischen mit square-Pixeln, also einer echten 16:9 Pixelauflösung arbeitet). Technisch betrachtet wird ein 16:9-SD-Bild als 4:3-Bild aufgezeichnet, erst ein geeigneter Monitor entzerrt es wieder zu einem 16:9-Bild (siehe Seite 53ff). Wenn ein solches Signal ohne 16:9-Kennung auf einem 4:3 (nicht-16:9-fähigen) Monitor dargestellt wird, erscheint es also gestaucht, d.h., abgebildete Personen wirken sehr schlank. Das bedeutet andersherum auch, dass man mit einer gewöhnlichen 4:3-Kamera die mit einer geeigneten anamorphotischen Vorsatzlinse ausgestattet ist, eine verwendbare 16:9 Aufzeichnung erstellen kann.

Wenn man die Fähigkeit des Bildsensors zur maximalen Auflösung eines Bildes beschreiben will, so kann man das (weiter oben bereits erwähnte) Testbild aus parallelen senkrechten Linien verwenden, das für jeden Bildpunkt einen anderen Inhalt darstellt. Theoretisch müssten sich damit in einem digitalen SD-Bild 720 parallele Linien (jeweils abwechselnd 360 schwarze und 360 weiße Linien) darstellen lassen. Es ergeben sich also pro Bildzeile 720 Bildpunkte (= Abtastwerte), die abwechselnd schwarze und weiße Punkte darstellen. Je zwei Punkte bilden eine schwarz-weiß-

Periode, also eine Schwingung, somit ergeben sich 360 Schwingungen pro Bildzeile. Damit ergibt sich für die Abtastung in jeder Zeile: 360 Schwingungen : 53,33 µs = 6,75 MHz. Diese analoge Bildfrequenz muss nun für die Umwandlung in ein digitales Signal mit mindestens der doppelten Abtastfrequenz erfasst werden.
Für ein HD-Signal (1080i und 720p50) ergibt sich für das Y-Signal eine Schwingungs-Frequenz von 37,125 MHz. (Siehe unten, Kapitel "HDTV", ab Seite 74.)

Die Quantisierungsstufen werden in Bit dargestellt. 1 Bit entspricht dem Schaltungszustand 0 oder 1, 8 Bit bilden 1 Byte, das sind 2^8 = 256 Werte, bzw. Quantisierungsstufen. 16 Bit ermöglichen die Darstellung von etwa 65.000 Quantisierungsstufen. (Damit ist bei einem Audiosignal keine Verfälschung gegenüber dem Original hörbar.) Für ein Videosignal genügen 8 Bit (256 Stufen), mit 10 Bit (1024 Stufen) verbessert sich der Bildeindruck aber erkennbar. Eine Digitalisierung von Filmmaterial, bei der kein Unterschied zum Original erkennbar sein soll, müsste allerdings sogar mit 14 Bit (etwa 16.000 Stufen) erfolgen.
Da das analoge Videosignal unendlich viele mögliche Werte hat, die mit der endlichen Anzahl der Quantisierungsstufen nur annäherungsweise erfasst werden können (es wird sozusagen gerundet, wenn der Videowert zwischen zwei Stufen liegt) entstehen Quantisierungsfehler, die auch als Quantisierungsrauschen bezeichnet werden. Eine Erhöhung der Quantisierungsstufen um ein Bit verbessert den Rauschabstand um 6 dB. Bei einer genügend hohen Quantisierungsrate verteilen sich diese Fehler jedoch statistisch gleichmäßig und werden nicht mehr wahrgenommen.

Subsampling
Üblich sind bei SD-Video Komprimierungen auf 25 oder 50 MBit/s, bei HD 100 MBit/s. Dabei werden die Farbsignale anders als die Luminanzsignal behandelt, das Verhältnis von Luminanzsignalen zu Farbsignalen wird als Farb-Subsampling bezeichnet. Das Verhältnis 4:2:2 beschreibt beispielsweise ein Kompressionsverfahren auf der Grundlage der oben genannten Abtastraten: 13,5 MHz für die Luminanz- und je 6,75 MHz für die Chrominanzsignale R-Y und B-Y, bzw. bei HD 74,25 MHz für die Luminanz- und je 37,125 MHz für die Chrominanzsignale R-Y und B-Y. Bei dieser 4:2:2-Abtastung wird in jeder Bildzeile an jedem Bildpunkt der Y-Wert abgetastet, die Werte für R-Y und B-Y werden jedoch nur an jedem zweiten Bildpunkt abgetastet, es ergeben sich also für jedes SD-Farbsignal 360 Abtastwerte pro Zeile (bei HD 960). Die 4:2:2-Abtastung genügt für Broadcast-Zwecke, sie bietet hinreichend Reserven für die Nachbearbeitung, auch ein Chroma-Key, etwa in einer Greenbox, ist damit unproblematisch.

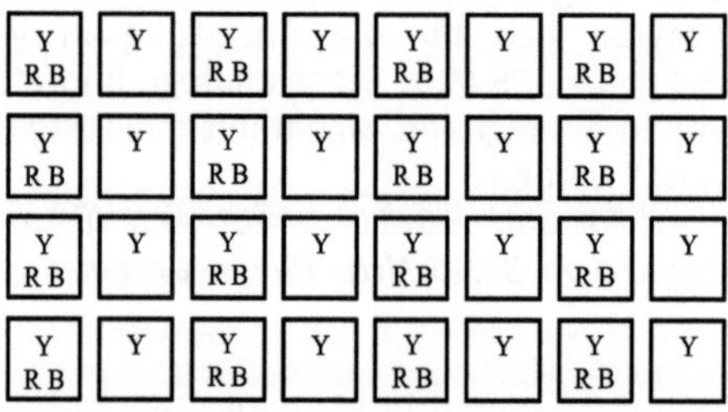

Farbabtastung im Verhältnis 4:2:2

Es gibt aber auch die Verhältnisse mit noch geringeren Abtastwerten für die Farbsignale, sogenannte Unterabtastungen., z.B. 4:1:1, also eine nochmals halbierte Farbauflösung mit 180 Abtastwerten (bei SD) pro Zeile für jedes Farbsignal. Mit einer Auflösung von 1,6 MHz liegt diese Unterabtastung von 4:1:1 aber immer noch über den 1,3 MHz, die für qualitativ ausreichende Farb-Wahrnehmung bei den Zuschauer*innen notwendig sind. Sie wird beispielsweise beim DVC-Pro-Format verwendet. Allerdings entspricht diese Auflösung nicht den Broadcast-Anforderungen, sie kann jedoch in der News-Produktion und für die Distribution verwendet werden.

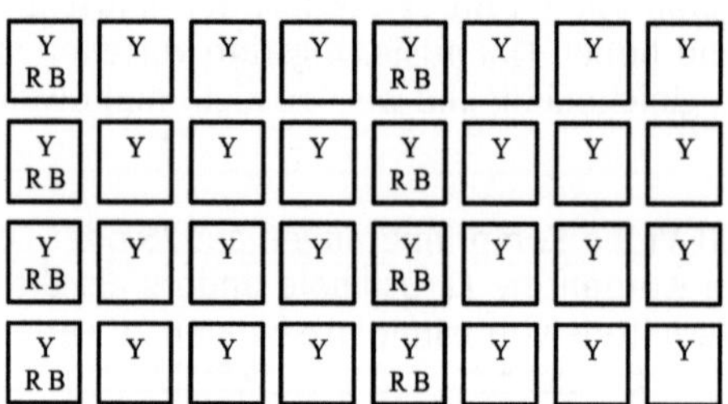

Farbabtastung im Verhältnis 4:1:1

Ähnlich verhält es sich für die Abtastung mit 4:2:0, die bei DV, DVCAM, AVCHD oder auch bei DVD, BluRay und UHD-BluRay verwendet wird. Die Übertragung der Farbkomponenten geschieht nur in jeder zweiten Zeile, in den anderen Zeilen werden die fehlenden Farbkomponenten im Empfangsgerät dann aus der vorhergehenden Zeile übernommen.

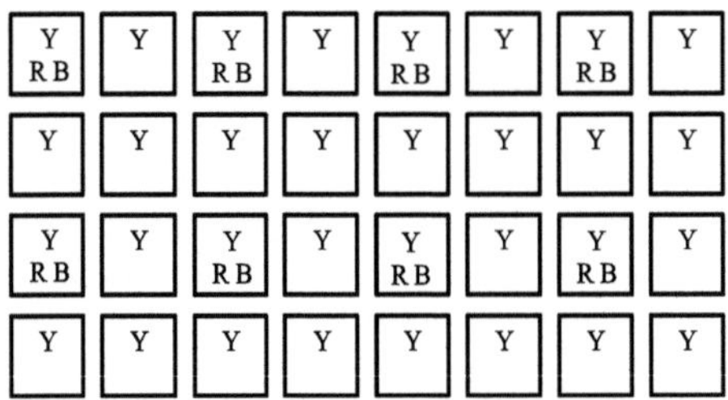

Farbabtastung im Verhältnis 4:2:0

Die Zahl 4 für den Y-Wert wird hier verwendet, weil sie sich in Bezug auf die verwendeten Farbabtastungen auf den kleinsten gemeinsamen Nenner, nämlich 4 nebeneinander liegende Pixel bezieht.

Bei den HD-Formaten kamen dann allerdings neue Standards hinzu mit weiteren Formen der Unterabtastung: Das HDCAM-Format wird beispielsweise mit 3:1:1 abgetastet. Das bedeutet, dass obwohl HDCAM ein Full-HD-Standard ist, also 1080 sichtbare Zeilen aufweist, hier die Auflösung in den Zeilen reduziert ist. Statt mit 1920 Bildpunkten pro Zeile werden bei HDCAM nur 1440 (nonsquare) Bildpunkte pro Zeile verwendet, es ist also nur ein 3/4 der möglichen Full-HD-Auflösung für Y. Die Farbabtastung beträgt bei HDCAM dann auch nur noch 1/3 der Y-Abtastung, also 480 Bildpunkte pro Zeile. Andere Unterabtastungen finden sich bei HDV 2 und AVC-Intra50 mit jeweils 3 : 1,5 : 0 und bei DVC-ProHD mit 3 : 1,5 : 1,5.

Das Verhältnis 4:4:4 kann sowohl ein Y/R-Y/B-Y-Signal wie auch ein RGB-Signal beschreiben, es findet also keine Farbunterabtastung statt. Verwendet wird das RGB-Signal beispielsweise im HDCAM-SR HQ-Format und in den RAW-Formaten (ARRI, RED, Blackmagic).

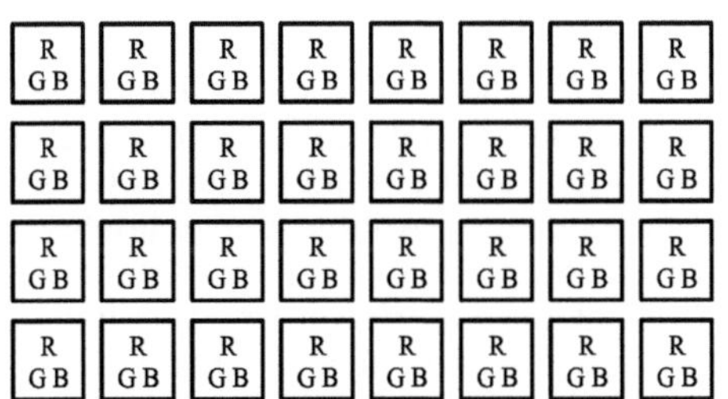

Farbabtastung im Verhältnis 4:4:4

Für das digitale SD-Video-Komponentensignal, mit 720 Abtastwerten pro aktiver Zeile, wurde in der internationalen Norm "ITU-R BT.601" festgelegt, dass das Luminanz-Signal eine Abtastrate von 13,5 MHz haben soll. Für die Farbsignale R-Y und B-Y wurden jeweils die halben Werte als Abtastraten festgelegt, also je Farbsignal 360 Abtastwerte pro aktiver Zeile.
Für HD wurde die Norm "ITU-R BT.709" festgelegt, mit einer Y-Abtastrate von 74,25 MHz und bei einem Subsampling von 4:2:2 je Farbsignal 960 Abtastwerten. (Siehe auch: Farbräume, S. 159ff.)
Die Quantisierungsrate wurde zunächst mit 8 Bit festgelegt, später jedoch auf 10 Bit erhöht. Nicht alle Quantisierungsstufen werden für das eigentliche Bild verwendet, extreme Schwarz-, Weiß- und Farbwerte könnten zu Übersteuerungen führen bei einer Konvertierung in ein analoges Signal (siehe auch: "illegale Farben", Seite 161). Verwendet werden bei einem 8 Bit Signal von 256 möglichen Stufen für Y nur die Stufen 16 bis 235, für die Farbdifferenzwerte die Stufen 16 bis 240. Bei 10 Bit sind es von 1024 möglichen Stufen für Y die Stufen 64 bis 940 und für die Farbdifferenzwerte die Stufen 64 bis 960. Somit können für Y bei 8 Bit 220 Helligkeitswerte (Graustufen) und bei 10 Bit 877 Werte dargestellt werden. Für die Farbdifferenzwerte ergeben sich für jedes Signal bei 8 Bit-Codierung jeweils 225 Werte und bei 10Bit-Codierung 897 Werte. Insgesamt ergibt sich bei SD-Video daraus für jedes Vollbild bei einer 8 Bit-Quantisierungsrate eine Datenmenge von 216 MBit/s, bzw. von 270 MBit/s bei einer 10 Bit-Quantisierungsrate.

Daten-Kompression

Die dabei entstehende Datenmenge wäre für eine Speicherung auf Videoband oder Festplatte aber unnötig groß (und bei den ersten handelsüblichen Digitalmedien auch nicht speicherbar gewesen): Bei 8 Bit ergäbe sich ein Speicherbedarf von 1,6 GB pro Minute und bei 10 Bit sogar 2 GB. Eine gute Videoqualität lässt sich jedoch auch mit einer geringeren Datenmenge speichern, dazu werden verschiedene Kompressionsverfahren verwendet. Einerseits können redundante Daten (Redundanzen = überschüssige Daten) reduziert werden: Man kann davon ausgehen, dass benachbarte Pixel sich oft ähnlich sind, dass aufeinander folgende Bilder häufig ähnliche Inhalte haben und dass nicht alle Graustufen gleich häufig vertreten sind. Ebenso gibt es irrelevante Daten, also Informationen die vom Auge nicht wahrgenommen werden und Bildfehler (Rauschen). Ein Herausrechnen dieser irrelevanten Information kann als Vereinfachung gegenüber dem Original akzeptiert werden. (Redundanz ist allerdings nicht immer unerwünscht: Zum Teil ist Redundanz notwendig zur Datensicherung, etwa beim RAID-Verfahren - siehe Seite 123, das gleiche Daten auf mehreren Festplatten speichert, oder auch zur Erhöhung der Zugriffsgeschwindigkeit.) Der prozentuale Anteil von Redundanz und Irrelevanz ist abhängig von der Komplexität des Bildsignals, also der

Menge der Bilddetails und der Bewegung, und auch der Veränderung von Bildinhalten in der Bildabfolge. Ideal wäre also ein Datenreduktionsverfahren mit einer variablen Kompression: 'Einfache' Bilder erzeugen dabei eine geringe Datenmenge, komplexe Bilder erzeugen eine hohe Datenmenge. Diese variable Kompression wird beispielsweise für die Speicherung auf Discs (DVD) und Speicherkarten verwendet. Andere Systeme, insbesondere die Bandaufzeichnung, sind jedoch auf eine feste Datenrate angewiesen, mit dem Nachteil, dass bei komplexen Bildinhalten Kompressionsartefakte ('Klötzchen') zu sehen sein können.

Grundsätzliche werden zwei verschiedenen Arten der Kompression unterschieden:

Die **verlustfreie Kompression** bedeutet, dass sich die Originaldaten 1:1 wieder herstellen lassen. Dies ist für Texte, Tabellen und Programmdateien unerlässlich, für Audio- und Videodateien aber nicht notwendig. Bei letzteren ist die menschliche Wahrnehmung relativ tolerant. Dennoch wird natürlich auch die verlustfreie Kompression für Audio und Video verwendet. Die bekanntesten Verfahren sind dabei:
- Die variable Längencodierung (VLC, auch: Huffmann-Kompression), sie arbeitet mit variabler Bitlänge, häufig verwendete Zeichen oder Werte erhalten kürzere Bitfolgen und
- die RLE-Kompression (auch Lauflängenkodierung genannt): Identische aufeinander folgende Werte werden nicht mehr einzeln kodiert, sondern nur einmal und dazu die Anzahl der Wiederholungen).

Die verlustfreien Kompressionsverfahren ermöglichen für Video eine Reduzierung der Datenmenge um etwa 50 %, somit gilt eine Kompression von 2:1 als verlustlos. Das genügt in den meisten Fällen jedoch nicht.

Die **verlustbehaftete Kompression** ermöglicht wesentlich höhere Kompressionsraten, also Verringerung der Datenmenge. Das funktioniert im Wesentlichen über die Entfernung von irrelevanten Daten, zum Beispiel kann Rauschen ausgefiltert werden oder die selektive menschliche Wahrnehmung wird ausgenutzt, etwa beim 'Verdeckungseffekt', der besagt, dass beispielsweise bei Audiosignalen leise Töne nicht mehr wahrgenommen werden, wenn sie von lauten Tönen überlagert sind. Die Schwierigkeit beim Entfernen irrelevanter Daten ist die Unterscheidung von relevanten Daten. Relevant in einem Bild sind Flächen, Helligkeitsverläufe und Kanten. Große regelmäßige Flächen im Bild werden von niedrigen Frequenzanteilen gebildet, feine Muster benötigen hohe Frequenzen und scharfe Kanten mit starken Kontrasten bilden Frequenzen mit relativ hohen Amplituden.

Anders stellt sich das Videosignal des Rauschens dar: Es bildet geringfügige Unterschiede von Bildpunkt zu Bildpunkt (60 dB Rauschabstand entspricht 0,1 % Bildamplitude), d.h., die Frequenz ist hoch, die Amplitude jedoch sehr gering. Wenn man das Videosignal nun auf die unterschiedlichen Strukturen hin bewertet, dann sind offensichtlich einerseits langsame Schwingungen, sowie kurze Schwingungen mit hoher Amplitude wichtig. Sehr kurze Schwingungen mit geringer Amplitude hingegen könnten aus dem Signal 'herausgerechnet' werden.

DCT Diskrete Cosinus Transformation

Für das herausrechnen unerwünschter Signalanteile bietet sich die 'Diskrete Cosinus Transformation' (DCT) an. Bei der Umrechnung in Cosinus-Werte erhalten langsame Schwingungen hohe Zahlenwerte, große Amplituden führen ebenfalls zu höheren Zahlenwerten, aus dem Rauschen errechnen sich jedoch niedrige Zahlenwerte. In einem zweiten Schritt (Quantisierung) werden die Werte bewertet, d.h., mit Hilfe einer Matrix quantisiert: Die errechneten DCT-Werte werden dabei je nach Bedeutung für die bildliche Darstellung dividiert, 'unwichtige' Werte werden hierbei stärker reduziert, also durch einen höheren Divisor geteilt. Bis hierhin ist die DCT ein reversibler Rechenprozess und noch keine Kompression. Nun werden die errechneten Werte gerundet, dabei werden etliche Werte zu Null. Dieser Rechenprozess ist irreversibel, aber immer noch keine Kompression. Die eigentliche Kompression erfolgt erst jetzt als Lauflängenkodierung (RLE), also das Zusammenfassen mehrerer (Null-)Werte zu einem Datenwort.

Konkret wird die DCT-Berechnung jeweils separat an Blöcken aus mehreren benachbarten Pixeln ausgeführt, die Größe beträgt zumeist 8 x 8 Pixel oder 16 x 16 Pixel.

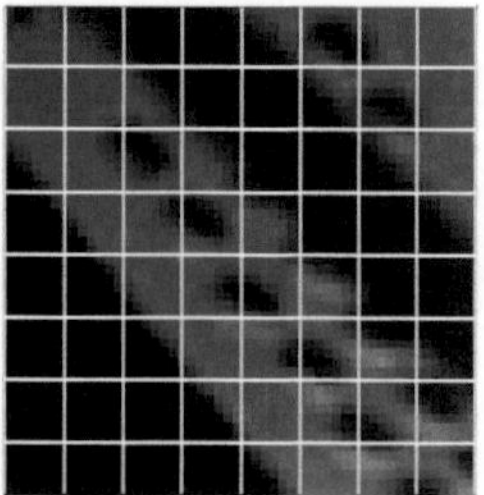

Aufteilung eines Bildes in DCT-Blöcke

Es wird nun nicht Pixel für Pixel in einen DCT-Wert überführt, sondern es werden die DCT-Ableitungen für die verschiedenen Frequenzbereiche hergestellt, aus der ortsgebundenen Pixelfolge wird eine orts-ungebundene Frequenzfolge. Oben links im Block wird zunächst der DCT-Wert für den durchschnittlichen Grauwert des gesamten Blocks dargestellt, daneben liegen die wichtigen Werte für die tieffrequenten Anteile, nach unten rechts hin werden die zunehmend höherfrequenten Anteile berechnet.

Errechnete DCT-Werte

212	36	-2,6	-3,8
0,6	-0,8	1,8	-5,6
0,2	-2,6	0,4	-1,8
2,2	4	0,6	1,4

Matrix mit Divisoren

4	4	5	6
4	5	6	7
5	6	7	8
6	7	8	8

Gerundete Werte

53	9	-1	-1
0	0	0	-1
0	0	0	0
0	1	0	0

DCT-Berechnung (vereinfacht mit 4x4 Werten dargestellt)

Nun ergibt sich ein neues Problem: Die Datenmenge eines auflösungsreichen Bildes mit vielen Details ist sehr groß, die Datenmenge eines Bildes, das wenige Details enthält, dagegen vergleichsweise klein. Die Datenmengen der einzelnen Bilder können also unterschiedlich groß sein. Das ist aber nicht zulässig für Bandaufzeichnungsverfahren, da die Abtastgeschwindigkeit gleich bleiben muss (- im Gegensatz zu MPEG2-Dateien für DVDs). Die DCT-Kompression muss also angepasst werden an die erforderliche Datenrate. Dieses geschieht durch einen Zwischen-speicher (Smoothing Buffer), den die bereits komprimierten Daten durchlaufen. Er sorgt dafür, dass kontinuierlich ein gleichgroßer Daten-strom ausgegeben wird.

Wenn nun der Füllstand dieses Speichers zu hoch wird, d.h., die Detailauflösung des Bildes bringt zu viele Daten hervor, dann gibt es eine Rückmeldung an die Quantisierungsschaltung. Daraufhin wird dort nun eine andere Matrix mit größeren Divisoren verwendet, die die Detailauflösung reduziert. Auf diese Weise entstehen bei detailreichen Bildern Artefakte, es bilden sich sichtbare Vereinfachungen des Bildes, also Klötzchen in der Abbildung, die in sich keine Struktur mehr aufweisen.

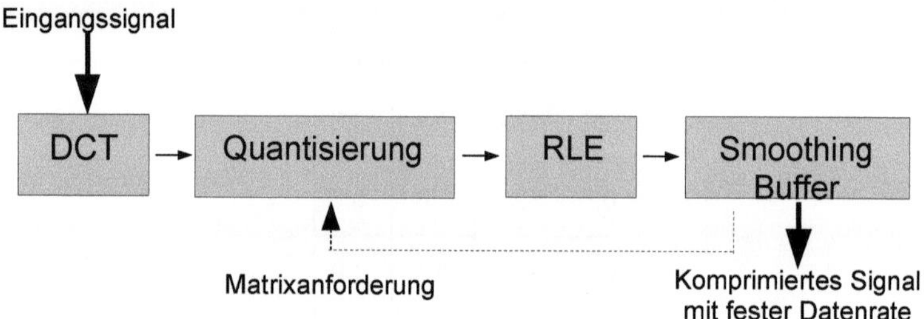

Arbeitsweise des Smoothing-Buffers

DWT - Diskrete Wavelet Transformation

Der Nachteil des DCT-Verfahrens liegt in der Bildung der zu untersuchenden Blöcke (8x8 Pixel oder 16x16 Pixel). Möglichst kleine Blöcke haben zur Folge, dass zwar hochfrequente Schwingungen, also Kanten im Bild, räumlich genau zugeordnet werden können, niederfrequente Schwingungen (Flächen) können damit aber nur ungenau analysiert werden. Umgekehrt können bei größeren Blöcken Flächen zwar präziser erfasst werden, dafür aber hochfrequenten Schwingungen (Kanten) räumlich nicht mehr so genau zugeordnet werden.

Diesen Nachteil vermeidet die Wavelet-Transformation. Das Bild wird in seinen einzelnen Zeilen und Spalten auf ein bestimmtes "Schwingungs-Muster" hin untersucht. Dazu wird das Bild in seine hochfrequenten und tieffrequenten Anteile gefiltert. Zunächst durchlaufen die Zeilen einen Hochpass-Filter und einen Tiefpass-Filter, die resultierenden Filterergebnisse durchlaufen nun nochmals spaltenweise einen Hochpass- und einen Tiefpass-Filter. Damit liegen nun vier verschiedene Filterungen vor:

1. Zeilen- und Spaltenweise Tiefpass-gefiltert,
2. zeilenweise Tiefpass-gefiltert und spaltenweise Hochpass-gefiltert,
3. zeilenweise Hochpass-gefiltert und spaltenweise Tiefpass-gefiltert,
4. Zeilen- und spaltenweise Hochpass-gefiltert.

Diese Filterungen werden nun auf das Vorhandensein eines bestimmten Frequenzmusters untersucht, ein Vergleichs-Muster wird dazu über die Spalten und Zeilen verschoben, und damit festgestellt, wo genau das gesuchte Frequenzmuster auftritt. Damit ist eine räumliche Zuordnung der Frequenz im Bild möglich. Nach weiteren auftretenden Frequenzen wird gesucht, in dem nun das doppelt-tiefpassgefilterte Bild reduziert wird: Die Auflösung des Bildes wird reduziert, in dem horizontal und vertikal jedes zweite Pixel entfernt wird. Das hat zur Folge, dass die im Originalbild auftretenden Frequenzen nun halbiert dargestellt werden. Dieser Prozess wird "Faltung" genannt. Als anschauliches Beispiel: Das ist etwa so, als ob man ein Papierfoto sehr fein, wie eine Ziehharmonika, falten würde, es würde dadurch anamorph gestauchtes Bild entstehen, die Strukturen im Bild rücken zusammen, scheinen also eine "höhere Frequenz" zu haben. Dieses reduzierte Bild durchläuft nun wieder den Hochpass- und Tiefpass-Filter, das Ergebnis wird wiederum auf das, oben genannte, festgelegte Frequenzmuster untersucht. De Facto wird damit aufgrund der Faltung des Bildes nun aber nach einer Frequenz gesucht, die nur halb so hoch ist, wie beim ersten Durchgang.

Diese Faltungen, Filterungen und Suchvorgänge werden nun so lange fortgeführt, bis die verbleibenden Zeilen und/oder Spalten nicht mehr länger sind, als das Vergleichsmuster, mit dem gesucht wird.

Dieser Prozess ist verlustfrei rekonstruierbar.

Die eigentliche Datenreduktion geschieht, da es zahlreiche Nicht-Übereinstimmungen mit dem Vergleichsmuster geben wird und damit die Möglichkeit, diese als RLE (Run Length Encoding) zusammenzufassen.

DPCM   Differential Puls Code Modulation

Eine weitere Methode zur Kompression von Videosignale ist die 'Differential Puls Code Modulation' (DPCM). Dabei wird davon ausgegangen, dass in einem Videobild benachbarte Punkte häufig gleich sind. Die DPCM beschreibt daher nur die Veränderung der Helligkeitswerte von einem Bildpunkt zum nächsten. Weil diese Art der Kompression bei komplexen Bildern nicht zu einer hinreichenden Datenreduktion führt, werden die Daten auch hier quantisiert (s.o.). Das birgt allerdings die Gefahr, dass sich Quantisierungsfehler im Verlauf des Bildes addieren. Daher wird das quantisierte Bild sofort noch einmal dekodiert unter den Bedingungen, die im Empfänger, bzw. Player existieren, und mit dem Original verglichen, um die möglichen Dekodierungsfehler in die Kodierung mit einrechnen zu können.

Besonders wirksam ist die DPCM-Kompression wenn es nicht nur um Einzelbilder (intraframe) geht, sondern um Bildfolgen (interframe). Hier kann davon ausgegangen werden, dass Bildinhalte über mehrere Bilder nacheinander ähnlich sind: Wenn sich Objekte bei feststehender Kamera im Bild bewegen, bleibt der Hintergrund gleich, bei Kameraschwenks und -zooms können immerhin Vorhersagen über die Bildbewegung gemacht werden, indem Bewegungsvektoren ermittelt werden.

HDTV

Das hochauflösende Fernsehen (High Definition Television = HDTV) war Anfang der 90er Jahre in Europa und den USA zunächst eine Weiterentwicklung der jeweils bereits vorhandenen Systeme. Somit war PAL-HDTV mit 1250 Zeilen im 16:9-Format und NTSC-HDTV mit 1050 Zeilen im 16:9-Format definiert.
Weltweit durchgesetzt hat sich aber ein anderes HDTV-Format aus Japan. Dort wurde Hi-Vision, ein auf NTSC basierender Standard mit 1125 Zeilen (davon sind 1080 sichtbar), zunächst im 5:3 Bildformat entwickelt. Das Bildformat wurde später auf 16:9 verändert. Anfänglich war die Übertragung problematisch, das Hi-Vision System hat eine Signalbandbreite von 32,5 MHz und musste daher für die Übertragung komprimiert werden. Dafür wurde das MUSE-Verfahren (Multiple Sub-Nyquist Sample Encoding) verwendet, mit dem das Signal auf 8 MHz komprimiert werden konnte, womit eine analoge Satelliten-Übertragung möglich ist. (Terrestrische Antennen-Übertragungen sind auf etwa 6 MHz begrenzt.) Durch die Kompression verlor das Bildsignal jedoch an Bildschärfe, besonders stark bei schnell bewegten Bildern. Daher wurde den japanischen HDTV-Sendern eine gewisse Behäbigkeit nachgesagt. Neuere digitale Kompressions- und Übertragungsverfahren haben dieses Problem gelöst.

Inzwischen gibt es ein international einheitliches Format, das auf Hi-Vision basiert: HD-CIF (Common Image Format), das die Darstellung verschiedener Bildraten von 24 bis 60 Hz sowohl im interlaced-Format (1080i) mit 1080 x 1920 Bildpunkten , wie auch im progressive-Format (720p) mit 720 x 1280 und (1080p) 1080 x 1920 Bildpunkten, sowie im progressive sF-Format (segmented Frame, siehe Seite 81) erlaubt.
Wenn man von 720 oder von 1080 Bildzeilen spricht, dann handelt es sich dabei nur um die dargestellten Bildzeilen. Ähnlich wie bei SD-Signalen werden auch bei HD mehr Zeilen erzeugt, die jedoch unsichtbar in der vertikalen Austastlücke "versteckt" sind. Das 720-Format hat tatsächlich insgesamt 750 Zeilen, das 1080-Format arbeitet mit insgesamt 1125 Zeilen.

Das HD-Signal weist neben der höheren Auflösung auch einige andere Veränderungen gegenüber dem SD-Signal auf. Notwendigerweise hat nun eine Bildzeile eine wesentlich kürzere Dauer, da ja viel mehr Zeilen pro Sekunde dargestellt werden müssen. Bei 720p50 beträgt die Dauer einer gesamte Zeile nun 26,67 µs, im Format 1080i sind es 35,55 µs. Zum Vergleich: beim SD-Signal waren das 64 µs. Gleich geblieben ist die Voltspannung, die zur Verfügung steht: das Y-Signal arbeitet nach wie vor in einem Bereich von 1 V_{SS}, davon sind 0,7 V für das Bildsignal reserviert. Das Synchronsignal hat im HD-Signal in seiner Form eine Änderung erfahren: Um ein präziseres Timing für die Bildsignale zu ermöglichen wird jetzt ein bipolares Synchronsignal verwendet, d.h., es weist gegenüber der Nulllinie (Schwarz) einen negativen und einen positiven Ausschlag von jeweils 0,3 V auf. Da dieses Synchronsignal sich auf drei Werte bezieht (Schwarzwert, sowie oberer und unterer Sync-Pegel), wird das Signal auch als "Tri Level Sync" bezeichnet. (Ein SD-Synchronsignal wird hingegen als "Bi Level Sync" bezeichnet, bezogen auf Schwarzwert und unteren Sync-Pegel.) Einen Burst enthält das HD-Synchronsignal nicht, denn der wird ja nur bei den analogen FBAS und Y/C-Signalen für das Dekodieren des Farbhilfsträgers benötigt.

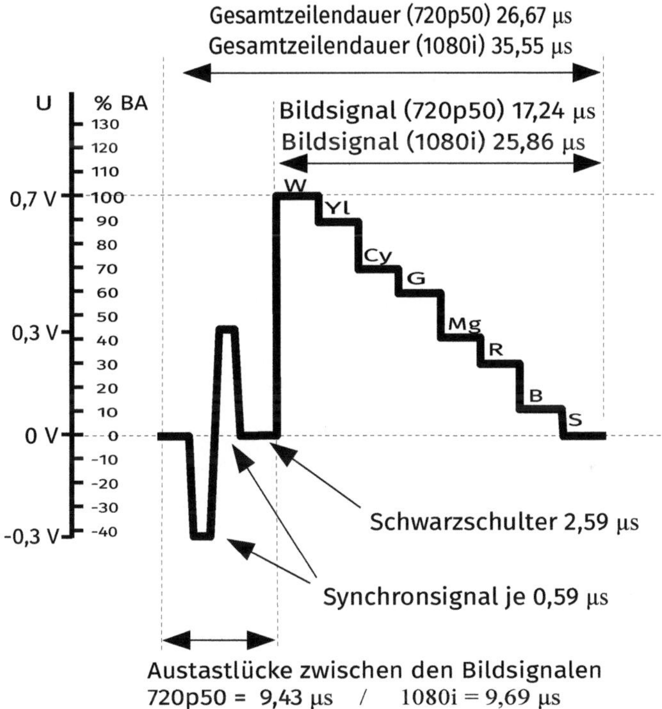

HD-Signal einer Bildzeile (am Beispiel eines Farbbalkens)

Neben der höheren Zeilenzahl weisen natürlich auch die einzelnen Zeilen mehr darzustellende Pixel in der Breite auf und je nach Standard (z.B. 50p) wird auch eine höhere Bildfrequenz verwendet, das heißt, dass sich die Frequenz des Videosignals damit deutlich erhöht, gegenüber einem SD-Signal etwa um den Faktor 5,5. Während also die Frequenz des digitalen SD-Signals bis zu 6,75 MHz betrug, sind es beim HD-Signal (1080i und 720p50) nunmehr 37,125 MHz (jeweils nur für das Y-Signal).

Hierbei handelt es sich um die höchstmögliche Frequenz des darzustellenden Videosignals, um dieses Signal abzutasten muss nach dem Abtasttheorem mindestens mit der doppelten Frequenz abgetastet werden: Die Abtastrate für das HD-Y-Signal muss also (mindestens) 74,25 MHz betragen. (Die Angaben beziehen sich auf neuere professionelle Standards, ältere und Consumerformate weisen z.T. Unterabtastungen auf.)

Dazu kommen noch die Farbartsignale R-Y und B-Y. Je nach Videostandard werden sie in unterschiedlichen Qualitäten abgetastet (siehe auch: "Subsampling", Seite 65), z.B. bei HDCAM-SR: bis zu 4:4:4, AVC-Intra 100: 4:2:2, XDCAM HD422: 4:2:2 . Für eine 4:2:2-Abtastung kämen also jeweils noch einmal Abtastraten von je 37,125 MHz für R-Y und B-Y hinzu, damit beträgt die Abtastfrequenz für das komplette Videosignal in diesem Fall 148,5 MHz. Bei einer Quantisierung mit 10 Bit ergäbe sich also eine Datenrate von 1,485 GBit/s, das entspricht 0,186 GByte/s.

Weiterhin hat sich die Zusammensetzung des Y-Signals verändert. Beim bisherigen SD-Standard bezog sich ja die Zusammensetzung des Y-Signals (Y = 0,299 R + 0,587 G + 0,114 B) auf die Möglichkeiten der Wiedergabe zum Zeitpunkt der Festlegung des Standards (1953), konkret also darauf, welche Leuchtstoffe damals in Farbmonitoren verwendet werden konnten. Inzwischen werden für die Erzeugung und Darstellung des Videosignals andere Techniken verwandt, daher wurde nun in der Norm ITU-R BT.709 (siehe auch: Farbräume, S. 159ff.) für das HD-Signal die Zusammensetzung des Y-Signals neu definiert:

$$Y = 0,213 \ R + 0,715 \ G + 0,072 \ B$$

Um weiterhin einen maximalen Spannungspegel der Farbdifferenzsignale von 700 mV$_{SS}$ aufzuweisen, mussten dafür die Reduktionsfaktoren neu definiert werden. Es gilt nun:

$$C_R = 0,635 \ (R\text{-}Y) \quad \text{und} \quad C_B = 0,539 \ (B\text{-}Y)$$

Für die Aufzeichnung im Consumer-Bereich hatte sich zunächst das HDV-Format etabliert. Es arbeitet beim Bildformat 1080i mit einer Datenrate von 25 MBit/s (- das entspricht der Datenrate des DV-Standards) auf MPEG2 Basis mit Interframe-Codierung und weist somit eine hohe Datenkompression von 18:1 auf. Für das Bildformat 720p beträgt die Datenrate 19 MBit/s. Die Aufzeichnung kann auf Mini-DV-Bändern erfolgen.

Als Nachfolger für HDV brachte Panasonic das Format AVCHD (Advanced Video Codec High Definition) auf den Markt - es handelt sich dabei um ein Format, das auf einem MPEG4-Codec basiert. Das Kompressionsverfahrens wird als H.264/AVC bezeichnet (- auch: MPEG4/H.264 oder MPEG4 Part 10). Der Codec arbeitet Intra- und Interframe-codiert (Group of Pictures mit bis zu 15 Bildern – siehe Seite 102) mit variablen Datenraten und zeichnet mit 8 Bit in 4:2:0 auf. Grundlage ist auch hier das DCT-Kompressions-verfahren, bewegungsabhängig können hier jedoch auch verkleinerte Pixelblöcke erfasst werden (4 x 4), die eine genauere Bewegungserfassung ermöglichen. Zusätzlich analysiert ein   Schleifenfilter (In-Loop-Filter, auch: De-Blocking-Filter) das Material auf die Bildung von Artefakten und reduziert diese weitgehend ohne Schärfeverlust durch die Veränderung der Matrix. Eine höhere Kompression wird unter anderem mit einer verbesserten Längencodierung (VLC) erreicht. Verglichen mit MPEG2 arbeitet dieser Codec 60% effizienter, gegenüber MPEG4 um 40%. Die Aufzeichnung findet auf DVD oder SD-Karte statt und nutzt die gleiche Ordnerstruktur wie eine BluRay. Damit kann gegenüber dem MPEG-2 basierenden HDV der Workflow in der Nachbearbeitung erheblich gesteigert werden, allerdings fordert die Berechnung aus der Interframe-Kodierung heraus zur Bearbeitung in einem Schnittprogramm eine deutlich höhere Rechnerleistung als etwa das HDV-Format. AVCHD ist für die Formate 720p und 1080i spezifiziert, Audio kann in Dolby Digital mit 5.1 aufgezeichnet werden. AVCHD 2.0 ermöglicht auch eine Aufzeichnung mit bis zu 1080p60. Der AVCHD-Codec kann mit einer Datenrate von 24 Mbps arbeiten.

Der Prosumer-Bereich für Kameras ab 2.000 € bietet Geräte mit hochwertigen Optiken, zum Teil Wechselobjektiven, die eine passable Bedienung von Schärfe und Blende ermöglichen. Dazu gibt es XLR-Eingänge mit Phantomspeisung für das Audiosignal. Selbstverständlich ist ein zuschaltbares Zebra zur Beurteilung der Belichtung vorhanden. Wesentlich ist auch eine möglichst effiziente Kompression des Videosignals, die noch Reserven für die Nachbearbeitung bietet. In diesem Marktsegment sind die Standards AVCHD, XAVC, MOV, MP4 und MXF vertreten. (Siehe File-basierte Aufzeichnung, Seite 101ff.)

Im professionellen (Fernseh-)Bereich wird unter anderem mit den Standards AVC-Intra 100, AVC-Ultra, HD-Cam SR, MPEG HD422, XAVC, XD-CAM-HD422, Apple ProRes und DNxHD gearbeitet. Die Systeme weisen Kompressionen zwischen 4 : 1 und 6,7 : 1 auf , die Aufzeichnung erfolgt je nach Format auf Band, Disc oder Festplatte (siehe File-basierte Aufzeichnung, Seite 101ff. und Bandformate, Seite 147ff.).
Die Kompressionsverhältnisse sind dabei nicht direkt vergleichbar, da sowohl intra- wie auch interframe Kompressionen genutzt werden, zudem hängen sie ab von der Effektivität der jeweils verwendeten Algorithmen.

Monitore, die eine volle Auflösung von 1920 x 1080 Bildpunkten aufweisen, werden mit dem Logo "Full HD" (auch: "True HD") verkauft. Sofern HD-Monitore mindestens 1280 x 720 Bildpunkte aufweisen werden sie als "HD Ready" bezeichnet. Der HD-Standard (inklusive HD Ready) beinhaltet auch zwei digitale Schnittstellen (DVI und HDMI), die insbesondere für den

Einsatz mit einem digitalen Kopierschutz (HDCP = High Bandwith Digital Content Protection, siehe Seite 93) gedacht sind.

Die Darstellung älterer Videoaufzeichnungen in SD 4:3 (576 x 720 Bildpunkte) auf Full-HD-Monitoren geschieht durch Hochskalierung auf 1080 Zeilen und 1440 Pixel in der Breite. Für eine unverzerrte Darstellung ergeben sich daraus schwarze Balken links und rechts mit jeweils 240 Pixeln Breite. Dieses Verfahren zur Darstellung wird Pillarbox genannt. Eine andere Möglichkeit ist, das 4:3 anamorph in die Breite zu verzerren (4:3 Vollformat), bis es sich über den gesamten Bildschirm erstreckt. Das allerdings verzerrt den Bildinhalt auf zumeist unschöne Weise.
Weitere Infos zu HD-Monitoren finden sich ab Seite 173.

UHDTV

Das Nachfolgesystem für HDTV wird als UHDTV (Ultra High Definition Television) bezeichnet. UHDTV wird seit 2016 produziert, im Regelbetrieb bei klassischen Broadcast-Übertragungen ist es bisher noch kaum zu finden, es wird zumeist per Internet übertragen. Seit 2017 sind auch UHD-BluRay-Player und UHD-BluRays erhältlich (siehe Seite 132ff). UHDTV kann im 16:9 Format bis zu 60 Vollbilder pro Sekunde bei einer Auflösung von 3840 x 2160 darstellen. Der hier gelegentlich verwendete Begriff "4K" ist allerdings nicht ganz zutreffend, denn dieser Begriff ist eigentlich für die Kino-Darstellung reserviert, die es in den 4K-Auflösungen 3996 x 2180 Pixel (klassisch), bzw. 4096 x 1716 Pixel (Scope) gibt. Um die Unterscheidung deutlicher zu machen, wird das Kino-4K auch C4K genannt, das "C" steht dabei für "Cinema".
Vorgesehen für UHDTV ist auch eine Bildrate bis zu 120p und eine Auflösung mit 7680 x 4320 Bildpunkten (Super Hi-Vision). Damit übertrifft es deutlich die 4K-Auflösung (3996 x 2160, bzw. 4096 x 1716 Pixel), die derzeit für digitales Kino verwendet wird.

HDR - High Dynamic Range

Die erhöhte UHDTV-Auflösung von nunmehr (mindestens) 2160 x 3840 Bildpunkten alleine würde jedoch ab einer bestimmten Entfernung vom Bildschirm keinen großen Unterschied machen: Ab einer Zuschauer-Entfernung von der dreifachen Bildschirmhöhe genügt die Full-HDTV-Auflösung vollständig, um keine Pixelstrukturen mehr zu erkennen (siehe Betrachtungsabstand, Seite 184). Für ein qualitativ deutlich besseres Bild sorgt aber eine erhebliche Erweiterung des Farbraums (siehe Farbräume, Seite 163): Der bisher für HDTV verwendete Farbraum Rec.709 wurde ersetzt durch den erweiterten Farbraum BT.2020, d.h., die Schnittstellen an Player und TV-Gerät müssen nun kompatibel sein für BT.2020. (Eine Übertragung in REC.709 bleibt weiterhin möglich.) Dadurch können nun auch voll gesättigte Farbtöne und "schwierige" Farben, beispielsweise

Gold, naturalistischer dargestellt werden. Diese Erweiterung des Farbraums erfordert jedoch eine höhere Bitrate. (Bei SD- und HDTV wird für die Distribution zu den Zuschauer*innen noch mit einer 8 Bit-Auflösung für Kontrast- und Farbumfang gearbeitet – das wird auch als "SDR" = Standard Dynamic Range bezeichnet. Das genügt jedoch nicht, den erweiterten UHDTV-Farbraum hinreichend aufgelöst darzustellen.) UHDTV mit HDR erlaubt daher nun 10 Bit, darüber hinaus gibt es noch höher auflösende Verfahren mit 12 Bit (s.u.). Zudem kann ein Subsampling von 4:2:2 oder 4:4:4 verwendet werden (für die Distribution mit UHD-BluRay ist derzeit jedoch nur 4:2:0 spezifiziert).

Die Erhöhung des Kontrastumfangs macht sich vor allem in einem größeren Headroom in den hellen Bildbereichen bemerkbar und insgesamt wird das Banding (erkennbare Abstufungen bei Farbverläufen) deutlich reduziert. Das wird als "HDR" (High Dynamic Range) bezeichnet. Es ist aber nicht nur die Übertragung einer besseren Farbauflösung, die den Unterschied macht, gleichzeitig wird nun auch eine komplexere Gammakurve verwendet. Bei REC.601 (SDTV) und REC.709 (HDTV) basiert die Gammakurve auf den Eigenschaften von Röhrenmonitoren mit Phosphorbeschichtung, die Röhrenmonitore erfordern eine Gammakurve von 2,2 (reziprok dazu arbeiten Videokameras mit einer Gammakurve von 0,45). LCD-Monitore benötigen die "Röhren"-Gammakurve nicht, die LCD-Darstellung weist eine lineare Gammakurve auf, d.h., im Signaleingang von LCD-Monitoren wird die SD- und HD-Gammakurve wieder linearisiert. Die Röhren-Gammakurve bei einem 10 Bit UHDTV-Signal zu verwenden ist somit ineffektiv. Eine einfache lineare Gammakurve für eine 10 Bit Auflösung in dem erweiterten Farbraum führt jedoch in Bildbereichen mit geringer Helligkeit immer noch zu einem Banding. Die Lösung ist eine "Electro-Optical Transfer Function" (EOTF) die zwei Gammakurven miteinander kombiniert: Eine lineare Gammakurve mit 15 Bit bietet in dunklen Bildbereichen bis 10 Candela/m^2 feine Abstufungen, bringt jedoch in hellen Bildbereichen eine unnötig hohe Quantisierung, also Datenmenge mit sich. Im Gegensatz dazu bringt eine logarithmische Gammakurve mit 13 Bit in den hellen Bildbereichen oberhalb von 10 Candela/m^2 feine Differenzierungen, aber eine unnötig hohe Datenmenge in dunklen Bildbereichen mit sich. Diese beiden Gammakurven werden nun miteinander kombiniert, der Übergang findet im Bereich von etwa 0,5 Candela/m^2 bis 100 Candela/m^2 statt. Die Ausgabe dieser Daten erfolgt dann in einer 10 Bit (bzw. 12 Bit) Auflösung.

Dieses Verfahren mit optimierten Bitraten für unterschiedliche Helligkeitsbereiche wird Perceptual Quantizer (PQ) genannt, dafür gibt es inzwischen mehrere Standards:
Beim HDR10-Verfahren (nach der SMPTE-Norm ST.2084) wird einmalig für jedes Video auf der UHD-BluRay eine statische Anweisung für die

Einstellung von Kontrast- und Farbwerten an den Fernseher übertragen: Die HDR10-Information speichert den Wert für MAXCLL (Maximum Content Light Level), mit dem die Helligkeit des hellsten Pixelwertes angegeben wird, sowie für MAXFALL (Maximum Frame Average Light Level), damit wird die höchste im Film vorkommende Durchschnittshelligkeit eines Frames angegeben. Diese Werte werden als Metadaten, d.h., als "HDR10 Media Profile" vom Player an den UHD-Monitor übermittelt als eine statische Anweisung für die Farbkalibrierung. Der Monitor nimmt mit diesen Metadaten für den jeweiligen Film eine durchgehende Grundeinstellung der Kontrast-, Farb- und Gammawerte vor (das wird auch als "Tone Mapping" bezeichnet). Eine Erweiterung dieses Verfahrens stellt das "dynamische HDR" dar, derzeit gibt es dafür die Standards "HDR10+" und "Dolby Vision". Hiermit kann die Farbkalibrierung nun auch sequenz- oder sogar bildweise erfolgen. Dolby Vision unterstützt zudem eine Auflösung von 12 Bit (erfordert jedoch HDMI 2.1).
Damit der erweiterte Farbraum und auch HDR wiedergegeben werden können, müssen der UHD-BluRay-Player und der UHD-Fernseher die Schnittstelle HDMI 2.0a (siehe Seite 92) aufweisen und über den Kopierschutz-Standard HDCP 2.2 verfügen.

Eine originalgetreue HDR-Darstellung stellt allerdings hohe Anforderungen an UHD-Fernseher, insbesondere bei der darstellbaren Spitzenhelligkeit (siehe Seite 178). Im Handel werden Geräte, die diese Anforderungen erfüllen, mit dem Logo "Ultra HD Premium" gekennzeichnet. Wenn ein nicht-HDR-fähiger Monitor an einen UHD-Player angeschlossen wird, gibt der Player die konventionelle 8 Bit-Auflösung am HDMI-Ausgang heraus.

HLG (Hybrid Log Gamma)
Für Broadcast-Übertragungen und Internet-Streams gibt es ein weiteres HDR-Verfahren: Hybrid Log Gamma (HLG) überträgt zusätzlich zum SDR-Stream (Standard Dynamic Range) embedded eine zweite Gammakurve, die eine differenziertere Darstellung in den hellen Bildbereichen ermöglicht. Damit erreicht es zwar nicht die Qualität des o.g. HDR-Verfahrens, ist aber abwärtskompatibel zu SDR-Signalen, d.h., ein SDR-TV erkennt nur den SDR-Stream.

Progressive Scan - die p-Formate

Das bisher verwendete interlaced-Verfahren war ursprünglich aus der Not heraus geboren, um bei geringen Übertragungskapazitäten eine möglichst hohe Bildfrequenz zu ermöglichen. Inzwischen haben sich die technischen Möglichkeiten erweitert, Bilder mit Progressive-Scan, die eine Frequenz von mehr als 25 Vollbildern pro Sekunde in HD erlauben, sind produktionsseitig ohne Probleme möglich. Auch bei den Zuschauer*innen ist die dafür notwendige Technik vorhanden: Fernseher und BluRay-Player beherrschen 50p und 60p, im Kino sind 48p und 60p (bei 2K) möglich, Computermonitore können ohnehin nur progressive Bilder darstellen. Der Engpass liegt derzeit bei den Übertragungskapazitäten der Fernsehsender: Derzeit werden dort nur 720p50 (das "kleine" HD) oder 1080i50 (FullHD) gesendet.

Die 'p'-Formate zeichnen die Bilder im 'Progressive Scan'-Modus auf, das heißt, es werden Vollbilder erstellt. (Im Gegensatz zum Interlaced-Modus, bei dem zwei zeitlich auf einander folgende Halbbilder aus alternierenden Zeilen zu einem Bild zusammen gefügt werden.) Die Vollbilder haben den Vorteil, dass sie der Filmästhetik nahe kommen, die Auflösung wirkt höher und Videos im p-Modus können besser auf Film übertragen werden. Der Nachteil von Fernsehkameras im p-Format ist, dass sie weniger lichtempfindlich sind. Bei Kameras (mit IT- und FIT-CCDs), die im Interlaced-Mode arbeiten werden für jede Zeile eines Halbbildes zwei Zeilen zusammengerechnet: Die erste Zeile des ersten Halbbildes wird aus den CCD-Zeilen 1 und 2 zusammengerechnet, die erste Zeile des zweiten Halbbildes aus den CCD-Zeilen 2 und 3, usw. Damit verdoppelt sich die nutzbare Lichtmenge pro Halbbildzeile. Im Progressive-Scan-Modus muss dagegen jede CCD-Zeile für eine separate Bildzeile genutzt werden. Obwohl nur 25 Vollbilder (bei 25p) pro Sekunde erzeugt werden, steht für jedes einzelne Vollbild nur 1/50 Sekunde zur Verfügung, weil dennoch zwei Halbbilder gebildet werden müssen (PsF= progressive sF = segmented Frames) um mit Video-Aufzeichnungssystemen und -monitoren kompatibel zu sein. Die Halbbilder mit zeilenweiser Verkämmung werden dazu aus dem Vollbild herausgerechnet, weisen also keinen Zeitversatz auf.

24p ist eine Videoaufzeichnung, die zunächst einmal unkompliziert die Digitalisierung von 35mm-Filmen ermöglicht, d.h., jedes Filmbild wird einzeln digitalisiert und so entsteht eine Videoaufzeichnung mit der gleichen Frequenz wie beim 35mm-Film, nämlich 24 Bildern pro Sekunde. Damit ist es nun zwar ein Videosignal, aber noch nicht kompatibel zu einem SD-Fernsehsignal (neuere HD-Fernseher und BluRay-Player können dieses Signal verarbeiten, s.u.).

Für ein SD-Videosignal muss die Bildfrequenz auf 50i verändert werden. Dazu gibt es zwei Möglichkeiten: Die einfache Variante besteht darin, bei der Filmabtastung die Geschwindigkeit etwas zu erhöhen, nämlich von 24 auf 25 Bilder pro Sekunde, diese müssen dann nur noch jeweils in zwei Halbbilder aufgeteilt werden (= psF, also, progressive segmented Frame) und damit beträgt die Frequenz 50i. Allerdings läuft der Film nun schneller und zwar um 4%, daraus resultiert, dass die Tonfrequenz etwas höher geworden ist, was aber nur im direkten Vergleich hörbar ist, auch sind Bewegungen und Montage nun etwas schneller und schließlich hat die Fernsehfassung damit eine etwas kürzere Laufzeit, also beispielsweise 96 Minuten statt ursprünglich 100 Minuten. Etwas aufwendiger ist die andere Methode, die die ursprüngliche Filmgeschwindigkeit beibehält: der "PAL-Pulldown". Dazu wird der Film einzelbildweise digitalisiert, zunächst noch mit einer Frequenz von 24 Bildern pro Sekunde, allerdings schon im pSF-Verfahren. Dann wird nach jedem 12 Bild, also nach jedem 24 Halbbild ein zusätzliches Halbbild eingefügt. Damit erzielt man 24+1+24+1 = 50 Halbbilder pro Sekunde. Je nach Filminhalt kann dadurch allerdings ein bemerkbares Ruckeln auftreten. Sofern mit 16mm-Film für Fernseh-Produktionen gearbeitet wird, kann schon in der Filmkamera die Bildfrequenz auf 25 Bilder pro Sekunde eingestellt werden.

Komplexer ist es, eine 35mm-Filmaufzeichnung kompatibel zum japanisch/amerikanischen NTSC-Fernsehsystem zu bekommen. Dieses hat eine Frequenz von 60i, genaugenommen sind es 59,94i. Diese Frequenz hat aber keinen sinnvollen gemeinsamen Nenner mit der Filmfrequenz 24p. Daher wird zunächst die Filmfrequenz (bzw. Filmgeschwindigkeit) um 0,1% herabgesetzt auf 23,976 Bilder pro Sekunde. Das wiederum ist nun genau 4/5 der NTSC-Frequenz, d.h., 4 Filmbilder können nun zu 5 Videobildern umgewandelt werden, indem die Vollbilder abwechselnd in 2 und 3 Halbbilder aufgeteilt werden. Diese Verfahren nennt sich "3:2 Pulldown". Üblicherweise wird der 3:2 Pulldown erst in den (digitalen) Endgeräten vorgenommen, da sich Videosignale, die bereits diesem Pulldown unterzogen wurden, nicht so effektiv komprimieren lassen.
Die Rücktransformation von NTSC in 24p wird IVTC = Inverse Telecine genannt. Für ursprüngliches Filmmaterial, das ja zuvor ein 3:2 Pulldown erfahren hat ist das unproblematisch, für neu erstelltes Videomaterial (in NTSC) hingegen ist der Vorgang komplexer. Da neuere Flachbildschirme grundsätzlich Video progressiv darstellen, müssen die darin eingebauten Deinterlacer dieses Verfahren beherrschen.

Da durch verschiedene Pulldown-Verfahren und auch Übertragungsfehler zeitweilig eine falsche Halbbild-Reihenfolge entstehen kann (d.h., ein Vollbild setzt sich dann zusammen aus einem Halbbild des vorhergehenden und einem aktuellen Vollbild zusammen, somit lässt sich dann kein fehlerfreies progressives Vollbild mehr generieren), gibt es auch die Möglichkeit, solche Fehler mit einem 2:2 Pulldown zu korrigieren.

Das Logo '24p HD' (24 Frame Progressives HD-Digital Mastering) auf Fernsehgeräten bezeichnet eine Technik auf der Basis des HD-CIF mit 1920 x 1080 Pixeln und kann die Formate 24p, 25p, 30p, HD 50i und HD 60i verarbeiten. Die Wiedergabe kann dabei in einem anderen Standard als die Aufnahme erfolgen, damit ist das System weltweit einsetzbar.

De-interlacing

Durch die zunehmende Verwendung von p-Formaten in Produktion und Distribution ergibt sich ein neues Problem: Das Einbinden von herkömmlichem Interlaced-Material in eine Produktion mit Progressive-Scan. Ein einfaches Zusammenfügen der der Halbbild-Zeilen zu einem Vollbild ist bei unbewegten Bildern denkbar, funktioniert aber bei Bildern mit horizontaler Bewegung nicht gut. Interlaced Video weist bei einer Aufnahme mit 50i einen Zeitunterschied von 0,02 Sekunden zwischen den einzelnen Halbbildern auf. Damit würde sich eine senkrechte Linie, die beispielsweise bei einem Kameraschwenk horizontal durch das Bild bewegt wird, in einem Vollbild zu einem Zick-Zack-Muster (Kammeffekt) werden. Das Muster als solches wäre zwar aufgrund der feinen Auflösung für Zuschauer*innen nicht sichtbar, die senkrechte Linie würde aber breiter, weniger Kontrast aufweisen und damit unschärfer wirken.

Für die Konvertierung von Halbbildern in Vollbilder gibt es verschiedene Verfahren, die mit dem Oberbegriff De-Interlacing bezeichnet werden:

Weave ist die gleichzeitige Darstellung beider Halbbilder. Sofern damit Bilder im psF-Format (siehe oben, Seite 81) dargestellt werden, ist das kein Problem, da das psF-Format ja für eine Halbbild-kompatible Darstellung von Vollbildern verwendet wird. Ungeeignet ist das "Weave"-Verfahren jedoch für das Zusammenfügen von TV-Bildern, die im Interlaced-Verfahren aufgezeichnet wurden. Das Zusammenfügen von zwei zeitlich unterschiedlichen Bildern ruft Kammeffekte hervor, insbesondere bei horizontalen Bewegungen im Bild.

Unschärfe: Verwendung von "Weaving" mit Weichzeichner, um den Kammeffekt zu kaschieren.

Skip Field: Aus nur einem Halbbild wird ein Vollbild interpoliert, es fehlt dabei aber für den Bewegungsablauf das zweite Halbbild. So treten zwar keine Kammeffekte auf, aber das Bild wirkt weicher und unschärfer.

Bobbing: Aus jedem Halbbild wird ein Vollbild interpoliert. Da aber die letzte Zeile des ersten Halbbildes und die erste Zeile des zweiten Bildes nicht vollständig berechnet werden können, springen die Bilder gegeneinander auf und ab.

Blending funktioniert ähnlich wie "Bobbing", jedoch wird ein Mittelwert aus dem ersten und zweiten Halbbild berechnet. Bei einer Darstellung als 25p verwischen dabei Bewegungen, es sieht aus wie gefilmt mit 1/25 Sekunde Belichtungszeit.

Adaptiv: Zunächst werden die Halbbilder auf Motiv-Bewegungen analysiert. Unbewegte Halbbilder werden dann mit einfachem "Weaving" zusammengefügt, bei bewegten Halbbilder findet hingegen unter Einbeziehung vorheriger und folgender Halbbilder eine Neuberechnung statt (daher gibt es bei Live-Übertragungen eine Zeitverzögerung).
Die Berechnung neuer Bilder ist rechenintensiv, geeignete Hardware für Live-Übertragungen teuer. Bildrauschen (d.h., ein hoher Gainfaktor oder altes Videomaterial) verschlechtert die Qualität erheblich.

Motion Compensation ist ein "Weaving", dass mit der Verschiebung von bewegten Bildelementen arbeitet, d.h., ein ähnliches Verfahren wie das o.g. "Adaptiv".

HD-Produktionen für das Fernsehen

Zu Beginn des Jahres 2010 starteten mehrere deutsche Sender im Regelbetrieb mit HDTV-Ausstrahlungen. Die Anforderungen an das Sendematerial unterscheiden sich allerdings von Sender zu Sender: Während Pro7, Sat1, RTL (und beispielsweise auch die britische BBC) mit 1080i25 ausstrahlen, senden ARD, ZDF, ORF und Arte mit 720p50. Bei der Übertragungsrate ergeben sich damit nur geringe Unterschiede, ausschlaggebend bezüglich des Sendeformats waren für ARD und ZDF umfangreiche Versuche, bei denen Testzuschauer*innen die Bildqualität beurteilen sollten. Trotz der geringeren Zeilenauflösung wirkte das 720p50-Material dabei wohl insgesamt schärfer, da es wesentlich weniger Bewegungsunschärfe zeigt und einen flüssigeren Bewegungsablauf darstellt. Zu fragen ist allerdings, ob diese Aussage für jedes Programmmaterial gleichermaßen zutrifft, also für Sportsendungen ebenso wie für Reportagen, Talkshows und Spielfilme. Gerade bei Spielfilmen ist zu bedenken, dass bei der Verwendung von Filmmaterial mit 24 oder auch 25 Bildern pro Sekunde gedreht wird, ein 50p-Sendeformat bietet hier also keinerlei Vorteile hinsichtlich der Bewegungsauflösung.

Anforderungen der öffentlich-rechtlichen Sender an Fernsehproduktionen

ARD, ZDF und ORF haben Ende 2016 ihre technischen Anforderungen für Fernsehproduktionen (Sendemaster) neu festgelegt. Für die Mainstream-Produktion – das "Tagesgeschäft" der Sender, also Magazinbeiträge, Reportagen, Talkshows, etc. gilt: Es soll grundsätzlich durchgehend mit der Abtastrate 1080i/25 produziert werden, Konvertierungen sind zu vermeiden. Das Sampling soll nicht schlechter als 4:2:2 sein (- damit ist beispielsweise HDV mit dem Subsampling 3 : 1,5 : 1,5 und AVCHD mit 4:2:0 ausgeschlossen). Die Kameras für solche Produktionen sollen Kamerasensoren mit nativen 1920 x 1080 Pixeln aufweisen, die Sensorgröße soll mindestens 2/3" betragen und es müssen Broadcast-HD-Objektive verwendet werden. Im Einzelfall sind auch andere Kamera-Typen zulässig, sofern sie die grundlegenden Anforderungen an eine HD-Produktion erfüllen. Näheres findet sich im Pflichtenheft. (Im Bereich News und Videojournalismus sind natürlich Ausnahmen zulässig, entscheidend sind da eher Aktualität und Exklusivität.)

Bei den Bildern sollen alle bildwichtigen Details innerhalb eines Rahmens liegen, dessen Ränder (bezogen auf die Pixel) jeweils mindestens 3,5 % betragen, Titel und Schriften sollen innerhalb eines Rahmens liegen, der mindestens 5 % zu allen Seiten beträgt.

Für den Ton ist 2-Kanal-Stereo die Mindestanforderung. Die Audiosignale müssen Mono-kompatibel sein. Die Abtastrate muss 48 kHz betragen, die Samplingrate 24 Bit. Die vorgegebene Tonspurbelegung ist jeweils im aktuellen Pflichtenheft ersichtlich (siehe unten). Die Aussteuerung muss nach Programmlautheit erfolgen, der Pegel soll -23 LUFS +/- 0,5 LU betragen. Der maximal erlaubte Spitzenpegel darf -1 dBTP betragen (siehe auch Audio-Kapitel "Pegel", Seite 276).

Bei der Abgabe von Files entfällt ein Vor- oder Nachspann mit Testsignalen oder Schwarzbild. Das MXF-Package muss einen Timecode enthalten, empfohlen wird als Startwert 10:00:00:00.

(Stand 2018, siehe unten: Pflichtenheft).

Die fertigen Sendebeiträge sollen (je nach Sendeanstalt) in 1080i25 als MXF-File XD CAM HD422 oder MXF-File AVC-Intra 100, oder als Professional Disc (XDCAM HD422) angeliefert werden. Die bildtechnische Abnahme soll mit einem Klasse-1-Monitor mit 23" Bilddiagonale erfolgen. Zusätzlich wird für die Prüfung des Schärfeeindrucks und von Bewegungsartefakten ein Monitor mit mindestens 42" empfohlen.

Für die Abgabe beim Sender (oder anderen Kunden) ist dem File (oder Band) eine MAZ-Karte (Medienbegleitkarte) beizulegen, die Informationen mit den exakten Timecodes für Start und Ende, Spurbelegungen und den wesentlichen technischen Parametern liefert.

Auftragsproduktionen für den "Mainstream"-Bereich von ARD, ZDF und ORF sollen zwar hohe technische Mindeststandards erfüllen, aber im Einzelfall kann es für einzelne Filmteile natürlich Ausnahmen geben, etwa bei der Verwendung älterer Video-Archivmaterials, oder weil es bei einer Reportage sinnvoll sein kann, mit einer kleinen unauffälligen Kamera zu arbeiten, die eben die Broadcast-Anforderungen nicht voll erfüllt. Die Verwendung solchen Materials sollte aber immer im Vorfeld mit der jeweiligen Redaktion geklärt werden. Ansonsten sind der Produktionsvertrag und die "Technischen Richtlinien" (Pflichtenhefte) des jeweiligen Senders ausschlaggebend.

Pflichtenheft

In den "Technischen Richtlinien zur Herstellung von Fernsehproduktionen für ARD, ZDF und ORF" (kurz: "Pflichtenheft ARD/ZDF") werden auf ca. 100 Seiten die genauen Anforderungen der öffentlich-rechtlichen Sender an Film- und Videoproduktionen für Sendezwecke festgelegt. Unter anderem sind das: Kontrast und Beleuchtungsanforderungen, Platzierung von Titeln und Schriften, Signalpegel, technische Vorspänne, Spurbelegung für die einzelnen Videoformate, erforderliche Angaben auf einer MAZ-Karte, Internet-Formate für Streaming, Filmformate, Anforderungen an Dolby-Surround-Produktionen, etc. Aktuelle Ausgaben sind erhältlich beim: Institut für Rundfunktechnik GmbH (IRT), www.irt.de oder den Sendeanstalten.

Einen guten Überblick über die technischen Anforderungen gibt auch das "Handbuch HD-Produktion 2013" (3. Auflage, erschienen 2012, siehe Anhang: Literaturhinweise).

Übertragungswege im Vergleich

Grundsätzlich gilt für Videokameras: In den Pixeln der Bildsensoren (CCD oder CMOS) entsteht durch Lichtenergie zunächst eine elektrische Spannung, also ein analoges Signal. Die einzelnen Pixel sind jeweils nur für einen Farbanteil zuständig, d.h., für Rot, Grün oder Blau. Sie stellen zusammen also ein RGB-Signal her. Die Digitalisierung kann am Signalausgang des Bildsensors geschehen, oder sogar bereits in jedem einzelnen Pixel. Bereits dieses digitalisierte RGB-Signal wird bei sehr hochwertigen Kameras aufgezeichnet (muss dazu allerdings noch komprimiert werden, sonst wäre die Datenmenge zu groß und die Datenrate zu hoch). Die meisten Videokameras wandeln das RGB-Signal jedoch in ein digitales Y/R-Y/B-Y Signal, das bei professionellen Kameras (z.B. Studiokameras) dann unkomprimiert über die SDI-Schnittstelle (siehe unten) ausgegeben wird. Bei Camcordern wird das Y/R-Y/B-Y Signal für die Aufzeichnung jedoch mehr oder minder stark komprimiert und kann beispielsweise über einen HDMI-Ausgang ausgegeben werden. (Zusätzlich können manche Kameras und Recorder an den Videoausgängen auch analoge Y/R-Y/B-Y, Y/C und FBAS-Signale ausgeben.)
Am Ende der Übertragungskette stehen wiederum Fernseher/Monitore, oder auch Beamer, die das digitale Y/R-Y/B-Y Signal wieder zu RGB-Signalen transformieren. In Plasma- oder LCD-Monitoren kann dieses Signal dann zur Ansteuerung der RGB-Pixel genutzt werden. (Bei Röhrenmonitoren wurden mit dem RGB-Signal 3 Elektronenstrahlen gesteuert, je einer für R, G, oder B, die dann auf Phosphorteilchen trafen und dort jeweils ein rotes, grünes oder blaues Leuchten anregten.)
Professionelle Broadcast-Technik arbeitet also grundsätzlich mit dem Y/R-Y/B-Y-Signal (Komponenten-Signal), wichtig ist, diese Komponenten durchgehend getrennt zu übertragen und getrennt aufzuzeichnen. Bei analogen Formaten beherrschten Betacam-SP und MII diese getrennte Signalverarbeitung, bei digitalen Kameras wird grundsätzlich das digitale Y/R-Y/B-Y-Signal für Aufzeichnung und Übertragung verwendet (- in Ausnahmen auch ein digitales RGB-Signal).
Es gilt: Je weniger die Signale für die Übertragung und Bearbeitung gewandelt werden, und je weniger sie komprimiert werden (in Bezug auf den jeweiligen Kompressions-Algorithmus) desto besser ist die Bildqualität. Eine Übertragung oder Aufzeichnung mit einem geringerwertigen Standard, oder eine höhere Kompression verschlechtert das Signal unwiederbringlich.

Auf den folgenden Seiten findet sich ein Überblick über analoge und digitale Übertragungswege.

Analog-Signale

FBAS (SD, analog)
Die Übertragung eines Videosignals als FBAS-Signal (auch Composite-Signal oder CVBS genannt, siehe Seite 41) ist zwar praktisch, da nur ein Kabel für das komplette Bildsignal benötigt wird, weist aber Probleme auf: Im Empfänger lassen sich FBAS-Signale nicht mehr vollständig trennen, so dass durch die gegenseitige Beeinflussung der Signale F + BAS Bildfehler entstehen.
— Cross-Colour-Fehler: Falschfarben bei feinen waagerechten und senkrechten Linienmustern, z.B. Anzüge mit Fischgrätenmustern.-
— Cross-Luminanz-Fehler: Bei harten Übergängen von stark kontrastierenden Farben (z.B. rot-grün) entstehen z.B. schwarze Kanten.
Die Verwendung von Material mit FBAS-Signal in einer Videoproduktion wird von Fernsehsendern nur in begründeten Ausnahmefällen akzeptiert (z.B. bei Verwendung von älterem Video-Archivmaterial). Ein Signal, das einmal FBAS-kodiert ist, lässt sich nicht mehr vollständig entflechten, bleibt also als FBAS-Material erkennbar.

Für die Übertragung werden Videokabel mit 75 Ω Wellenwiderstand genutzt, die Kurzbezeichnung dafür lautet RG59. Es handelt sich dabei um Koaxialkabel, das heißt, der eigentliche Leiter aus Kupfer ist umgeben von einer Kunststoff-Isolation, die wiederum von einem flexiblen Geflecht aus dünnen Litzen ummantelt wird. Dieses Geflecht bildet zum einen den Rückleiter und schirmt zum anderen den Leiter gegen elektrische Einflüsse ab. Die Abschirmung ist wiederum umgeben von einem Kunststoff-Mantel, der direkte elektrische Kontakte verhindert.

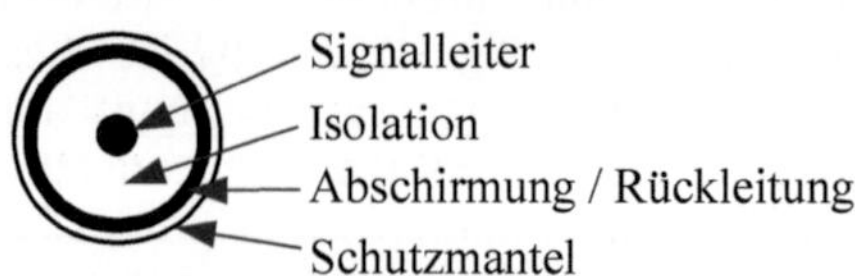

Querschnitt durch ein Koaxial-Videokabel

Die Kabel können mit BNC-, oder Cinch-Anschlüssen versehen sein, ebenso werden SCART-Kabel verwendet, selten noch DIN-Kabel mit sechspoligen Steckern. Das Signal weist eine Spannung von 1 V_{pp} auf.

Y/C (SD, analog)
Hier werden das BAS-Signal (Y = Luminanz) und das Farbsignal (C = Chrominanz) getrennt übertragen. Das C-Signal wird dabei aus dem Vektor der reduzierten Farbkomponenten U und V gebildet, zusätzlich enthält es den Burst. Hier können nur noch geringe Fehler bei der Dekodierung des C-Signals in R-Y und B-Y geschehen, Cross-Colour-und Cross-Luminanz-

Fehler gibt es aber beim Y/C-Signal nicht. Allerdings ist die Bandbreite der Farbinformation geringer als bei einem Komponentensignal und daher war es für professionelle Anwendungen (z.B. GreenBox) weniger geeignet. (Als S-VHS-Bandaufzeichnung werden die Signale übrigens zu einem Signal zusammengerechnet, allerdings ist bei der S-VHS-Band-aufzeichnung ein größerer Abstand zwischen den C- und den Y-Frequenz-bereichen gegeben als bei VHS, somit kommt es bei S-VHS nicht zu sichtbaren Cross-Colour- und Cross-Luminanz-Fehlern.)
Für die Übertragung werden Kabel mit vierpoligen S-Video-Steckern (Hosiden) verwendet, die Y- und die C-Leitung sind darin jeweils wieder als 75 Ω-Koaxialkabel ausgeführt. Im professionellen Bereich gibt es zudem Kabel mit siebenpoligen arretierbaren Steckern. Außerdem ist eine Übertragung mit SCART-Kabeln möglich, dazu müssen jedoch die Ausgänge des Zuspielers darauf schaltbar sein. Bei der Übertragung weist das Y-Signal eine Spannung von 1 V_{PP} auf, das C-Signal 0,3 V_{PP}.

Y / R-Y / B-Y (SD + HD, analog)
Hier werden in 3 Leitungen das BAS (Y)-, das B-Y - und das R-Y -Signal als getrennte Komponenten übertragen, daher wird es auch Component-Signal genannt. Genau genommen handelt es sich um das reduzierte Y/Cb/Cr-Signal (digital), bzw. Y/Pb/Pr -Signal (analog) (siehe auch *Farbdifferenzsignale:* Seite 47). Bei Betacam-SP bildet das Y/Pb/Pr-Signal die Grundlage für eine getrennte Aufzeichnung (als CTDM-Signal = Compressed Time Division Multiplexed Chrominance Recording, siehe Seite 142). Das Y/R-Y/B-Y-Signal ist auch für die Dekodierung im Monitor am unproblematischsten. (Es wird allerdings häufig mit dem Y/U/V-Signal verwechselt, dieses dient aber nur zur Bildung der Vektorkomponenten bei einem FBAS-Signal, s.o.)
Die Übertragung erfolgt meistens mit drei separaten Koaxial-Videokabeln (75 Ω Wellenwiderstand) mit BNC-Steckern, gelegentlich auch mit Cinch-Kabeln oder SCART-Kabeln. Das CTDM-Signal kann direkt in 12-poligen DUB-Kabeln übertragen werden. Das Y-Signal wird mit einer Spannung von 1 V_{PP} übertragen, das R-Y- und das B-Y-Signal jeweils mit 0,7 V_{PP}.

RGB (SD + HD, analog)
Die Farbkomponenten Rot/Grün/Blau werden analog in 3 Leitungen mit voller Auflösung übertragen. Diese Signalart kann zur Übertragung von Videosignalen zu einem Videomonitor oder Beamer verwendet werden (meist wurde jedoch Y / R-Y / B-Y verwendet, s.o.). Üblich war dieses Signal (vor der Einführung von DVI, bzw. HDMI, s. u.) zur Übertragung der Bildsignale vom Computer zum Monitor. Zusätzlich ist auch eine separate Übertragung der horizontalen und vertikalen Synchronsignale möglich.
Die Übertragung erfolgt mit separaten Videokabeln (koaxial, 75 Ω Wellen-widerstand) mit BNC-Steckern, oder mit speziellen Computer-Monitorkabeln ("VGA-Kabel") oder auch mit einem SCART-Kabel.

Digitale Signale (SD + HD)

für eine Übertragung werden digitale Signale im Broadcast-Bereich fast ausschließlich auf der Grundlage des Y/R-Y/B-Y-Signals gebildet. Die Komponenten werden dann seriell, also nacheinander, in einem Kabel übertragen.

Eine wichtige Rolle für die Datenübertragung spielt die Bitrate, sie bezeichnet die Datenmenge, die innerhalb einer Zeiteinheit transportiert (oder dargestellt) wird. Die Bitrate wird in KBit/s, MBit/s oder in GBit/s angegeben. Wenn diese Bitrate eine konstante Größe hat, wird sie als **CBR** (Constant Bit Rate) bezeichnet. Eine CBR wird beispielsweise bei den unten genannten unkomprimierten SDI-, bzw. HD-SDI-Signalen verwendet. Die Verwendung einer CBR ist allerdings nicht immer sinnvoll: Bei Videodateien hängt die Datenmenge von der Komplexität des Signals ab, d.h., wieviele Details in einem Bild erfasst werden müssen. Bei einem Video sind nun aber nicht alle Bilder von der gleichen Komplexität - Texttafeln weisen wenig Details auf, Waldlandschaften viele Details. Wenn man mit einer CBR arbeitet, dann muss also die gleichbleibende Datenrate nach der gewünschten oder maximal möglichen Auflösung bestimmt werden. Bei vielen Bildern wäre diese Auflösung aber unnötig hoch, d.h., es würden dabei unnötig viele Daten übertragen und gespeichert. Dennoch ist eine CBR in einigen Fällen von Vorteil: Eine Zielgröße (z.B. die Kapazität einer DVD) kann vorgegeben werden, die Encodierung und die Decodierung ist einfacher, d.h., schneller und mit geringerem Hardware-Aufwand machbar und manche Formate sind an feste Datenraten gebunden, z.B. Bandaufzeichnungen.

Sinnvoller ist in vielen Fällen für Audio- und Videodateien jedoch eine variable Datenrate, die als **VBR** (Variable Bit Rate) bezeichnet wird. Für eine VBR können zwei Parameter festgelegt werden: Die maximale Datenrate und eine gewünschte durchschnittliche Datenrate. Für eine Übertragung im Internet ist diese Unterscheidung sinnvoll, denn damit kann die durchschnittliche Datenrate an die Leitungskapazität angepasst werden, einzelne Bilder können aber gegebenenfalls kurzzeitig mit einer höheren Rate übertragen werden. Ähnlich verhält es sich auch bei einer DVD oder BluRay. Für einen Encoder ist allerdings nicht möglich, sowohl eine durchschnittliche, wie auch eine maximale Datenrate, in nur einem Encodierungsvorgang (Single-pass encoding) zu erstellen, da ja die Komplexität (Detail- und Bewegungsauflösung) des zu verarbeiten Materials sich erst während des linear ablaufenden Encodierungsvorgangs feststellen lässt. Es kann also als Zielvorgabe nur eine maximale Datenrate vorgegeben werden, die resultierende Größe des encodierten Files ergibt sich erst nach dem Encodierungsvorgang. Für die Erstellung eines Livestreams spielt das keine Rolle, hier ist ja nur die aktuelle Bitrate bei der Übertragung interessant. Bei der Erstellung von Files für Datenträger, die in der Größe limitiert sind, wie etwa eine DVD, ist das jedoch unzweckmäßig, man würde mehrere Versuche benötigen, um das Datenträgervolumen bestmöglich auszunutzen.

Für die Erstellung von Files auf limitierten Datenträgern bietet sich daher das Multi-pass encoding an, bei der das Rohmaterial zunächst auf seine Komplexität hin analysiert wird. In der Praxis genügt dafür meist das Two-pass encoding: Ein erster Durchlauf analysiert bei einem Video jedes Einzelbild (oder jede GOP, siehe Seite 102) auf die resultierende Größe, die es bei optimaler Qualität erhalten würde. Bei Vorgabe einer Zielgröße (und ggf. einer maximalen Datenrate) kann nun die bestmögliche Qualitätsstufe ermittelt werden. Im zweiten Durchlauf wird nun nach dieser Vorgabe das Material mit einer VBR encodiert. Der resultierende File füllt damit optimal die Zielgröße (den Datenträger) aus. Weitere Durchgänge (Multi-pass encoding) können das Ergebnis eventuell noch verbessern. Das Two-pass encoding benötigt allerdings etwa die doppelte Verarbeitungszeit wie ein Single-pass encoding und es kann natürlich nicht für einen Livestream verwendet werden.

Für die Übertragung digitaler Videosignale gibt es im wesentlichen die folgenden Schnittstellen:

Firewire (auch **IEEE 1394** oder **i.Link**) überträgt in einer 4-poligen Leitung Daten mit 400 MBit/s, neuere abwärtskompatible Firewire-Standards auch 800 MBit/s. Wird Firewire an einem digitalen Schnittplatz verwendet, überträgt es neben Video- und Audio- auch Steuerdaten. Firewire war als digitale Schnittstelle an DV- und HDV-Kameras und -Recordern verbreitet.

SDI (Serial Digital Interface) überträgt unkomprimierte digitale SD-Komponentensignale mit bis zu 270 MBit/s in einem Glasfaser- oder Standard-BNC-Kabel (Koaxial, 75 Ω Wellenwiderstand, siehe Seite 11). Verwendung findet das SDI-Signal z.B. in Fernsehstudios als Signalleitung von Kameras zum Mischpult und zu Recordern. Das SDI-Signal wird mit einer Spannung von 0,8 V_{PP} übertragen.

SDTI (Serial Digital Transport Interface) kann auch komprimierte digitale SD-Signale bis zu 270 MBit/s übertragen, ebenfalls mit einem BNC-Kabel.

HD-SDI Digitale unkomprimierte HD-Signale (720p, 1080i, 1080p, 4K) können an einer HD-SDI-Schnittstelle (SMPTE 292M) übertragen werden, die Datenrate kann bis zu 1,485 GBit/s betragen, Kabellängen bis zu 100 m sind mit hochwertigen BNC-Kabeln (Koaxial, 75 Ω Wellenwiderstand, siehe Seite 11) möglich, längere Strecken mit Glasfaser-Kabel.

Die Zusammenschaltung (Dual-Link) von zwei HD-SDI-Kabeln (SMPTE 372M) ermöglicht eine Datenrate von 2,97 GBit/s und damit auch die Übertragung von 2k-Signalen. Eine gleiche Datenrate über nur ein Kabel wird mit dem Standard 3G-SDI (SMPTE 424M) erreicht. Ebenfalls erhältlich sind inzwischen Kabel, die für 4K geeignet sind, z.B. mit dem Standard 6G UHD-SDI (SMPT ST 2081) für die Übertragung von 6 GBit/s und 12G UHD-SDI (SMPT ST 2082) für die Übertragung von 12 GBit/s.
Das HD-SDI-Signal wird mit einer Spannung von 0,8 V_{PP} übertragen.

DVI (Digital Visual Interface) dient der analogen und digitalen hochauflösenden Bildübertragung von Computern zu Monitoren, Beamern und Fernsehern. Es wird in drei verschiedene Arten unterschieden:
DVI-A überträgt analoge Signale, hat 12 + 5 Kontakte und wird üblicherweise nur zur Adaptierung von VGA auf DVI verwendet.
DVI-D überträgt digitale Signale, hat 18 + 1, bzw. 24 + 1 Pin. Ein DVI-D-Stecker kann auch an eine DVI-I-Buchse angeschlossen werden.
DVI-I kann sowohl analoge wie auch digitale Signale übertragen. Ein einfaches DVI-I-Kabel weist Stecker mit 18 + 5 Pins auf, Kabel für hochauflösende Bildschirme weisen eine Dual-Link-Verbindung mit 24 + 5 Kontakten auf. Damit sind Übertragungen mit bis zu 7,4 MBit/s möglich. Eine Kabellänge von 10 Metern sollte nicht überschritten werden.
Als Schnittstelle an Fernsehern wird DVI inzwischen verdrängt von der HDMI-Schnittstelle, die zusätzlich noch Ton übertragen kann. Bezüglich der digitalen Bildübertragung sind DVI und HDMI pin-kompatibel, sie können also adaptiert werden.

HDMI (High Definition Multimedia Interface) bezeichnet eine Schnittstelle in der Consumer-Elektronik. Es dient der Verbindung von HD-Quellen (HD-Receiver, BluRay-Player, etc.) zu (U-)HDTV-Monitoren. Die Datenrate von Video- und Audiodaten kann bis zu 34,4 GBit/s betragen. Möglich sind damit Übertragungen mit bis zu 120 Hertz und Auflösungen bis zu 8K, also einer deutlich höheren Auflösung als HDTV. Auch die Farbauflösung ist besser als HDTV: Übertragbar sind Auflösungen mit 10, 12 oder 14 Bit pro Komponente in 4:4:4 für RGB und Y/R-Y/B-Y.
Die HDMI-Spezifikation 1.4a beschreibt Auflösungen von 4096 x 2160 bei 24 Bildern/s sowie die Übertragung von 3D-Signalen bis zu 1080p.
Die HDMI-Spezifikation 2.0 (2015) unterstützt den Farbraum ITU-R BT.2020 (siehe Seite 163), sie ermöglicht bei 4K Datenraten bis 14,4 GBit/s mit 50/60p (3D nur mit 25/20p), 10 Bit Farbtiefe, 32 Audio-Kanäle (mit 24 Bit und 192 kHz) und das Bildformat 21:9. Die Spezifikation 2.0a unterstützt dann auch offiziell HDR (siehe Seite 78). Seit 2017 ist HDMI 2.1 spezifiziert. Unterstützt werden nun auch RGB mit je 14 Bit und Datenraten bis zu 38,4 GBit/s, sowie Auflösungen bis zu 7680 × 4320p mit 60 Hz, bzw. 3840 × 2160p mit 120 Hz.

HDMI-Schnittstellen (sowie DVI und DisplayPort) beinhalten meist das Kopierschutzverfahren **HDCP** (High-bandwith Digital Content Protection). Für Full-HD-Inhalte wurde zunächst HDCP 1.4 spezifiziert. Mit dem Erscheinen von 4K und HDMI 2.0 (s.o.) wurde HDCP auf die Version 2.2 aktualisiert. Eine weitere Aktualisierung gab es für 8K-Übertragungen: 2017 wurde für HDMI 2.1 (s.o.) der Kopierschutz HDCP 2.3 spezifiziert.

HDCP verbietet das Speichern oder Aufzeichnen von HDCP-verschlüsselten Inhalten. HDCP-lizensierte Geräte dürfen daher an keinem HDMI-Ausgang ein unverschlüsseltes Signal von einem HDCP-geschützten Medium oder Stream ausgeben. Ist die HDMI-Lizenz bei einem der Geräte nicht vorhanden, kann die Übertragung in einem schlechteren (ggf. analogen) Standard erfolgen oder ganz gesperrt werden. Eine Übertragung von einem HDCP-geschützten Medium zu einem Video-Bildmischer ist daher via HDMI üblicherweise nicht möglich.
Beim Einschalten von HD-AV-Geräten findet deswegen zunächst ein 'Handshake' statt: Als erstes werden dabei die zu übertragenden Frequenzen miteinander synchronisiert, dann prüft das Quellgerät (Player, TV-Receiver, Grafikkarte), ob das Ausgabegerät (Monitor oder Beamer), sowie zwischengeschaltete Geräte (z.B. ein HDMI-Splitter oder ein Surround-Verstärker), ebenfalls über eine HDCP-Lizenz verfügen. Erst dann darf ein HDCP-geschütztes Signal übertragen werden.
Mit der EDID-Information (Extended Display Identification Data) übermittelt nun der Monitor (oder Beamer) eine Information zu seiner Identität und seinen Fähigkeiten, u.a. der Auflösung und Bildfrequenz. Es wird geprüft, welche Möglichkeiten der Audio-Übertragung gegeben sind (z.B. Bitstream oder die Anzahl der PCM-Kanäle, also Surround oder Stereo) und ob eine Gerätesteuerung (CEC) zwischen den Geräten möglich ist.
Auf der Basis dieses Handshakes übermittelt dann der Zuspieler die Video- und Audiodaten in der bestmöglichen Auflösung an den Monitor, bzw. Beamer. Nutzer können bei einigen Geräten aber einstellen, ob sie, falls keine höhere Datenrate möglich ist, ein besseres Subsampling (z.B. 4:4:4) oder eine höhere Bitrate (z.B. 10 oder 12 Bit) bevorzugen.

HDMI-Schnittstellen an Monitoren und Beamern können zusätzlich als **"MHL"** (Mobile High Definition Link) spezifiziert sein, damit können dann auch von einem Mobilgerät (Smartphone, Tablett) hochauflösende Daten übertragen werden, HDCP für geschützte Medien wird unterstützt. Beim Mobilgerät ist diese Funktion nicht an eine spezielle Buchse gebunden, häufig werden beispielsweise Micro-USB-Buchsen dafür verwendet. Das Mobilgerät kann dabei gleichzeitig vom Anzeigegerät mit Strom versorgt werden.

Ein weiteres zusätzliches Feature bei HDMI-Schnittstellen ist **ARC** (Audio Return Channel). Damit kann das Audiosignal simultan entgegen der Video-Signalrichtung geführt werden: Normalweise werden die Video- und Audiosignale von der Quelle (z.B. BluRay-Player) zum Monitor geführt, dabei kann die Weiterleitung auch über einen kompatiblen Audioverstärker (AV-Receiver) erfolgen. Ein Fernseher erhält aber häufig auch Signale von anderen Quellen, z.B. ein TV-Signal via Antenne. Mit ARC können die damit verbundenen Audiosignale nun vom Monitor via HDMI ebenfalls zum AV-Receiver übertragen werden. Dazu müssen sowohl der Fernseher wie auch der AV-Receiver ARC unterstützen. Über die ARC-Schnittstelle können alle Audiosignale übertragen werden, die auch an einem S/PDIF-Ausgang, bzw. optischen Ausgang (Toslink) anliegen.

Als Erweiterung wurde 2017 **eARC** (enhanced Audio Return Channel) spezifiziert. Damit können nun auch 8 Kanäle PCM-Ton mit bis zu 24 Bit und 192 kHz übertragen werden, sowie die unkomprimierten Formate Dolby TrueHD und DTS-HD Master Audio und die 3D-Formate Dolby Atmos und DTS:X. Voraussetzung ist dafür, HDMI-Kabel mit Ethernet-Kanal zu verwenden, da das eARC-Signal den HDMI Ethernet Channel (HEC) nutzt.
Für die Nutzung von ARC oder eARC muss die CEC-Funktion (siehe unten) aktiviert sein.

Ein weiteres optionales Feature an HDMI-Schnittstellen ist **CEC** (Consumer Electronics Control), mit dem Geräte ferngesteuert werden können, die an einen HDMI-Signalweg angeschlossen sind. Beispielsweise kann damit beim Einschalten des BluRay-Players gleichzeitig der Monitor eingeschaltet und auf den entsprechenden Eingang umgeschaltet werden.

Seit 2012 ist den Herstellern von HDMI-Kabeln gesetzlich verboten auf Kabeln oder Verkaufspackungen die HDMI-Versionsnummer (s.o.) zu nennen. Erlaubt sind jetzt nur noch die Bezeichnungen "HDMI-Standard" (für SD und HD, bis HDMI 1.3), "HDMI-Highspeed" (für 4K UHD, bis HDMI 1.4) "HDMI-Highspeed Premium" (für 4K UHD, bis HDMI 2.0) und "HDMI Ultra High Speed" (für 8K, bis HDMI 2.1), jeweils kann zusätzlich "mit Ethernet" erwähnt werden. (Ethernet ist ein HDMI-Ethernet-Channel, kurz: HEC, für eine Netzwerkverbindung zwischen den beteiligten Geräten.)
Hersteller können zusätzlich maximale Datenraten (Gbps) nennen. Bei einer 4K UHD-Übertragung mit 60 Hz und HDR in 4:4:4 (d.h., 18 GBit/s) kann ein HDMI-Highspeed-Kabel an seine Grenzen stoßen, dann ist ein zertifiziertes "Premium Highspeed HDMI"-Kabel empfehlenswert. Für noch höhere Übertragungsraten ist ein als "HDMI Ultra High Speed" zertifiziertes Kabel erforderlich. Damit können 8K-Signale bis 60 Hz mit einer Bandbreite von bis zu 48 Gbits/s übertragen werden.

Grundsätzlich gilt: Je höher die Datenrate ist, desto schwieriger wird eine Übertragung über lange Strecken. Für eine HDMI-Übertragung ist eine Kabellänge bis zu fünf Metern meist unproblematisch, bei sehr gutem Kabelmaterial sind bis zu 15 Metern möglich. Für längere Strecken können HDMI-Kabel mit integrierter Signalverstärkung genutzt werden (bis cirka 40 Meter) oder HDMI-Kabel mit Glasfaser-Leitung (bis 200 Meter). Aus Kostengründen empfiehlt sich bei langen Strecken meist aber eine Umsetzung auf SDI-Leitungen mit Glasfaser.

Thunderbolt wurde von Apple und Intel als Nachfolger von Firewire (s.o.) entwickelt. Es handelt sich um bidirektionale Verbindungen, d.h., an einem Thunderbolt-Anschluss lassen sich gleichzeitig Festplatten, Kameras und Monitore anschließen.

Thunderbolt 1: (seit 2011) 2 bidirektionale Kanäle mit Transferraten von je 10 Gbit/s.

Thunderbolt 2: (2013) 2 bidirektionale Kanäle mit Transferraten von insges. 20 Gbit/s.

Thunderbolt 3: (2015) 2 bidirektionale Kanäle mit Transferraten von insges. 40 Gbit/s. (USB 4 wurde auf der Basis von Thunderbolt 3 und USB 3.2. entwickelt.)

Thunderbolt 4: (2020) Diese Version steigert nicht die Datenrate gegenüber Thunderbolt 3 (40 Gbit/s), bietet aber zusätzlich alle Komponenten, die in USB 4 zum Teil nur optional enthalten sind.

Kamera-Drahtlos-Übertragung

Eine Kamera-Drahtlos-Übertragung ist überall dort notwendig oder sinnvoll, wo für eine Live-Übertragung die Kamera sehr beweglich sein muss, die Kabelwege besonders lang wären oder eine Verlegung von Kabeln nicht möglich ist. Gefordert ist dabei eine verlustarme Übertragung von hoher Auflösung (Full-HD bis 4K). Die Übertragung ist dabei unidirektional, für eine Kamerasteuerung und eine Intercom-Verbindung muss ggf. eine weitere Drahtlos-Verbindung eingerichtet werden.

Im professionellen Bereich werden für die Drahtlos-Übertragung DVB-T-Frequenzen mit einer Bandbreite von bis zu 20 MHz genutzt und zwar innerhalb der Frequenzbereiche 2170-2400 MHz und 3475-3600 MHz (- teilweise werden diese Frequenzbereiche auch militärisch genutzt).
Da bei einer Video-Liveübertragung keine Wiederholung von gesendeten fehlerbehafteten Datenpaketen (Automatic Repeat Request = ARQ) durch den Empfänger angefordert werden kann, muss eine "Forward Error Correction" (FEC) erfolgen. Dabei handelt es sich um die Übertragung von zusätzlichen redundanten Daten (Parity Bits). Das Verhältnis von genutzten Bits zu Gesamtbits lässt sich als Coderate beschreiben, z.B. 1/2 = 50 % oder 7/8 = 87,5 %. (Bei DVB-T 2 wird in Deutschland häufig eine Coderate von 2/3 = 67 % verwendet.) Für die Übertragung wird COFDM (Coded Orthogonal Frequency-Division Multiplexing) genutzt, dabei wird das digitale Signal auf mehrere Signalträger simultan aufgeteilt. Damit kann die Bandbreite für jeden einzelnen Signalstrom reduziert werden. Aufgrund der redundanten Übertragung können so Ausfälle einzelner Signalträger kompensiert werden.

Das Sendemodul wird OBTX = On-Air Broadcast Transmitter genannt, die Empfänger tragen das Kürzel RX. Um die Reichweite zu verbessern können diese auch abgesetzte Antennen verwenden. Die Sender- und Empfangsmodule verfügen üblicherweise über SDI- und/oder HDMI-Anschlüsse (jeweils mit embedded Audio).
Die Videobitrate kann bis zu 30 Mbit/s betragen, verwendet wird als Codec H.264 oder HEVC/H.265. Die Reichweite kann bei den kleinen mobilen Transmittern bis zu 3 km betragen. Das hängt aber von mehreren Faktoren ab:
Niedrigere Frequenzen (und somit eine geringe Bildqualität) erzielen eine bessere Reichweite. Die Reichweite verbessert sich auch mit höher angebrachten Antennen. Ein Antennen-Diversity ist dabei in jedem Fall sinnvoll. Ein weiterer Faktor ist die Sensitivität des Receivers: Ein Empfänger mit -98 dBm ist besser als ein Empfänger mit -95 dBm Sensitivität. Eine Verbesserung um 3 dB entspricht dem Faktor 2, d.h., ein Empfänger mit 3 dB höherer Empfindlichkeit kann auch noch Signale empfangen, die 50 % weniger Leistung haben.

Die Verwendung der o.g. Frequenzen muss durch Bundesnetzagentur genehmigt werden, alle Events müssen dabei einzeln genehmigt werden.

Die Anmeldung bei der Bundesnetzagentur sollte umfassen:
– Ort der Veranstaltung (genaue Anschrift/Hallennummer/Standort)
– Innen/Außen
– Datum der Veranstaltung (einschließlich Probentage usw.)
– Frequenzbereich des Senders
– Bandbreite des Senders (in DVB-T 8 MHz)
– Antennenhöhe des Senders (i.d.R. 2 m über Boden)
– Antennencharakteristik
  (i.d.R. Omni/Rundstrahlantenne mit 3 dB Antennengewinn)
– Max. Ausgangsleistung (OBTX = 100 mW)

Drahtlose Videoübertragung für Consumer
Für kurze Reichweiten bis zu etwa 100 Meter kann auch genehmigungsfreie Technik verwendet werden, die auf der WLAN-Technik basiert (802.11-WLAN mit 5 Ghz-Übertragung). Sie ist auch für Consumer erhältlich (ab etwa 200 €) und ist als Plug amd Play einfach zu nutzen. Üblich sind auch hier SDI- und/oder HDMI-Anschlüsse, die Bandbreite kann bis zu 40 MHz betragen. Für eine Verbesserung der Übertragung gelten auch hier die o.g. Hinweise.

Fernsehsignal-Übertragung

Antenne (analog, SD)
Das analoge Antennensignal wird seit 2009 nicht mehr zur terrestrischen Ausstrahlung verwendet. Zur analogen Übertragung im Kabelfernsehen wurde es noch bis 2019 genutzt. Manche ältere Videoplayer und -recorder bieten jedoch noch die Möglichkeit, ihr Ausgangssignal auch auf der Antennenbuchse (auf Kanal 36) auszugeben, um einfache Fernseher ohne Videoeingang anschließen zu können.
Die terrestrische, analoge Antennenübertragung geschieht mittels eines HF-Signals (Hochfrequenz-Signal; Englisch: RF = Radio Frequency). Dazu wird das FBAS-Signal zunächst auf eine hochfrequente Zwischenträger-Frequenz von 38,9 MHz amplitudenmoduliert. Auf zwei weitere Zwischenträger-Frequenzen (33,4 und 33,15 MHz) werden die beiden Tonspuren frequenzmoduliert. Die Zwischenträger-Frequenzen werden nun einer gemeinsamen Trägerfrequenz aufmoduliert.
Für jeden Sender steht eine eigene Trägerfrequenz in einem der VHF- (Very High Frequency) oder UHF- (Ultra High Frequency) Bereiche zur Verfügung. (VHF I = 47-68 MHz, VHF III = 174-230 MHz, UHF IV = 470-585 MHz und UHF V = 610-862 MHz.) Benachbarte Sendebereiche dürfen dabei nicht dieselben Frequenzen benutzen, da es dabei zu gegenseitigen Störungen kommen würde.
Als Antennenkabel wird ein Koaxialkabel mit 75 Ω Wellen-widerstand verwendet. Die terrestrische analoge Antennenübertragung ist in Deutschland flächendeckend durch den digitalen DVBT-Standard (siehe unten) ersetzt worden. Bis 2019 wurde das analoge Antennensignal auch noch für die Übertragung im Kabelfernsehen verwendet (siehe unten).

DVBT (digital, SD und seit 2016 in Deutschland auch in HD)
DVBT (Digital Video Broadcast Television) ist das digitale TV-Signal für die terrestrische Ausstrahlung, d.h., für einen Empfang per Haus- oder Zimmerantenne. Bei DVBT1 für SD-Signale (2003 bis 2017) wird das digitale MPEG2-Format verwendet. Insgesamt können damit bis zu 30 SD-Kanäle übertragen werden.
Das MPEG2-Signal wird in den bereits vorhandenen VHF- und UHF-Frequenzbereichen einem Trägersignal aufmoduliert. DVBT ersetzt somit die bisherige terrestrische analoge Rundfunkübertragung, die zuvor mit Zimmer- oder Hausantenne empfangen werden konnte. Zwar kann weiterhin über Antenne empfangen werden, jedoch braucht jedes Endgerät nun einen Decoder, der die MPEG2-Signale entschlüsseln kann. Der Vorteil ist, dass damit mehr Sender als mit der bisherigen analogen Ausstrahlung empfangen werden können und eine sehr stabile Bildqualität erreicht wird. (Vorausgesetzt, dass die Feldstärke, also die Signalstärke des Antennensignals am Empfangsort, ausreichend ist. Wenn die Feldstärke zu gering ist, verschlechtert sich die Bildqualität nicht

langsam wie bei einem analogen Signal, sondern es entstehen großflächige Artefakte, bzw. das Bild fällt schlagartig total aus.)
Der Nachteil vom DVBT-Verfahren ist, dass mehrere Programme auf einem Kanal mit einer vergleichsweise schmalen Bandbreite (2 bis 4 MBit/s) übertragen werden, so dass die Kompression relativ hoch ist. Darunter leiden bewegungsintensive Bildsequenzen, z.B. bei Sportübertragungen oder auch einfache Bildüberblendungen, die dann Artefakte aufweisen können.
DVBT2-HD wird in Deutschland seit 2016 übertragen (zunächst nur in Ballungsgebieten, seit 2017 flächendeckend). DVBT2-HD nutzt den wesentlich effizienteren Codec H.265 (auch als HEVC bezeichnet) und kann damit bis zu 40 HD-Kanäle, sogar mit bis zu 1080p50, übertragen. Eine Verschlüsselung der Programme ist möglich, die großen Privatsender nutzen auch diese Möglichkeit. DVBT2-Receiver können auch die DVBT1-Signale verarbeiten, umgekehrt funktioniert es jedoch nicht, d.h., nach der Abschaltung von DVBT1-Signalen (je nach Region 2017 oder 2018) mussten die Konsumenten auf DVBT2-Receiver oder -Fernseher umrüsten. Auch in Nachbarländern wird DVBT2 verwendet, jedoch mit zum Teil anderen Spezifikationen, die Geräte sind daher nicht unbedingt kompatibel.

Kabelfernsehen / DVBC (analog und digital, SD + HD)
Über das Kabelfernseh-Signal können sowohl analoge wie auch digitale Signale gleichzeitig an die Haushalte übertragen werden. Dabei entspricht das analoge Signal (SD) dem terrestrischen Antennensignal (s.o.). Unter normalen Bedingungen wird es per Kabel störfreier übertragen, als es mit dem terrestrischen Antennensignal möglich ist. Einstreuungen und Kabelreflektionen kann es aber auch hier geben. Seit 2017 wurde das analoge Antennensignal jedoch sukzessive von den einzelnen Kabelbetreibern abgeschaltet und vollständig durch digitale Signale ersetzt. Im Juni 2019 wurden die letzten analogen Übertragungen abgeschaltet.
Digitale Signale werden seit 1997 über das Kabel übertragen, zunächst für den Hörfunk und dann auch als DVBC (Digital Video Broadcasting Cable) für das Fernsehen. Das Signal wirkt schärfer als die analoge Übertragung, da Leitungsverluste und Kabelreflektionen sich nun in einer anderen Weise auswirken: Das Signal bleibt originalgetreu erhalten, sofern es nicht zu schwach wird oder gestört wird, was dann zu Bildausfällen führt.
Für die Kabelprovider ergibt sich mit der digitalen Übertragung ein weiterer Vorteil: Die stark komprimierten digitalen Signale benötigen eine wesentliche geringere Bandbreite, nämlich nur etwa ein Fünftel des analogen Signals. Es können also erheblich mehr Programme übertragen werden, dieser Gewinn wird als "digitale Dividende" bezeichnet. Auch die Übertragung von HD-Signalen ist möglich. Für die Übertragung werden der MPEG2- und der H.264-Standard verwendet und die Frequenzbereiche 604

und 862 MHz genutzt. Für den Empfang wird ein DVBC-Tuner benötigt, das kann ein separater Receiver sein oder bereits in neuere Empfangsgeräte, z.B. in HDTV-Fernseher oder DVD-Recorder, eingebaut sein.

DVBS (digital, SD + HD)
DVBS (Digital Video Broadcasting Satellite) bezeichnet die Übertragung des digitalen Fernsehsignals via Satellit (die analoge Ausstrahlung via Satellit wurde 2012 abgeschaltet). Die wichtigsten Satelliten sind dafür auf einer geostationären Umlaufbahn positioniert, in einer Höhe von 35786 km über dem Äquator. Die Sendesignale werden von Erdfunkstellen in den Frequenzbereichen zwischen 12,75 und 18,1 GHz (Uplink) an die Satelliten gesendet und von dort über Transponder in Frequenzbereichen von 11,7 bis 12,95 GHz wieder an die Erdoberfläche zurück gesendet. Für den Empfang ist eine Satellitenschüssel notwendig, die um so größer sein muss, je weiter nördlich oder südlich sie vom Äquator entfernt ist. d.h., je flacher der Einfallswinkel der Signale ist. An der Schüssel ist ein LNB (Low Noise Converter) angebracht, der die Signale in den UHF-Bereich, die "SAT-ZF"-Frequenzen (950–2150 MHz), transformiert, da die nachfolgende Übertragung im Kabel Signale im Ghz-Bereich zu stark dämpfen würde. In einem Receiver (separates Gerät oder bei neueren TVs bereits eingebaut) werden die Signale schließlich in TV-taugliche Programmsignale gewandelt.
Neuere Übertragungsstandards (DVB-S2 und DVB-S2X) nutzen effizientere Kodierungs- und Fehlerkorrekturverfahren, d.h., die Datenrate kann damit um bis zu 30% gesteigert werden. Sie benötigen jedoch aktuelle Receiver in den Set-Top-Boxen oder Fernsehern.

HbbTV
Fernsehen und Internet wachsen langsam zusammen: HbbTV (Hybrid Broadcast Broadband TV) ist eine Kombination von Empfangswegen, bei denen sowohl Daten über das DVB-Signal (DVBT, DVBC, DVBS) empfangen werden können, wie auch zusätzliche Daten, Livestreams und Mediatheken-Videos aus dem Internet bezogen werden können. Dabei sendet der jeweilige Sender eine sogenannte AI-Tabelle mit einer URL an den Fernseher. Diese können dann (meist mit dem roten Button auf der TV-Fernbedienung) abgerufen werden, daher wird HbbTV auch oft als "Red Button TV" bezeichnet.
Der HbbTV-Internetzugang bietet somit einen Rückkanal („Back Channel") vom TV-Gerät ins Internet und damit einerseits kontextabhängige zusätzliche Informationen zum jeweils genutzten Sender, sozusagen ein Nachfolger des Teletextes, und andererseits darüber hinaus den Zugriff auf weiteren Content, wie etwa Mediatheken, aber auch auf sonstige Medienangebote wie Youtube oder Netflix.

File-basierte Aufzeichnung

Codecs

Die weiter vorne beschriebenen unkomprimierten digitalen Videosignale einer Kamera, z.B. als SDI- oder HD-SDI-Signal (siehe Seite 91) können im Prinzip ungewandelt über ein Video-Kabel direkt in ein Video-Mischpult oder einen Computer eingespielt und dort weiter bearbeitet werden. Die dabei anfallenden Datenmengen sind jedoch immer noch so groß, dass eine Speicherung eine sehr aufwendige Hardware erfordern würde. Ebenso würde beispielsweise eine direkte Ausgabe auf DVD (4.700 MByte) nur sehr kurze Filmlängen ermöglichen. (Davon abgesehen wäre der Datenstrom so hoch, dass handelsübliche Laufwerke damit überfordert sind.) Daher muss das digitale Videomaterial für eine Aufzeichnung noch einmal neu komprimiert werden (siehe: Kompression, Seite 68).

Diese Verarbeitung in neu komprimierte Files wird von Codecs ermöglicht. Der Begriff Codec ist ein zusammengesetztes Wort aus "Coder" und "Decoder" und bezeichnet eine festgelegte Rechenvorschrift (Algorithmus) für das Codieren, bzw. Dekodieren eines Video- oder Audiofiles.

Ein Codec bezeichnet zunächst aber nur einen Kompressionsalgorithmus für eine Audio- oder Videodatei. Damit diese als File auf einem Schnittrechner nutzbar wird, oder als Stream transportiert werden kann, müssen die Audio- und Videodateien miteinander verknüpft werden, denn die einzelnen Audio-, Video und ggf. Untertitel-Signale sollen ja den Zuschauer*innen gleichzeitig und synchron dargestellt werden.

Die gängigsten Video-Kompressionsverfahren für die Distribution finden nach den MPEG- (Motion Picture Experts Group) Standards statt:

MPEG1 gibt es seit 1992 und wurde für die Video-CD entwickelt. Die maximale Bildauflösung beträgt 352 x 288 Bildpunkte, es sind Bitraten von 1 - 3 MBit/s möglich. Jedes Bild wird mit diesem wenig effizienten Code einzeln encodiert, daher entstehen relativ große Dateien, deren Bilder leider nur mäßiger VHS-Qualität entsprechen.

MPEG2 (entspricht weitgehend der Norm H.262) ist eine 1994 entstandene Weiterentwicklung für SVCD (Super-Video-CD) und DVD. Es ist von der Bildqualität und seiner Skalierbarkeit wesentlich besser als MPEG1. Verschiedene Bildauflösungen sind möglich, zum Beispiel:

Low   mit   352 x 288 Bildpunkten bis maximal 4 MBit/s
Main   mit   720 x 576 Bildpunkten bis maximal 15 MBit/s
High 1440 (HDTV 4:3) mit 1440 x 1080 Bildpunkten bis maximal 60 MBit/s
High (HDTV 16:9)   mit 1920 x 1080 Bildpunkten bis maximal 80 MBit/s

Im MPEG2 Standard kann jedes Bild einzeln (intraframe) encodiert werden, solche Bilder werden als I-Frame ("Intra-Frame", auch "Key-

Frame" genannt) bezeichnet. Damit kann dieses Format auch im Schnittstudio verwendet werden.

Für Distributionszwecke ist es aber sinnvoller, ein höheres Kompressionsverhältnis zu erreichen und mit einer **GOP**- (Group of Pictures) Struktur zu arbeiten (interframe). Häufig wird eine GOP aus 12 Frames verwendet: Am Anfang der GOP steht immer ein **IFrame**, ein vollständig (intraframe) encodiertes Bild. Danach folgen so genannte Δ-Frames (Delta-Frames) mit interframe Encodierung: **P-Frames** ("predicted frame") speichern nicht die eigentliche Bildinformation, sondern Unterscheidungen gegenüber vorangegangenen I- oder P-Frames, also etwa 'vorhergesagte' Bewegungsabläufe. Zwischen I- und P-Frames liegen **B-Frames** (bidirectional frames), die vorangegangene und/oder nachfolgende I- oder P-Frames in die Kompression mit einbeziehen. Eine typische GOP-Struktur sieht dann so aus: IBBPBBPBBPBB. Daran ist auch zu sehen, dass eine solche MPEG2-Datei nicht in einem Schnittprogramm verwendbar ist, da der Zugriff auf Einzelbilder nicht möglich ist. Erst ein Umrechnen in i-Frames oder das Abspielen als (analoges) Videosignal stellt die Einzelbilder wieder her.

MPEG4 (als Containerformat: .mp4) ist ein von Microsoft entwickelter Codec, der eine effizientere Kompression ermöglicht. Eine populäre Weiterentwicklung dieses Codecs wird als **DivX** bezeichnet, bzw. dessen Variante **Xvid**, die als "Freie Software" unter der General Public License (GNU) steht. Diese Codecs sind so effizient, dass damit sogar ein Spielfilm in passabler Qualität auf eine CD passen würde.

H.264 (genauer: MPEG-4-Part-10- (AVC)/H.264) ist wiederum eine Weiterentwicklung von MPEG4. Bei etwa gleicher Bildqualität erlaubt H.264 eine Kompression auf etwa 1/3 der Dateigröße, verglichen mit MPEG2. Dieser Codec wird beispielsweise für HDTV, BluRay, DVB-C und DVB-S2 genutzt, ebenso bei den Kamera-Aufzeichnungsformaten AVC-Intra und AVCHD (siehe auch Aufzeichnungsstandards, Seite 147). Die für den Standard benutzten FourCCs (siehe Seite 116) sind „AVC1", „DAVC", „H264", x264 und „VSSH".

Auch hier gibt es verschiedene mögliche Bildauflösungen und Datenraten:

High	4:2:0 mit 8 Bit
High 10	4:2:0 mit 10 Bit
High 4:2:2	4:2:2 mit 10 Bit (z.B. AVC-Intra mit 100MBit/s)
High 4:4:4	4:4:4 mit 10 Bit

Typische Datenraten für TV-Übertragungen sind 5-10 MBit/s für HD, sowie 40 MBit/s für UHD.

H.265 (genauer: MPEG-H Teil 2 (HEVC)/H.265) auch kurz als **HEVC** bezeichnet, ist der derzeit effektivste Codec. Er reduziert die Dateigröße

nochmals auf die Hälfte, verglichen mit H.264. Dazu werden verschiedene Erweiterungen gegenüber H.264 verwendet: Für die DCT-Berechnung (vgl. Seite 70) können größere Blöcke verwendet werden, statt 16 x 16 Pixel sind nun flexible Blöcke mit bis zu 64 x 64 Pixel möglich. Damit ist eine effizientere Filterung von Redundanzen möglich. Außerdem können Bewegungsvektoren präziser definiert werden, statt 9 Richtungen können nun 35 Richtungen beschrieben werden. Dafür ist die Konvertierung eines Videofiles nach H.265 deutlich aufwendiger, dauert also länger.
Der H.265-Codec ist vorgesehen für Auflösungen bis zu 8K mit 12 Bit in 4:4:4 und bis zu 300 Bilder/s. Verwendet wird dieser Codec beispielsweise für UHD-BluRay, die Übertragung von UHD-TV und DVB-T2.
Zur Erstellung von H.265-Files ist das kostenlose Open-Source Programm "HandBrake" gut geeignet.

H.266 (auch: VVC = Versatile Video Coding) ist der Nachfolger von H.265. Dieser Codec wurde 2020 zertifiziert, er reduziert die Datenmenge bei gleicher Qualität nochmals um 50%. Es werden Auflösungen von 4K bis 16K und 360°-Videos unterstützt.

ProRes ist ein von Apple entwickelter Videocodec für den Videoschnitt. Eine Auflösung von 5120 x 2160 Bildpunkten und eine Bildrate von 50p ist möglich. Der Codec arbeitet mit Intraframe-Codierung und unterstützt unterschiedliche Datenraten. ProRes422 bietet ein Subsampling von 4:2:2 und 10 Bit Auflösung. ProRes4444 bietet eine Auflösung von 12 Bit, ein Subsampling von 4:4:4:4, d.h., auch einen Alphakanal, der bis zu 16 Bit pro Bildpunkt speichern kann. ProRes wird unter anderem verwendet bei ARRI Alexa, Black Magic und AJA.

DNxHD (Digital Nonlinear Extensible High Definition, auch als "VC-3" bezeichnet) wurde von Avid für HD-Schnittsysteme entwickelt. Der Codec basiert auf der DCT-Kompression. DNxHD verwendet die Intraframe-Kodierung, ein Subsampling von 4:2:2 und Auflösungen von 8 und 10 Bit sind möglich, der Codec unterstützt einen Alphakanal. Auch der Kamerahersteller Ikegami nutzt den DNxHD als Aufzeichnungsformat für einige Kameramodelle.

AVC-Intra (Advanced Video Codec - Intra Frame Only) wurde von Panasonic entwickelt. AVC-Intra ist ein HD-fähiger Intraframe-Videocodec und basiert auf MPEG-4/Part10 (H.264/AVC). Die Aufzeichnung findet in einem MXF-Container auf P2-Speicherkarten statt (siehe auch Seite 122). Für die Aufzeichnungsvariante AVC-Intra 100 ergibt sich eine Datenrate von 1 GB/min.
Für AVC-Intra gibt es verschiedene Aufzeichnungs-Varianten:

—   AVC-Intra 50 mit 50 MBit/s, 1440x1080 Pixeln (sowie 960x720 für 720p) 10 Bit Auflösung, Subsampling 3 : 1,5 : 0

- AVC-Intra 100 mit 100 MBit/s, 1920x1080 Pixeln (sowie 1280x720 für 720p) 10 Bit Auflösung, Subsampling 4:2:2
- AVC-Class mit 200 MBit/s, 1920x1080 Pixeln (sowie 1280x720 für 720p) 12 Bit Auflösung, Subsampling 4:4:4
- AVC-Ultra 4K mit bis zu 440 MBit/s, 4K-Aufzeichnung, 12 Bit Auflösung, Subsampling 4:4:4. Die Variante AVC-LongG mit Interframe-Aufzeichnung nutzt GOPs (siehe Seite 102), sie bietet eine stark komprimierte HD-Aufzeichnung mit 4:2:2 und 10 Bit.

Cinema DNG (Cinema digital negativ) ist ein von Adobe entwickeltes offenes Format für Videofiles aus Bild-Rohdaten. DNG-Bilddateien basieren auf dem TIFF-Standard und sind verlustfrei komprimiert. Sie können Metadaten enthalten. Eine Bittiefe von 8 bis 32 Bit wird unterstützt. Die Videofiles können als Stream in einem MXF-Container gespeichert werden, oder als Sequenz von Einzelbildern. Verwendet wird Cinema DNG beispielsweise bei Kameras der Firma Blackmagic.

DPX (Digital Picture Exchange) ist ein Dateiformat für die Erstellung von "Digital Intermediates", d.h., Master für Kino-Vorführkopien (DCI mit 2K oder 4K), wie auch zur Erstellung von beispielsweise BluRays oder DVDs. Bis zu 32 Bit pro Farbkanal sind möglich, d.h., eine RGB-Abtastung von 4:4:4. Damit kann DPX auch die Farbtiefe und das Gamma von (Kino-)Farbnegativfilmen wiedergeben.

IMF (Interoperable Master Format, eingeführt 2013) ist ein SMPTE-standardisiertes Master- und Archivierungsformat. Es ist ein modular aufgebautes Containerformat (vergleichbar mit DCP), d.h., das Format enthält in einem MXF-Container separat die Mediendateien (Video, Audio, UT) sowie die notwendigen Metadateien (CPL, Asset Map, transcoding instructions). Als Videodateien können JPEG2000-Dateien, aber auch unkomprimierte Aufzeichnungen verwendet werden.

DCP (Digital Cinema Package) ist ein weltweit standardisiertes Format für Videos zur Vorführung in digitalen Kinos. Es verwendet ein Ordnersystem mit JPEG2000-Dateien in 2K und 4K mit bis zu 12 Bit und einem Subsampling von 4:4:4. Der Farbraum ist DCI-P3 (siehe Seite 163). Eine ausführliche Beschreibung von DCP siehe Seite 200ff.

AVCHD wurde für die Videoaufzeichnung mit Flash-Speichermedien in Consumer-Kameras entwickelt und basiert auf dem H.264/MPEG-4 AVC-Codec. Die Files werden als MPEG-2-Transportstrom (.mts) abgespeichert. Eine AVCHD-Aufzeichnung enthält in dem Unterordner BDMV die Ordner PLAYLIST (Wiedergabelisten), CLIPINF (Datenbankdateien für Clips), STREAM (die Video- und Audiostreams im Multiplex), sowie die Dateien "Index" und "Movieobj".

Anfang Juli 2011 wurde der erweiterte Standard AVCHD 2.0 veröffentlicht, er ermöglicht Aufnahmen mit 1080/60p. 10 Bit Auflösung und ein 4:2:2 Subsampling sind möglich, die Datenrate beträgt bis zu 24 MBit/s.

DV-Codec bezeichnet eine intraframe-Codierung auf DCT-Basis mit Blöcken von 8 x 8 Pixeln und einer 4:2:0 Abtastung (für PAL). Wesentlich ist dabei die Erzielung einer konstanten Datenrate von 25 MBit/s für eine Bandaufzeichnung. Eine Variante des DV-Codec wird für DVC-Pro verwendet, die Abtastung findet hier mit 4:1:1 statt, die Kompression beträgt 5:1. Bei dem professionellen SD-Format DVC-Pro50 (mit 50 MBit/s) werden parallel 2 DV-Codecs verwendet, damit kann eine 4:2:2-Abtastung erreicht werden, bei einer gleichzeitig geringeren Kompression von 3,3:1.

XAVC ist ein von Sony eingeführtes Aufzeichnungsformat, das auf dem H.264 / MPEG-4 AVC Codec basiert. Sowohl eine Intra-Frame Kodierung (XAVC-I), wie auch eine Interframe Kodierung (XAVC Long GOP, kurz: XAVC-L) ist möglich. Die Aufzeichnung kann in HD, 2K, UHDTV oder 4K erfolgen, das Subsampling mit 4:2:0 oder 4:2:2 und die Farbtiefe kann 8 oder 10 Bit betragen. (Ursprünglich sollte das Format auch für 4:4:4 und 12 Bit ausgelegt werden, derzeit sind auf dem Markt aber keine Geräte mit diesen Spezifikationen erhältlich.) Als Container wird MXF verwendet.
Für den Consumer-Bereich wurde zusätzlich das XAVC-S Format spezifiziert mit 8 Bit Farbtiefe und 4:2:0 Subsampling, welches den MP4 Container verwendet.

DVCPRO-HD wurde von Panasonic entwickelt und basiert auf dem DV-Codec. Es erlaubt eine Aufzeichnung mit 1440x1080 Pixeln mit 8 Bit bei einer Abtastung von 3 : 1,5 : 1,5. Die Aufzeichnung ist sowohl auf ¼"-Bändern, wie auch auf P2-Karten möglich. Bei Panasonic-Kameras wurde dieser Codec inzwischen von AVC-Intra abgelöst.

Ein weiterer Kompressionsstandard ist **Windows Media Version 9 (WM9** oder auch **VC-1)**. Die Verarbeitung von HD-Signalen ist möglich, für eine HDTV-Übertragung beträgt die Bitrate 6-10 MBit/s. Das Format kann auch einen Kopierschutz (DRM = Digital Rights Management) integrieren.

VP9 ist ein offener, von Google entwickelter Videocodec für Streaming-Anwendungen, der mit H.265 konkurrieren soll. Er erlaubt 10 und 12 Bit-Auflösungen, sowie ein 4:2:2 und 4:4:4 Subsampling, sowie die Verwendung eines Alpha-Kanals. Als Nachfolge-Format wurde VP10 entwickelt, jedoch bisher nicht offiziell eingeführt. Parallel wird von Google und anderen das Format AV1 entwickelt.

Motion JPEG 2000 (kurz: MJEPG 2000, die Dateiendung lautet: .mj2) wird für DCP verwendet. Es handelt sich um eine Intraframe-Kompression, die sowohl RGB wie auch YCrCb verarbeiten kann. MJPEG 2000 unterstützt mehrere Videoebenen, Alphakanäle und die Integration von Audiodateien. Siehe auch "JPEG 2000", Seite 111.

RAW

RAW bezeichnet Rohdaten eines Bildsensors (meist ein Bayer-Pattern-Sensor mit 50% Grün, 25% Rot und 25% Blau). Zunächst handelt es sich nur um die Helligkeitswerte der einzelnen Pixel, damit ist es noch kein Videosignal und in dieser Form nicht darstellbar. Die Helligkeitswerte müssen durch einen "De-Bayering-Algorithmus" verarbeitet werden (siehe Seite 231f), die Gewichtung und Anordnung der Daten entscheidet dann über die Bildqualität (Auflösung, Schärfe, Farbwiedergabe, Kanten-darstellung).

Da die RAW-Daten direkt auf dem Bildsensor entstehen, enthalten sie auch noch keinerlei Bearbeitung oder (elektronische) Filterung, d.h., keinen Weißabgleich, Gammakurve, ISO-Wert, oder Videofilter (z:B. Detailing). Aktuelle Cine-Kameras können bis zu 16 Blendenstufen verarbeiten, das entspricht bis zu 16 Bit.

Einige Kameratypen können die RAW-Daten direkt aufzeichnen, andere wandeln die Daten in ein optimiertes hochauflösendes Videosignal (Log-Recording Mode), das eine mehr oder minder starke Kompression ermöglicht. Zudem ist in jeder Kamera ist mindestens eine Konvertierung in ein Videosignal für das Monitoring notwendig, es braucht also ein LUT (siehe Seite 167), z.B. für REC.709. Zugunsten des Workflows werden häufig "Proxies" (Ansichtsdateien in gängigen Codecs mit relativ geringer Auflösung) für das Editing verwendet. Für die Erstellung des Masterfiles, mit Farbkorrektur und Grading, werden dann die RAW-Files verwendet.

Log-Recording Mode (Sony = S-Log, Canon = Canon Log, ARRI = LogC)
Der Log-Recording Mode ist keine RAW-Datei im eigentlichen Sinn. Es ist bereits ein Videosignal, jedem Bildpunkt ist also schon Helligkeit und Farbe zugeordnet, aber es erlaubt eine maximierte Darstellung vom Kontrastumfang des Sensors. Log nutzt die Grenzen des Videosignals maximal aus und zeichnet ein Bild auf, auf das eine logarithmische Gammakurve angewendet wurde.

Bei einem Videosignal haben schon geringe Helligkeitsunterschiede in Schattenbereichen einen sichtbaren Effekt, während in den hellen Bereichen deutlich größere Helligkeitsveränderungen notwendig sind um als Helligkeitsschritt wahrgenommen zu werden. Für Video ist daher in Schattenbereichen eine stärkere Differenzierung sinnvoll, als in den Lichtern. Eine lineare Gammakurve (wie bei HDTV) behandelt jedoch alle Helligkeitsstufen absolut gleich und verwendet damit viel Differenzierung und damit Datenvolumen dort, wo es gar nicht benötigt wird, nämlich in den hellen Bildbereichen.

Der Log-Recording Mode optimiert mit seiner logarithmischen Gammakurve die Schatten und die Lichtbereiche, reduziert aber in den Mitten etwas die Feinabstufungen. Beim direkten Anschauen wirkt es flach und ungesättigt, erst beim Colour-Grading entsteht das Bild für den/die Zuschauer*in.

Bei Dreharbeiten empfiehlt sich eine leicht hellere Belichtung als normal, cirka 1 bis 2 Blendenstufen, damit Schattenbereiche besser differenziert sind und nicht später im Grading verstärkt werden müssen, was evtl. Rauschen erzeugen würde.

Der Vorteil der Log-Aufzeichnung besteht darin, dass die Datenmengen der normalen Videoaufzeichnung entsprechen, man aber stets den gesamten Kontrastumfang des Sensors ausnutzen kann. Der Nachteil im Gegensatz zu RAW-Daten, ist, dass der Log-Recording Mode bereits elektronische Filterungen enthält, z.B. White-Balance und ISO.

Ein kurzer Vergleich der möglichen Aufzeichnungsformate bei gängigen Kameras (Stand 2017):

Blackmagic
Blackmagic-Kameras können in sowohl im Log Mode, wie auch RAW aufzeichnen.

Mit den Codecs "Apple ProRes422" und "AVID DnxHD" kann verlustbehaftet in REC.709 oder Log aufgezeichnet, möglich sind 10 Bit, 4:2:2. Die Datenrate beträgt dabei bis zu 28 MB/s, die Files können von jeder professionellen Software verarbeitet werden.

In Cinema DNG (Digital Negativ) kann verlustlos RAW mit 12 Bit in 4:4:4 aufgezeichnet werden. Die Datenrate beträgt bis zu 150 MB/s, zur Aufzeichnung wird daher eine SSD-Festplatte benötigt. Die Bearbeitung kann mit DaVinci Resolve erfolgen.

Die Cinema DNG – Files bestehen aus einem Ordner pro Take, darin enthalten sind die einzelnen Frames als .dng – Files (sie können z.B. mit IrfanView betrachtet werden), sowie ein separater .wav – File für jeden Take.

Ein Ordner und die darin enthaltenen Dateien haben dann beispielsweise diese Bezeichnungen:

Ordner   BMCC_1_2017-02-23_1642_C0001
Audio   BMCC_1_2017-02-23_1642_C0001.wav
Video   BMCC_1_2017-02-23_1642_C0001_000000.dng (Image sequence)
             BMCC_1_2017-02-23_1642_C0001_000001.dng

             ...
             BMCC_1_2017-02-23_1642_C0001_000705.dng
Datum, Uhrzeit und Take sind jeweils in der Benennung enthalten.

ARRIRAW

ARRIRAW ist ein proprietärer Codec der Firma "ARRI" und basiert auf JPEG2000. Möglich ist (derzeit) eine Aufzeichnung mit 2880 x 1620 Pixeln (Bildformat 16:9), 2880 x 2160 Pixeln (Bildformat 4:3), sowie 3414 x 2198 mit der Variante "Open Gate ARRIRAW", bei 12 Bit und einem Subsampling von 4:4:4. Das derzeit dafür gängige Kameramodell heißt Arri Alexa. Die ARRI-Kameras zeichnen das Signal als RAW-Datei auf. Für das Mastering wird das Material im Log-Recording Mode (logarithmische Gammakurve) "Log C" ausgegeben, dabei handelt es sich um eine „szenebasierte Codierung": Mit zunehmendem Belichtungsumfang steigt die Datenmenge. Das Log C Material wiederum kann dann mit einer LUT in den Farbraum REC.709) oder DCI-P3 gewandelt werden und es können Arbeitskopien für die Dailies, den Schnitt und die visuellen Effekte hergestellt werden.

Für die Aufzeichnung wird für jeden Take ein Ordner erstellt, darin enthalten sind Unterordner:
Unterordner mit Videoeinzelbildern (.ari)
     (Name des Ordners = Videoauflösung, z.B. 2880x1620)
Unterordner wav mit .wav Audiodatei
Unterordner xml mit .xml Metadaten (Kameratyp, -einstellungen, Objektiv)

Die Bennenung enthält die folgenden Parameter:
[CameraIndex] [ReelCounter] [ClipIndex] [ClipCounter] _ [Date] _ [CameraID] .mxf
Beispiel: A016C001_120126_R1K4.mxf
CameraIndex: 1 Buchstabe als Kamerabezeichnung,
     vergeben durch den Nutzer: A-Z
ReelCounter: 3 stellige Zahl, aufsteigend mit jeder neuen Speicherkarte.
ClipIndex: Buchstabe 'C' für die Clips 001 – 999.
     (Bei weiteren Clips geht es mit "D" weiter.)
ClipCounter: 3 stellige Zahl, aufsteigend mit jedem Clip
Date: Im Kamera-Menü gesetztes Datum: YYMMDD.
CameraID: L or R eye index, default R, followed by 3 digit, Base36 encoded, camera serial number.

Die Metadaten enthalten ein Final Cut Pro 7 XML file und ein Avid Log Exchange (ALE) file:
Clip Name: IN/OUT Time code, Duration, FPS, UUID, Sup_Version, Exposure_Index, Sxs_Gamma, Whitebalance, Cc_Shift, Look_Name, Look_Burned_In, Sensor_Fps, Shutter_Angle, Camera_Model,…

Redcode RAW (.R3D)

REDCODE RAW (.R3D)ist ein proprietärer Codec der Firma "Red Digital Cinema Camera Company" und basiert auf JPEG2000. Möglich ist (derzeit) eine Aufzeichnung mit 6 K, 12 Bit und einem Subsampling von 4:4:4. Redcode RAW Dateien sind stets komprimiert und verlustbehaftet, aber als RAW-Dateien weisen sie kein Chroma-Subsampling auf und sind noch keinem Farbraum zugewiesen.

Der Redcode enthält immer Metadaten, u.a. die Settings der Kamera.

Ein Problem ist das FAT32 File System: Files können maximal 4GB groß sein, daher werden RDC-Ordner (RED-Digital_Clip) mit Teil-Clips erstellt die die Endung .R3D haben. Dazu kommen Metadaten in einer .RMD Datei (Red Metadata).

Ein 6K-Sensor (6144 x 3160 24p) weist eine Datenrate von 2 GB/s auf. RAW wird komprimiert aufgezeichnet z.B. mit 670 MB/s, bei 3:1 mit etwa 220 MB/s. Die maximale Kompression beträgt 18:1. ("Der Hobbit" wurde beispielsweise mit 5:1 aufgezeichnet.)

Ein Beispiel für die Bezeichnung von R3D Files und RDC Folders:
C RRR TTT dd mm HH NNN

C   = Camera letter, from A to Z
RRR = three digit reel number
TTT = three digit take number
dd mm = date and month
HH   = unique hex code that ensures another file won't have the exact same name
NNN = spanned clip number (when R3D files are broken up)

Die wichtigsten HD- und UHD-Aufzeichnungsformate im Überblick, genannt sind dabei die jeweils bestmöglichen Parameter (Stand 2019):

Format	Her-steller	Daten-träger	Auflösung / Datenrate (Video)	Bits	GOP	Sub-sampling	Audio-spuren
AVCHD	Pana-sonic	Flash	24 Mbit/s (1080, 60p) H.264	8	Interframe	4:2:0	5.1
XAVC-I	Sony	Flash	800 Mbit/s (4K, 50p) H.264	10	Intraframe	4:2:2	16
XAVC-L	Sony	Flash	150 Mbit/s (4K, 50p) H.264	10	Long Gop	4:2:2	16
XAVC-S	Sony	Flash	150 Mbit/s (4K, 50p) MPEG4	8	Interframe	4:2:0	2 / 5.1
XDCAM-HD422	Sony	Disc	50 Mbit/s (1080, 50p) MPEG4	8	Long Gop	4:2:2	8
AVC-Ultra 4K	Pana-sonic	P2	440 Mbit/s (4K, 50p) H.264	12	Intraframe	4:4:4	8
AVC-Intra 200	Pana-sonic	P2	220 Mbit/s (1080, 50p) H.264	12	Intraframe	4:4:4	8
AVC-Intra 100	Pana-sonic	P2	112 Mbit/s (1080, 50p) H.264	10	Intraframe	4:2:2	8
AVC-Intra 50	Pana-sonic	P2	54 Mbit/s (1080, 50p) H.264	10	Intraframe	3:1,5:0	8
DVCPRO-HD	Pana-sonic	P2	100 Mbit/s (1080, 50i) DV-Codec	8	Intraframe	3:1,5:1,5	8
DNxHD	Ikegami	GF-PAK	185 Mbit/s (1080, 50i) MJPEG	10	Intraframe	4:2:2	8
Redcode RAW	RED	SSD	670 Mbit/s (6K) prop.	12	Intraframe	4:4:4	*1
Blackmagic RAW	Black-magic	SSD	183 Mbit/s (4,6K, 30p) prop.	12	Intraframe	4:4:4	*1
ARRIRAW	Arri	SSD	4.175 Mbit/s (4,5K, 25p) prop.	12	Intraframe	4:4:4	*1
ProRes4444	Apple		14.156 Mbit/s (8K, 50p)	12	Intraframe	4:4:4:4	*2
H.264			960 Mbit/s (4K, 60p)	12	Interframe	4:4:4	*2
H.265			800 Mbit/s (8K, 120p)	12	Interframe	4:4:4	*2

*1 abhängig vom Kameramodell

*2 der Codec beschreibt nur die Videoeigenschaften

Foto- und Grafikdateien

Eine häufige Anwendung ist auch der Import von Foto- bzw. Grafikdateien in Schnittprogramme. Hier muss zunächst unterschieden werden in Rastergrafiken (Bitmap) und Vektorgrafiken.

Videosignale + Fotodateien basieren auf **Rastergrafiken**, d.h., der Bildsensor einer Kamera (oder ein Scanner) erstellt ein Bild mit festgelegter Pixel-Auflösung, also ein Pixel-Raster des aufzunehmenden Bildes. Für die einzelnen Pixel sind dann Helligkeitswerte und Farbtiefe (Quantisierungsstufen in Bit) definiert, manche Formate können zusätzlich auch Transparenz angeben (Alpha-Kanal, siehe Seite 113).
Es gibt sowohl Rastergrafik-Formate mit verlustfreier, als auch welche mit verlustbehafteter Kompression. Rastergrafiken haben den Nachteil, das bei Vergrößerungen der Bildinhalt nur interpoliert werden kann, d.h., dass die Darstellung gröber wird, Blöcke und Moirés entstehen können und Treppeneffekte bei diagonalen Linien sichtbar werden.
Häufig verwendete Rastergrafik-Formate sind:

TIFF (Tagged Image File Format)
TIFF (auch kurz: TIF) ist ein hochwertiges Dateiformat, das eine Auflösung von bis zu 32 Bit pro Farbe ermöglicht. TIFFS können Transparenzinformationen als Alphakanal enthalten. Die Speicherung von TIFF-Dateien kann unkomprimiert und in verschiedenen Farbräumen erfolgen (RGB, CMYK, CIE Lab, YUV / YCrCb). Sie werden daher häufig als Druckvorlage oder für die Speicherung von RAW-Dateien verwendet.

JPEG (Joint Photographic Experts Group)
JPEG war eines der ersten Grafik-Formate, es wurde 1992 entwickelt. Es baut auf der DCT-Kompression auf (8x8 Pixel-Blöcke) und ist verlustbehaftet (Ausnahme: Das Format JPEG-LS). Zur weiteren Kompression werden die Bilddaten von RGB in YCbCr umgerechnet. Jedes neue Abspeichern nach einer Bildbearbeitung führt zu einer weiteren verlustbehafteten Kompression, selbst wenn die "Qualitätsstufe" (meist eine Option von 0 – 100) beibehalten wird. Lediglich Bilddrehungen um 90°, 180° und 270°, sowie horizontale und vertikale Bildspiegelungen sind verlustfrei. JPEG unterstützt keine Tranzparenzinformationen. Für den Gebrauch im professionellen Workflow ist JPEG eher ungeeignet. Vor einer Bearbeitung sollte es zumindest in eine TIFF-Datei gewandelt werden.

JPEG 2000
JPEG 2000 (Dateiendung: .jp2) ist eine neuere Variante von JPEG, die auf der Wavelet-Komprimierung basiert. JPEG 2000 ermöglicht sowohl verlustfreie als auch verlustbehaftete Kompression. Einzelne Bildregionen (kurz: ROI = Region of Interest) können in separaten Kompressionsstufen

komprimiert werden. 16 Bit Farbtiefe pro Farbkanal sind möglich. JPEG 2000 unterstützt Alphakanäle und die Farbräume RGB und CMYK. Im Vergleich zu JPEG sind bei starken Kompressionen weniger Blockbildungen und Moire-Muster zu erkennen. Die JPEG 2000 – Kompression wird auch für DCP-Dateien verwendet (siehe Seite 200).

GIF (Graphics Interchange Format)
GIFs werden vorzugsweise für die Darstellung im Internet verwendet, da sie eine vergleichsweise kleine Dateigröße aufweisen. Die Darstellung erfolgt mit 256 Farben ("True-Color-GIFs" bieten auch höhere Auflösungen), eine Farbe kann als Transparenzfarbe festgelegt werden. Die Transparenz kann dabei nur vollständig und nicht graduell erfolgen. GIFs können sehr effizient die Daten verlustfrei komprimieren (- aber eben nur mit geringer Farbtiefe). Eine Interlaced-Übertragung ist möglich, damit kann beispielsweise bei der Darstellung auf Webseiten in vier Stufen die Auflösung immer weiter erhöht werden, bis das Bild vollständig dargestellt wird. Eine GIF-Datei kann auch mehrere Einzelbilder speichern, das kann für Animationen genutzt werden.

PNG (Portable Network Graphics)
PNG ist vergleichbar mit GIF und wurde als Alternative dazu entwickelt. Bei Graustufenbildern kann die Auflösung 1, 2, 4, 8 oder 16 Bit pro Pixel betragen, bei Farbbildern 8 oder 16 Bit pro Farbkanal. PNGs können Transparenzinformationen enthalten, entweder als einzelne transparente Farbe (wie GIF) oder als Alphakanal für alle Bildpunkte. Das Bild kann ähnlich wie bei GIF interlaced aufgebaut werden. Animationen und der CMYK-Farbraum werden nicht unterstützt. Die Kompressionsrate ist meistens effektiver als bei GIF.

BMP (Windows Bitmap)
BMP bietet Farbtiefen von 1, 4, 8, 16, 24 oder 32 Bit. Alphakanäle, Farbkorrektur und Metadaten werden nicht unterstützt. BMP-Dateien können entweder unkomprimiert sein oder eine verlustfreie RLE-Komprimierung aufweisen.

PSD und **XCF** sind Arbeitsdateien für Photoshop (PSD-Format) oder GIMP (XCF-Format). Bei Photoshop oder GIMP erfolgt die Bearbeitung von Fotos meist in separaten Ebenen (z.B. Vordergrund, Hintergrund, einzelne Objekte, Logos, Texte). Jede dieser Ebenen kann unabhängig bearbeitet werden und die komplette Datei kann mit diesen separaten Ebenen gespeichert werden. In dieser Form können die Dateien jedoch nicht direkt in eine Videoschnitt-Timeline importiert werden, sondern müssen zunächst als eine der o.g. Rastergrafiken exportiert werden (vorzugsweise TIFF).

Bei **Vektorgrafiken** sind die einzelnen Bildinhalte nicht an Pixel gebunden, sondern werden als relative Positionen und Richtungen von Linien und geometrischen Formen im Bildrahmen festgelegt. Für einen Kreis also beispielsweise die Position des Mittelpunktes und der Radius. Zusätzlich werden Attribute wie Transparenz, Farben und Strichstärken angegeben. Das hat den Vorteil, dass diese Grafiken verlustlos beliebig skaliert werden können. Ein einfaches Beispiel für Vektorgrafiken sind TrueType-Schriften. Für fast jede Art von Wiedergabe (Monitor, Druck) muss jedoch zunächst aus der Vektorgrafik eine Rastergrafik errechnet werden.

Da Videosignale auf Rastergrafiken basieren, können Vektorgrafiken nicht direkt in ein Video importiert werden, sondern müssen zunächst gerendert werden, ebenso Titelgrafiken vor dem Import.
Häufiger verwendete Vektorgrafik-Dateien sind beispielsweise .cdr (CoralDraw), .dxf (Drawing Interchange Format für CAD-Programme), .emf (Windows Enhanced Metafile), .eps (Encapsulated PostScript), .odg (OpenDocument-Zeichnung), .ps (PostScript), .svg (Scalable Vector Graphics für Internet-Grafiken) und .swf (Shockwave Flash).

Ein **Alpha-Kanal** ist ein zusätzlich zu den RGB-Kanälen vorhandener Bildkanal, der zum Speichern und Bearbeiten von Transparenz-Informationen für das Compositing dient. Schwarz steht dabei für 100% Transparenz, Weiß für 100% Deckkraft. Nur bestimmte Formate wie Targa, Tiff, Pict, und der Quicktime-Codec 'Animation' unterstützen Alpha-Kanäle, sowie natürlich PSD und XCF (Photoshop und GIMP). (Meist werden 8-Bit Alpha-Kanäle verwendet, aber manche Formate unterstützen auch 16 Bit Alpha-Kanäle.)

Untertitel

Die Verwendung von Untertiteln in Videodateien ist auf unterschiedliche Weisen möglich. Die klassische Variante entspricht dabei der Verwendung von Untertiteln bei Filmmaterial: Hier wurden die Untertitel in das Bildmaterial einbelichtet, sie wurden also untrennbar mit dem Filmmaterial verschmolzen. Das ist auch bei Videomaterial problemlos möglich, die am Schnittplatz produzierten Titel können beim Export in ein Videofile "eingebrannt" werden und sind damit fester und untrennbarer Bestandteil des Videobildes. Damit ist ein problemloses Abspielen einer solchen Untertitel-Fassung möglich, aber wenn eine DVD, BluRay oder DCP mehrere Sprachfassungen enthalten soll, stößt dieses Verfahren an seine Grenzen, denn dann muss für jede Sprachfassung eine eigene Videodatei produziert werden, was wiederum die Daten-Kapazität einer DVD oder BluRay schnell übersteigt.

Zweckmäßig ist es daher, nur eine Videodatei zu erstellen und dieser dann die gewünschten Untertitel-Dateien separat hinzuzufügen. Die Zuschauer*innen können dann selbst die Auswahl treffen, welche Untertitel sie in das Bild einblenden möchten. Dazu können Grafik- und Textdateien verwendet werden, das wird als "dynamische Untertitel" bezeichnet.

Grafik-Untertitel werden beispielsweise bei DVDs verwendet. Es handelt sich dabei um Raster-Grafiken (Subpictures), die in das Videobild eingeblendet werden. Die Bildgröße eines solchen Subpictures entspricht den DVD-Videodateien, d.h., 576x720 Pixel. Die Farben für Schrift, Umrandung und Hintergrund können aus einer Palette von 16 Farben ausgewählt werden. Die Subpictures sind RLE-komprimiert, haben also nur eine sehr kleine Dateigröße, da ja nur ein sehr kleiner Teil des Bildes die Schriftinformation enthält, der Rest ist leer. Bei einer DVD werden diese Grafiken in einer **"vobsub"**-Datei bereitgestellt. Bis zu 32 vobsup-Tracks sind möglich. Leider ist die Auflösung der Untertitel-Raster-Grafiken nicht sehr hoch, bei einem groß projizierten DVD-Bild wird das grobe Schriftbild daher leicht sichtbar. "vobsub"-Dateien können auch in Matroska-Dateien verwendet werden.
Bei BluRays wird ein anderes Raster-Grafik-Format verwendet: **PGS** (Presentation Graphics Stream) mit 24 bit color und 8 bit alpha. Da hier die Auflösung der BluRay-Auflösung entspricht, ist die Schrift hinreichend fein aufgelöst.
Bei DCPs werden MXF-Dateien (beginnend mit "sub_") verwendet. Bei der Erstellung kann auch die Schriftfarbe und z.B. der Umriss definiert werden. (Siehe auch: "DCP erstellen": Seite 206.) Im Kino wird dann die durch den/die Vorführer*in ausgewählte Untertitel-Datei im DCP-Projektor in das Bild eingeblendet.

Grundsätzlich können Text-Dateien für die Erstellung von Untertiteln verwendet werden. Bei dem häufig verwendeten SRT-Format handelt sich dabei um sogenannte "SubRip"-Dateien mit der Endung **.srt**, die mit einem Schnittprogramm erstellt werden können, dabei können auch Eigenschaften und Farbe definiert werden. Für die Erstellung können aber ebenso separate Programme, z.B. das kostenlose Open Source Programm "Subtitle Edit" verwendet werden. Man kann .srt-Dateien auch mit dem Windows-Editor erstellen, bzw. bearbeiten, die Endung .txt muss dann in .srt geändert werden. Neben Änderungen des Textes und dem Zeitpunkt des Einblendens können auch Schriftformate definiert werden, z.B. mit diesen Zusätzen: <b>bold</b>, <i>italic</i>, <u>underlined</u>
<font color="#ff0000">red text</font>
Als Standard-Schriftart für .srt-Untertitel empfiehlt sich Arial, andere Fonts können aber verwendet werden.

Die Angaben in den .srt-Dateien haben immer dieses Muster:

1. Zeile: Nr. des Untertitels (beginnend mit der Ziffer 1 für den 1. UT)
2. Zeile: Zeitangabe für Start und Ende des UTs im Format 00:00:00,000
        (= Stunden:Minuten:Sekunden,Millisekunden)
3. Zeile: Inhalt
        (kann ggf. auf 4. Zeile und weiteren Zeilen fortgeführt werden)
nächste Zeile: Leerzeile

Beispiel:
1
00:00:02,680 --> 00:00:04,830
Dieser Film hat deutsche Untertitel

2
00:00:05,880 --> 00:00:08,969
Dies ist ein weiterer Untertitel in deutscher Sprache,
jetzt auch als 2-Zeiler.

3
00:00:10,880 --> 00:00:18,969
Die <b>Untertitel</b> können auch formatiert werden.

Weitere, aber seltener genutzte Text-Formate sind: Sub Station Alpha (SSA) und Advanced SubStation (ASS).

Container

Wenn Video- und Audiodateien in separaten Ordner vorliegen, wie beispielsweise auf Schnittplätzen, können sie zwar bearbeitet werden, jedoch sind sie in dieser Form für ein Streaming oder zur Wiedergabe von einer Video-DVD nicht geeignet. Dazu müssen die Audio- und Videodateien miteinander verknüpft und in eine zusammenhängende Datei verpackt werden. Das geschieht mit dem Multiplexing-Verfahren, die Dateien werden dabei seriell in einen Datenstrom eingebunden. Gegebenenfalls können weitere Dateien, z.B. Metadaten, Untertitel sowie weitere Audiodateien mit zusätzlichen Sprachfassungen ebenfalls eingebunden werden. Die dabei entstehenden Dateien werden als Container bezeichnet.

Eine häufig verwendete Variante dieser Containerdateien sind beispielsweise AVI-Dateien (AVI = Audio-Video-Interleave). Auch wenn es so scheint, aber AVI ist kein Standard im eigentlichen Sinne. Es gibt vielmehr eine Vielfalt von AVI-Standards, jeder Hersteller von Hard- oder Software kann einen eigenen AVI-Standard kreieren. Inzwischen gibt es über 300 verschiedene Codecs für AVI-Files, die durchaus nicht alle miteinander kompatibel sind. Ein Schnittsystem oder eine Wiedergabe-Software muss mit dem jeweils notwendigen Treiber für den entsprechenden AVI-File ausgestattet sein. Mit welchem Codec die jeweilige AVI-Datei arbeitet, bezeichnet eine 4 Zeichen lange Zeichenkette im Header der AVI-Datei. Dieser Header wird als FourCC (= Four Charakter Code) bezeichnet und wird zur Identifikation des benötigten Decoders innerhalb von AVI-Dateien verwendet. Die FourCC-Header werden zentral bei Microsoft registriert, so dass sie jeweils nur einmal vergeben werden. Allerdings veröffentlicht Microsoft diese Informationen nicht, daher ist nicht immer bekannt, wie der Codec spezifiziert ist oder welcher Hersteller ihn entwickelt hat. Immerhin gibt es Webseiten auf denen diese Informationen gesammelt werden, z.B. diese: www.fourcc.org/codecs.php

Ähnlich wie AVI sind auch Matroska (.mkv, .mka)- und QuickTime Movie (.mov)-Files Container für Video/Audio-Dateien. In der nachfolgenden Tabelle sind die bekanntesten Container im Überblick aufgeführt. Eine Unterscheidung von Container und Codecs ist in der Praxis nicht immer ganz einfach, insofern sind hier auch einige Codecs mit aufgeführt, die Audio- und Video-Daten enthalten und direkt zum Abspielen verwendet werden können.

Name	Datei-Endung	Typ /(Verwendung)
AVI - Audio Video Interleave	.avi	Unterstützt nahezu alle Video- Audioformate
Quick Time	.mov, .qt	Unterstützt nahezu alle Video- Audio- und viele Grafikformate
Matroska	.mkv, .mka	Open Source, unterstützt nahezu alle Video-Audioformate
mp4	.mp4	aktueller Container für Videodateien mit effizienten Codecs, z.B. H.264 + H.265, basiert auf dem Quick Time-Dateiformat
Ogg	.ogg, .oga, .ogv, .ogx	Container-Bitstream-Format, das den Videocodec "Theora" verwendet Unterstützt Vorbis, Theora, Opus, FLAC, Dirac
MXF Material eXchange Format	.mxf	Format für den Austausch von AV-Dateien und Metadaten im Broadcastbereich (NLE, DCP), z.B. für DnxHD, IMX, XDCAM, DVCPro, u.a.
OMFI	.omf	Avid-Format, das vorzugsweise MP2, aber auch AVI verwendet
MPEG-2 Transport Stream	.m2ts, .mts	Container für BluRay-Disc und AVCHD-Dateien
Video Object	.vob	Container für Video-DVD
MPEG-2	.mpeg, .mpg, .ps	offizieller Container für das MPEG-Video. Basis z.B. für DVD
MPEG-2 Transport Stream	.ts, .tsp	Container für Transport Stream
DiVX (XviD)	.divx	Basiert auf AVI, enthält Streams mit MPEG 4 Part 2 (Advanced Simple Profile) / H.264
XviD	.xvid	Open Sourve Variante von DiVX
Flash Video FLV	.flv, .f4v	Container für Video-Streaming, basiert auf H.264
3gp	.3gp, .3g2	Container für Handy-Video, basiert auf MPEG4 Part 12
RealVideo	.rv, .ram, .rm, .rmvb	proprietäres Container-Format für Video-Streaming
Windows Media Video WMV9	.wmv	Container für Streaming, basiert auf MPEG4
Windows Media Video VC-1	.vc1	Variante von Windows Media Video, Container für BluRay, basiert auf MPEG4

Archivierung

Die Langzeit-Archivierung von Video-Dateien ist ein komplexes Thema, denn es kommen ganz unterschiedliche Aspekte zusammen:

- Die Haltbarkeit der Datenträger,

- die Gewährleistung des Zugriffs auf die Datenträger
(d.h., verwendbare Hardware und kompatible Software),

- eine möglichst umfassende Dokumentation der enthaltenen Bestandteile (verwendete Codecs, Zuordnung von Tonspuren, etc.),

- eine möglichst praktikable Überprüfung des Erhaltungszustands
(z.B. mit der Verwendung von Hash-Summen).

Die Haltbarkeit von Datenträgern ist recht unterschiedlich: Filmmaterial, das optimal gelagert wird, kann über 100 Jahre überdauern. Bandmaterial hält nur etwa 20 bis 30 Jahre, zudem ist nicht sicher, ob es in einigen Jahren noch hinreichend funktionierende Bandmaschinen geben wird. Optische Datenträger (CD, DVD) haben eine Lebenserwartung von etwa 30 Jahren, die BluRay bis 50 Jahre, gepresste Medien sind dabei stabiler als selbstgebrannte.
Die Haltbarkeit von Festplatten ist kürzer, im laufenden Betrieb sind 2 bis 10 Jahre zu erwarten, bei gelagerten Archivfestplatten 10 bis 30 Jahre (die Platten sollten dennoch etwa alle drei Jahre einmal betrieben werden, da sonst eventuell die enthaltenen Schmierstoffe korrodieren). SSDs und Flash-Speicher (USB-Sticks, SD-Karten) haben eine Lebensdauer von etwa 10 Jahren (auch abhängig von der Anzahl der Schreibprozesse). Wenn Festplatten verwendet werden, dann sollten die Daten etwa alle 4 Jahre auf einen neuen Datenträger kopiert werden.

Eine wesentlich längere Lebensdauer verspricht die Speicherung auf Glas, die 2019 entwickelt wurde. Die Filmdaten werden dabei durch einen Laser in das Glas eingebrannt, dadurch werden winzige dreidimensionale Gitter (Voxel) in mehreren Schichten erzeugt. Mit der Bestrahlung durch polarisiertes Licht können die Daten wieder ausgelesen werden. Die Glas-Datenträger sollen mehrere hundert Jahre haltbar und dabei unempfindlich gegen Hitze, Erschütterungen und Kratzer sein.

In jedem Fall sind hoch standardisierte und nicht-proprietäre Codecs (siehe auch Seite 101ff.) zu bevorzugen. Für SD-Video (VHS, DVD) sind beispielsweise MPEG2-Dateien empfehlenswert. (Für die Archivierung ist ein Umcodieren auf HD-Dateien ist nicht zu empfehlen.) Für HD-Dateien sind ProRes, DNxHD und H.264 eine Möglichkeit. ProRes ist allerdings ein proprietärer Codec, d.h., der Zugriff auf diese Dateien hängt von den Lizenzmodellen des Herstellers ab.

Eine weitere Möglichkeit bietet das Containerformat DCP (siehe Seite 200ff.), denn es ist weltweit standardisiert, es wird schon jetzt für die professionelle Archivierung genutzt und es wird auch noch lange Zeit in den Kinos Verwendung finden.
Beim DCP-Format sind alle notwendigen Dateien (Video, Audio, UT) separat in sehr guter Qualität enthalten, der Aufbau des Containers ist gut dokumentiert, es sind Hash-Summen enthalten, mit denen der Zustand der Dateien einfach überprüft werden kann und ein Export, z.B. in H.264, ist problemlos.

Datenträger

Wechselfestplatten und Flash-Speicher

Die Aufzeichnung von Videosignalen war über lange Zeit an Bandformate gebunden, da nur diese damals eine hinreichende Speicherkapazität aufwiesen (siehe auch: Bandaufzeichnungsformate, Seite 147ff). Bandaufzeichnung hat aber grundsätzlich den Nachteil eines bautechnisch hohen mechanischen Aufwands und einer vergleichsweise großen Störanfälligkeit. Außerdem lassen sich Signale von Bandaufzeichnung nicht schneller als in Echtzeit in Schnittplätze eindigitalisieren. Digitale Videosignale erfordern zwar eine sehr hohe Datenspeicherkapazität und -übertragungsrate, aber die Verwendung von Festplatten oder Flash-Speichern ist sicherer und verringert die Arbeitszeit bei der Postproduktion.

Auch ist damit ein neues Feature für die Kameraaufzeichnung dazu gekommen: Der Retro-Loop bietet die Möglichkeit, eine Aufzeichnung noch nachträglich auslösen zu können: In einem RAM-Speicher ("Random-Access Memory", Zwischenspeicher, die Daten gehen bei Abschaltung des Stroms verloren) werden bis zu 20 Sekunden Material vorgehalten, die schließlich beim Auslösen der Aufnahme auf die Festplatte geschrieben werden. Unproblematisch ist es natürlich auch, überflüssige Aufnahmen gleich wieder zu löschen.

Im professionellen Bereich setzten sich für die Kameraaufzeichnung zunächst die **Wechselfestplatten** durch (z.B. das System 'Editcam' von Ikegami, die Wechselfestplatten heißen dort 'FieldPak').

Sie sind sicher gegenüber Staub und Verschmutzung und mechanisch relativ unempfindlich. Aufgrund der hohen Materialkosten sind sie aber eher für den aktuellen Bereich interessant, da dort nur mit kurzen Rohmateriallängen gearbeitet wird. Längere Videoproduktionen erforderten es, jeweils am Ende eines Drehtages das Material auf einen anderen Datenträger zu kopieren, um das Material zu sichern und die Wechselfestplatten neu verwenden zu können.

Auf der Wechselfestplatte kann, je nach Kameratyp und Hersteller, der Aufzeichnungsstandart festgelegt werden, somit sind Aufnahmen z.B. im DNxHD-Standard und anderen Formaten möglich.

Alternativ dazu wurden im professionellen Bereich auch optische Datenträger eingesetzt, die "Professional Disc" (siehe Seite 131). Sie basiert auf der BluRay-Technik, verwendet jedoch ein anderes Dateiformat. Vor mechanischen Beschädigungen wird sie durch eine Cartridge geschützt.

Auch im Consumer-Bereich gab es einige Kameras, die auf DVD aufzeichneten. Das Rohmaterial ist zwar kostengünstig, aber die

Aufzeichnung vergleichsweise anfällig gegenüber mechanischen Einflüssen. Auch ist die Datenstruktur einer DVD aufgrund der hohen und verlustbehafteten Kompression für die Nachbearbeitung nicht gut geeignet. Die DVD ist daher nur als Distributionsmedium für Consumer geeignet.

Durchgesetzt als Wechselmedium aber haben sich **Flash-Speicherkarten**, Die Zugriffszeiten sind deutlich kürzer als etwa bei Festplatten oder optischen Datenträgern (höher jedoch als bei RAM-Speichern). Flash-Speicher unterliegen allerdings auch einem Verschleiß: Sektoren werden vor allem durch Löschzugriffe beschädigt, mit der Zeit unbeschreibbar und somit defekt. Geeignete Fehlerkorrekturmaßnahmen können diese Ausfälle verdecken, dies ist jedoch aufwendig und erhöht die Komplexität der Flash-Controller. Wenn einzelne Dateien gelöscht werden, werden diese Bereiche zunächst nicht durch neue Daten überschrieben. Neue Daten werden in unbeschriebene Bereiche hinter die letzten Aufzeichnungen geschrieben. Erst wenn dort kein Platz mehr ist, werden gelöschte Bereiche verwendet. Dadurch wird allerdings die Performance langsamer (zueinander gehörige Daten müssen zunächst aufgeteilt und dann beim Lesen wieder "zusammengebaut" werden). Nur Formatieren ermöglicht dann wieder eine höhere Performance. Je nach Bauweise kann die Lebenserwartung des Flash-Speichers 3.000 bis 1.000.000 Löschzyklen betragen. Eine Langzeitarchivierung auf Flash-Speichern wird nicht empfohlen.
Bei ähnlichen Möglichkeiten, wie die einer Wechselfestplatte, ist der Vorteil, dass diese Speicher überhaupt keine Mechanik mehr benötigen, einen geringeren Platzbedarf und einen geringeren Stromverbrauch aufweisen. Die Speicherkapazität (siehe auch S. 313) ist allerdings geringer als die einer Festplatte, bzw. vergleichbare Größen sind teurer.

Gängig für Medien-Aufzeichnungen sind diese Flash-Speicherkarten:
- **SD-Karten** (sowie deren Micro-Varianten):
   SD: bis 2 GB, meistens formatiert mit FAT16
   SDHC (High Capacity): bis 32 GB, meist formatiert mit FAT32, NTFS, ext3
         Klasse 2 = 2 MB/s, Klasse 10 = 10 MB/s, etc.
   SDXC (Extended Capacity): bis 2 TB,
         meist formatiert mit FAT32, NTFS, ext3, bis 312 MB/s
         Schnelle Karten weisen Logos mit römischen Ziffern (I oder II) auf:
         UHS I bis zu 104 MByte/s
         UHS II bis zu 312 MByte/s (in UHS I Slots mit entsprechend reduzierter Übertragung)
         Ohne Logos nur bis zu 25 MByte/s
         Die eingekreiste Zahl weist auf Geschwindigkeitsklassen hin, empfehlenswert für Videoaufzeichnungen ist mindestens Class 10

- **SxS-Karten**: bis 128 GB, entwickelt für XDCAM EX, bis zu 800 MBit/s
  SxS Pro+ ist die Profivariante für 4K-Aufzeichnungen mit bis zu 1,3 GBit/s
- **CompactFlash-Karten** (vorwiegend für Fotodateien)
  bis 256 GB, meist FAT32, bis 150 MB/s
- **MMC** *(Multimedia Card), kompatibel für SD-Karten-Steckplätze.*
  Bis 20 MB/s. Die MMC wurde inzwischen von der SD-Karte verdrängt. Die
  Variante eMMC (embedded Multimedia Card) wird als kostengünstiger
  Datenspeicher in Netbooks und anderen mobilen Geräten verwendet.
  Sie sind aber langsamer als SSD-Laufwerke.

P2-Karten

Panasonic verwendet als Flash-Speicher "P2-Karten" (= "Professional Plug-in Cards"), das sind PC-Karten im PCMCIA-Format, in der wiederum 4 SD-Speicherkarten stecken. P2 versteht sich dabei nicht als neues Aufzeichnungsformat, sondern kann die Formate DV, DVC-PRO, DVC-PRO50, DVC-PRO HD (letzteres als 720p- und als 1080i-Format), AVC-Intra und AVC-Ultra aufzeichnen. Broadcast-Kameras haben bis zu 5 Steckplätze für P2-Karten. Ein sechster Steckplatz dient der Aufzeichnung von sogenannten Proxy-Videos, die mit einer niedrigeren Datenrate mit MPEG4-Kompression einer Vorschau oder der Übertragung ins Internet dienen sollen. Möglich sind dabei Aufzeichnungsraten von 1,5 MBit/s für die Sichtung, Schnittvorbereitung oder notfalls als Einspieler für Liveberichte, 768 kBit/s für die Verarbeitung im Netzwerk und 196 kBit/s für die Übertragung im Internet. Eine 64 GB P2-Karte kann 64 Minuten AVC-Intra 100, bzw. DVCPRO HD aufzeichnen. Eine Einbindung der P2-Karten auf Avid-Schnittplätzen zur Bearbeitung von DVCPRO50, DVCPRO-HD, AVC-Intra- und AVC-Ultra-Dateien ist möglich. Für neuere Kameras werden auch "MicroP2 Karten" im SD-Kartenformat verwendet.

Dateisysteme

Für die Verwaltung von Dateien können Datenträger mit verschiedenen Dateisystemen formatiert werden. In der Praxis ist dabei die Frage, ob das jeweilige Dateisystem die notwendige Kompatibilität für die jeweilige Verwendung aufweist und hinreichende Möglichkeiten, z.B. bezüglich der verwendeten Dateigrößen, erlaubt. Insbesondere Videodateien können mehrere Gigabyte groß sein und damit nicht für alle Dateisysteme geeignet sein. Vorwiegend stehen die folgenden Dateisysteme zur Auswahl:

FAT (File Allocation Table): Das Dateisystem FAT beinhaltet Dateizuordnungstabellen, die den Zugriff auf die Dateien des jeweiligen Datenträgers ermöglichen. Es wurde 1977 zunächst als 8-Bit Variante eingeführt, in den darauf folgenden Jahren wurden dann Varianten mit mehr Bit entwickelt (FAT 12, FAT 16, FAT 32 und FAT 32+). FAT wird heute noch bei externen Festplatten, USB-Sticks oder Digitalkameras verwendet.

Zwar hat FAT den Vorteil, dass alle wichtigen Betriebssysteme und sehr viele Geräte damit kompatibel sind, andererseits weist das FAT-System einige Beschränkungen auf, die es besonders im Videobereich gravierend sind: Bei FAT 16 sind beispielsweise nur 65.536 Einträge (also Dateien) möglich und die maximale Dateigröße beträgt hier 2GB. FAT 32 erlaubt immerhin Dateien bis 4 GB.
VFAT (Virtual File Allocation Table) ist eine Erweiterung, die auch die Verwendung langer Dateinamen (bis zu 255 Zeichen) erlaubt.

exFAT (Extended File Allocation Table) wurde für Flash-Speicher entwickelt. ExFAT unterstützt auch sehr große Dateien bis zu 512 TB, es ist kompatibel zu Windows (ab Windows Vista) und zu Mac-OS-X (ab Version 10.6.5). Viele ältere Hardware-Geräte, z.B. Fernseher oder Receiver, sind nicht kompatibel.

NTFS: (New Technology File System) Das Dateisystem NTFS (seit 1993) ist bei Windows der Standard für alle fest verbauten Festplatten. Auch externe Festplatten, SD-Karten und USB-Sticks können mit NTFS formatiert werden. Die Dateigrößen und Anzahl der Dateien pro Datenträger sind praktisch unbeschränkt, d.h., je nach Betriebssystem bis zu 16 EiB (Exbibyte) pro Datei und 4,3 Milliarden Dateien. Zudem ist eine Komprimierung und Verschlüsselung der Dateien möglich.
MacOS kann ab Version 10.3 NTFS-Dateisysteme lesen, aber nicht schreiben. (Zusätzliche Treiber ermöglichen auch einen Schreib-Zugriff.) Bei BluRay-Playern und Fernsehern ist NTFS an den USB-Anschlüssen (wg. zusätzlicher Kosten für Lizenzgebühren) nicht überall verbreitet.

HFS und **HFS+** Standard-Dateisysteme für Apple Rechner bis macOS 10.12
APFS (Apple File System) Standard für Apple Rechner ab macOS 10.13

ext2 (second extended filesystem, eingeführt 1993) und die Nachfolger
ext3 (third extended filesystem, seit 2001) und
ext4 (fourth extended filesystem, seit 2006)
"ext"- filesystems sind die Standard-Dateisysteme von Linux-Betriebssystemen. Ext2 hat im Gegensatz zu seinen Nachfolgern noch kein Journaling-Dateisystem, das Änderungen an der Datei zunächst in einen separaten Speicherbereich schreibt und erst beim Abspeichern fest in die Datei einschreibt, was bei Systemabstürzen und Stromausfällen von Vorteil ist.
Die maximale Größe de Dateisystems kann bei ext2 16 Tebibyte, bei ext3 32 Tebibyte und bei ext4 1 Exbibyte betragen. Die maximale Dateigröße kann bei ext2 und ext3 bis zu 2 Tebibyte betragen, bei ext4 bis zu 1 Exbibyte. Die Anzahl an Dateien ist praktisch unbegrenzt (10^{18}).

Exkurs: RAID-Systeme
Ein RAID-System (Redundant Array of Independent Disks) ist der Verbund

mehrerer Festplatten, entweder um die Ausfallsicherheit von Datenträgern zu erhöhen, oder um die Zugriffszeit zu verkürzen. Für die Verwendung in Kameras ist das System weniger interessant, wohl jedoch bei Schnittplätzen. Je nach Anwendungszweck gibt es verschiedene RAID-Varianten:

— RAID 0: Die Daten werden durch den Controller auf die verschiedenen Festplatten verteilt (auch "Stripe" genannt), dadurch steigt die Zugriffsgeschwindigkeit. Gleichzeitig erhöht sich das Risiko des vollständigen Datenverlusts, denn schon eine defekte Festplatte in diesem System hat einen vollständigen Datenverlust zur Folge.
— RAID 1: Die Daten werden auf zwei oder mehr Festplatten gleichzeitig geschrieben ("Mirroring"). Das schützt vor Datenverlust wenn eine Festplatte defekt ist.
— RAID 5: Das System besteht aus drei Festplatten und kombiniert die Vorteile von RAID 0 und RAID 1. Die Daten werden sowohl auf den Festplatten verteilt, wie auch zur Sicherheit gespiegelt.
— RAID 10: Wie RAID 5, jedoch mit einer weiteren Festplatte.
— Matrix RAID: Ein System mit zwei Festplatten, das die Vorteile von RAID 0 und RAID 1 kombiniert, indem beide Festplatten in jeweils zwei Partitionen aufgeteilt werden, je eine Partition für die gestripeten Daten und die andere für die Datenspiegelung.

Grundsätzlich wird ein RAID-Controller benötigt, der jedoch bei aktuellen PCs bereits eingebaut ist. Wichtig beim Einbau mehrerer Festplatten für ein RAID-System ist, auf hinreichende Kühlung zu achten, gegebenenfalls sollte ein weiterer Gehäuselüfter eingebaut werden. Auch der Stromverbrauch erhöht sich, das Netzteil sollte also ausreichend dimensioniert sein. Schließlich entstehen durch den Betrieb von mehreren Festplatten lautere Geräusche und Vibrationen. Da die vermehrten Vibrationen auch die Lebensdauer der Festplatten vermindern kann, sollte über eine dämpfende Befestigung nachgedacht werden. Empfehlenswert ist es, für ein RAID-System gleiche Festplatten von nur einem Hersteller zu verwenden.

Optische Datenträger

Video-CD
Eine normgerechte SVCD hat eine maximale Gesamtbitrate von 2.718 kBit/s, dabei darf die Videobitrate 2.600 kBit/s nicht überschreiten. (Manche Player benötigen andererseits eine Mindestbitrate von 1.300 kBit/s. Die Audiobitrate kann für Mono 32 – 192 kBit/s, für Stereo 64 – 384 kBit/s betragen. Die weiteren Spezifikationen sind: PAL = 25 Frames/s mit 480 x 576 Bildpunkten, NTSC = 29,97 Frames/s mit 480 x 480 Bildpunkten. Videokompressionsformat MPEG2, CBR/VBR und Audio-Kompressionsformat MPEG1 Audio Layer II, 16 Bit Stereo, 44.100 Hz.

DVD-Formate

Die DVD (Digital Versatile Disk) kann als Weiterentwicklung der CD verschiedene Datenformate optisch speichern, also für Video-, Audio- und Datenspeicherung verwendet werden. Die höhere Speicherkapazität gegenüber einer CD (mit infrarotem Laser, 795 nm Wellenlänge) wird im wesentlich durch einen roten Laser mit kürzerer Wellenlänge (662 nm) ermöglicht, so dass die Daten auf der DVD dichter angeordnet werden können. Außerdem müssen DVDs eine höhere Datenrate als CDs aufweisen, das wird einerseits durch die dichter nebeneinanderliegen Pits (siehe unten) und andererseits eine etwa dreifache Rotationsgeschwindigkeit gegenüber den CDs erreicht.

DVD-Player sind spezifiziert für dauerhafte Datenraten von bis zu 10,08 MBit/s (Video, Audio und Untertitel zusammen). Üblicherweise werden auf Video-DVDs Datenraten bis zu etwa 8 MBit/s verwendet, häufig wird mit einer variablen Datenrate gearbeitet, da auf diese Weise Bilder mit geringen Bewegungsanteilen stärker komprimiert werden können. Beim Schreiben entspricht die 1-fache Geschwindigkeit 11,08 MBit/s. Mit relativ geringen Datenraten (2-4 MBit/s) wird MPEG2 auch für die DVBT-Übertragung verwendet (siehe Seite 98).

Handelsübliche DVD-Rohlinge haben eine Speicherkapazität von 4,38 GB. (Die Angabe von 4,7 GB ist nicht ganz zutreffend, da 1.000 MB nicht ganz 1 GB entsprechen.) Für die gewerbliche Distribution gibt es noch DVD-Typen mit höherer Speicherkapazität: Die DVD-9 hat zwei übereinander liegende Layer (Schichten) auf einer Seite, die insgesamt 8,5 GB speichern können. Zur Wiedergabe dieses Formates muss der Player den Laserstrahl auf den jeweiligen Layer fokussieren können. Die DVD-10 mit 9,4 GB hat jeweils einen Layer pro DVD-Seite, muss also nach Ablauf einer Seite gewendet werden. Die DVD-18 bietet 17 GB mit zwei Layern pro Seite. Eher selten ist die DVD-14, die auf einer Seite zwei und auf der anderen einen Layer hat.

Auf dem Markt sind drei konkurrierende Verfahren: Für das zuerst erschienene, von der Firma Pioneer entwickelte DVD-R Format mussten andere Hardware-Hersteller Lizenzgebühren bezahlen, daher wurde später von Sony und Philipps mit der DVD+R ein weiteres Format auf den Markt gebracht. Leider ist das DVD+R-Format daher nicht mit allen älteren DVD-Playern kompatibel. Ein weiteres Format ist die DVD-RAM, ein Datenträger mit oder ohne Cartridge, der bis zu 100.000 mal wiederbeschreibbar ist.

Im Prinzip ist eine DVD mit einer Schallplatte zu vergleichen: Die DVD-Signale werden entlang einer von innen nach außen verlaufenden Spirallinie (Groove) auf einer Beschichtung (Layer) eingebrannt. Zum Auslesen wird der Layer entlang des Grooves mit einem Laserstrahl abgetastet und eine Fotozelle registriert den Reflektionswert. Damit die Schreib- und Lesegeschwindigkeit konstant bleibt, variiert die Drehzahl der DVD: Zu Anfang, beim Schreiben/Lesen der Daten im inneren Bereich rotiert die DVD mit 1350 Umdrehungen/min, also etwa 2,5 mal so schnell wie schließlich am äußeren Rand mit 550 Umdrehungen/min. (Computer-Laufwerke sind maximal auf bis zu 10.000 Umdrehungen/min ausgelegt.)

Die einmal beschreibbaren Formate (DVD-R und DVD+R) haben als Layer eine organische Lackschicht ("Dye"), in die der Laser "Löcher" (Pits) hinein brennt, so dass der Reflektionswert an diesen Stellen verändert wird. Zwischen den "Pits" verbleiben die "Landings", also die unveränderte Lackschicht. Die "Pits" benötigen eine gewisse Ausdehnung (Channel Bit Length = T) um als Signal mit einer bestimmten Dauer erkannt zu werden. Bei einfacher Abspielgeschwindigkeit beträgt die Signalzeit 38 ns. Hier liegt das Problem für die DVD-Brenner: Was bei einfacher Geschwindigkeit beim Brennen noch gut funktioniert, wird bei höheren Brenn-geschwindigkeiten kritisch. Bei einem Brand mit 16-facher Geschwindigkeit darf die Signalzeit nur noch 2,4 ns betragen, die Toleranz wird immer geringer. Daher empfiehlt es sich, DVD-Brände mit möglichst geringer Geschwindigkeit durchzuführen.
Bei den wiederbeschreibbaren Formaten (DVD-RW und DVD+RW) besteht der Layer aus einer Metalllegierung, deren atomares Gefüge durch Laserbestrahlung verändert wird. Dieser Layer hat allerdings einen geringeren Reflektionsgrad als bei einer einmal beschreibbaren DVD, er entspricht etwa dem Reflektionsgrad von DVDs mit zwei Layern, was bei manchen Playern zu Irritationen führt.

Über die Haltbarkeit von DVDs gibt es noch keine verlässlichen Angaben. Klar ist nur, dass auch DVDs altern, also aufgrund chemischer Prozesse sich die Reflektionswerte der Beschichtungen verändern. Der Alterungsprozess verstärkt sich bei höheren Umgebungstemperaturen und höherer Luftfeuchtigkeit. Insofern empfiehlt es sich, DVDs bei Zimmertemperatur und mäßiger Luftfeuchtigkeit zu lagern.

Multiplex
In Schnittprogrammen liegen die Video- und Audiodateien getrennt vor und für das Videosignal werden üblicherweise möglichst die nativen Kamera-Codecs verwendet. Für die Erstellung einer DVD muss aus dem Videosignal zunächst eine interframe-komprimierte MPEG2-Datei erstellt werden. Die Interframe-Kompression findet in GOPs statt (siehe Seite 102). Das genaue Format heißt "MPEG2 Main Profile@Main Level" (kurz: MP@ML) mit 720 x 576 Pixeln, 8 Bit Quantisierung und einem 4:2:0 Subsampling. Das Audiosignal (bis 7.1. Kanäle) muss wahlweise als AC3, lineares PCM, MPEG2-Multichannel oder MPEG1 Audio Layer 2 vorliegen.
Da die Zugriffsgeschwindigkeit vieler Laufwerke eher mäßig ist, und es somit keinen Sinn macht, dass der Laser zwischen den Audio- und Videoordnern auf der DVD hin- und her springt, sind die Video- und

Audiodatei im Multiplex-Verfahren zu einem Stream zusammengefasst, der die Audio- und Videodaten seriell, also nacheinander transportiert. Die Daten der einzelnen Signale werden dazu in kleine Pakete aufgeteilt (PES = Packet Elementary Stream), die eine variable Länge aufweisen dürfen, d.h., CBR (Constant Bit Rate) oder VBR (Variable Bit Rate) sind möglich (CBR und VBR siehe Seite 90). Diese Pakete werden dann als Multiplex in einen Programmstrom integriert. Ein Programmstrom ist vergleichbar mit einem Transport-Stream, jedoch ist ein Programmstrom eher für Verfahren mit relativ stabiler Datenübertragung gedacht, wie beispielsweise eine DVD. Der Vorteil des Programmstroms ist, das längere Pakete verwendet werden können, bei einem Übertragungsfehler jedoch wirken sich die Ausfälle von großen Paketen deutlich erkennbar aus. Ein Transport-Stream (z.B. für Internet) verwendet zur Übertragung nur kurze Pakete.

Halbbilddominanz

Das Transkodieren von einem Dateiformat in ein anderes birgt jedoch einige Tücken: Zunächst ist natürlich jeder Umrechnungsvorgang mit mehr oder minder großen Verlusten verbunden. Soweit es um Medien für den Endkunden geht, etwa Video-DVDs, bleibt da aber ein gewisser Spielraum. Dennoch ist es sinnvoll, möglichst direkt von hochwertigem (d.h., hochaufgelöstem und gering komprimiertem) Ausgangsmaterial die MPEG2-Files erstellen. Unnötige Render-Prozesse, beispielsweise von HD zunächst auf SD in H.264 und anschließend auf MPEG2 zu rendern, verschlechtern unnötig die Qualität.

Vermeidbar jedenfalls ist dieser häufig gemachte Fehler: Für eine DVD-Herstellung wird aus einem Schnittprogramm, beispielsweise Avid, der fertige Film exportiert, beispielsweise in das Quicktime-Format. Dieses wird in eine DVD-Authoring-Software importiert, dabei in eine MPEG2-Datei gewandelt, im Multiplexverfahren zu einem Stream zusammengefasst, dazu kommt ein Menü, das Ganze wird gebrannt, schnell noch in Stichproben auf dem Computerbildschirm kontrolliert und fertig. Aber später beim Abspielen von einem DVD-Player und dem Betrachten auf einem Videomonitor ruckelt das Bild ganz fürchterlich, insbesondere bei schnellen horizontalen Bewegungen.

Was ist passiert? Jeder Videocodec hat seine eigene Präferenz, ob zunächst das erste Halbbild ("upper field first", bzw. "odd") oder das zweite Halbbild verarbeitet wird ("lower field first", bzw. "even"). Digi-Beta und HD-Formate haben die Dominanz auf dem ersten Halbbild, DV und DV-Varianten haben die Dominanz auf dem zweiten Halbbild. Solange nur mit dem einen Videocodec gearbeitet wird, spielt das keine Rolle. Erst der Mix mehrere Formate auf einer Timeline, oder der Export in ein anderes Format kann Probleme aufwerfen: Wenn also beispielsweise der Ursprungscodec das erste Halbbild zuerst verarbeitet hat, der Exportcodec aber das zweite Halbbild zuerst verarbeitet, dann wird damit die zeitliche Reihenfolge vertauscht, das später in der Kamera aufgenommene zweite Halbbild wird vor dem ersten dargestellt, die Bewegung im Bild springt also ständig vor und zurück. Bei der Betrachtung auf einem Computerbildschirm muss das nicht unbedingt auffallen, denn dort werden je nach Einstellung des Videoplayers die Bilder im progressiven Modus gezeigt, nicht wie später interlaced auf einem Videomonitor.

Vor der Erstellung seines DVD-Masters sollte also immer ein Testbrand mit aussagekräftigem Material (großflächige schnelle Bewegungen im Bild) erfolgen und an einem DVD-Player mit Videomonitor überprüft werden.

Datenstruktur einer Video-DVD

Auf einer Video-DVD sind zwei Ordner angelegt: **AUDIO_TS**, ein Ordner der jedoch nur auf einer Audio-DVD benutzt wird, auf einer Video-DVD ist er leer. Hingegen enthält der Ordner **VIDEO_TS** alle Video-, Audio- und Menüdateien. In diesem Ordner sind drei Dateitypen enthalten: **VOB**-(video object) Dateien enthalten als Multiplex den MPEG2-Videostream und den Audiostream. Die VOB-Datei kann auch aus einem Haupt-Videostream und mehreren Sub-Videostreams bestehen, um die 'Multiangle'-Funktion zu ermöglichen. Ebenfalls in der VOB-Datei enthalten sind die Menüfunktionen, sowie die Untertitel (sogenannte Subpictures im Bitmap-Format, die über die Videobilder gelegt werden) und weitere Audiospuren für zusätzliche Sprachversionen. Die maximale Größe einer VOB-Datei beträgt 1 GB, somit müssen längere Filme auf mehrere VOB-Dateien verteilt werden (VTS_01_1.VOB, VTS_01_2.VOB usw.).

IFO-(Information) Dateien enthalten Angaben zur Videolänge, Sprachversionen (Audiospuren und Untertitel) und Menüverhalten. Jeder VOB-Datei ist eine IFO-Datei zugeordnet. Die IFO-Dateien sind notwendig, um dem Player die Struktur der DVD zu vermitteln.

BUP- (Backup) Dateien sind eine Sicherheitskopie der IFO-Dateien.

Neben der Ordnerstruktur ist für DVDs auch eine bestimmte Dateistruktur gefordert, damit die DVD in Stand-alone-Playern und Computern auch als Video-DVD erkannt wird. Es hat historische Gründe, dass es hierfür zwei Dateisysteme gibt. Ältere Computerbetriebssysteme (Windows 95, Windows NT) verstehen nur das universelle Dateiformat ISO 9660. Die älteste Version dieses ISO-Formats, Level 1, akzeptiert nur 8 Zeichen für den Dateinamen, sowie 3 für die Dateierweiterung und kann nur eine Verzeichnistiefe von bis zu 8 Ebenen verwalten. Später wurden noch die ISO-Formate Level 2 und Level 3 eingeführt, die längere Dateinamen erlaubten, sowie das Joliet-Format mit bis zu 64 Zeichen für Dateinamen. Für die DVD wurde jedoch 1995 ein völlig neues Dateisystem eingeführt: UDF ("Universal Disk Format", auch als ISO 13346 oder ECMA-167 bezeichnet). Es ermöglicht Dateinamen mit bis zu 255 Zeichen und ist in der Verzeichnistiefe nicht beschränkt. Windows 98, 2000, XP, Mac OS (ab 8.0), sowie Linux verfügen über die notwendigen Treiber für das UDF-Format. DVD-Stand-alone-Player arbeiten ausschließlich mit der UDF-Dateistruktur, genaugenommen mit dem Format UDF 1.02.

Um die Kompatibilität der Video-DVDs mit älteren Betriebssystemen herzustellen wird das sogenannte UDF/ISO-Bridge verwendet: Das UDF-Format wird mit einem ISO 9660-Mantel umgeben, der es für ältere Betriebssysteme als ISO-Format erscheinen lässt. Systeme hingegen, die UDF-kompatibel sind, identifizieren die DVD als UDF-Format.

Entscheidend für die Kompatibilität einer Video-DVD ist also, dass das UDF-Format (Version 1.02) enthalten sein sollte, damit die DVD auch auf Stand-alone-Playern läuft.

Wichtig ist schließlich nicht nur welche Ordner und Dateien in welchem Format auf die DVD gebrannt werden, sondern auch in welcher Reihenfolge dies geschieht. Authoring-Programme erzeugen zunächst die notwendigen Dateien, diese müssen nun noch in die richtige Reihenfolge sortiert werden. Brennprogramme würden bei Verwendung eines reinen Dateibrandes die Dateien alphabetisch sortieren und in dieser Reihenfolge auf die DVD brennen. Das ist jedoch problematisch für einen Stand-alone-Player. Daher sollte bei einem Brennprogramm immer die Option "Video-DVD" genutzt werden, die die Dateien nach ihrer Bedeutung sortiert (-als Reihenfolge ergibt sich dann IFO-, darauf VOB- und schließlich BUP-Dateien).

Kommerzielle DVDs enthalten häufig den **Regionalcode**, um internationale Verwertungsrechte unterschiedlich staffeln zu können. Dadurch kann etwa eine mit Regionalcode 2 versehene DVD nur mit europäischen DVD-Playern abgespielt werden, die ebenfalls mit dem Regionalcode 2 versehen sind. (RC 1 = USA und Kanada, RC 2 = Europa, Japan, RC 3 = Südostasien, RC 4 = Zentral- und Südamerika, Australien, RC 5 = Afrika, Russland, Indien, RC 6 = China, RC 7 = reserviert, RC 8 = internationaler Flug- und Schiffsverkehr, RC 0 = keine Beschränkung). In manchen Playern ist der Regionalcode als Software-Datei integriert, das heißt, er kann über ein verstecktes Menü auch geändert werden. Angaben zum Zugang zu diesem Menü lassen sich gelegentlich im Internet finden.

Macrovision ist ein analoger Kopierschutz, der das Ausgangs-Videosignal soweit mit unzulässigen Schwarz- bzw. Synchronsignal-Werten verunstaltet, so dass ein Videorecorder damit Probleme bekommt, das Signal jedoch in einem Monitor noch verwertbar ist. Auch die Macrovision-Funktion ist in einem versteckten Menü zu- oder abschaltbar.

Content Scrambling-System ist eine digitale Verschlüsselung der Dateien, die eine Direktkopie der Dateien unmöglich machen soll.

HD-Medien (optisch)

DVD
Auch DVDs können als HD-Medium verwendet werden, indem das Format AVCHD genutzt wird. AVCHD (siehe Seite 76) weist die gleiche Ordnerstruktur auf wie BluRay (siehe unten).

Blu-Ray
Die Nachfolge der DVD traten im Jahr 2007 zunächst zwei konkurrierende HD-Formate an: Die BluRay-Disc (kurz: BD) und die HD-DVD. Beide Formate arbeiten mit einem blauen Laserstrahl (405 nm Wellenlänge), der eine noch dichtere Anordnung der Informationen auf der Disc ermöglicht. Zusätzlich dazu wurde der Abstand des Lasers von der Trägerschicht der Disc verringert, was die Fehlersicherheit erhöht. Die HD-DVD hat eine Speicherkapazität von etwa 15 GB (pro Trägerschicht), die BluRay-Disc weist eine dünnere Schutzschicht über dem Trägermaterial auf, so dass der Laser noch feiner gebündelt werden kann und damit eine Kapazität von etwa 25 GB (pro Trägerschicht) möglich ist. Aufgrund der dünneren Schutzschicht ist die BluRay-Disc allerdings mechanisch empfindlicher als die HD-DVD. Auf dem Markt durchgesetzt hat sich alsbald das BluRay-Format, die Weiterentwicklung der HD-DVD wurde 2008 eingestellt.

BluRay (und HD-DVD) sind für die Videokompressionsverfahren MPEG2, H.264/AVC und VC-1 (auch als Windows Media 9, WMV-9 oder SMPTE 421M bezeichnet) spezifiziert. VC-1 ist in der Codierung effizienter als MPEG 2, es ist vergleichbar mit H.264, soll aber aufgrund der einfacheren Datei-struktur besser dekodierbar sein als H.264. Das Videosignal weist entsprechend dem HDTV-Signal 1080 x 1920 Pixel auf, mit 8 Bit Quantisierung und einem Subsampling von 4:2:0. Das Audiosignal kann im AC-3 oder DTS-Verfahren aufgezeichnet werden (z.B. in den Formaten: Dolby Digital, Dolby TrueHD, DTS, DTS-HD Master Audio, siehe Seite 327ff). Die BluRay erreicht in Abspielgeräten eine Gesamt-Datenrate von bis zu 53,95 MBit/s, davon sind 40 MBit/s für das Videosignal und 13,95 MBit/s für das Audiosignal vorgesehen. (*Die ursprüngliche Spezifizierung sah 36 MBit/s vor, d.h., nur die ursprüngliche 1-fache Geschwindigkeit, das wird jedoch von den gängigen Abspielgeräten inzwischen übertroffen.*)

Die BluRay-Disc gibt es, vergleichbar mit der DVD, als BD-ROM (nur lesbar), BD-R (einmal beschreibbar) und BD-RW (mehrfach beschreibbar). Die Ordnerstruktur ist anders als auf Video-DVDs, aber ähnlich der AVCHD-Aufzeichnung (vgl. S. 104): Auf kommerziellen BluRays finden sich die Ordner "Certificate", der den Kopierschutz beinhaltet und der Ordner "BDMV" (BluRay Disc Movie), der alle Video- Audio und Menü-Dateien enthält. Im einzelnen:

AUXDATA (Tondaten- und Schriftdateien)
BACKUP (Kopien der Dateien index.bdmv, MovieObject.bdmv,
         sowie Dateien aus PLAYLIST und CLIPINF
BDJO (Blu-ray-Disc-Java-Object-Dateien)
CLIPINF(Datenbankdateien für Clips)
JAR (Java-Archiv-Dateien)
META (Metadaten)
PLAYLIST (Wiedergabelisten)
STREAM (die Video- und Audiostreams im Multiplex)

Als weiterer Ordner auf der Hauptebene kann "AACS" enthalten sein, mit dem der Abruf von "BD-Live"-Diensten aus dem Internet möglich wird. Alternativ zum "BDMV"-Ordner gibt es auf Consumer-Medien den "BDAV"-Ordner (BluRay Disc Audio Video), der den gleichen Zweck wie der BDMV-Ordner erfüllt, jedoch keinem Kopierschutz unterworfen ist.

Das "Digital Rights Management" (DRM), also der Kopierschutz, spielt eine zunehmend größere Rolle. Für die HD-Medien wurde der AACS-Kopierschutz neu erfunden: Auf die Software-geschützten Inhalte dürfen nur zertifizierte Player und Computerbestandteile (Soft- und Hardware) Zugriff nehmen. BluRay arbeitet zusätzlich optional noch mit einem weiteren Software-Kopierschutzverfahren: BD+ , das kontrollieren soll, ob der ausgegebene Datenstrom manipuliert wird. Schließlich arbeitet BluRay auch weiterhin optional mit Regionalcodes, es gibt allerdings nur noch drei Regionen:
A (Nord- und Südamerika, Japan, Korea, Hongkong, Taiwan, Südostasien),
B (Europa, Afrika, Australien und Neuseeland),
C (Indien, Nepal, China, Russland, Zentralasien).

Professional Disc
Eine Weiterentwicklung der BluRay findet in professionellen Medien Verwendung: Die "Professional Disc". Es wird der gleiche Laser (405 nm) wie bei der BluRay verwendet, allerdings ein anderes Dateiformat. Zudem wurde die Datentransferrate verdoppelt auf nunmehr 72 MBit/s. Sie dient als Aufzeichnungsmedium für das IMX-Format, XDCAM, XDCAM-HD und XDCAM-HD422. Die Kapazität beträgt 23,3 GB (Dual Layer = 50 GB).
Bei einer Datenrate von 50 MBit/s (XDCAM HD422) können 45 Minuten auf einer Single Layer Disc aufgezeichnet werden. Die Disc wird vor mechanischen Beschädigungen durch eine Cartridge geschützt.
Vorwiegend zur Nutzung für professionelle Archivsysteme und Broadcastsysteme wurde 2010 das BDXL-Format zertifiziert. Dieses lässt auch 3- und 4-lagige BluRays mit einem Speichervermögen von 100 GB, bzw. 128 GB zu. Es gibt sie als einmalig beschreibbare Disc (BD-R) und als mehrfach beschreibbare Disc (BD-RE).

Ultra HD BluRay

Seit 2016 ist ein Nachfolger für die BluRay auf dem Markt: Die "Ultra HD BluRay" (kurz: UHD-BluRay). Sie ermöglicht Videos im UHDTV-Format, also mit 2160 x 3840 Bildpunkten mit bis zu 60 Frames/s. Physikalisch verwendet die Ultra HD BluRay den gleichen Laser und einen ähnlichen Träger wie die bisherige BluRay, die BDXL-Disc. Die Speicherkapazität beträgt bei der zweilagigen UHD-BluRay 66 GB, bei der 3-lagigen Disc 100 GB. Da das alleine noch nicht genügen würde, um für UHDTV die 4-fache Datenmenge (im Vergleich zu HDTV) zu speichern, wird nun der effizientere Codec HEVC (= H.265) verwendet, mit dem die Datenmenge gegenüber H.264 auf etwa die Hälfte reduziert werden kann.

Wesentlich für eine bessere Bildqualität ist neben der höheren Auflösung vor allem ein höherer Kontrastumfang (10 Bit und 12 Bit Auflösung) und der erweiterte Farbraum REC.2020 (siehe "HDR", Seite 78). Das Subsampling beträgt allerdings immer noch 4:2:0 (wie bei DVD und BluRay).

Die Datenrate für UHD-BluRay beträgt in der Praxis bis zu 50 MBit/s, der Standard sieht aber Spitzenraten von bis zu 128 MBit/s vor, das ist die "Default Transfer Rate" (default TR). In den äußeren Bereichen der Disc, wo die Winkelgeschwindigkeit höher ist, können sogar bis zu 144 MBit/s erreicht werden (High TR option). Das ermöglicht auch die höheren Frameraten von 50p und 60p. Nicht spezifiziert ist allerdings die "High Frame Rate" (HFR) mit 2160p48 (z.B. "Der Hobbit"), Kinofilme laufen auf der UHD BluRay weiterhin in 24p.

Ultra HD BluRay unterstützt die objektbasierten Audioformate Auro 3D, DTS:X und Dolby Atmos (siehe Seite 331ff).

Für die UHD-Auflösung ist derzeit allerdings keine Stereoskopie (3D) vorgesehen, 3D-Videos in HDTV-Auflösung können mit UHD-BluRay-Playern jedoch in 3D abgespielt werden.

Regionalcodes existieren auf der UHD-BluRay nicht mehr, man kann sich also Neuerscheinungen z.B. in den USA bestellen und auf hiesigen Playern abspielen. (Bonusmaterial in HD oder SD auf beiliegenden DVDs oder BluRays kann allerdings nach wie vor mit herkömmlichen Regionalcodes geschützt sein und ist somit hier eventuell nicht abspielbar.)

Magnetbandaufzeichnung

Die Aufzeichnung von Videosignalen auf Magnetband wurde 1956 eingeführt, zuerst von der Firma Ampex mit dem Quadruplex-Format. Zunächst wiesen die Bänder noch große Dimensionen auf, für Studioanwendungen war eine Breite von 1" und 2" üblich, das entspricht 2,54 cm, bzw. 5,08 cm. Und es waren offene Bänder, die ähnlich wie bei einem Tonbandgerät zunächst in die MAZ (Magnetaufzeichnungsgerät) eingefädelt werden mussten. 1968/69 wurde das erste Kassettenformat für Broadcastsysteme und industrielle Anwendungen entwickelt: U-Matic. 1971 folgte mit dem VCR-Format das erste Kassettensystem für Consumer. Als preisgünstiger Datenträger mit einer hohen Kapazität wurden Magnetbänder auch für HD-Aufzeichnungen verwendet, z.B. für die Formate HDV, DVC-ProHD, HD-Cam und HD-Cam SR. Das für HDV verwendete Mini-DV-Band hat beispielsweise eine Kapazität von 12 GB. Eine Mini-DV-Cassette mit 63 Minuten Aufzeichnungszeit enthält 112 Meter Bandmaterial im ¼"-Format, das entspricht einer Breite von 6,35mm. Die Dicke eines Mini-DV-Bandes beträgt 7 µm, davon sind 0,2 µm die Beschichtung aus magnetisierbaren Partikeln, die auf dem Trägermaterial aus Polyester aufgebracht sind. Eine Schutzschicht über der Magnetschicht soll den Abrieb verhindern. Die Rückseite des Bandes ist mit einem Material beschichtet ("Back-Coat"), das den Kontakt zu der Antriebswelle (Capstan) im Laufwerk verbessern soll.

Für die Beschichtung der Bänder mit magnetisierbaren Reineisen-Partikeln gibt es zwei alternative Verfahren: Die MP-Beschichtung (Metal-Particel) und die ME-Beschichtung (Metal-Evaporated). Bei dem ME-Verfahren werden die Partikel auf das Trägermaterial aufgedampft. Das gestattet zwar eine gleichmäßigere Verteilung der Beschichtung und feinere Partikel, den Bändern wird jedoch eine höhere mechanische Empfindlichkeit nachgesagt. Für den professionellen Einsatz werden daher eher Bänder mit MP-Beschichtung verwendet. Die Metall-Partikel selbst weisen eine längliche Form auf, die Länge beträgt dabei weniger als 1 µm. Da sehr kleine Partikel die Tendenz haben, sich gegenseitig zu entmagnetisieren, können nur Materialien verwendet werden, die einen möglichst hohen Widerstand gegen eine Um- oder Entmagnetisierung aufweisen. Dieser Widerstand wird als Remanenz bezeichnet. Die elektrische Feldstärke, die notwendig ist, das Magnetfeld eines Metallpartikels zu verändern wird Koerzitivfeldstärke genannt. Die Aufzeichnung immer höherer Frequenzen mit immer feineren Partikeln wurde nur möglich durch die Verwendung von Materialien mit immer höheren Koerzitivfeldstärken. Die Entwicklung ging dabei von Eisenoxid über Chromdioxid bis hin zu Kobalt-dotiertem Eisenoxid und Reineisen. Diese Partikel werden nun bei einer Aufzeichnung durch die Elektromagnete in den Videoköpfen magnetisiert, sie werden also aus einer zufälligen Anordnung in ein Muster von Magnetfeldern gebracht, welches dem Videosignal entspricht. Der Videokopf selbst besteht aus einem weichmagnetischen Ferrit (magnetisch leitendes Eisen-, Nickel-, Zink- oder Manganoxyd mit kristalliner Struktur). Elektrische Spulen induzieren in den Videokopf ein magnetisches Feld, dass je nach angelegter Wechselspannung seine Stärke und die Polarität wechselt. Dieses magnetische Feld wird über den Kopfspalt auf das Magnetband übertragen und richtet dort die Metallpartikel aus. Bei Videoköpfen beträgt die Kopfspalt-Breite 0,3 bis 0,5 µm, bei Tonköpfen sind es 3 bis 8 µm. Der Kopfspalt ist mit Glas, also einem nichtleitenden Material gefüllt, das verhindern soll, dass sich elektrisch leitende Schmutzpartikel in dem Spalt absetzen können.

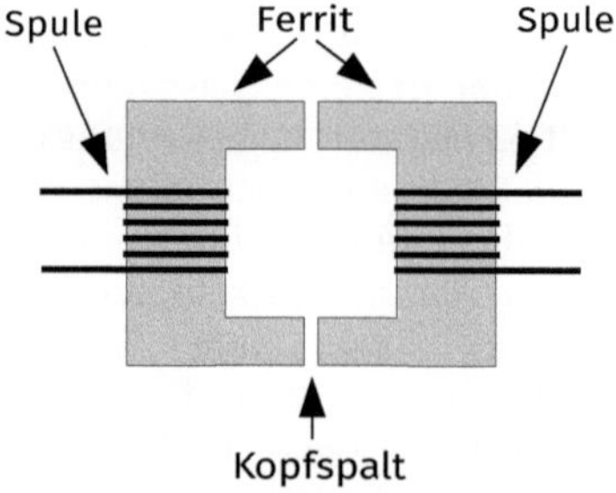

Aufbau eines Magnetkopfes

Eine Videoaufzeichnung auf Magnetband muss das Aufzeichnen sehr hoher Frequenzen ermöglichen. Für analoge Videoformate sind das Frequenzen bis etwa 6 MHz, es muss also eine große Zahl von Magnetpartikeln pro Sekunde ausgerichtet werden, um diese Frequenzen darstellen zu können. Zum Vergleich: Bei einer Audio-Bandaufzeichnung werden nur Frequenzen bis ca. 20 kHz verarbeitet, also etwa nur 1/300 der Videofrequenz (bei einem SD-Format). Theoretisch müsste ein Videoband also 300 mal schneller laufen als ein Audioband. Um den damit einhergehenden Bandverbrauch (und andere Probleme) zu vermeiden, wird der Magnetkopf für eine Videoaufzeichnung nicht fest montiert, sondern auf eine sich schnell drehende (Kopf-)Trommel, an der langsam das Videoband vorbei gezogen wird. Dazu muss das Band etwas schräg über die Trommel laufen, so dass nach jeder halben Trommelumdrehung eine neue Schrägspur auf das Band geschrieben wird. Damit keine Pause in der Aufzeichnung entsteht, muss die Trommel (mindestens) zwei sich gegenüberliegende Magnetköpfe haben, die dann abwechselnd die Spuren beschreiben.

Da die Spuren ohne Abstand nebeneinander liegen (siehe unten: Zeichnung "Spurbelegung bei VHS") ist es wichtig, beim Schreiben oder

Lesen der Spuren ein Übersprechen, also das gegenseitige Beeinflussen der Schrägspuren, zu verhindern. Dazu sind die Kopfspalte der beiden Videoköpfe verschieden ausgerichtet: Während bei Tonbändern der Kopfspalt immer genau quer zur Bandlaufrichtung justiert ist, sind die Videoköpfe auf der Kopftrommel in einem etwas schrägen Winkel montiert. Diese Schräge zur Laufrichtung wird als Azimut (auch: Kopfspaltneigungswinkel) bezeichnet. Beim VHS-System ist der eine Kopf +6° verdreht, der andere -6°, dadurch ist für den jeweiligen Kopf die Nachbarspur kaum noch lesbar.

Die Kopftrommel rotiert (beim PAL-System) mit 25 Umdrehungen pro Sekunde, um 50 Halbbilder in eben dieser Zeit aufzeichnen zu können. Beim VHS-Format ergibt sich daraus eine Geschwindigkeit von 5,85 m/s, mit der die Videoköpfe über das Band fahren. Das Band selbst wird dabei nur mit einer Geschwindigkeit von etwa 2 cm/s gezogen.
Zusätzlich zum eigentlich Videosignal werden noch eine Synchronspur, Tonspuren und (bei professionellen Systemen) eine Timecodespur aufgezeichnet.

Die Synchronsignal-Spur (auch CTL-Spur genannt) dient der Synchronisation der Bandgeschwindigkeit mit der Abtastung auf der Kopftrommel (ähnlich der Perforation bei Filmmaterial), so dass die Magnetköpfe der Kopftrommel auch tatsächlich die Schrägspuren präzise abtasten können. Der Synchronkopf ist deswegen nicht auf der Kopftrommel montiert, sondern feststehend gegenüber dem Videoband. Diese Synchronsignalspur darf nicht verwechselt werden mit den Synchronimpulsen für die horizontale und die vertikale Synchronisation im eigentlichen Videosignal, diese werden direkt mit den Bildzeilen auf die Schrägspur geschrieben.
Der Synchronkopf ist zumeist mit Tonköpfen kombiniert, die ein oder zwei Tonspuren auf das Band als Längsspur schreiben, bzw. lesen.
Bei professionellen Systemen schreibt, bzw. liest ein weiterer (feststehender) Magnetkopf das LTC-Timecodesignal.

Weiterhin gibt es bei jedem Videosystem einen feststehenden Löschkopf, der das Band vor einer neuen Aufzeichnung löscht, ohne ihn könnte ein altes Signal mit den Aufnahmeköpfen nicht vollständig überschrieben werden.
Schließlich gibt es bei aufwändigeren Videosystemen noch weitere Videoköpfe auf der Kopftrommel, um z.B. eine saubere Standbildabtastung zu gewährleisten oder einen Löschkopf, mit dem Insert-Schnitte ermöglicht werden. Zusätzlich können auf der Kopftrommel noch Audioköpfe montiert sein, die eine sehr hochwertige, der CD vergleichbaren Tonqualität, auf einer HiFi-, oder AFM- (= Audio Frequency Modulated) Spur ermöglichen.

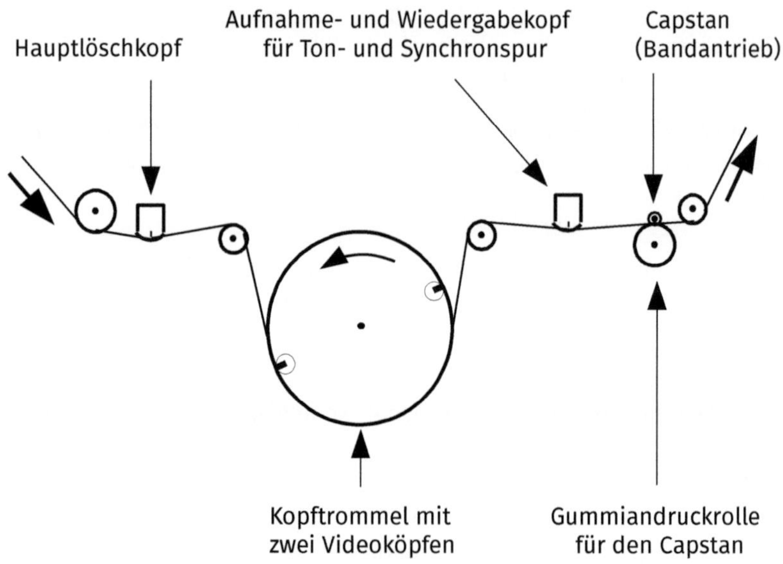

Prinzip der Bandführung bei Videosystemen

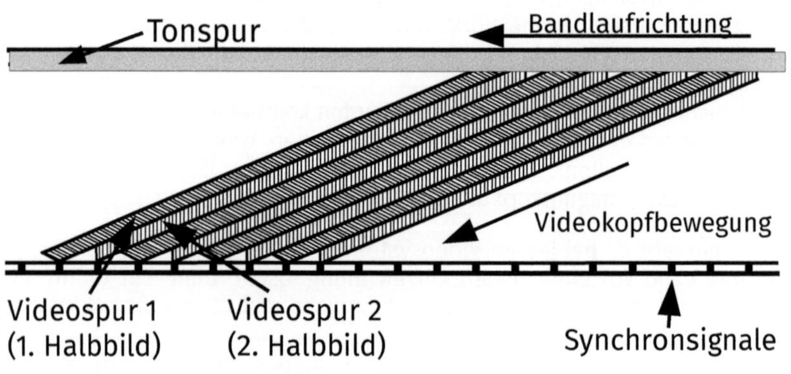

Spurbelegung beim VHS-Format

Neuere VHS-Rekorder haben zu der oben gezeichneten Ton-Längsspur noch zwei HiFi-Spuren, die zunächst mit den Audioköpfen der rotierenden Kopftrommel in die tieferen Schichten des Magnetbandes geschrieben werden. Gleich anschließend magnetisieren die Videoköpfe die Oberfläche des Bandes mit der Videoinformation. Professionelle VHS / S-VHS-Rekorder haben zudem noch statt einer Mono-Längstonspur eine Stereo-Längsspur.

Bei **Betacam-SP** liegen der Videokopf für das Y-Signal und der für das Farbsignal auf der Kopftrommel dicht nebeneinander, die Signale werden also während der gleichen Kopftrommelrotation fast gleichzeitig geschrieben. Das Farbsignal enthält jedoch gleich beide Farbdifferenz-Signale, R-Y und B-Y, die deswegen zeitlich komprimiert werden müssen, damit sie auf eine Spur passen. Das wird als CTDM-Signal (Compressed Time Division Multiplexed) bezeichnet. Zeilenweise werden auf der CTDM-Spur nacheinander zeitkomprimiert zuerst das R-Y-Signal, und dann das B-Y-Signal geschrieben (siehe auch Seite 142). Beim Playback entzerrt ein Time-Base-Corrector das Signal wieder auf die richtige Dauer und gibt dann die drei Signale (Y / R-Y / B-Y) mit dem richtigen Takt synchron aus. Beta-SP-Camcorder können allerdings nur mit einem zusätzlichen Playback-Adapter (Sony VA500P) ein Farbsignal wiedergeben.
Je nach Betacam-SP-Gerätetyp (BVW) gibt es noch zwei zusätzliche Audiospuren (AFM), die auf den Anfang der CTDM-Spur geschrieben werden.

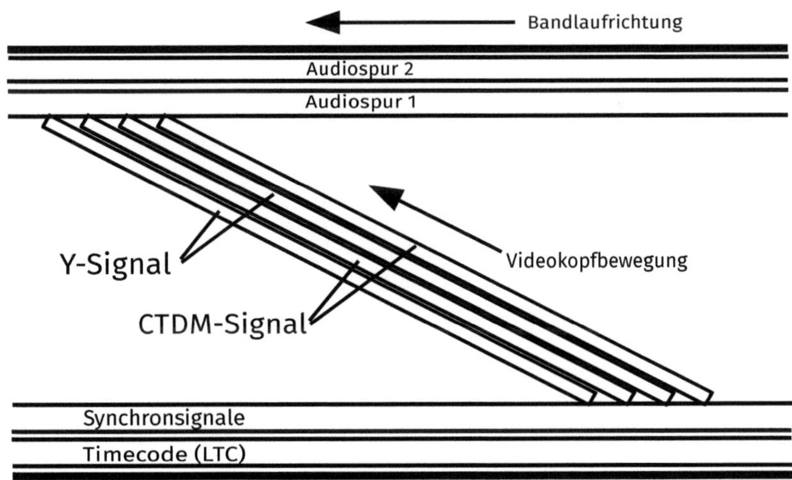

Spurbelegung bei Betacam-SP

Digitale Bandaufzeichnungssysteme arbeiten ebenfalls mit der Schrägspuraufzeichnung, allerdings nicht analog (sozusagen mit einem Abbild des elektrischen Signals auf dem Band), sondern setzen Abtastwerte eines Videosignals in Zahlenwerte (Bits) um, die dann auf dem Magnetband gespeichert werden. Diese Bits werden mit der höchstmöglichen Aussteuerung (Sättigung) auf das Band geschrieben, damit sind die Informationen weitest möglich vom Bandrauschen entfernt und bieten eine hohe Störsicherheit beim Auslesen. Pro Vollbild werden bei der digitalen Aufzeichnung mehr Schrägspuren als bei analogen Systemen geschrieben, z.B. bei DVCPRO sind es 12 Spuren pro Bild. Die Videosignale werden dabei nicht kontinuierlich aufgezeichnet, sondern verschachtelt auf verschiedene Datenblöcke verteilt (Interleaving). Dadurch können Störungen bei der Aufzeichnung, oder auf der Übertragungsstrecke, durch die Fehlerkorrektur besser eliminiert werden, bzw. sind weniger wahrnehmbar. Alle gängigen digitalen Systeme arbeiten mit dem Komponentensignal, das allerdings im Gegensatz zu Betacam-SP nicht auf diskreten Spuren geschrieben wird, sondern als Abfolge (seriell) im digitalen Signal.

Das Synchronsignal befindet sich (bei DVCPRO) nicht mehr auf einer Längsspur, sondern in den ITI-Datenblöcken (Insert- and Tracking-Information) am Anfang der jeweiligen Schrägspur. G1, G2 und G3 sind Edit-Gaps, die es ermöglichen, mit einem Videokopf auf der Kopftrommel Insert-Schnitte auszuführen (- da auf der Kopftrommel hintereinander ein Lösch- und ein Schreib-/Lese-Kopf über das Band fahren, wird ein Sicherheitsabstand zum nächsten Datenblock benötigt).
Die Subcode-Datenblöcke sind für die Speicherung von Zusatz-informationen, z.B. Timecode (VITC) vorgesehen. Die Cue-Spur ermöglicht das Abhören des Tonsignals im schnellen Vor-und Rücklauf, ist qualitativ jedoch nicht für die Online-Produktion nutzbar. Die CTL-Spur (Control-Track) enthält Steuersignale, die eine Referenz für das exakte Abtasten der Videospuren ermöglicht, vergleichbar mit der Perforation bei Filmmaterial. DVCPRO arbeitet mit einer Bandgeschwindigkeit von 33 mm/s und einer Spurbreite von 18 µm.

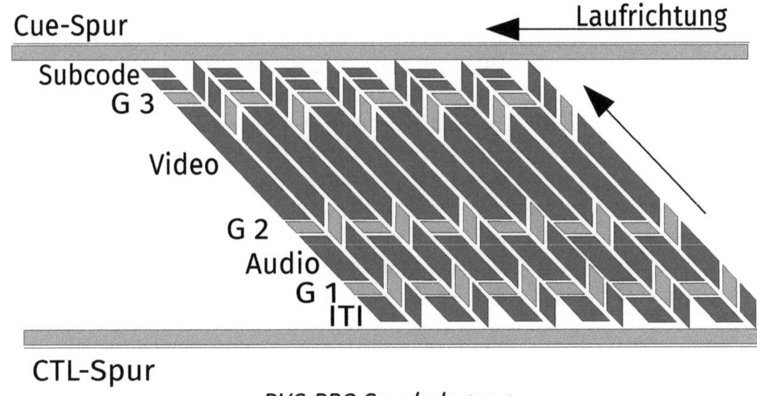

DVC-PRO Spurbelegung

Das DV-Format (ebenso: Mini-DV) unterscheidet sich vom DVC-PRO-Format durch eine geringere Spurbreite von nur 10 µm und einer geringeren Bandgeschwindigkeit von 18 mm/s. In der Konsequenz bedeutet das, dass weniger Magnetpartikel für die gleiche Informationsmenge auf dem Band magnetisiert werden, somit wirken sich Dropouts auf dem Band stärker im Bild- und Tonsignal aus.

Die anderen Parameter sind weitgehend gleich: Es wird für beide Formate ein ¼"-Band verwendet. DV und DVC-PRO arbeiten jeweils mit einer Kompression von 5:1 und weisen eine Videodatenrate von 25 MBit/s auf. Das Farbsampling arbeitet bei DVC-PRO mit 4:1:1 und bei DV mit 4:2:0. Das Audiosignal kann bei beiden Formaten mit 48 kHz und 16 Bit geschrieben werden, möglich ist jedoch auch 32 kHz mit 12 Bit für die Aufzeichnung von vier Tonspuren.

Schnittverfahren

Für den früher gebräuchlichen Schnitt mit Bandmaschinen als Zuspieler und Recorder ergaben sich aus der Schrägspuraufzeichnung Konsequenzen: Ein Film konnte nur von vorne bis zum Ende geschnitten werden (lineares Editing). Aus dem Videofilm ließen sich also nicht Sequenzen entfernen oder welche hinzufügen (ohne eine nächste Kopiergeneration herzustellen), sondern Sequenzen konnten nur ersetzt werden. Daraus resultierten bestimmte Arbeitsweisen beim Schnitt von Videobändern: Zunächst wurde das Aufnahme-Band kodiert, das heißt, es wird ein Schwarz-Signal mit einen lückenlosen LTC-Timecode auf das Band aufgespielt (Crash-Record). Dann begann der eigentliche Schnitt: Mittels der Insert-Schnitt-Funktion wurde nun bei jedem Schnitt die Schwarzbildinformation gelöscht und überschrieben durch die gewünschte Videosequenz. Beim Insert-Schnitt konnten wahlweise Video-

und/oder Audiospuren gelöscht und überschrieben werden. Die Synchron- und die LTC-Timecodespur blieben dabei unberührt.

(Ein wenig Verwirrung stiftet mitunter die andere Verwendung des Begriffes 'Insert-Schnitt' beim Computer-Schnitt (Non-Lineares-Editing, kurz: NLE, ermöglicht die Erstellung von Sequenzen in beliebiger Reihenfolge. Das Material kann jederzeit umsortiert und an jeder Stelle gekürzt oder erweitert werden.) Insert-Schnitt bezeichnet hier das Einfügen einer Sequenz in vorhandenes Material. Dabei wird für das einzufügende Material eine Lücke geschaffen, das Material hinter dem Schnittpunkt also nach hinten verschoben. Das Überschreiben von bereits vorhandenem Material heißt hier 'Overwrite'.)

Ein anderes Schnittverfahren, das bei der Bandaufzeichnung in Video- kameras genutzt wird, ist der Assemble-Schnitt: Hierbei wird zunächst die gesamte Information auf dem Band gelöscht, dann jedoch störungsfrei das Synchronsignal, sowie ein neues Video- und Audiosignal angehängt, der LTC-Timecode wird fortgeschrieben. Der Assemble-Schnitt darf jedoch niemals verwendet werden, um etwa eine Sequenz inmitten eines Films zu ersetzen: Der Abstand des feststehenden Löschkopfes zu den rotierenden Videoköpfen bedingt, dass am Ende eines Assemble-Schnitts immer ein Stück unbespieltes Band übrig bleibt (Assemble-Loch). Dieser Schaden kann nur behoben werden, indem man nun mit immer weiteren Assemble- Schnitten sich wieder bis zum Ende des Filmes vorarbeitet. Mit einem Insert-Schnitt kann das Assemble-Loch nicht überschrieben werden, da dort auch die Synchronimpulse fehlen.

Modulationsverfahren bei der Magnetbandaufzeichnung

Für die analoge Magnetbandaufzeichnung (und die Signalübertragung) stehen drei Verfahren zur Verfügung:

Das amplitudenmodulierte Verfahren (AM) stellt auf einer gleich- bleibenden Trägerfrequenz mittels der Höhe einer Amplitude Helligkeits- werte dar.

Das frequenzmodulierte Verfahren (FM) besteht aus einer Grundfrequenz, Abweichungen von dieser Grundfrequenz stellen andere Helligkeitswerte dar. Gleichbleibende Bildinhalte werden als gleichbleibende Frequenz dargestellt. Der Vorteil ist, dass Frequenzen im Gegensatz zu Amplituden bei Übertragungen und Aufzeichnungen vergleichsweise stabil sind. Da die FM-Modulation keine Amplitudenmodulation aufweisen muss, können FM- Signale bei einer Bandaufzeichnung zudem mit einer Vollaussteuerung aufgezeichnet werden, das heißt, der Rauschabstand ist maximal.

Das phasenmodulierte Verfahren (PM) beruht auf einer hochfrequenten Trägerschwingung, deren Phase gegenüber einer Referenzschwingung verändert wird. Dieses Modulationsverfahren wird beispielsweise für die Übertragung der Farbinformation beim PAL-System verwendet.

Direktaufzeichnung

Prinzipiell könnte ein FBAS-Signal mittels Schrägspuraufzeichnung direkt auf ein Magnetband aufgezeichnet werden, ähnlich wie das bei einem Audiosignal auf Tonband geschieht. Beim VHS-Signal ist auch nur eine Auflösung bis etwa 3,2 MHz gefordert (die Bandbreite des FBAS-Signals beträgt bis zu 5 MHz). Das Problem bei der Direktaufzeichnung liegt aber weniger in den oberen Frequenzbereichen, als vielmehr in den tiefen Frequenzen. Aufgrund der dort gegebenen größeren Wellenlängen ist es mit den sehr kleinen Videoköpfen schwierig, das Bandmaterial hinreichend zu magnetisieren, der Störabstand wird dabei zu gering. Großflächige Bildteile erhalten dann ein deutlich sichtbares Rauschen. Ebenfalls problematisch ist, dass das Magnetband bei seinem Weg um die Videokopftrommel geringfügige Unterschiede beim Band-Kopf-Kontakt erfährt, die Intensität unterscheidet sich bei Kopf-Einlauf und -Auslauf (und dazwischen) auf dem Band, was zu nicht beabsichtigten Schwankungen der Amplituden-Aufzeichnung führt. Aus diesen Gründen wurde die Direktaufzeichnung schon bald aufgegeben.

FM-Aufzeichnung / Colour-Under-Verfahren

Für die Aufzeichnung des amplitudenmodulierten BAS-Signals ist es sinnvoller, ein frequenzmoduliertes Signal zu verwenden, das sogenannte RF-Signal (Radio-Frequency). Dazu wird eine Trägerfrequenz (auch: Mittenfrequenz) gewählt, beim VHS-System liegt diese zum Beispiel bei 4,3 MHz. Die Amplituden des BAS-Signals werden nun in 'Frequenzabweichungen' von der Trägerfrequenz umgerechnet. Geringe Amplituden werden dabei zu niedrigen Frequenzen, hohe Amplituden führen zu hohen Frequenzen. Diese Abweichungen von der Trägerfrequenz müssen einen Bereich umfassen, der eine auf das jeweilige Videosystem bezogene ausreichende Darstellung des Signals ermöglicht. Bei VHS wird davon ausgegangen, dass ein Frequenzbereich von +/- 0,5 MHz um die Mittenfrequenz herum ausreicht. Dieser Frequenzbereich wird Frequenzhub genannt, er soll zur Vermeidung von Interferenzen oberhalb des zu übertragenden Frequenzbereiches liegen. Die Transformierung bleibt dabei allerdings nicht auf den Frequenzhub beschränkt. Aufgrund von Summen- und Differenzbildung von Träger- und Signalfrequenzen entstehen Frequenzen außerhalb des Frequenzhubs. Diese Bereiche werden 'oberes' und 'unteres Seitenband' genannt.
Da der FBAS-Farbträger von 4,43 MHz nun in einem ungünstigen Bereich liegt, der vom Frequenzhub beansprucht wird, muss er in einen anderen Bereich und zwar unterhalb des BAS-Frequenzspektrums transformiert werden (Colour-Under-Verfahren). Bei VHS liegt die Mittenfrequenz des Farbträgers dann bei 627 kHz. Damit berühren sich die Seitenbänder des Chrominanz- und des Luminanzsignals nur noch knapp.

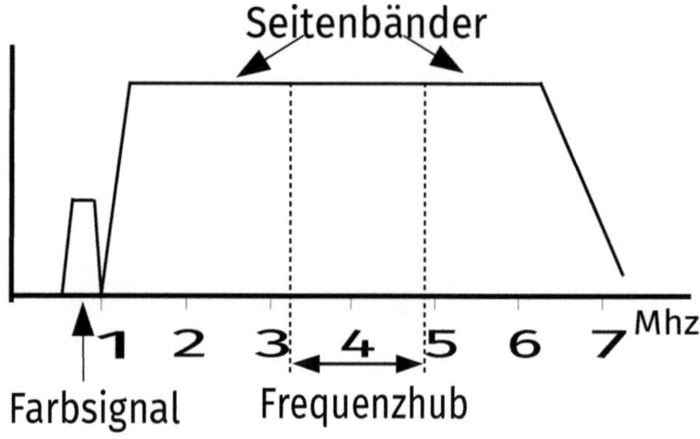

FM-moduliertes Signal zur Bandaufzeichnung

CTDM (Compressed Time Division Multiplex)

Bei Betacam-SP (und M II) erfolgt die Magnetbandaufzeichnung im CTDM-Verfahren. Dabei wird halbbildweise das Luminanzsignal in voller Bandbreite (5 MHz) frequenzmoduliert auf eine Schrägspur aufgezeichnet. Auf eine weitere Schrägspur werden die beiden Farbdifferenzsignale (reduziertes R-Y und B-Y) mit jeweils 2 MHz aufgezeichnet. Um beide Farbdifferenzsignale auf eine Spur schreiben zu können, müssen sie zeitlich jeweils auf die Hälfte komprimiert und dann zeilenweise abwechselnd geschrieben werden. Daher muss das ausgelesene Signal beim Abspielen des Bandes einen Time-Base-Corrector (TBC) durchlaufen, der die Signale zwischenspeichert und das Luminanz- und das Chrominanzsignal wieder synchron ausgibt (siehe unten).

Schwarz-Weiß-Bild
im Sucher

CTDM-Bild im Sucher

Wiedergabe von Y- und CTDM-Signal im Kamerasucher

Time Base Corrector (TBC)

Das fehlerfreie Auslesen der Videoinformationen vom Band muss mit hoher Präzision geschehen, die Kopftrommelrotation und die Bandgeschwindigkeit müssen dazu genau aufeinander abgestimmt sein. Dabei werden die Kopftrommel und der Bandantrieb von verschiedenen Motoren angetrieben, das hat zur Folge, dass die Kopfradrotation immer wieder geringfügig verändert werden muss, um sich der Bandgeschwindigkeit und damit den Synchronsignalen anzupassen (Kopfservo). Diese geringfügigen Drehzahlschwankungen führen zu 'Zeitfehlern' beim Auslesen der einzelnen Videozeilen, das heißt, der Gleichtakt für den Beginn der einzelnen Zeilen, die Zeilensynchronisation, kann nicht genau eingehalten werden. Der so entstehende Bildfehler nennt sich 'Jitter'.

Instabilität der Zeilensynchronisation (Jitter)

Innerhalb gewisser Toleranzgrenzen macht sich dieser Fehler kaum bemerkbar, der horizontale Schärfeeindruck vermindert sich geringfügig. Bei stärkerem Auftreten des Fehlers werden vertikale Kanten im Bild instabil.

Für die Videobearbeitung im professionellen Bereich ist aber ein stabiles Signal ohne Zeitfehler erforderlich. Daher durchlaufen Videosignale dort immer einen 'Time Base Corrector', der die Videosignale zwischenspeichert und mit Hilfe eines Referenztaktes ohne Zeitfehler wieder ausgibt. Diese Zwischenspeicherung kann je nach Gerät zeilenweise, halbbildweise oder vollbildweise erfolgen. Da der Jitter-Fehler auch dazu führen kann, dass einige Zeilen zu früh gegenüber einem Referenztakt kommen, erhalten alle Zeilen zunächst eine Grundverzögerung und dann zusätzlich eine individuell kürzere oder längere Verzögerung zur Synchronisation der Zeilen. Digitale TBCs sind CCD-Shiftregister, die als Zeilenspeicher fungieren, das heißt, die Zeilen werden Bildpunkt für Bildpunkt eingelesen und mit einem Referenztakt wieder ausgelesen. So können gleichzeitig Fehler bei der Zeilensynchronisation, wie auch Geschwindigkeitsfehler (ungleiche Zeilendauer) korrigiert werden.

Da durch die Grundverzögerung, die ein TBC herbeiführt, die Bildzeilen gegenüber dem Vertikal-Synchronimpuls abgesenkt werden, was nicht zulässig ist, arbeitet ein TBC intern mit einem 'Advanced Sync Impuls', der die Grundverzögerung wieder durch einen zeitlich vorgezogenen Zeilensynchronimpuls kompensiert.

Unverzichtbar ist ein TBC bei Komponentenaufzeichnungssystemen (z.B. Betacam-SP) um dort dem zeitlich komprimierten CTDM-Farbsignal beim Abspielen wieder die richtige Dauer zu geben. Ebenso wichtig sind TBCs im Mehr-Kamera-Betrieb, da die einzelnen Kameras präzise auf einen Studiotakt synchronisiert werden müssen, um einen störungsfreien Live-Schnitt zu ermöglichen. Sie müssen als Framestore-TBC ausgeführt sein, also mindestens ein komplettes Halbbild zwischenspeichern können, um es dann passend zum Studiotakt wieder auszugeben.

TBCs sind zumeist mit weiteren Funktionen ausgestattet, z.B. einer Korrekturmöglichkeit für Video-Pegel, Black-Level, Chroma-Pegel, Y/C-Delay (Verzögerung des Farbsignals gegenüber dem Luminanzsignal), Sync-Regler (zur Fein-Synchronisation auf einen Referenztakt), SC-Regler (zur Fein-Synchronisation der Farbphase in Bezug auf einen Referenztakt).

Dropout-Kompensation
Eng verwandt mit einem TBC ist der Dropout-Kompensator (DOC) und daher meistens auch in diesen integriert. Ein Dropout, auch schlicht als ''Spratzer'' bezeichnet, ist ein Ausfall der Bildinformation innerhalb einer oder mehrerer Bildzeilen, der durch eine schadhafte Bandoberfläche oder eine Verschmutzung hervorgerufen wird. Gemessen an der Größe des Videokopfes, genauer gesagt, der Größe des Kopfspaltes, sind die Dimensionen von Schmutzpartikeln gewaltig:

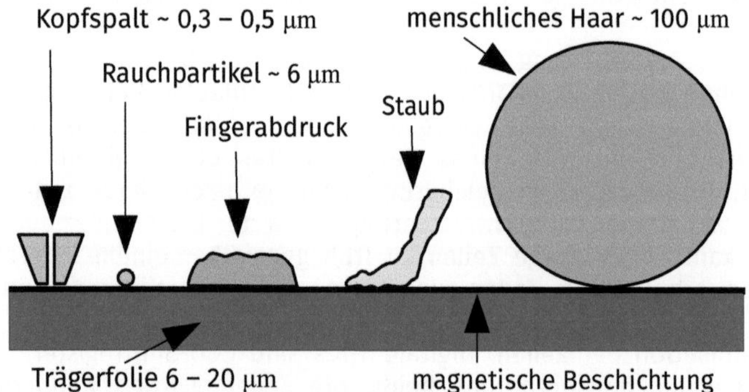

relative Größen auf der Bandoberfläche

So gesehen ist leicht vorstellbar, dass schon geringe Verschmutzungen den Videokopf "zuschmieren" und eine exakte Abtastung der Bandsignale verhindern.

Technisch gesehen liegt ein Dropout vor, wenn im RF-Signal ein Pegelabfall von mindestens 15 dB auftritt. (RF-Signal meint hier: Frequenzmoduliertes Signal für die Bandaufzeichnung; der Begriff wird aber auch als Bezeichnung für das Antennensignal verwendet.)
Der Dropout-Kompensator speichert jeweils eine Zeile des Videosignals. Wenn in der darauf folgenden Zeile ein Dropout gemessen wird, dann wird der betroffene Teil der Zeile durch das entsprechende gleichlange Stück der gespeicherten vorigen Zeile ersetzt.
Bei FBAS-Signalen kann die Farbinformation aufgrund der PAL-Sequenz nicht mit einer Zwischenspeicherung von nur einer Zeile korrigiert werden, das Chrominanzsignal muss daher um eine weitere Zeile verzögert werden.
Dropouts, die bei einem Kopiervorgang mit übertragen wurden, können auf der Kopie vom Dropout-Kompensator nicht mehr erkannt und korrigiert werden, sie sind beim Kopieren zu einer 'regulären' Bildinformation geworden und lösen keinen Pegelabfall im RF-Signal mehr aus.

Probleme bei der Bandaufzeichnung
Laufwerke für Bandaufzeichnungen können verschmutzen, sich abnutzen oder dejustiert sein. Professionelle Geräte haben Warnanzeigen für diese Probleme:

— RF deutet auf eine Kopfverschmutzung hin. Das hochfrequente aufgezeichnete Signal ist zu schwach und kann nicht mehr richtig gelesen werden. Die Videoköpfe müssen gereinigt werden (siehe unten).
— SERVO bedeutet, dass das Videosignal nicht richtig auf das Synchronsignal getaktet wird, weil das Band nicht mit der richtigen Geschwindigkeit (Gleichlauf) läuft. Es ist aber normal, wenn beim Einfädeln eines Bandes (z.B. bei 'Record' aus dem VTR-Save-Modus) die Servo-Anzeige 2-3 mal blinkt. Wenn die Servo-Anzeige aber stetig blinkt, muss das Gerät in die Werkstatt.
— SLACK bedeutet, dass die Bandspannung nicht stimmt, das Band wird nicht richtig an die Videoköpfe und Umlenkrollen angedrückt. Das führt im schlimmsten Fall zu Bandsalat. Wenn die Ursache nicht eine defekte Kassette ist, dann muss die Kamera in die Service-Werkstatt. Es ist auch nicht ungefährlich eine Kassette mit Bandsalat aus dem Rekorder zu entfernen, durch zu starkes Ziehen können leicht empfindliche Teile im Rekorder-Laufwerk dejustiert werden.

- HUMID bedeutet eine zu hohe Luftfeuchtigkeit und damit die Gefahr von Nässe im Recorder. Dann kann das Videoband bei weiterem Betrieb im Rekorder verkleben und schwere Schäden hervorrufen. Das Problem tritt insbesondere auf, wenn eine durchgekühlte Kamera in einen warmen Raum gebracht wird. Sofort kondensiert die Luftfeuchtigkeit an der Kamera (und natürlich auch an anderen Rekordern und Geräten). Üblicherweise sollte in diesem Fall die Kamera ausgeschaltet und langsam akklimatisiert werden.
- CHANNEL-CONDITION bei Digi-Beta-Geräten entspricht der RF-Warnanzeige (s.o.). Eine grüne Anzeige bedeutet, das alles in Ordnung ist, eine gelegentlich gelbe Anzeige bei der Wiedergabe deutet auf Spratzer hin, die aber noch korrigierbar und damit tolerierbar sind und eine rote Anzeige bedeutet, dass die Bandaufzeichnung ernste Probleme aufweist.

Nicht für alle Probleme gibt es Warnanzeigen: Die Abnutzung der Videoköpfe lässt sich aus der Anzahl der Betriebsstunden des Gerätes schließen, gemessen werden die "Kopfstunden", das ist die Zeit, in der das Band an der sich drehenden Kopftrommel anliegt, also in den Betriebszuständen Play, Pause und Vor- oder Rückspulen. Der tatsächliche Verschleiß hängt aber auch von der Einsatzart und -umgebung des Gerätes ab (z.B. staubige oder feuchte Luft). Jedenfalls nimmt die Zahl der digitalen Dropouts mit den Kopfstunden zu. Prinzipiell sollte ein professioneller Rekorder nach etwa 1000 Kopfstunden eine Werkstattinspektion erhalten. Bei analogen Geräten ist ein Kopfwechsel spätestens fällig, wenn an harten vertikalen Kontrastübergängen (schwarz-weiß-Kanten) sich kleine horizontale Streifen bilden, die Kanten also stellenweise 'verschliffen' werden.

Manche Probleme sind auch ganz einfach zu lösen: Wenn beim Abspielen von analogen Videobändern das Bild instabil ist, bzw. bei Betacam-SP am linken oder rechten Bildrand unmotivierte Farbflächen auftauchen, kann das Tracking dejustiert oder nicht optimal eingestellt sein. Für diese Einstellung gibt es die 'Video/RF'-Anzeige. Bei der Bandwiedergabe wird hier der RF-Pegel angezeigt, der auch die Genauigkeit der Abtastung der Schrägspuren durch die Videoköpfe anzeigt, also die Übereinstimmung der Synchronsignale mit den Bildspuren. Je höher der Pegel ist, desto besser ist die Signalübereinstimmung. (Bei der Aufzeichnung eines Composite-Signals wird in der Video/RF-Anzeige der Videopegel dargestellt.)
Bei VHS oder S-VHS-Geräten macht sich ein schlecht eingestelltes Tracking auch an einem knatternden oder nicht funktionierenden HiFi-Ton bemerkbar: Die HiFi-Spuren liegen dort als Schrägspur unterhalb der Videospuren und müssen daher genauso präzise von den Audioköpfen auf der Kopftrommel abgetastet werden.

Reinigung eines Videolaufwerkes

Irgendwann verschmutzt auch das beste Laufwerk durch Umwelteinflüsse wie Staub oder Rauchpartikel (am besten: Rauchverbot in Schnitträumen), oder abgenutzte, bzw. fehlerhafte Videobänder. Eine manuelle Reinigung eines Laufwerkes ist im allgemeinen unproblematisch, zumindest soweit es sich um professionelle Laufwerke mit großen Videokopftrommeln handelt. Man benötigt zum Reinigen möglichst reinen hochprozentigen Alkohol (Isopropanol), Wattestäbchen und einen weichen, fusselfreien Lappen (empfehlenswert: 'Vileda'-Fensterputztücher). Der Capstan (Bandantrieb) und die feststehenden Köpfe (Lösch-, Audio- und Synchronköpfe können mit alkoholgetränkten Wattestäbchen in Bandlaufrichtung vorsichtig abgerieben werden. Die Videokopftrommel muss mit dem getränkten Lappen gereinigt werden, indem die Trommel gedreht und dabei der Lappen vorsichtig drangehalten wird. Auf jeden Fall ist ein Reiben quer zur Bandlaufrichtung zu vermeiden, denn damit können die Video- und Audioköpfe sehr leicht dejustiert oder beschädigt werden. Es kommt bei dieser Art von Reinigung auch nicht so sehr darauf an, den Dreck wegzureiben, als vielmehr ihn im Alkohol zu lösen und so im Lappen aufzunehmen. Auf diese Art ist die Reinigung schonender als die Verwendung eines trocken arbeitenden Reinigungsbandes, das den Dreck weg schmirgelt und somit auch die Köpfe mehr verschleißt. Ein Reinigungsband ist daher eher eine Notlösung, wenn das Laufwerk unzugänglich ist oder man es sehr eilig hat. Moderne Laufwerke, etwa für DV und HDV, sind inzwischen allerdings so klein und sensibel gebaut, dass eine manuelle Reinigung nicht zu empfehlen ist und somit nur das Reinigungsband bleibt. Die Verwendung von Reinigungsspray kann insofern problematisch sein, weil es nicht so genau zu dosieren ist und daher auch an Stellen wirken kann, wo es nicht erwünscht ist, beispielsweise in Lagerungen, die einer Schmierung bedürfen.

Bandaufzeichnungs-Formate

In der nachfolgenden Tabelle werden die gängigsten Bandformate für SD und HD aufgeführt. Einige der Formate können sowohl auf Band, als auch als File auf Festplatten oder Speicherkarte aufgezeichnet werden. (Zum Vergleich sind auch einige rein File-basierte Aufzeichnungsstandards angegeben.)

Die Bandgeschwindigkeit ist für PAL angegeben. Die Kompressionsraten sind nicht direkt vergleichbar, aufgrund der Nutzung unterschiedlicher Verfahren. Angaben für Bit beziehen sich auf die Aufzeichnung – nicht auf kamera-interne Signalwandler. 1 MHz entspricht einer Auflösung von 80 Linien. 1" = 1 Zoll (engl.: Inch = 2,54 cm).

Format	Hersteller	Band-format/ Träger	Auflösung / Datenrate (Video)	Bits	Kompr-ession	Farbauf-lösung	Band geschw. in mm/s	Audio-spuren
HDCAM-SR SQ	Sony	½"	440 MBit/s	10	2,4 : 1	4:2:2	94,2	12
HDCAM-SR HQ	Sony	½"	880 MBit/s	10	3,5 : 1	4:4:4	94,2	12
HDCAM	Sony	½"	116 MBit/s	8	4,4 : 1	3:1:1	77,4	4
XDCAM-HD422	Sony	Disc	50 MBit/s [1]	8	var[x]	4:2:2	./.	8
XDCAM-HD	Sony	Disc	35 MBit/s [1]	8	var[x]	4:2:0	./.	4
XDCAM-EX	Sony	SxS	35 MBit/s [1]	8	var[x]	4:2:0	./.	2/4 [6]
HDV 1 [2]	Sony	¼"	19 MBit/s	8	18 : 1[x]	4:2:0	18,812	2/4 [6]
HDV 2 [2]	Sony	¼"	25 MBit/s	8	18 : 1[x]	3:1,5:0	18,812	2/4 [6]
HD-D5	Panasonic	½"	237 MBit/s	10	6,7 : 1	4:2:2	139,5	8
AVC-Intra 100	Panasonic	P2	112 MBit/s	10	9:1	4:2:2	./.	8
AVC-Intra 50	Panasonic	P2	54 MBit/s	10	10:1	3:1,5:0	./.	8
DVCPRO-HD	Panasonic	¼"+ P2	100 MBit/s	8	6,7 : 1	3:1,5:1,5	135,4	8
AVCHD	Panasonic	Flash	24 MBit/s [3]	8	var[x]	4:2:0	./.	5.1
DNxHD	Ikegami	GF-PAK	185 MBit/s	10	5,5:1	4:2:2	./.	8
Digi-Beta	Sony	½"	90 MBit/s	10	2 : 1	4:2:2	96,7	4 [5]
Betacam SX	Sony	½"	40 MBit/s [4]	8	10 : 1	4:2:2	59,575	4
IMX	Sony	½"	50 MBit/s [4]	8	3,3 : 1	4:2:2	53,676	4/8 [7]
D9 (D-VHS)	JVC	½"	50 MBit/s	8	3,3 : 1	4:2:2	57,737	4
DVCPRO 50	Panasonic	¼"+ P2	50 MBit/s	8	3,3 : 1	4:2:2	67,708	4
DVCPRO (D7)	Panasonic	¼"+ P2	25 MBit/s	8	5 : 1	4:1:1	33,813	2/4 [6]
DV-CAM	Sony	¼"	25 MBit/s	8	5 : 1	4:2:0	28,218	2/4 [6]
Mini-DV	Sony	¼"	25 MBit/s	8	5 : 1	4:2:0	18,831	2/4 [6]
Digital 8	Sony	8 mm	25 MBit/s	8	5 : 1	4:2:0	28,69	2/4 [6]
Betacam-SP [11]	Sony	½"	5,5 MHz	./.	./.	2,0 MHz	101,51	4
M II	JVC	½"	5,5 MHz	./.	./.	2,0 MHz	66,295	4
S-VHS [10]	JVC	½"	400 Linien	./.	./.	1,0 MHz	23,39	3 [8]
VHS [10]	JVC	½"	240 Linien	./.	./.	1,0 MHz	23,39	3 [8]
Hi 8	Sony	8 mm	400 Linien	./.	./.	1,0 MHz	20,05	3 [9]
Video 8	Sony	8 mm	270 Linien	./.	./.	1,0 MHz	20,05	3 [9]

[x] mit interframe-Kodierung

[1] MPEG2 – IBP
    <u>XDCAM EX</u> mit einer konstanten Bitrate von 25 MBit/s im SP-Modus und einer variablen von 35 MBit/s im HQ-Modus.
    <u>XDCAM HD</u> mit einer konstanten Bitrate von 25 MBit/s im SP-Modus und einer variablen von 18 bis 35 MBit/s im HQ-Modus.
    <u>XDCAM HD422</u> mit einer konstanten Bitrate von 50 MBit/s und variablen für die Aufzeichnung im HDCAM HD-Modus (s.o.)

[2] HDV gibt es in zwei unterschiedlichen Standards:
    <u>HDV 1</u>: 720p mit 25, 30, 50 und 60 Vollbildern, 720 x 1280 Pixel,
    4:2:0, 19 MBit/s, GOP: 14 Bilder
    <u>HDV 2</u>: 1080i mit 50 und 60 Halbbildern,
    1080 x 1440 Pixel (non-Squarepixel; Subsampling daher 3:1,5:0),
    25 MBit/s, GOP: 12 Bilder (50i) / 15 Bilder (60i)

[3] MPEG4-AVC / H.264   AVCHD mit variabler Bitrate, 5 bis 24 MBit/s

[4] MPEG2 – I-Frame

[5] Zu den hier angegebenen 4 digitalen Tonspuren gibt es zusätzlich noch eine analoge Tonspur: 'Cue Audio'.

[6] Die Angaben für Tonspuren bei DV-Formaten und Digital 8 beziehen sich darauf, dass optional 4 Tonspuren mit 32 kHz / 12 Bit oder 2 Tonspuren mit 48 kHz / 16 Bit möglich sind.

[7] 4 Audiospuren bei 24 Bit, 8 Audiospuren bei 16 Bit

[8] Bei VHS / S-VHS haben Consumer-Geräte 1 Mono-Längsspur und 2 HiFi-AFM-Spuren (ältere oder sehr einfache VHS-Geräte haben keine HiFi-Spuren). Professionelle VHS / S-VHS-Geräte können auch zwei Mono-Längsspuren haben.

[9] 2 digitale PCM-Spuren + 1 analoge AFM-Spur

[10] Neben dem VHS bzw. S-VHS 'Vollformat' gibt es noch eine kleinere Kassettengröße, das VHS-C bzw. S-VHS-C Format, das für kleine Camcorder entwickelt wurde. Das C-Format hat die gleichen Audio- und Videoparameter wie das Vollformat und kann in den üblichen Playern mittels einer Adapterkassette abgespielt werden.

11 Betacam-SP unterscheidet sich noch einmal in vier verschiedene Produktvarianten: Der Broadcast-Standard wurde bei Sony als BVW-Serie verkauft (Auflösung bis 5,5 MHz; Y/R-Y/B-Y und FBAS-Ein-/Ausgänge; 4 Tonspuren), ebenfalls Broadcast-tauglich ist die PVW-Serie (Auflösung bis 5,5 MHz; Y/R-Y/B-Y, Y/C und FBAS-

Ein-/Ausgänge; 2 Tonspuren – diese Geräte sind auf 4 Tonspuren nachrüstbar). Für den Industriebedarf gibt es die UVW-Serie (Auflösung bis 5 MHz, bei gleichzeitig 2 dB geringerem Rauschabstand; Y/R-Y/B-Y, Y/C, FBAS -Ein-/Ausgänge, 2 Tonspuren) und schließlich sogenannte Office-Player (Auflösung 4,1 MHz; nur FBAS-Ausgänge, 4 Tonspuren) die nicht für Online-Produktionen geeignet sind.

Daneben gibt es einige noch ältere Formate, mit denen man gelegentlich zu tun hat: Beim Fernsehen wurden früher Sendungen im 1"(Zoll)B- und 1"C-Format, sowie im 2"-Format für das Archiv aufgezeichnet Verwendet wurde dabei eine Direktaufzeichnung des FBAS-Signals (Direct-FM). Reportagen und Sendebänder wurden mit dem "U-Matic"-Standard (¾") hergestellt. U-Matic unterscheidet sich nochmals in die Standards: U-Matic-Lowband (3 MHz Auflösung), U-Matic-Highband (3,5 MHz) und U-Matic-Highband-SP. (SP bedeutet: Superior Performance = verbesserte Auflösung mit 3,8 MHz. Die wird erreicht durch feineres Bandmaterial und kleinere Videokopf-Spalte.) Verwendet wurde hier ebenfalls eine FBAS-Aufzeichnung, allerdings im Colour-Under-Verfahren, d.h., das Farbsignal wird auf die Frequenz 685 kHz (Low-Band), bzw. 924 kHz (High-Band + SP) heruntertransformiert und lässt sich damit besser vom Luminanzsignal trennen (siehe auch: Colour-Under, Seite 141). Ein wesentlicher Fortschritt war 1982 der Standard "Betacam" (ohne SP), der eine Aufzeichnung von Helligkeits- und Farbsignal auf getrennten Videospuren im CTDM-Verfahren ermöglichte (siehe Seite 142) und als ½"-Format eine kompaktere Bauform zuließ. 1986 kam die verbesserte Variante "Betacam-SP" auf den Markt, die eine höhere Luminanzbandbreite, d.h., Auflösung ermöglichte (siehe oben). Die Vorgängerversion Betacam kann problemlos in Betacam-SP-Playern abgespielt werden. Im Consumer-Bereich gab es früher noch die Standards: Japan Standard, VCR, Betamax, Video2000.

Einige Consumer Formate sind auch für mehrere Bandgeschwindigkeiten ausgelegt, z.B. VHS, S-VHS, Mini-DV. Die Normalgeschwindigkeit wird dann als SP (Standard-Play) bezeichnet, LP (Long-Play) bedeutet bei VHS und S-VHS die halbe Bandgeschwindigkeit, also doppelte Aufzeichnungsdauer, bei Mini-DV kann die Aufzeichnungs-dauer mit LP um 50% erhöht werden. ELP (Extended-Long-Play, bei VHS im NTSC-Standard) erlaubt die dreifache Aufzeichnungsdauer.
Bei analogen Formaten führt das Verwenden geringerer Bandgeschwindigkeiten zu sichtbar schlechteren Rauschabständen und starken Einbußen bei Längsspur-Tonformaten. Bei digitalen Formaten erhöht sich bei LP-Geschwindigkeit das Risiko für Bild- und Tonausfälle, die Spratzer-Toleranz ist deutlich geringer.

Einstellungen beim Aufnehmen eines Masterbandes (Print to Tape)
Wenn von einem nonlinearen digitalen Schnittsystem ein Video auf ein Broadcast-Band ausgespielt werden soll, müssen bestimmte Voreinstellungen gemacht werden, sowohl beim Schnittcomputer wie auch beim Recorder.
Im Schnittcomputer muss die Timeline mit dem Timecode 10:00:00:00 beginnen, im Print-To-Tape-Menü ist die normgerechte Einstellung für den Preroll: mindestens 60 Sekunden Farbbalken (100/0/75/0), sowie 997 Hz Testton mit -18 dB_{FS} Aussteuerung (bzw. für analoge Bänder 1 kHz Testton mit -9 dB) und nachfolgend 30 Sekunden Schwarz, darin enthalten soll ein Identifikationsvorspann sein (20s: Titel der Sendung und gegebenenfalls 16:9-Kennung) und dann ein Countdown von 10 auf 3 Sekunden. Die letzten drei Sekunden vor dem Programmstart sollen schwarz ohne Countdown sein. (Das gilt für Mono-Sendebänder, für Stereo und spezielle Audiospurbelegungen ist der Testton aufwändiger einzustellen, siehe auch Pflichtenheft ARD/ZDF, bzw. Arte., Seite 86).

Das Programmmaterial selber muss innerhalb der zulässigen Werte liegen, also 0 bis 100% Bildamplitude auf dem Waveformmonitor, es darf keine unzulässigen Farbwerte (Prüfung mit Vektorskop) aufweisen und das Tonsignal darf nicht übersteuert sein, d.h., 0 dB für analoge Medien, bzw. -9 dB_{FS} für digitale Produktionen bis Ende 2011. Seit dem 1.1.2012 gilt für die öffentlich-rechtlichen Sender die neue lautheitsnormierte Tonaussteuerung nach LUFS (nach der Norm "EBU R 128"), siehe Seite 281.

Im Pflichtenheft von ARD, ZDF und ORF war für Sendebänder festgelegt, dass VITC und LTC der DIN-Norm IEC 461 entsprechen müssen. VITC und LTC müssen identisch sein. Der Filmbeginn auf dem Sendeband muss beim Timecode 10:00:00:00 erfolgen (benötigt der Film wegen Überlänge mehr als ein Band, muss der Filmstart auf dem zweiten Band bei Timecode 20:00:00:00 erfolgen).
Nach dem Film ist ein Postroll mit Schwarzbild für mindestens 10 Sekunden anzulegen.

Am Recorder muss der TC-Generator auf 'Intern', 'Preset' (für 2 Minuten technischer Vorspann bei etwa 09:57:40:00) und 'Rec Run' geschaltet werden. Der VITC-Schalter muss auf 'On' stehen. Computer und Recorder müssen mit Video, Audio und RS422-Steuerung miteinander verbunden sein, eine Synchronsignal-Verbindung ist nicht nötig, wenn der Recorder das Synchronsignal aus dem Videosignal bezieht. Eine extra Timecode-Übertragung zum Recorder hat keine Funktion, denn der Computer gibt keinen Timecode aus, sondern liest nur den aktuellen Timecode des Recorders über die RS422-Steuerung.

Der Ablauf ist nun folgender (bei 2 Minuten technischem Vorspann): Wenn die 'Print-To-Tape'-Funktion im Computer gestartet wird, erhält der Recorder zunächst den Befehl, auf dem leeren Band ab dem Timecode 09:57:40:00 einen 'Crash-Record' (eine Aufnahme ohne Preroll) durchzuführen, das heißt, es wird etwa eine Minute Schwarz aufgezeichnet. Dann stoppt der Recorder und fährt auf die Startposition für den intern eingestellten Preroll zurück und läuft an für einen Assemble-Schnitt bei 09:58:00:00. Wenn dieser Punkt erreicht ist, spielt der Computer das Programm ab (Preroll mit Farbbalken, Testton und danach Schwarz, nahtlos daran, ab Timecode 10:00:00:00, den Film und schließlich den Postroll).

Licht und Farben

Helligkeit

Umgangssprachlich ist Helligkeit die menschliche Wahrnehmung von Licht. Hell oder dunkel sind relative Begriffe - eindeutig zu dunkel ist es für uns, wenn wir Räume und Gegenstände nicht mehr erkennen können, also die Lichtempfindlichkeit des Auges für das vorhandene Licht nicht mehr ausreicht. Das menschliche Auge kann sich aber weitgehend anpassen: Wenn wir von draußen aus dem hellen Tageslicht in einen halbdunklen Raum kommen, können wir zunächst wenig erkennen. Nach einer Weile wird unsere Wahrnehmung besser und bei ausreichend künstlicher Beleuchtung erscheint uns die Helligkeit alsbald als "normal". Für die Arbeit mit Videobildern sind wir aber auf genauere Werte angewiesen: Eine bestimmte Helligkeit darf (auf relevanten Flächen) nicht unterschritten werden, damit das Kamerabild technisch einwandfrei ist. Für TV-Studios gibt es Empfehlungen, mit welcher Helligkeit dort gearbeitet werden sollte, für die Wiedergabe von Film- und Videomaterial gibt es Empfehlungen für Monitore, Beamer, Leinwände und Umgebungshelligkeit.

Die Helligkeit des Lichts lässt sich mit den folgenden Einheiten beschreiben:

Lumen (lm) bezeichnet den Lichtstrom, der von einem Leuchtkörper abgestrahlt wird, also die gesamte Lichtmenge die ein Leuchtkörper aussendet, unabhängig von der Richtung.

Beispiele für die Helligkeit von Leuchtkörpern in Lumen:

Lumen	Glühbirne	Energiesparlampe	LED
1200	100 W	22 W	14 W
600	60 W	13 W	9 W
400	40 W	9 W	6 W
200	25 W	6 W	3 W

Helligkeit von Leuchtkörpern im Vergleich

ANSI-Lumen ist eine spezielle Einheit für die Helligkeit von Video-Beamern. Es bezieht sich auf den Helligkeits-Mittelwert eines definierten Kino-Testbildes (siehe Seite 186). Eine Umrechnung in Lux ist möglich:

$$\text{ANSI-Lumen} : m^2 \text{ (Leinwand)} = \text{Lux}$$

Als Faustregel für einen abgedunkelten Kinosaal kann man sagen: 150 Lux sind Minimum, 300 Lux sind okay, 600 Lux sind sehr gut.

Lux (lx) bezeichnet die Beleuchtungsstärke, d.h., wieviel Licht auf einer Fläche auftrifft. Wesentliche Faktoren sind dabei: Die Stärke des Leuchtkörpers, dessen Entfernung und Fokussierung. Die Beleuchtungsstärke kann mit einem Luxmeter gemessen werden, das ist z.B. wichtig für eine gleichmäßige Ausleuchtung in einem Studio. 1 Lux = 1 Lumen / m²
Ein Luxmeter sollte daher in keinem TV-Studio fehlen, es ist aber auch grundsätzlich nützlich bei der Ausleuchtung von Aufnahme-Sets. Ein kalibriertes Luxmeter gibt es im Fotozubehörhandel, sehr kostengünstig können unkalibrierte Luxmeter aber auch als App für Smartphones bezogen werden. Dort sind zwar die Zahlenwerte nicht unbedingt korrekt, aber es ermöglicht immerhin die Überprüfung einer gleichmäßigen Verteilung von Helligkeiten bei einer Ausleuchtung.

Beleuchtungsstärken typischer Lichtsituationen:

Heller Sonnentag	100.000 lx
Bedeckter Sommertag	20.000 lx
Beleuchtung TV-Studio	1.000 lx
Bürobeleuchtung	500 lx
Kerze ca. 1 Meter entfernt	1 lx
Mondlicht	0,25 lx
Sternenklarer Nachthimmel	0,001 lx
bewölkter Nachthimmel (ohne Fremdlichter)	0,0001 lx

Candela (cd) bezeichnet die Lichtstärke, genauer: den Lichtstromanteil pro Raumwinkel. (*Ein Raumwinkel beträgt 1 sr (Steradiant), wenn auf einer Kugel eine Fläche mit der Größe von 1m² durch den Kugelradius r mit der Länge 1 m (zum Quadrat) geteilt wird.*)
Eine punktförmige Lichtquelle mit der Lichtstärke X Candela erzeugt auf einer senkrecht beleuchteten Fläche im Abstand 1 Meter genau X Lux (die Lichtstärke einer Kerze entspricht etwa 1 Candela, sie erzeugt in einem Abstand von 1 Meter also 1 Lux).

Leuchtdichte (L) gemessen in Candela/m², bzw. in fL (foot-lambert), 1 fL entspricht 3,426 Candela/m². Die Leuchtdichte bezeichnet den Helligkeitseindruck, den das Auge von einer leuchtenden oder beleuchteten Fläche hat. Die Messung erfolgt mit einem Spotmeter.
Für Monitore wird die mögliche Spitzenhelligkeit (Leuchtdichte) meist in Candela/m² angegeben. Eine neuere Bezeichnung dafür ist "Nits" (1 Nit entspricht 1 Candela/m².) Typische TV-Werte siehe S. 178

Die DCI-Empfehlung für die Leuchtdichte von Kinoleinwänden beträgt: 14fL = 48 cd/m² (*Peak White Luminance in der Mitte der Leinwand, gemessen aus der Mitte des Zuschauerraums)*

Kontrastumfang

Die Helligkeit des Lichtes ist eine Bedingung für unsere Wahrnehmung, ebenso wichtig ist aber auch der wahrnehmbare, bzw. der darstellbare Kontrastumfang (auch "Dynamikbereich" genannt). Das menschliche Auge umfasst insgesamt einen Kontrastumfang von etwa 1 : 1.000.000, d.h., das Auge kann noch Helligkeitsunterschiede wahrnehmen von Situationen mit geringem Restlicht bis zu Objekten, die mit hellstem Sonnenlicht ausgeleuchtet sind. Allerdings können diese starken Kontraste nicht gleichzeitig wahrgenommen werden – das Auge muss sich zunächst an eine dunkle oder helle Umgebung gewöhnen. Man spricht hier von dynamischem Kontrast. Für die Anpassung von einer dunklen Umgebung an eine helle (oder umgekehrt) benötigt das Auge etwa 5 Minuten. Spontan, also wenn es an eine Lichtsituation angepasst ist, kann das Auge einen Kontrastumfang von 100.000:1 verarbeiten.

Der Kontrastumfang ist andererseits auch eine Messgröße, mit der die Qualität eines Wiedergabegerätes oder – mediums beschrieben werden kann. Je näher der darstellbare Kontrastumfang eines Wiedergabegerätes oder – mediums dem Kontrastumfang des menschlichen Auges kommt, desto natürlicher wirkt das Bild. Von Zuschauer*innen werden kontrastreiche Bilder mit einer geringeren Auflösung häufig sogar als schärfer empfunden, als höher auflösende Bilder mit einem geringeren Kontrast.
Die wahrgenommene Bildschärfe und der Kontrast hängen eng zusammen: In der Video- (und Foto-)technik wird für die Messung der Bildschärfe ein Begriff verwendet, bei dem der Kontrastumfang eine wesentliche Rolle spielt: Die Modulationstiefe. Sie bezeichnet den Kontrastunterschied, den ein Bildmedium bei einer bestimmten Bildauflösung wiedergeben kann (siehe Seite 237).

Wichtig sind aber auch die Umgebungsbedingungen: Der wahrgenommene Kontrast vermindert sich stark bei hellem Umgebungslicht oder auch bei Reflektionen auf einem Monitor. Die Messung des effektiven Kontrastumfangs kann mit einem Spotbelichtungsmesser erfolgen.
Wenn man nun den dunkelsten, noch mit Zeichnung versehenen Motivteil eines Bildes mit dem Faktor "1" bewertet, dann weist ein Motivteil mit der doppelten Helligkeit den Faktor "2" auf, ein Motivteil, der wiederum davon die doppelte Helligkeit hat, hat demnach den Faktor "4", usw. Jede doppelte Helligkeit entspricht auch einer Blendenstufe an der Kamera, bzw. +6 dB Gain.

Typische Kontrastumfänge
(Angaben für typische Betriebsbedingungen)

	als Faktor	in dB	in Blendenstufen
Menschliches Auge	1:100.000	102	17
Menschliches Auge [1]	1:1.000.000	120	20
Film	1:32.000	90	15
Broadcast-Kamera	1:1.000	60	10
Digital Cinema Kamera	1:60.000	96	16
Röhrenmonitor [2]	1:700	54	9
LCD-Monitor [2/3]	1:1.000	60	10
LCD-Monitor mit HDR [2/3]	1:20.000	84	14
Plasma-Monitor [2]	1:2.000	66	11
OLED-Monitor (HDR) [2]	1:1.000.000	120	20
DLP Projektor [2/3]	1:2.000	66	11

[1] mit Anpassung an die Helligkeit (dynamischer Kontrast)
[2] Gilt nur in abgedunkelten Räumen.
[3] Deutlich höhere Angaben werden meist durch dynamischen Kontrast realisiert, d.h., durch die Änderung der Hintergrundhelligkeit.

Farben

Licht weist nicht nur unterschiedliche Helligkeiten auf, sondern jede Lichtquelle strahlt auch mit ihrer eigenen 'Farbe', das heißt, eine Lichtquelle sendet ein Spektrum von Lichtwellen mit verschiedenen Wellenlängen aus. Weißes Licht entsteht durch Überlagerung mehrerer Wellenlängen. Sichtbar werden die einzelnen Spektralfarben wenn man beispielsweise das Sonnenlicht durch ein Prisma aus Glas fallen lässt, oder auch in einem Regenbogen. Im wesentlichen unterscheidet man Tageslicht- und Kunstlichtquellen. Das Kunstlicht weist dabei wesentlich mehr rote Lichtanteile auf als das Tageslicht.

Da die Angaben von Wellenlängen zur Farbbestimmung in der Praxis nur schwer handhabbar ist, wurde ein Vergleichswert eingeführt: die

Farbtemperatur. Diese wird durch Erhitzen eines Objekts aus schwarzem Kohlenstoff gemessen (auch "schwarzer Strahler" oder "planckscher Strahler" genannt), das beim Glühen je nach Temperatur Licht mit unterschiedlichen Wellenlängen produziert. Damit lässt sich nun jeder 'Lichtfarbe' eine Temperatur zuordnen. Die Maßeinheit dafür ist **Kelvin** (= K). *(Kelvin hat die gleiche Gradeinteilung wie Celsius, d.h., die Differenz von 1 Kelvin entspricht der Differenz von 1° Celsius, jedoch ist der Nullpunkt bei Kelvin anders festgelegt, er entspricht -273,15° Celsius. Diese Temperatur wird auch als der 'absolute' Nullpunkt bezeichnet, da dort Atome, bzw. Moleküle keine Bewegungsenergie mehr aufweisen, d.h., eine kältere Temperatur ist nicht möglich.)*

Einige wichtige Farbtemperatur-Werte (in Kelvin) sind:

Kerzenlicht	1.500 K
60 Watt Haushaltsbirne	2.600 K
100 Watt Haushaltsbirne	2.865 K
Studio-Kunstlicht (Tungsten)	3.200 K
Niedervoltlampen	3.400 K
HMI-Tageslichtleuchten	5.600 K
Sonnenlicht 10% über dem Horizont	3.500 K
Sonnenlicht 30% über dem Horizont	4.500 K
Mittagssonne bei bedecktem Himmel	5.800 K
Mittagssonne bei klarem Himmel	6.000 K
Bedeckter Himmel	7.000 K
Indirektes Licht bei klarem Himmel	10.000 K (bis 18.000 K)

Hersteller für Leuchtmittel im Haushalt bezeichnen Kelvin-Werte bis 3300 K als "warmweiß" (ww), Werte zwischen 3300 K und 5300 K als "neutralweiß" (nw) und Werte oberhalb von 5300 K als "tageslichtweiß" (tw).

Eine Videokamera kann mit einem "Weißabgleich" (siehe Seite 241) auf die Farbtemperatur des Lichts am Drehort eingestellt werden.

Eine andere Möglichkeit die Farbtreue von Leuchtmitteln zu beschreiben ist der Farbwiedergabeindex (R_a, englisch: Colour Rendering Index, kurz CRI). Hier wird anhand von Messungen mit Referenzfarben die Abweichung beschrieben, die ein Leuchtmittel im Vergleich zu einer Referenzquelle aufweist, also gegenüber einem schwarzen Strahler (s.o.) oder dem Sonnenlicht. Der Referenzindex R_a beträgt 100 (ohne Einheit), weiße LEDs erreichen hier etwa den Index von 75 – 98 R_a, Glühlampen können bis 100 R_a erreichen.

Physikalisch lassen sich Farben als Wellenlängen des Lichts beschreiben. Die Sonne und andere Lichtquellen strahlen ein Spektrum von Lichtwellen ab, also eine Zusammensetzung, bzw. eine additive Farbmischung aus Lichtwellen verschiedener Wellenlängen. Für das menschliche Auge ist das Wellenlängen-Spektrum von 380 bis 780 nm (Nanometer) wahrnehmbar. Die entsprechenden Werte sind:

380-420 nm für Violett
420-490 nm für Blau
490-575 nm für Grün
575-585 nm für Gelb
585-650 nm für Orange
650-750 nm für Rot
Die Übergänge zwischen den einzelnen Farben sind dabei fließend.

Im menschlichen Auge sind für das Sehen von Farben drei unterschiedliche Rezeptoren (Zapfen) zuständig:

S-Zapfen (Short Wavelength Receptor) für den Blau-Bereich mit der größten Empfindlichkeit bei 420 nm.
M-Zapfen (Medium Wavelength Receptor) für den Grünbereich mit der größten Empfindlichkeit bei 534 nm.
L-Zapfen (Long Wavelength Receptor) für den Rotbereich mit der größten Empfindlichkeit bei 563 nm. Die Wellenlänge von 563 nm weist zwar eigentlich eine gelbgrüne Farbe auf, dennoch ist dieser Rezeptor für die Rotwahrnehmung zuständig.

Neben den Zapfen gibt es im Augen noch die "Stäbchen", sie sind wesentlich empfindlicher für Helligkeit und somit für das Sehen bei wenig Licht zuständig. Bei hellem Licht sind sie schnell gesättigt und nehmen dann kaum noch Kontraste wahr, bei Tageslicht tragen sie also wenig zur Wahrnehmung bei. Die Stäbchen können nur Intensitäten, aber keine Farben unterscheiden – daher sind nachts alle Katzen grau.

Farbmodelle und Farbräume

Farbmodelle und Farbräume beschreiben die Möglichkeiten von Wahrnehmung und von technischer Darstellung von Farben. Schon das menschliche Auge hat Grenzen in der Wahrnehmung von Kontrasten und Farbabstufungen. Noch enger sind diese Grenzen aber bei der technischen Reproduktion in den verschiedenen Medien. Bei der Aufnahme mit elektronischen Kameras setzen die Bildsensoren (CCD oder CMOS) Grenzen, bei der Wiedergabe die Kontrast- und Farbauflösung von Monitoren und bei digitalen Medien hat es wesentlich damit zu tun, welche Dateigrößen zur Darstellung von Farben und Kontrasten möglich und sinnvoll sind, also welche Parameter mit welcher Bitgröße erfasst werden.

```
 1 Bit =        2 Stufen  pro Farbe
 8 Bit =     256 Stufen       "
10 Bit =   1024 Stufen       "
12 Bit =   4096 Stufen       "
14 Bit = 16384 Stufen       "
16 Bit = 65536 Stufen       "
```

Bei der Verwendung von drei Farben mit jeweils 8 Bit ergeben sich 16.777.216 mögliche Misch-Farbwerte (Truecolour), bei 10 Bit wären es 1.073.741.824 mögliche Farbwerte, nimmt man 16 Bit pro Farbe sind es dann schon 281.474.976.710.656 mögliche Farbwerte (Highcolour).

Ebenso hängen die technischen Grenzen von der Art des Mediums ab: Zunächst muss man zwischen additiver und subtraktiver Farbmischung unterscheiden: Weißes Licht entsteht dadurch, dass alle spektralen Anteile, also Lichtfarben in einer bestimmten Zusammensetzung vorhanden sind. Das ist z.B. bei Sonnenlicht oder einer "weißen" Glühbirne der Fall (der Begriff "weiß" ist hier nicht ganz präzise – siehe oben: Farbtemperatur). Man kann aber auch mit der Kombination von einem grünen, einem roten und einem blauen Scheinwerfer ein weißes Licht projizieren. Das ist eine additive Farbmischung. Eine subtraktive Farbmischung geschieht dadurch, dass weißes Licht gefiltert oder reflektiert wird. Wenn beispielsweise die Sonne eine Rasenfläche beleuchtet, erscheint sie uns grün, denn der Rasen reflektiert nur den grünen Anteil des Lichts, die anderen spektralen Anteile (bzw. Farben) werden absorbiert, ihre Energie wandelt sich in Wärme um.
Für den Druck auf Papier wird mit einer subtraktiven Farbmischung gearbeitet, das Farbmodell dafür heißt CMYK. Dabei werden die Farben Cyan (C), Magenta (M) und Gelb (Y) verwendet, sowie Schwarz (K = Key), das den Kontrastumfang erhöht. Auch Filmmaterial arbeitet mit einer subtraktiven Farbmischung: Auf der Leinwand kommen nur die Farb-anteile, also Lichtwellen, an, die nicht durch die einzelnen Farbemulsionen im Filmstreifen ausgefiltert werden.

Anders ist es bei einer Bildschirmdarstellung, hier handelt es sich um eine additive Farbmischung, die auf den Farben Rot, Grün und Blau (RGB) basiert und bei deren Übertragung und Speicherung beispielsweise das Komponentensignal Y / R-Y / B-Y verwendet wird.

Die Summe aller Farben, die in einem Medium darstellbar sind, werden als "Farbraum" oder auch "Gamut" des jeweiligen Mediums bezeichnet. Manche Farbräume können technisch umgesetzt und dargestellt werden, andere sind nur wahrnehmbar, aber nicht reproduzierbar und wieder andere existieren nur als Berechnungsmodell. Grundfarben der Farbräume werden als Primärvalenzen bezeichnet, Bedingung für die Bezeichnung als Grundfarbe, bzw. Primärvalenz, ist, dass diese Farbe (im jeweiligen Farbraum) nicht durch andere Farben herstellbar ist.

CIE-XYZ Farbraum

Der CIE-XYZ Farbraum basiert auf experimentellen Untersuchungen in den zwanziger Jahren des vergangenen Jahrhunderts. Dabei wurde versucht, festzustellen, welche Farben durch den menschlichen Sehsinn erfassbar sind. 1931 wurde dieser Farbraum von der "Commission internationale de l'éclairage" (CIE) als Norm festgelegt, daher auch der Name "CIE 1931 XYZ-Farbraum". Zwar sind inzwischen die Messmethoden verbessert worden, dennoch wird der CIE-XYZ Farbraum noch häufig als Referenz verwendet (CIE-Normfarbtafel), siehe unten. Da dieser Farbraum nur mit virtuellen Primärvalenzen realisierbar ist, wird er gelegentlich auch als "Farbraum für Aliens" bezeichnet, d.h., er ist nicht technisch umsetzbar, aber berechenbar.

CIE-RGB Farbraum

Im Zusammenhang mit der Erforschung des CIE-XYZ Farbraums gab es auch experimentelle Untersuchungen, in denen versucht wurde, alle Farben, die das menschliche Augen erkennen kann, aus einer additiven Mischung von drei Lichtquellen aus vorgegebenen Grundfarben zu erzeugen. Als Grundfarben wurden dazu Rot mit einer Wellenlänge von 700 nm, Grün mit einer Wellenlänge von 546,1 nm und Blau mit einer Wellenlänge von 435,8 nm festgelegt. Dabei zeigte sich, dass mit diesen Lichtquellen unter anderem ein großer Teil von türkisen Farben nicht erzeugt werden konnte.

NTSC

Im Jahr 1953 wurde der NTSC-Farbraum auf der Basis der damals zur Bildschirmdarstellung verfügbaren Phosphore (FCC-Phosphore) definiert. Dieser Farbraum war wesentlich größer, als es die heutigen Farbräume für PAL und Computerbildschirme sind, dafür allerdings war die Leuchtdichte, also die Lichtausbeute, wesentlich geringer. Bildschirme mit dieser Technik waren daher in der Praxis kaum nutzbar. Deswegen wurde 1979 der Farbraum für NTSC in der Norm "SMPTE C" neu definiert. Er ist nun ähnlich dem von PAL und SECAM und ermöglicht die Videodarstellung auf Bildschirmen mit einer höheren Leuchtdichte. (Siehe auch: NTSC, Seite 50)

PAL/FBAS

In Europa wurden zunächst zulässige Pegel für die Aufnahme und Wiedergabe von analogen Farbsignalen definiert, die auf einem RGB-Farbraum basieren. Grundlage dafür waren die "EBU-Phosphore". Dieser Pegelraum war angepasst an die damaligen Möglichkeiten der Bildschirme und Röhrenkameras und darf daher nicht mit dem viel weitergehenden CIE-RGB Farbraum verwechselt werden (s. u.: Grafik "Farbräume")
Der analoge PAL/FBAS-Farbraum (auch: EBU-Farbraum) wird spezifiziert in der Norm ITU-R BT.470 (vormals auch: CCIR 470, weitere Details zu der Norm siehe oben: "Analoge Fernsehnormen – CCIR-Standards", Seite 51; ITU = International Telecommunication Union, eine Behörde der UN).

YCC-Farbmodell

Mitte der achtziger Jahre, mit dem Aufkommen der analogen Komponenten-Aufzeichnung, wurde das YCC-Farbmodell definiert. Im Gegensatz zu einem Farbraum bezieht sich ein Farbmodell zunächst noch nicht auf absolute Farbwerte, sondern auf Helligkeit und Farbigkeit eines Signals, für eine konkrete Bilddarstellung muss es also noch in einen Farbraum übertragen werden. Beim YCC-Farbmodell handelt es sich um sowohl um ein Farbmodell für die analogen Signale Y/Pb/Pr, als auch für die digitalen Signale Y/Cb/Cr , also jeweils für die reduzierten Y / R-Y / B-Y Signale (siehe oben: Kapitel "Farbe (PAL)", Seite 47). Das YCC-Farbmodell kann unproblematisch durch lineare Matrixgleichungen in den o.g. PAL/ FBAS-Farbraum übertragen werden. Im YCC-Farbmodell können allerdings Farbwerte entstehen, die nicht mehr in den PAL/FBAS-Pegelraum passen, sogenannte "illegale Farben". Noch deutlicher wird dieses Problem bei der digitalen Bearbeitung, wo etwa Grafiken und Schriften in das Videosignal eingefügt werden. Daher wurde festgelegt, dass bei einer Digitalisierung des Videosignals mit 8 Bit pro Komponente (also jeweils 256 möglichen Werten), einige Werte nicht verwendet werden dürfen, bzw. für einen Headroom reserviert werden. Von den Werten 0 bis 255 dürfen für das Y-Signal nur die Werte 16 bis 235 verwendet werden, die Farbart-Signale dürfen nur die Werte 16 bis 240 verwenden. Wenn sich also bei einer Digitalisierung beispielsweise aus einem Dunkelgrau der Wert 12 für das Y-Signal ergeben würde, dann wird dieser als Schwarz kodiert, ein Wert von über 235 wird zu Weiß kodiert. Damit sind statt der theoretisch 16,7 Millionen möglichen Farb-/Kontrastwerte bei einer 8-Bit-Kodierung nur noch 10,9 Millionen realisierbar. Bei 10 Bit sind von 1024 möglichen Stufen für Y die Stufen 64 bis 940 und für die Farbdifferenzwerte die Stufen 64 bis 960 verwendbar. Somit können mit 10 Bit für Y nur 877 Werte dargestellt werden, bei den Farbdifferenzwerte sind es für jedes Signal 897 Werte. Damit sind 705 Millionen Farb/Kontrastwerte möglich.

Das YCC-Farbmodell ist Bestandteil der Norm ITU-R BT.601 (auch: Rec.601, vormals auch: CCIR 601), mit der die Konvertierung analoger SD-Formate (PAL, NTSC) in digitale Signale spezifiziert wird. In dieser Norm werden u.a die Zeilenzahl, die Zeilendauer mit 53,33 µs und die Bildwiederholfrequenz des jeweiligen Systems, die Zusammensetzung des Y-Signals (0,299 R + 0,587 G + 0,114 B), das Luminanz- und Chrominanz-Subsampling (4:2:2), die Abtastraten (Y = 13,5 MHz, R-Y und B-Y jeweils = 6,75 MHz), und die Datenraten für die Übertragung digitaler Signale festgelegt. Der Gammawert beträgt 2,2.

HDTV

Die ITU-R BT.709 (auch: Rec.709) legt die Normen für HDTV fest. Den Farbraum betreffend gibt es zwei wesentliche Unterschiede zum SD-Signal: Der Y-Wert ist anders abgeleitet: Y = 0,213 R + 0,715 G + 0,072 B (und damit werden auch die Farbdifferenzsignale anders reduziert: P_R = 0,6350 (R-Y) und P_B = 0,5589 (B-Y)). Zudem weist der Grünwert weist eine höhere Sättigung auf (siehe unten: Tabelle und Grafik zu "CIE-XYZ-Farbraum"). Der Gammawert beträgt ebenfalls 2,2.

sRGB

Der sRGB-Farbraum, der für Computermonitore gängig ist, wurde 1996 definiert. Er entspricht in der Ausdehnung dem HDTV-Farbraum, ist jedoch anders im Gamma definiert. Die Gammakurve beträgt zwar ebenfalls (annähernd) 2,2, weist jedoch ein kurzes lineares Segment in den sehr dunklen Bereichen auf. Zusätzlich wurden für den sRGB-Farbraum noch die Betrachtungsbedingungen festgelegt, d.h., Bedingungen für das Umgebungslicht (5.000 K) und die Reflexion auf dem Bildschirm (20%).

xvYCC / x.v.Colour

In dem Farbraum xvYCC (auch x.v.Colour genannt) werden bei der 8 Bit-Kodierung alle 256 Werte pro Komponente genutzt. Daher ist die Farbdifferenzierung in den hellen und den dunklen Bereichen besser. Zur Wiedergabe wird eine xvYCC-taugliche Signalquelle benötigt, eine digitale Übertragung mit HDMI 1.3 Schnittstellen und ein xvYCC-fähiger Monitor. Die Wiedergabe eines xvYCC-Signals auf einem nicht geeigneten Monitor würde dazu führen, dass sehr dunkle Werte als Schwarz wiedergegeben werden und sehr helle als Weiß. Dadurch hat das Bild zwar weniger Kontraststufen und es gehen Bilddetails verloren, es wirkt aber kräftiger und kontrastreicher (oder auch: härter), denn es gibt mehr gesättigte Schwarz- und Weißflächen im Bild. Wenn im umgekehrten Fall der Monitor auf xvYCC-Darstellung eingestellt ist, aber nur ein Standard-Signal über-tragen wird, etwa von einer DVD, wirkt das Bild weich und ausgewaschen, denn der volle Kontrastumfang des Monitors wird nicht erreicht.

DeepColor

DeepColor lässt neben einer 8-Bit-Kodierung nun auch Kodierungen mit 10, 12 oder sogar 16 Bit zu. Damit kann das "Banding", also das Entstehen von deutlich erkennbaren Stufen in Farbverläufen auf Monitoren vermindert werden. Für die Übertragung wird mindestens die Schnittstelle HDMI 1.3 benötigt. (HD-SDI kann unkomprimiert HD-Videosignale mit 10 Bit übertragen, im Dual-Link-Verfahren auch mit 12 Bit.)

DCI-P3

DCI-P3 ist der Farbraum für DCP, die digitale Kinoprojektion (siehe Seite 200). Er ist Bestandteil des SMPTE RP 431-2 und wurde 2007 festgelegt. Der Farbraum umfasst etwa 46% des CIE-XYZ-Farbraums. Die Primärvalenz für Blau ist identisch zum HDTV-Farbraum, die Punkte für Rot und Grün liegen deutlich außerhalb des HDTV-Farbraums. Das Gamma ist ebenfalls anders definiert als im HDTV-Farbraum, bei DCI-P3 beträgt das Gamma 2,6. Die Auflösung kann mit 12 Bit erfolgen.

UHDTV

Die ITU-R BT.2020 (kurz: Rec.2020) legt die Normen für UHDTV fest. Der Farbraum ist wesentlich größer als bei HDTV, er nimmt etwa 76% des CIE-XYZ-Farbraums ein. (Technisch realisiert werden kann derzeit allerdings nur der DCP-Farbraum. DCP gibt etwa 46% des XYZ-Farbraums wieder, HD nur 36%.)
Vorgesehen sind Bildauflösungen von 3840 x 2160 und 7680 x 4320,
Bildraten mit 120p, 119.88p, 100p, 60p, 59.94p, 50p, 30p, 29.97p, 25p, 24p, 23.976p (interlaced ist nicht vorgesehen),
Bit-Auflösungen von 10 Bit und 12 Bit,
Abtastungen von RGB / YCbCr mit 4:4:4, 4:2:2, 4:2:0
Der Y-Wert ist anders abgeleitet als bei HDTV:
$Y = 0{,}263\ R + 0{,}678\ G + 0{,}059\ B$

HDR

Die Norm ITU-R BT.2100 (kurz: Rec.2100) beschreibt die Übertragung von erweiterten Kontrasten mittels PQ (Perceptual Quantisation, z.B. "HDR10" und "Dolby Vision") und HLG (Hybrid Log Gamma). Siehe auch: HDR, S. 78f. ITU-R BT.2100 wurde als Ergänzung zu den Normen ITU-R BT.709 und ITU-R BT.2020 festgelegt, d.h., der erweiterte Kontrast ist damit nicht nur für UHDTV vorgesehen, sondern auch für HDTV (wird dort jedoch nur in Ausnahmefällen genutzt).

CIE-Lab Farbraum

Da es in der Praxis recht aufwändig ist, für alle denkbaren Übertragungen in andere Farbräume jeweils die passende Matrix bereitzuhalten, wurde 1976 ein "Referenz"-Farbraum entwickelt, der "CIE-Lab-Farbraum". Er ist geräteunabhängig, basiert also nicht auf Phosphoren oder Druckfarben. Er bietet den Vorteil, dass nun für jeden anderen Farbraum nur noch die Matrix zur Umrechnung von und in den CIE-Lab-Farbraum zur Verfügung stehen muss.

Schematische Darstellung des CIE-XYZ-Farbraums

Das Gesamtfeld des CIE-XYZ-Farbraums zeigt die Farben, die durch die menschliche Wahrnehmung erfasst werden können, innerhalb dessen lassen sich die Farbräume der einzelnen Videoformate darstellen:

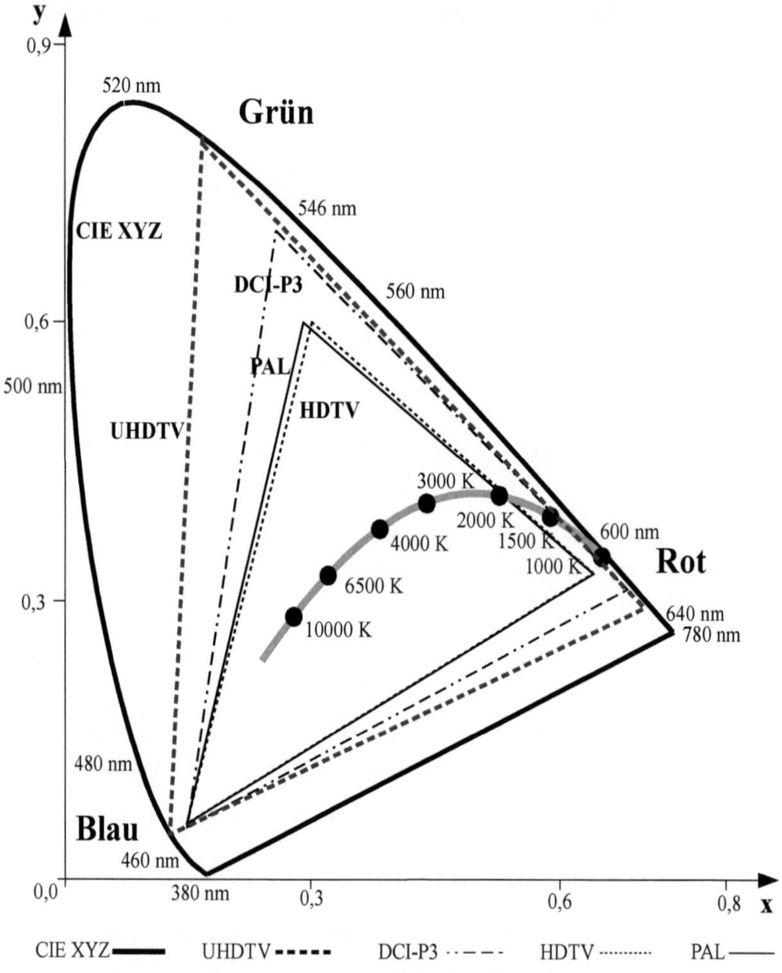

Farbräume von Video im CIE-XYZ-Farbraum
(der HDTV-Farbraum entspricht dem sRGB-Farbraum)

Die gekrümmte graue Linie im CIE-XYZ-Farbraum (s.u.) beschreibt die Punkte des Farbraums, die den Farbtemperaturen eines weißen Leuchtkörpers entsprechen, oder anders gesagt, die Punkte, die in Abhängigkeit von der Umgebungsbeleuchtung als Weiß wahrgenommen werden. Bei Videomonitoren soll der Weißpunkt 6500 Kelvin (D 65) betragen, d.h., eine weiße Fläche im Videobild soll mit einer Farbtemperatur von 6500 K leuchten. Das Bild eines Fernseher in einem Raum mit Kunstlicht wirkt also zunächst bläulich, das Auge gewöhnt sich jedoch schnell daran. Auf dem Videobild einer Kamera, deren Weißabgleich auf Kunstlicht eingestellt ist, sieht man den "Blaustich" des Monitors jedoch deutlich.

Inmitten des Farbraums, bei den Koordinaten x = 0,33 und y = 0,33 , liegt das "Gleichenergieweiß" (W). Das ist der Punkt, an dem alle Wellenlängen mit gleicher Strahlungsenergie wirken, daraus ergibt sich Weiß. Auf jeder Geraden, die von diesem Punkt wegführt, nimmt die Farbsättigung einer Wellenlänge, also eines Farbtons, zu.

Mit Hilfe des Koordinatensystems können auch die Punkte beschrieben werden, die die Eckpunkte eines jeweiligen Farbraums darstellen. Im Falle des HDTV-Farbraums befindet sich damit beispielsweise die Koordinate des unvermischten und am stärksten gesättigten Rotes, also die volle Leuchtkraft des roten Phosphors, an dem Punkt x = 0,640 und y = 0,330. Solch ein Eckpunkt in einem Farbraum steht für eine Grundfarbe desselben und wird auch als Primärvalenz bezeichnet. Es ergeben sich daraus die folgenden Koordinaten für die einzelnen Video-Normen:

Norm	R	G	B	Weißpunkt
SMPTE C (NTSC)	x = 0,630	x = 0,310	x = 0,155	x = 0,313
	y = 0,340	y = 0,595	y = 0,070	y = 0,329
ITU-R BT.470 (EBU / PAL)	x = 0,640	x = 0,290	x = 0,150	x = 0,313
	y = 0,330	y = 0,600	y = 0,060	y = 0,329
ITU-R BT.709 (HDTV) und sRGB	x = 0,640	x = 0,300	x = 0,150	x = 0,313
	y = 0,330	y = 0,600	y = 0,060	y = 0,329
DCI-P3 (DCP)	x = 0,680	x = 0,265	x = 0,150	x = 0,314
	y = 0,320	y = 0,690	y = 0,060	y = 0,351
ITU-R BT.2020 (UHDTV)	x = 0,708	x = 0,170	x = 0,131	x = 0,313
	y = 0,292	y = 0,797	y = 0,046	y = 0,329

Konvertierung von Farbräumen

Häufig ist eine Konvertierung des Farbraums notwendig, beispielsweise wenn ein HD-Video als DVD ausgegeben oder als DCP ins Kino gegeben werden soll. Aber auch schon die Darstellung eines Videos auf einem Computer-Monitor bedeutet, dass der Farbraum des Videos auf den des Monitors (üblicherweise sRGB) angepasst werden muss (siehe unten: "Voraussetzungen für Color-Grading").

Die Konvertierung in einen anderen Farbraum bedeutet häufig auch die Transformationen in einen größeren oder kleineren Farbraum, als der Ursprungsfarbraum. Wird in einen größeren Farbraum konvertiert, dann stehen dort mehr Farbnuancen zur Verfügung und einzelne Farben könnten dort deutlich kräftiger dargestellt werden.

Anschaulich ist das bei der Fotobearbeitung, die mit RGB-Werten arbeitet. Nimmt man hier den kräftigsten Wert für Rot, so wäre das (bei 8 Bit) der Bit-Wert 255/0/0. In einem sRGB-Farbraum ist dieser Wert vergleichsweise blass, verglichen mit seinem Pendant im AdobeRGB-Farbraum, denn der AdobeRGB-Farbraum ist wesentlich größer und umfasst daher auch deutlich kräftigere Farbwerte als der sRGB-Farbraum. Für die Übertragung des sRGB-Wertes 255/0/0 in den AdobeRGB-Farbraum, wäre es nun eine Option, dort einen Farbwert zu nutzen, der farblich genau dem Ursprungswert entspräche. Das wäre der Wert 219/0/0 im AdobeRGB-Farbraum. Ein derart konvertiertes Foto sähe dann allerdings vergleichsweise ungesättigt aus, im Vergleich zu Fotos, die den vollständigen AdobeRGB-Farbraum nutzen.

Im anderen Fall, der Konvertierung von AdobeRGB in sRGB, würde der AdobeRGB Wert 255/0/0 bei direkter Übertragung außerhalb des sRGB-Farbraums liegen, der AdobeRGB-Farbraum muss also komprimiert werden, um im sRGB-Farbraum korrekt dargestellt zu werden.

Ähnlich verhält es sich mit Video-Farbräumen, die jedoch mit Komponentenwerten (Y / R-Y / B-Y) arbeiten. Der UHDTV-Farbraum sieht beispielsweise wesentlich kräftigere Rot-, Grün- und Blautöne vor, als der HDTV-Farbraum. Eine punktgenaue Übertragung des maximal zulässigen Rotwertes im HDTV-Farbraum in den UHDTV-Farbraum würde dort also zu einem Rotwert führen, der im Vergleich zu UHDTV-Bildern aus anderer Quelle vergleichsweise blass und ungesättigt aussähe.

Wenn der Zielfarbraum kleiner ist als der Quellfarbraum, würden hingegen bei einer direkten Übertragung manche Farbwerte außerhalb des Zielfarbraums liegen. Diese Werte würden dann möglicherweise auf den größtmöglichen Wert im Zielfarbraum reduziert, die betreffenden Farb- und Kontrastwerte würden als extrem gesättigte Helligkeits-, Schwarz- und Farbwerte dargestellt. Das Bild würde insgesamt zu kontrastreich wirken, viele Nuancen in dunklen und hellen Bildbereichen gingen verloren. In diesem Fall braucht es also eine Kompression, die den ganzen Farbraum oder auch nur Teile davon betreffen kann.

Bei der Konvertierung eines Farbraums stellt sich also die Frage, ob die Farbwerte des Quellfarbraums beibehalten werden sollen, oder ob der Farbraum erweitert, bzw. komprimiert werden soll. Dazu gibt es mehrere Optionen, sogenannte "Rendering Intents":
Bei der wahrnehmungsoptimierten Variante werden Farbveränderungen zu Gunsten des Gesamteindrucks akzeptiert. Oder die Farben werden möglichst exakt übernommen, außerhalb des Zielfarbraums liegende Farben werden zur nächstliegenden Farbe umgerechnet, der Weißpunkt bleibt gleich. Oder eine Variante, bei der der Weißpunkt des Quellfarbraums in denjenigen des Zielfarbraums übertragen wird.

Die Verwendung eines größeres Farbraums führt zu einem zusätzlichen Problem: Wird mit der gleichen Auflösung gearbeitet, beispielsweise mit 8 Bit pro Farbe, dann müssen die damit möglichen Farbabstufungen mehr unterschiedliche Farben abdecken, d.h., die Kontraste zwischen den einzelnen Farbabstufungen werden größer. Das wiederum kann dazu führen, dass bei sanften Farbverläufen im Bild plötzlich die Farbabstufungen erkennbar werden, also der als "Banding" bezeichnete Darstellungsfehler. Für einen größeren Farbraum ist daher eine größere Bit-Tiefe sinnvoll.

Voraussetzungen für Color-Grading
Wichtig bei jeglicher Farbbearbeitung und Konvertierung ist, dass der verwendete Monitor und seine Umgebung bestimmte Bedingungen erfüllen. Der Monitor sollte in einem abgedunkelten Raum stehen, damit das sich stetig in Farbe und Helligkeit verändernde Tageslicht die Wahrnehmung nicht beeinflusst. Dazu sollte es ein Umgebungslicht geben, dass keine Spiegelungen auf dem Monitor verursacht und als Beleuchtung eine Lichtquelle mit etwa 5000 K. Dann muss der Video-Monitor auf Helligkeit, Kontrast und Farbsättigung kalibriert werden (siehe Seite 181). Die benutzte Software sollte ein Farbmanagement unterstützen und es sollte ein Profil des verwendeten (kalibrierten) Monitors installiert sein. Nur so kann der Farbraum des Videos korrekt auf dem verwendeten Monitor dargestellt werden.

LUT (Look Up Table)
Häufig muss die Darstellung von Videofiles angepasst werden: Manche Files (z.B. RAW-Files) können nicht direkt dargestellt werden, manche Monitore müssen für eine Kalibrierung Korrekturwerte erhalten und nicht selten soll ein Video einen bestimmten Look bekommen (z.B. einen Filmlook, Vintage, day to night, etc.). Dafür gibt es Look Up Tables, kurz: LUTs, das sind Konvertierungstabellen, die eine Videodatei für einen bestimmten Zweck anpassen, d.h., die RGB-Werte (bzw. die Y/R-Y/B-Y - Werte) für die gewünschte, bzw. erforderliche Darstellung neu berechnen. Es kann also eine adäquate Bildwirkung im Ausgabemedium hergestellt

werden: RAW-Aufnahmen, die zunächst flau und entsättigt aussehen, können so für die Monitordarstellung beispielsweise in den HD-Farbraum (REC.709) transformiert werden. Oder für einen Filmlook kann das Gamma verändert werden. Komplexe LUTs berechnen gleichzeitig diverse Parameter neu. Man unterscheidet dabei in 1D-LUTs und 3D-LUTs:

Eine **1D-LUT** transformiert einen Grundfarben-Wert (z.B. Rot) linear (in gleichen Stufen) oder auch nonlinear (in ungleichen Stufen) in andere Helligkeitswerte, verändert damit also den Farbton des Gesamtbildes. So können bei 10 Bit pro Farbanteil also 1024 Eingangswerte in maximal 1024 Ausgangswerte verändert werden.

Eine lineare Transformation von 8 Bit (256 Werte) auf 10 Bit (1024 Werte) würde mit einer 1D-LUT beispielsweise so aussehen:

> 0 = 0   , …. ,   40 = 160   , …. ,   200 = 800   , …. ,   255 = 1023

Eine solche Matrix kann auch für alle drei Grundfarben angelegt werden, das ist dann eine **3 x 1D-LUT**, d.h., es wird für 3 x 1024 Werte je ein Transformationswert definiert, insgesamt werden 3072 Werte für eine solche LUT programmiert. Mit dem gleichzeitigen Verschieben von R, G und B-Werten können dann auch Helligkeits- und Gammawerte verändert werden.

Die nonlineare Veränderung eines Gamma (bei 8 Bit) könnte so aussehen, die Transformationswerte sind dabei bei R, G und B jeweils die gleichen:

> 0 = 0   , …. ,   100 = 140   , …. ,   200 = 210   , …. ,   255 = 255

Mit unterschiedlichen Transformationswerten für R, G und B könnten zudem die Farbanteile verändert werden. Diese Veränderungen sind allerdings sehr schematisch und daher weniger geeignet, beispielsweise Hintergründe zu verändern und dabei die Gesichtsfarbe zu erhalten. Die Gesichtsfarbe ist ja eine bestimmte Relation von RGB-Werten, die in unterschiedlichen Helligkeiten auftritt.

Um damit zu arbeiten braucht es komplexere Transformationen. Hierzu kann man sich einen Farbraum als Würfel vorstellen, der in seinem inneren alle (technisch) möglichen Farbkombinationen enthält, also auch, um beim obigen Beispiel zu bleiben, einen Bereich enthält, der die Gesichtsfarben beinhaltet. In diesem Würfel lassen sich nun Bereiche definieren, die eine bestimmte Art von Transformationen erhalten sollen und andere Bereiche, die gar nicht oder auf andere Weise transformiert werden sollen.

Solche "dreidimensionalen" Transformationen können mit einer **3D-LUT** erfolgen. Dabei gibt es aber ein Problem: Bei einer 10 Bit Farbauflösung kann ja jede Farbe 1024 verschiedene Werte haben, es ergeben sich bei RGB also 1.073.741.824 (= 2^{30}) Eingangswerte. Jeder von diesen Werten könnte in   1.073.741.824 andere Ausgangswerte transformiert werden, daraus resultieren 2^{60} mögliche Kombinationen. Damit könnten zwar sehr präzise Farbänderungen durchgeführt werden, aber die Programmierung einer solchen LUT wäre ein zu großer Aufwand und die Anforderung an den Rechner beim Anwenden der LUT kaum zu bewältigen. Daher werden für eine solche 3D-LUT nicht mehr alle Werte definiert, sondern Bereiche. Für jede Farbe werden Referenzwerte definiert, gängig sind beispielsweise 17 Referenzwerte pro Farbe, daraus ergeben sich 17^3 Kombination, d.h., 4.913 Grundwerte, bzw. unterschiedliche Farbbereiche. Für Eingangswerte, die nicht genau den Grundwerten entsprechen, werden die Ergebnisse interpoliert.

Das ist somit zwar nicht so präzise wie eine 1D-LUT, d.h., diese Interpolation von Werten kann bei Verwendung unterschiedlicher Software auch zu jeweils etwas anderen Resultaten führen. Die Genauigkeit kann aber durch LUTs mit mehr Referenzwerten erhöht werden, erhältlich sind beispielsweise LUTs mit 33 oder 64 Referenzwerten pro Farbe (= 35.937 bzw. 262.144 Grundwerte). Dadurch steigt allerdings auch der Berechnungsaufwand um ein Vielfaches.

Eine große Auswahl an LUTs ist im Internet erhältlich (z.T. auch kostenlos) und kann problemlos in gängige (professionelle) Schnittprogramme oder Software für Farbkorrektur importiert werden.

Monitore

Bildröhren, die auch als Kathodenstrahl-Monitore oder englisch CRT (= Cathode Ray Tube) bezeichnet werden, waren die herkömmliche Technik für die Bilddarstellung von analogen Signalen (SD und später auch HD). Mit dem Aufkommen der Flachbilschirme (LCD-, LED- und Plasmamonitore, s.u.) im Jahr 2000 wurden die Röhrenmonitore langsam vom Markt verdrängt, 2011 wurden in Europa die letzten Röhrenmonitore für den Consumermarkt produziert.

Die Bildröhre ist ein luftleerer Glaskörper, in dem eine Glüh-Kathode bei einer Hochspannung von etwa 15.000 – 35.000 Volt einen Elektronenstrahl erzeugt, der in die Richtung der Anode fließt. Dieser Strahl passiert zunächst eine Elektrode, den "Wehnelt-Zylinder", der die Intensität des Strahls beeinflusst, also die Helligkeit auf der Mattscheibe regelt. Der Strahl fließt weiter zur Anode, dort gibt es eine Öffnung, durch die der Strahl hindurchgeht und aufgrund seiner Trägheit weiter geradeaus fließt. Nun passiert der Strahl die Ablenkspulen, die im Takt des Videosignals magnetisch die horizontale und die vertikale Ablenkung des Strahls steuern, ihn also dazu bringen, die Videoinformation als Zeilen auf die Mattscheibe zu schreiben. Das Auftreffen des Elektronenstrahls auf eine fluoreszierende Phosphorschicht sorgt schließlich für die Entstehung eines Leuchtpunktes auf der Mattscheibe. Dieser Punkt leuchtet auch nach der Anregung durch den Elektronenstrahl eine gewisse Zeit nach, so dass das menschliche Auge den Eindruck eines vollständigen Bildes aus allen Leuchtpunkten der Mattscheibe erhält. Diese Nachleuchtdauer (Persistenz) bezeichnet den Zeitraum, in dem die Leuchtkraft des Phosphorpartikels nach der Anregung des Elektronenstrahls auf 1 % absinkt. Diese Nachleuchtdauer muss kürzer sein, als die Dauer eines Bildes, also kürzer als 1/25 Sekunde, da sich sonst die Helligkeiten über mehrere Bilder hinweg addieren könnten und es kann zu Schlierenbildung und Geisterbildern führen. Andererseits bestimmt die Nachleuchtdauer auch die mögliche Helligkeit des Bildschirms, eine zu kurze Nachleuchtdauer würde also die Brillanz der Darstellung mindern.

Eine dünne leitende Graphitschicht auf der Innenseite der Mattscheibe sorgt für das Abfließen der Strahl-Elektronen zur Anode hin und schließt so den Stromkreis.

Etwas komplexer ist die Bilddarstellung bei Farbmonitoren: Die Farbbild-Röhre enthält drei Kathoden, je eine für die rote, blaue und die grüne Farbinformation, in einer dreieckigen Anordnung. Auch die drei hiermit erzeugten Elektronenstrahlen durchlaufen den Wehnelt-Zylinder und passieren die Ablenkspulen. Aber: Ein Elektronenstrahl kann keine Farbe transportieren, sondern nur die Helligkeitsinformation für jede Grundfarbe. Der Elektronenstrahl muss nun also genau und ausschließlich auf ein Phosphorpartikel treffen, das diese Farbe herstellt. Phosphor kann durch die Verbindung mit unterschiedlichen Elementen in verschiedenen Farben leuchten: Phosphor mit Zinksulfid leuchtet blau, mit Zinksilikat grün und durch die Verbindung mit "seltenen Erden", wie Europium, rot. Die Innenseite der Mattscheibe wird daher mit einer exakten Anordnung von sogenannten Tripeln beschichtet, je ein Phosphorpunkt für rot, grün und blau, in einer dreieckigen Anordnung, die eine so geringe Größe hat, dass sie dem Auge als ein Farbpunkt mit gemischter additiver Farbe erscheint. Nun muss noch verhindert werden, dass ein Elektronenstrahl den 'falschen' Phosphorpunkt trifft. Dazu wird eine Lochmaske (auch als Schattenmaske bezeichnet) aus dünnem Blech etwa 15 mm vor der Mattscheibe angebracht. Da jeder Elektronenstrahl von den drei Kathoden aus einer anderen Richtung kommt, kann er durch die Lochmaske nur 'seinen' Phosphorpunkt im jeweiligen Tripel treffen. Die Abbildungsgenauigkeit (im Sinne von Bildauflösung) eines Monitors hängt damit wesentlich von der Anzahl der Löcher in der Lochmaske ab, dass heißt vom Abstand der Löcher in der Maske. Standard sind Abstände (von Lochmitte zu Lochmitte) von 0,21 mm bis 0,32 mm. Je geringer der Lochabstand ist, desto mehr Linien kann der Monitor auflösen. Das Bauprinzip mit Lochmaske und der Tripel-Anordnung für die Phosphorpunkte wird auch als "Invar"- oder "Delta"-Bildröhre bezeichnet.

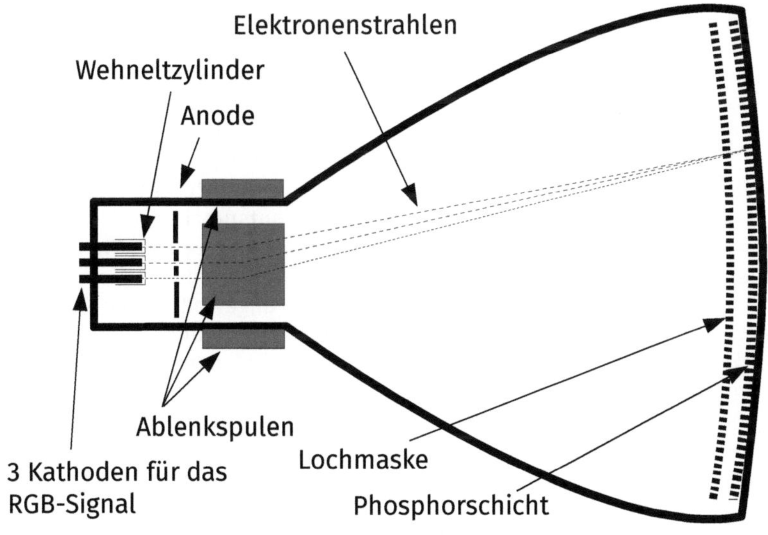

Aufbau einer Farbbildröhre

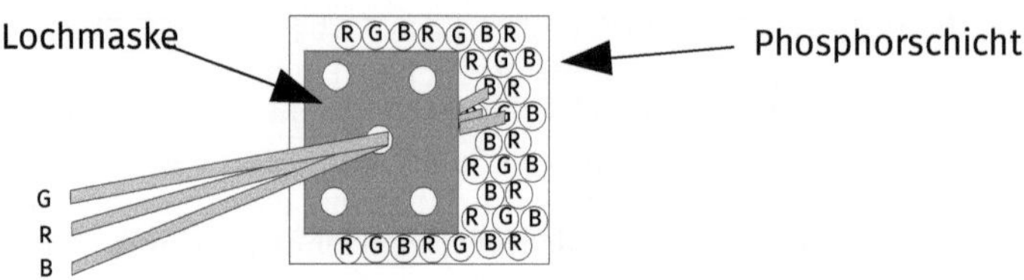

Strahlengang durch die Lochmaske

Ein weiter entwickeltes Bauprinzip, das eine höhere Bildauflösung ermöglicht, heißt "Trinitron"-Röhre. Hierbei sind die Glüh-Kathoden waagerecht nebeneinander angeordnet, die Lochmaske wird ersetzt durch feine vertikale Drähte, ebenso sind die Phosphorverbindungen nun als vertikale Streifen angeordnet. Damit die vertikalen Drähte Stabilität erhalten, werden sie durch zwei horizontale Drähte im sichtbaren Bildbereich fixiert (- diese sind bei sehr hellen Bildflächen erkennbar).

Ein weiteres Bauprinzip ist die "In-Line-Röhre", die ebenfalls eine waagerechte Anordnung der Glüh-Kathoden aufweist, jedoch eine Schlitzmaske mit vertikalen Rechtecken verwendet.

Zur Erhöhung des Kontrasts werden bei einigen Monitormodellen die Schattenmasken geschwärzt, so dass weniger Reflektionen in der Bildröhre entstehen. Zwischen den Phosphorfarbstreifen (Inline- und Trinitron-Monitore) können Kohlefaserstreifen angebracht sein, die ein Überstrahlen eines Farbpunktes auf daneben liegende verhindert. Zudem werden gelegentlich geschwärzte Frontscheiben verwendet. Diese Bauweisen werden als "Black Matrix" bezeichnet.

Das Kontrastverhältnis von Röhrenmonitoren liegt bei etwa 500:1.

Ein Problem von Farbbildröhren ist die Magnetisierung durch äußere Einflüsse: Der Erdmagnetismus und stärker noch Geräte mit magnetischer Ausstrahlung in der Nähe der Bildröhre (z.B. Lautsprecher oder Netzteile) können magnetische Felder auf der Schattenmaske erzeugen. Das führt zu einer ungewollten Ablenkung der Elektronenstrahlen, die partielle Farbverfälschungen im Bild hervorrufen. Diese ungewollte Magnetisierung kann durch die Degauss-Funktion wieder entfernt werden: Ein kurzzeitiger starker Impuls mit einem alternierenden Magnetfeld löscht die Magnetisierung der Schattenmaske (- auf gleiche Weise können Tonköpfe Tonbandgeräten entmagnetisiert werden). Die Degauss-Funktion kann bei Röhrenmonitoren entweder automatisch beim Einschalten ausgelöst werden, oder mit einem separaten Schalter. Die Degauss-Funktion sollte nicht mehrfach kurz nacheinander ausgeführt werden, da dabei die Degauss-Schaltung überlastet werden könnte. Zudem sollten sich bei dem Vorgang keine Speichermedien, die auf Magnetbasis arbeiten (z.B. Videobänder), in unmittelbarer Nähe befinden, diese könnten durch das starke Magnetfeld gelöscht werden.

Monitore für digitale Signale

Seit dem Jahr 2000 wurden die analogen Röhrenmonitore von den digitalen Flachbildschirmen verdrängt. Grundsätzlich weisen die Flachbildschirme digitale Eingänge auf (z.B. DVI, HDMI), die zunächst in einem Scaler aufbereitet werden. Der Scaler im Monitor kommuniziert dabei mit der Grafikkarte des Computers, bzw. mit dem Scaler/Upconverter eines Videoplayers und handelt dabei die bestmögliche Übertragung aus, d.h., die Grafikkarte eines Computers erkennt dadurch die Auflösung des Monitors und gibt das entsprechende Signal aus, bzw., ein UHD-BluRay-Player erkennt, dass der angeschlossene Fernseher beispielsweise nur ein Full_HD-Gerät ist und gibt dann das entsprechende Full-HD-Signal aus dem HDMI-Ausgang ab. Dieses nun passend skalierte Signal wird dann an den Timing-Controller (TCON) weitergegeben, der die Signalwege im Display steuert, d.h., die einzelnen Pixel ansteuert. Die Displays können in unterschiedlicher Bauweise realisiert werden:

LCD-Monitore (Liquid Crystal Display) bestehen im wesentlichen aus zwei Glasscheiben mit einem Abstand von 5 – 10 µm, zwischen denen Flüssigkristalle gelagert sind. Wird an diese Kristalle eine elektrische Spannung angelegt, dann ändern sie ihre Ausrichtung, sie werden durch ein elektrisches Feld formiert in einen Zustand, der den Reflektionswert der Kristalle ändert (Anzeige-Display), oder Licht durch die LCD-Schicht passieren lässt (Monitore).

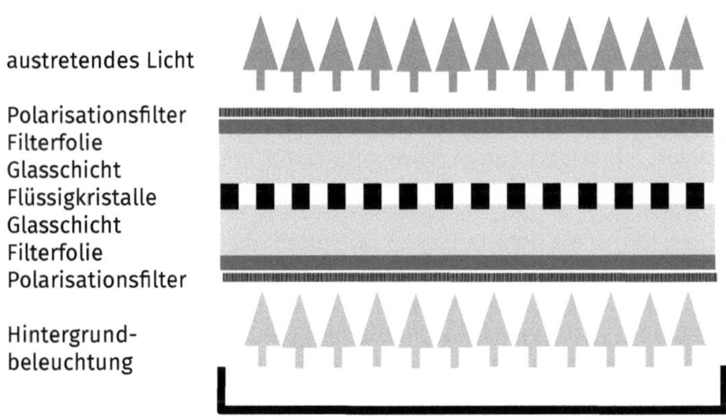

Aufbau eines LCD-Monitors

Die Helligkeit (der Lichtdurchlass) kann durch die Stärke oder die Schaltdauer des elektrischen Feldes (0 bis 5 Volt) stufenlos geregelt werden. Das für Monitore notwendige Licht wird als Hintergrund-beleuchtung durch eine Leuchtstofflampe oder LEDs hergestellt. Nur etwa

6% des Hintergrundlichts erreichen jedoch die Zuschauer*innen, der Rest verbraucht sich beim Passieren von LCDs, Filtern und Schaltungen. Notwendig für die Darstellung ist zudem die Polarisation des Lichts, die durch Filterschichten an den Glasplatten hergestellt wird. Die Polarisation des Lichts führt leider dazu, dass bei den ersten Geräte-Generationen nur ein bestimmter Betrachtungswinkel auf den Monitor ein gutes kontrastreiches Bild lieferte. Bei neueren Geräten sind aber inzwischen auch Betrachtungswinkel von über 150° möglich. Die Farbdarstellung geschieht auch bei LCDs durch Tripel, das heißt, ein Bildpunkt setzt sich aus je einem roten, grünen und blauen Pixel zusammen. Die Farbe wird dabei auf den ansonsten identischen Pixeln durch optische Filter gebildet.

Für die Ansteuerung der Pixel gibt es verschiedene Möglichkeiten: Einfache Displays (Passive Matrix) legen eine Spannung an den Seitenrändern an, also jeweils an einer Zeile und einer Spalte. Damit werden die Pixel im Kreuzungspunkt von Zeile und Spalte aktiviert. Dieses Verfahren bietet leider nur einen mäßigen Kontrast und zeigt Nachzieheffekte bei bewegten Bildern.
Besser funktioniert die Ansteuerung der Pixel bei einer "Aktiven Matrix", die durch die TFT-Technik (Thin Film Transistor) realisiert wird. Hier ist für jedes Pixel ein eigener Schalttransistor vorhanden, das heißt, alle Transistoren eines Bildschirms sind auf auf einer dünnen Folie angebracht, die sich zwischen den beiden Glasscheiben befindet. Das bedeutet, dass beispielsweise für einen 20"-Monitor mit einer Auflösung von 1080 x 1920 Pixeln (= Tripeln mit je drei Schaltungen) 6,2 Millionen Schaltungen auf kleinster Fläche realisiert werden müssen. Diese miniaturisierte Bauweise bedeutet leider auch, dass eine gewisse Fehlerrate, also ausgefallene Pixel, nicht zu vermeiden sind.

Der Lichtdurchlass in LCD-Panels wird durch die Anordnung von stäbchenförmigen Flüssigkristallen geregelt. Dafür gibt es derzeit drei mögliche Varianten:

TN (Twisted Nematic) Die Kristalle lassen im spannungslosen Zustand das Hintergrundlicht passieren. Beim Anlegen einer Spannung verlassen die Kristalle ihre waagerechte Ausrichtung zur Bildebene und sperren das Licht. Diese Panels sind reaktionsschnell, vergleichsweise sparsam im Stromverbrauch und preisgünstig in der Herstellung. Dafür bieten sie jedoch keinen großen Betrachtungswinkel und sind auch nicht so farbtreu wie die anderen Verfahren.

VA (Vertical Alignement): Die Kristalle stehen senkrecht zur Bildebene und lassen das Licht der Hintergrundbeleuchtung durch. Wird eine Spannung angelegt, dann kippen die Kristalle und sperren das Licht. VA-Panels weisen meist höhere Reaktionszeiten als TN- oder IPS-Panels auf. Dafür erreichen sie bessere Schwarzwerte. Sie sind kontrast- und farbstark, bieten dafür aber nur einen engen Blickwinkel. Zudem sind sie berührungsempfindlich.

IPS (In Plane Switching): Die Kristalle eines IPS-Panels werden bei der Ansteuerung nicht räumlich verlagert, sondern drehen sich in einer Ebene. Dadurch lassen sich die Kristalle sehr genau schalten, d.h., die Lichtmenge lässt sich genauer dosieren, als es bei TN- oder VA-Panels möglich ist. IPS weist vergleichsweise kurze Reaktionszeiten auf, einen größerer Blickwinkel von bis zu 178° und zeigt keine Farbveränderungen bei Berührungen (wichtig für Touchscreen). Dafür benötigen die IPS-Panels eine stärkere Hintergrundbeleuchtung, d.h., der Stromverbrauch ist höher und die Herstellungskosten sind relativ hoch.

Grundsätzlich stellen LCD-Bildschirme nur progressive Bilder dar, Videomaterial mit interlaced-Bildern muss im Gerät also zunächst in Vollbilder gewandelt werden. Ein allzu einfaches Konvertieren von zeitlich versetzten interlaced-Halbbildern in Vollbilder lässt unscharfe Bilder entstehen, da ja zwei Zeitzustände mit 0,02 Sekunden Unterschied (1/50 s des ersten Halbbildes und 1/50 s des zweiten Halbbildes) zu einem Bild zusammengefasst werden. Sinnvollerweise müssen also neue Vollbilder berechnet werden, die den Zeitzustand von nur 1/50s darstellen. Problematisch ist zudem eine andere Art der Bewegungsauflösung: Während bei Röhrenmonitoren die einzelnen Phosphorteilchen nur kurz aufleuchten und dann wieder verblassen, bevor sie aus neue vom Elektronenstrahl angeregt werden, leuchten die LCD-Pixel so lange, bis das nächste Bild erzeugt wird. Das vermeidet zwar das Bildflimmern, wie es bei Röhrenmonitoren auftreten kann, wirkt aber unscharf bei Bewegungen im Bild. Diese "Bewegungsunschärfe" entsteht dadurch, dass das Auge versucht, den Bewegungsrichtungen zu folgen, also eine kontinuierliche Bewegung erwartet. Auf dem LCD-Bildschirm erfolgt die Bewegung aber sehr schnell stufenweise, so dass für das Auge die erwartete kontinuierliche Bewegung nicht ganz eingelöst wird. Zu einem wahrnehmbaren Ruckeln wird es jedoch nicht, da die Bildwechsel zu schnell erfolgen. Die Bildschirmhersteller lösen das Problem inzwischen dadurch, dass die Monitore mit einer Frequenz von 100 oder sogar 200 Hz arbeiten. Allerdings würde es nichts nützen, einfach nur die gleichen Bilder mehrfach zu projizieren. Bei diesem Verfahren müssen Zwischenbilder errechnet werden, die die Bewegung im Bild fortführen.

Weitere Vorteile von LCD-Monitoren gegenüber Röhrengeräten sind, neben der geringeren Baugröße, die Unempfindlichkeit gegen magnetische Störungen und der geringere Stromverbrauch. Nachteilig ist allerdings bei Kälte (z.B. beim Einsatz als Kamerasucher) ein deutlich geringerer Kontrastumfang, sowie auftretende Nachzieheffekte.

Das Kontrastverhältnis liegt bei besser als 600:1. Vorsicht ist aber geboten, wenn von "dynamischem Kontrast" die Rede ist, das Kontrastverhältnis wird dann gerne mit 5000:1 oder höher angegeben. Allerdings bezieht sich der "dynamische Kontrast" auf eine Messung, die den Kontrastumfang über mehrere Bilder hinweg vergleicht. Der Kontrastumfang kann sich dabei insofern "verbessern", indem die LCD-Hintergrundbeleuchtung bei dunklen Bildern großflächig abgedimmt wird. Jedoch wird damit auch die Spitzenhelligkeit einzelner Objekte gedimmt, ganz gut lässt sich das etwa bei Senderlogos beobachten, die bei dunkel gehaltenen Bildinhalten plötzlich ebenfalls dunkler werden.

Neuere LCD-Monitore arbeiten mit LEDs als Hintergrundbeleuchtung, die nicht mehr nur am Bildschirm-Rand angeordnet sind (Edge-Lit), sondern flächig über den ganzen Hintergrund verteilt sind (Direct-Lit). Dadurch ist eine feinere adaptive Helligkeitsanpassung möglich, d.h., dunkle Bildflächen erhalten durch abgedimmte LEDs ein tieferes Schwarz, damit steigt der Kontrastumfang auch innerhalb eines einzelnen Bildes.

Eine weitere Variante der LCD-Technik stellen QLED-Monitore (Quantum Dot Light Emitting Diode) dar: Die LEDs der Hintergrundbeleuchtung arbeiten hier mit blau leuchtenden Dioden. Dieses blaue Licht trifft im LCD-Display auf Nano-Partikel, die dann rotes und grünes Licht emittieren können. Weiß ergibt sich somit aus dem Zusammenwirken des blauen Hintergrundlichts und den roten und grünen Anteilen aus dem LCD-Display.

Ein "perfektes" Schwarz ist mit Monitoren, die mit Hintergrundbeleuchtung arbeiten, jedoch nicht herzustellen, etwas Restlicht dringt immer durch die LCD-Panels (sofern es sich nicht um ein Bild mit ausschließlich schwarzem Inhalt handelt).

OLED

Möglich wird ein vollständiges Schwarz für einzelne Pixel durch die OLED-Technik, die ohne Hintergrundbeleuchtung arbeitet. OLEDs (Organic light emitting diode) sind selbstleuchtende Dioden mit einem sehr guten Kontrastumfang, guter Farbtreue und einer Reaktionszeit, die erheblich schneller ist, als bei herkömmlichen LEDs. Ihre Leuchtdichte (Leuchtstärke) ist jedoch geringer als bei LEDs aus anorganischem Material. OLEDs können kostengünstig auf ein Trägermaterial aufgedruckt werden und bei kleineren Displays auch einfach über eine passive Matrix (siehe oben) angesteuert werden. Bei größeren Displays genügt eine passive Matrix jedoch nicht mehr, da die elektrischen Widerstände zu groß werden, hier müssen dann die Pixel einzeln angesteuert werden. Diese separate Verdrahtung jedes einzelnen Pixels ist nur aufwändig zu realisieren und daher noch sehr teuer. Ein weiterer Nachteil ist, dass OLEDs durch Feuchtigkeit und Sauerstoff zerstört werden können, die Bauelemente müssen also gut gekapselt werden. Der größte Nachteil derzeit ist aber ihre vergleichsweise geringe Lebensdauer. Die organischen Stoffe verändern sich mit der Zeit, und das auch noch in unterschiedlicher Geschwindigkeit, die roten, grünen und blauen Leuchtpunkte altern unterschiedlich schnell. Am empfindlichsten sind dabei die blauen OLEDs. Dadurch kommt es mit der Zeit zu Farbverschiebungen.

OLED-Monitore können damit auch Einbrenn-Effekte aufweisen. Das dauerhafte Anzeigen von sehr hellen Bildelementen (z.B. Senderlogos oder Desktop-Symbole) verbraucht die organische Schicht an dieser Stelle, die betroffenen OLED-Pixel altern schneller und büßen dabei an Leuchtkraft ein. Wird dann ein anderes Bildmotiv gezeigt, dann können die betroffenen Stellen etwas dunkler sein. Zwar lässt sich dieser Effekt kompensieren, allerdings nur, indem die weniger verschlissenen OLED-Pixel auf das Niveau der schwächeren Pixel angeglichen werden, der Monitor wird dann also insgesamt weniger leuchtstark.

Plasma-Monitore weisen eine gänzlich andere Bauart auf. Die Bildpunkte werden aus Zellen gebildet, die ein Gasgemisch enthalten. Durch das Anlegen einer elektrischen Spannung kann das Gasgemisch gezündet und in einen Plasmazustand gebracht werden. Das Plasma strahlt UV-Licht ab, das auf eine Phosphorbeschichtung trifft, die wiederum farbig leuchtet (s.o.). Durch einen Filter wird schließlich das verbliebene UV-Licht ausgefiltert, da es für Menschen schädlich ist. Die Helligkeitssteuerung geschieht durch die Dauer des Plasmazustands, d.h., die Zellen werden in einem sehr schnellen Takt, mehrere hunderttausend mal pro Sekunde aktiviert, bzw. deaktiviert.

Da bei einem ausgeschalteten Plasmabildpunkt kein Restlicht vorhanden ist, kann ein Plasmabildschirm tatsächlich ein Schwarz darstellen. Außerdem ist die Leuchtkraft höher als bei LCD-Monitoren der ersten Generationen HD-Monitore). Das Kontrastverhältnis ist somit gegenüber Röhren- oder HD-LCD-Monitoren deutlich höher, es liegt bei 600-1000:1. Zudem bieten die Geräte einen weiten Betrachtungswinkel. Allerdings lassen sich Plasmazellen nicht beliebig klein bauen, daher sind Full-HD-Monitor erst in Größen ab 37" Bildschirmdiagonale zu haben. Plasmabildschirme werden zudem mit spiegelnden Oberflächen hergestellt, das hat zur Folge, dass das gute Kontrastverhältnis nur in abgedunkelten Räumen wirklich genutzt werden kann. Für Räume mit viel Nebenlicht sind LCD-Bildschirme daher besser geeignet. Außerdem entwickelt ein Plasmabildschirm mehr Wärme und hat einen höheren Stromverbrauch. Plasma-Monitore sind zudem anfällig für das "Einbrennen" von Bildinhalten, die lange Zeit unverändert auf dem Bildschirm stehen, z.B. Senderlogos. Diese Bildinhalte sind dann noch eine zeitlang als Geisterschatten erkennbar. Ebenso wie LCD-Monitore können Plasma-Bildschirme nur Vollbilder darstellen.

Inzwischen sind Plasma-Monitore kaum noch erhältlich, da sich die

Technik der LCD-Monitore mit dem Aufkommen der UHD-fähigen LCD-Monitore deutlich weiter entwickelt hat, diese sind nun wesentlich leuchtstärker und können mit der HDR-Technik (siehe unten) wesentlich höhere Kontraste darstellen.

UHDTV / HDR

Inzwischen sind neben HDTV-Fernsehern auch UHDTV-Fernseher mit einer Bildauflösung von 2160 x 3840 Pixeln und verbessertem Kontrastverhältnis auf dem Markt. Für die Wiedergabe von "Ultra HD BluRay" mit HDR-Technik (siehe Seite 78) wurden die Anforderungen in Bezug auf Kontrastumfang und Farbwiedergabe genauer spezifiziert.

Bisherige HD- und UHD-Fernseher weisen zumeist eine Spitzenhelligkeit von etwa 400 Candela/m^2 auf. *(Eine neuere Bezeichnung für Candela/m2 ist "Nits". 1 Nit entspricht 1 Candela/m^2.)* Für HDR ist gefordert, dass LCD- (bzw. LED-) Monitore eine Spitzenhelligkeit von 1000 Candela/m^2 erreichen und dass das Schwarz nicht heller ist als 0,05 Candela/m^2 (- das entspricht einem Kontrastverhältnis von 1 : 20.000). Für OLED-Monitore sind die Werte etwas anders festgelegt: Spitzenhelligkeit 540 Candela/m^2 und Schwarzwert maximal 0,0005 Candela/m^2 (- das entspricht einem Kontrastverhältnis von 1 : 1.000.000).

Die Angabe einer Spitzenhelligkeit für HDR-Monitore (LCD: 1000 cd/m^2 / OLED 540 cd/m^2) bedeutet jedoch nicht, dass auch Bilder mit großflächigen hellen Inhalten tatsächlich diese Helligkeit auf der ganzen Fläche aufweisen müssen: Eine zunehmende Helligkeit benötigt mehr Energie und entwickelt damit auch mehr Wärme. Diese Wärme ist nicht leicht abzuführen und kann die OLEDs schädigen. Auch bei LCD-Monitoren kann deswegen die Hintergrundbeleuchtung reduziert werden. Gefordert für die Helligkeits-Spitzenwerte der HDR-Monitore ist daher nur, dass diese auf mindestens 10% der Bildfläche umgesetzt werden müssen.

Darüber hinaus muss das Display den Farbraum DCI-P3, der auch für DCP verwendet wird, mindestens zu 90% wiedergeben können (und zudem müssen die Schnittstellen eine Übertragung im Farbraum BT.2020 zulassen). Die Industrie kennzeichnet Monitore, die diese Anforderungen erfüllen, mit dem "Ultra HD Premium"-Logo. Monitore, die nicht mit dem Logo gekennzeichnet sind, können in dunklen Bildbereichen möglicherweise stark 'absaufen'.

Bildauflösung

Während bei Videomonitoren die Auflösung (bei festgelegter Zeilenzahl) in Linien, bzw. in Pixeln angegeben wird, verwendet man bei Computermonitoren und Datenprojektion (mit Beamern) Kürzel, die jeweils das Format und die Anzahl von Bildpunkten bezeichnen.

4:3 Displays (Normalformat)

Bezeichnung	Bedeutung	max. Auflösung
CGA	Color Graphics Adaptor	320 x 200
EGA	Enhanced Graphics Adaptor	640 x 350
VGA*	Video Graphics Array (Grapic Modus)	640 x 480
VGA*	Video Graphics Array (Text Modus)	720 x 400
PAL-TV	*Videosignal PAL 4:3*	*720 x 576*
SVGA	Super Video Graphics Array	800 x 600
XGA	Extended Graphics Array	1024 x 768
SXGA	Super Extended Graphics Array	1280 x 1024
SXGA+	Super Extended Graphics Array	1400 x 1050
UXGA	Ultra Extended Graphics Array	1600 x 1200
QXGA	Quad Extended Graphics Array	2048 x 1536
QSXGA	Quad Super Extended Graphics Array	2560 x 2048
QUXGA	Quad Ultra Extended Graphics Array	3200 x 2400
HXGA	Hex Extended Graphics Array	4096 x 3072
HUXGA	Hex Ultra Extended Graphics Array	6400 x 4800

* Der VGA-Anschluss an Computern, Bildschirmen und Beamern ist für Auflösungen von bis zu 400 MHz geeignet; er kann damit bis zu 2560 × 1440 Pixeln in 16:9 mit 75 Hz übetragen.

Breitbildschirme: 16:9 / 16:10 / und andere Formate

Bezeichnung	Bedeutung	max. Auflösung
WXGA	Wide Extended Graphics Array	1366 x 768
WSXGA	Wide Super Extended Graphics Array	1600 x 1024
WSXGA+	Wide Super Extended Graphics Array	1680 x 1050
HDTV	*Videosignal HDTV 16:9*	*1920 x 1080*
2K	*Digitales Kino*	*2048 x 1080*
WUXGA	Wide Ultra Extended Graphics Array	1920 x 1200
WQSXGA	Wide Quad Super Extended Graphics Array	3200 x 2048

Bezeichnung	Bedeutung	max. Auflösung
UHDTV	Ultra High Definition (fälschlich auch "4K")	3840 x 2160
4K	Digitales Kino	4096 x 2160
WQUXGA	Wide Quad Ultra Extended Graphics Array	3840 x 2400
UHD+	Ultra High Definition Plus, "5K"	5120 x 2880
WHXGA	Wide Hex Extended Graphics Array	5120 x 3200
WHSXGD	Wide Hex Super Extended Graphics Array	6400 x 4096
FUHD	Full Ultra High Definition, "8K"	7680 x 4320
WHUXGA	Wide Hex Ultra Extended Graphics Array	7680 x 4800
QUHD	Quad Ultra High Definition, "16K"	15360 x 8640

Die Farbauflösung (Farbtiefe) für Computermonitore wird in Bit, bzw. Byte angegeben, jeder einzelne Bildpunkt kann mit einer bestimmten Auflösung definiert werden: Ein Bit ermöglicht nur eine reine Schwarzweiß-Darstellung ohne Graustufen, mit 1 Byte (= 8 Bit) können 256 Farben, bzw. Graustufen dargestellt werden, 2 Byte (= 16 Bit) ermöglichen 65536 Farben (= High Color) und 3 Byte (= 24 Bit) ermöglichen 16777216 Farben (= True Color).

Signaleingänge

Für Computermonitore sind analoge Eingänge inzwischen unüblich, die Prozessorfirmen "Intel" und "AMD" unterstützen seit 2015 den analogen VGA-Standard nicht mehr. Verwendet werden bei Computermonitoren nunmehr die digitalen Verbindungsarten DVI, HDMI und DisplayPort (siehe auch Seite 92f).

Videomonitore für Consumer nutzen hauptsächlich das HDMI-Signal, mitunter sind auch noch analoge Eingänge zu finden (SCART mit FBAS, YC, RGB, sowie Cinch oder BNC-Eingänge für FBAS oder auch RGB/YC_RC_B). Dazu kommt dort auch noch der Antenneneingang, der inzwischen meist kompatibel für verschiedene Übertragungsarten ist (analog, DVBT, DVBS, DVBC). Professionelle Videomonitore weisen zudem einen HD-SDI-Eingang auf.

Kalibrierung von Farbmonitoren

Die Farbkorrektur von Videos benötigt nicht nur objektive Messinstrumente, z.B. Waveformmonitor und Vektorskop, sondern auch einen normgerecht eingestellten, also kalibrierten Monitor, der eine aussagekräftige visuelle Beurteilung ermöglicht. Für Monitore, die ihr Signal aus der Grafikkarte eines Computers erhalten, kann zur Kalibrierung ein Colorimeter verwendet werden. Es handelt sich dabei um eine Software mit einer kleinen Kamera, die auf den Bildschirm aufgesetzt wird. Die Software generiert nun Testbilder (Farbflächen), deren akkurate Wiedergabe auf dem zu testenden Monitor von der Kamera geprüft wird. Ergeben sich Abweichungen zum Sollwert (z.B. dem Farbraum sRGB bei Computermonitoren), dann werden Korrekturwerte ermittelt und als neues Farbprofil für die Grafikkarte gespeichert (siehe auch "LUT", Seite 167).

Für Stand-Alone Videomonitore und -projektoren, die ihr Signal nicht von einer Grafikkarte erhalten, ist dieses Verfahren leider nicht anwendbar. Hier muss der Abgleich mit geeigneten Testbildern vorgenommen werden.

Einstellung von Helligkeit und Kontrast

Vor der Einstellung des Monitors ist es sinnvoll, die Umgebungsbeleuchtung anzupassen: Der Monitor sollte eine Spitzenleuchtdichte von 80 cd/m^2 aufweisen, das Umfeld etwa 10 bis 20% davon. Außerdem sollten keine starken Reflektionen auf dem Bildschirm sichtbar sein.

Entgegen einer weitverbreiteten Meinung ist der Helligkeitsregler an Monitoren nicht für die hellen Bildflächen zuständig, sondern für den Schwarzwert. Der Weißwert wird separat mit dem Kontrastregler eingestellt. Am besten lässt sich die Einstellung von Helligkeit und Kontrast eines Videobildes mit einem geeigneten Testbild vornehmen, sehr gut geeignet ist dafür das Testbild "Pluge" (Picture Line-Up Generation Equipment):

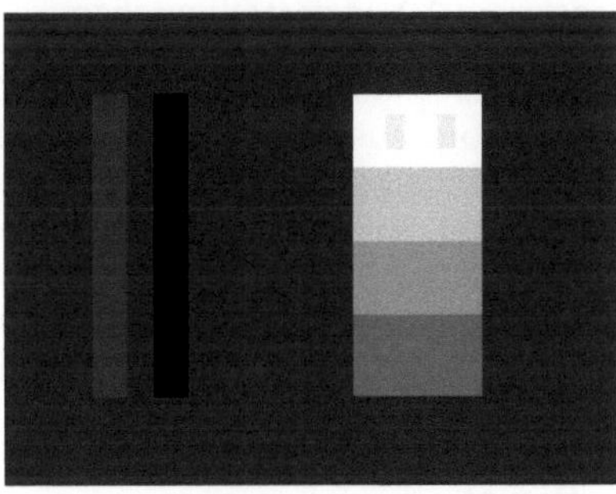

Testbild "Pluge"

Bei diesem Testbild ist der Hintergrund etwas heller als das dunkelste Schwarz eines Videobildes. In der linken Hälfte sieht man zwei senkrechte Balken, der linke ist noch ein wenig heller als der Hintergrund, der rechte entspricht dem maximal dunklen Schwarzpegel.

Zunächst werden nun der Helligkeits- und der Kontrastregler des Monitors ganz heruntergedreht. Dann wird der Helligkeitsregler langsam soweit herauf geregelt, bis der dunkle Balken auf der linken Bildhälfte gerade noch unterscheidbar ist vom Hintergrund. Damit ist der Schwarzpegel eingestellt.

Auf der rechte Seite des Testbildes finden wir einen hellen Graukeil, im obersten weißen Feld sind noch zwei Rechtecke enthalten, die nur geringfügig dunkler sind als das Weiß. Nun wird der Kontrastregler hochgedreht, bei Röhrenmonitoren darf das nur soweit geschehen, bis das Weiß beginnt, zu überstrahlen, d.h., dass das Weiß sich in das Schwarz hinein ausdehnt (Blooming). Da das bei Plasma- und LCD-Monitoren nicht geschehen kann, gibt es im weißen Feld noch die etwas dunkleren Rechtecke, die bei der Einstellung dort sichtbar bleiben müssen.

Möglich ist auch die Einstellung mit Hilfe eines 100/75 Farbbalkens. Der Monitor sollte dazu in den Underscan-Modus geschaltet sein. Zunächst werden Helligkeit und Farbe auf Null gepegelt und der Kontrast auf Mitte. Nun wird die Helligkeit hochgedreht, bis sich der schwarze Balken gerade eben vom Underscan-Rahmen abhebt und sich deutlich vom Blau-Balken unterscheidet. Dann wird der Kontrast verändert, bis sich Weiß und Gelb deutlich unterscheiden.

Ähnlich funktioniert auch die Einstellung mit Hilfe einer möglichst fein abgestuften Grautreppe, d.h., die Werte müssen so eingestellt werden, dass die beiden dunkelsten Stufen noch unterscheidbar sind und ebenso die beiden hellsten Stufen.

Eine Anhebung oder Absenkung der mittleren Grautöne erfolgt über den "Gamma"-Wert. Falls eine Einstellung des "Gamma"-Wertes möglich ist, sollte dieser normgerecht auf 2,2 eingestellt werden.

Bei älteren professionellen Kameras sind die Kamerasucher als schwarzweiße Röhrenmonitore ausgeführt. Als Testbild steht hier der in der Kamera generierte Farbbalken zur Verfügung. Zunächst wird der Helligkeitsregler hochgedreht, bis das bis dahin komplett schwarze Sucherbild hell wird (der Farbbalken ist dann noch nicht erkennbar), dann wird der Kontrastregler hochgedreht bis alle Farbbalken gut erkennbar sind und der weiße Balken ganz links sich noch deutlich vom nächsten Balken unterscheidet.

Einstellung der Farbsättigung

Für die Farbsättigung ist eine normgerechte Einstellung mit einem Testbild möglich. Dafür geeignete Testbilder basieren darauf, dass in normierten Farbbalken-Testbildern, zum Beispiel dem 100/75 Farbbalken, einige Balken keinen Blauanteil aufweisen, und bei den anderen Farbbalken der Blauanteil gleich ist. Betrachtet man jetzt ein solches Farbbalken-Testbild durch einen blauen Filter, dann erscheinen die einen Farbbalken ganz schwarz (kein Blauanteil) und die anderen gleich hell (gleicher Blauanteil). Professionelle Monitore bieten dazu eine "Blue only"-Einstellung, d.h., nur der blaue Farbanteil wird dargestellt. Die Farbsättigung muss nun so eingestellt werden, dass die Balken für Gelb, Grün, Rot und Schwarz ein gleiches Schwarz aufweisen. Die Balken für Cyan, Magenta und Blau sollten dann ebenfalls eine gleiche Helligkeit aufweisen. Wenn die Farbmatrix des Monitors in Ordnung ist, stimmen dann auch die Sättigungen der anderen Farbanteile. Wenn der Monitor keine "Blue-only"-Einstellung aufweist, kann man auf eine Filterfolie zurückgreifen. Testbild und Filterfolie finden sich mit einer sehr anschaulichen Anleitung in dem Buch "Test-Disc" von Peter Finzel (siehe Literaturverzeichnis). Als Filterfolie kann auch die Farbfolie "47b dark blue", die von den Firmen Tiffen, bzw. Wratten angeboten wird, verwendet werden.

Einstellung der Farbtemperatur
Unterschiedliche Lichtquellen strahlen in unterschiedlichen Farben. Im wesentlichen unterscheidet man Tageslicht- und Kunstlichtquellen. Das Kunstlicht weist dabei wesentlich mehr rote Lichtanteile auf als das Tageslicht.
Für Monitore und Videoprojektion ist das insofern von Bedeutung, als es darauf ankommt, die dargestellten Bilder auf Monitor und Leinwand dem Umgebungslicht anzupassen, sonst bekämen die Zuschauer*innen den Eindruck, die Bilder wären blau- oder rotstichig (nach einer Weile intensiven Zuschauens gewöhnen sich die Augen jedoch daran). Standardmäßig liegt das Weiß von Videomonitoren bei 6500 K. Viele Monitore und Videobeamer weisen aber die Möglichkeit auf, die Farbtemperatur den Umgebungsbedingungen anzupassen, entweder werden dazu Kelvin-Werte zur Einstellung angeboten, oder beispielsweise die Charakteristiken "warm", "kühl", "neutral", "normal" oder ähnliches. (Siehe auch: "Farbtemperatur" im Kapitel "Licht und Farben", Seite 157 und "Weißabgleich" im Kapitel "Kamera", Seite 241)

Farbmatrix und Farbbalance
Die originalgetreue Darstellung eines Videobildes muss in dem dafür geeigneten Farbraum, bzw. Farbmatrix, erfolgen. Videomonitore sollten automatisch auf die erforderliche Farbmatrix von SDTV oder HDTV umschalten, je nach verwendetem Eingang oder eingestelltem Eingangs-signal. TV-Monitore bieten darüber hinaus aber oft weitere Optionen, beispielsweise: "Normal", "Cinema", "Spiel", "Animation" oder "Dynamisch". Für eine möglichst originalgetreue Darstellung von Videomaterial sollte (bei angemessenem Umgebungslicht) "Normal" gewählt werden. HD-Quellmaterial mit erweitertem Farbraum (xvYCC) kann nur originalgetreu wiedergegeben werden, wenn Zuspieler und Monitor dafür ausgestattet sind und die Übertragung via HDMI stattfindet.
Bei Computermonitoren kann eine manuelle Umschaltung der Farbmatrix sinnvoll sein, da der PC-Farbraum ein anderer ist als der Videofarbraum. (Für spezielle Zwecke kann bei einigen Monitoren auch eine manuelle Anpassung des Farbraums mit den Einstellungen "Hue" (Farbton) und "Saturation" (Farbsättigung) separat für jede Grundfarbe erfolgen.)

Die Farbbalance entscheidet darüber, ob der Farbton stimmt, d.h., ob Rot, Grün und Blau die richtigen Anteile in einem Farbmonitor aufweisen. Das gilt sowohl für Schwarz-Weiß-, wie auch für Farbbilder. An hochwertige professionelle Geräte darf die Erwartung gestellt werden, dass die Farbbalance ab Werk in den Grundeinstellungen richtig justiert ist. Sollten die Farbanteile allerdings aufgrund von Alterung, Beschädigung oder unsachgemäßer Einstellung nicht normgerecht sein, weist das Bild einen Farbstich auf.

Die normgerechte Feineinstellung der Farbbalance ist nicht unkompliziert, nach Augenmaß ist sie schlechterdings unmöglich. Die Einstellung muss mit Hilfe von normierten Testcharts und Messgeräten (Colorimeter, siehe oben, oder besser noch Spektrometer) erfolgen. Der Abgleich muss separat sowohl für die hellen wie auch für die dunklen Farbanteile durchgeführt werden. Da die Gerätehersteller frei sind in der Vergabe von Bezeichnungen für die einzelnen Parameter, finden sich für die Einstellmöglichkeiten recht unterschiedliche Bezeichnungen: Für die dunklen Farbanteile können das die Bezeichnungen "Black", "Bias", "Cutoff", "Schattierung" oder auch "Helligkeit" sein, die Einstellung der hellen Farbanteile kann über die Parameter "Gain" oder auch "Kontrast" erfolgen.

Betrachtungsabstand

Der optimale Betrachtungsabstand der Zuschauer*innen von einem Monitor oder einer Leinwand hängt wesentlich von der dargestellten Videonorm, bzw. dem Medium ab. Das Kriterium dafür ist das Auflösungsvermögen des menschlichen Auges: Die Entfernung vom Fernseher muss so groß sein, dass die horizontale Zeilenstruktur nicht mehr erkennbar ist, die Zeilen also miteinander verschmelzen. Das Auge kann bei einer Entfernung von 1 m zwei Punkte, die 0,3 mm auseinander liegen, nicht mehr unterscheiden, das entspricht einem Sehwinkel von etwa 1 Winkelminute. Gleichzeitig beträgt der günstigste vertikale Sehwinkel, also die Bildhöhe, die optimal scharf wahrgenommen wird, 12° bis 15°, für die Bildbreite sind es 16° bis 22°. Dieser Bereich wird auch 'Deutliches Sehfeld' genannt. Weiterhin ist für den optimalen Betrachtungsabstand die Angabe der Höhe des Bildschirms notwendig, denn die bestimmt bei einer festgelegten Zeilenzahl den Abstand der einzelnen Zeilen voneinander. Für das PAL-Fernsehbild (SD) wird eine Entfernung von 6 H als optimal angenommen. (Es gibt auch Untersuchungen, die das Auflösungsvermögen des menschlichen Auges geringer einschätzen, dort wird von einem idealen Abstand von 4 H ausgegangen.) Bei einem weiter entfernten Abstand nimmt der Fernseher einen zu kleinen Teil des Sichtfeldes ein, die Aufmerksamkeit leidet und es wird auch zu schwierig, Details, etwa kleine Schrift, zu erkennen.

Besser ist die Situation bei HDTV, die doppelte Zeilenzahl ermöglicht den halben Betrachtungsabstand: 3 H. Außerdem kommt hier das 16:9-Format den menschlichen Sehgewohnheiten näher und die Bildschirmgröße entspricht bei 3H in etwa dem 'Deutlichen Sehfeld'. Bei UHDTV könnte der minimale Betrachtungsabstand gar auf 1,5 H reduziert werden, erst dann würde die Zeilenstruktur erkennbar. Diese Nähe ist allerdings nicht sinnvoll, denn hier wäre der Bildschirm deutlich größer als das 'Deutliche Sehfeld'. Eine Entfernung von etwa 2,5 H ergibt das 'Kinogefühl', allerdings ist die Leuchtdichte eines Fernsehers höher als die einer Kinoleinwand, d.h., das Zuschauen wird auf die Dauer anstrengend. Es empfiehlt sich daher, bei nahem Betrachtungsabstand die Hintergrundbeleuchtung des Fernsehers zu reduzieren.

Zum Vergleich: Im analogen Kino, also bei der Vorführung herkömmlichen Filmmaterials (35mm), beträgt der optimale Betrachtungsabstand ebenfalls 2 bis 3 H. Näher als 2 H ist insofern ungünstig, weil dann das Leinwandbild größer wird als das menschliche Sichtfeld. Die Filmauflösung ist da theoretisch noch nicht an ihre Grenzen gelangt, unter anderem deswegen, weil es kein festgelegtes Raster wie beim Fernsehen gibt, sondern eine stetig wechselnde Verteilung des Filmkorns. In der Praxis hängt die Schärfeempfindung dabei allerdings von der Qualität der Filmkopie und der Vorführtechnik ab, also vom Filmmaterial, der Kopiengeneration und der mechanischen Präzision des Bildstands.

Videoprojektion

Ein Video-Farbbild auf der Leinwand wird nach dem Prinzip der additiven Farbmischung aus den drei Grundfarben Rot, Grün und Blau hergestellt. Diese Grundfarben sind die notwendigen spektralen Anteile des weißen Lichts, durch das Projizieren dieser Grundfarben in unterschiedlichen Anteilen auf eine Fläche lassen sich Helligkeiten, Farbtönungen und -sättigungen herstellen. Alle Videobeamer arbeiten mit dieser additiven Lichtmischung.

Die wichtigsten Kriterien für Videobeamer sind die Auflösung und die Lichtstärke. Ein Anhaltspunkt für die Auflösung bietet die Anzahl der Pixel, für die Datenprojektion wird zumeist mit den Auflösungen XGA, UXGA, WXGA, HDTV oder WUXGA gearbeitet (siehe Seite 179f). Bei der Datenprojektion wird die Bildfrequenz vom Computer bestimmt.

Die Einheit, die für die Messung der Helligkeit von Videobeamern verwendet wird, ist das "Lumen" (siehe Seite 153). Genau genommen bezeichnet es den Lichtstrom, das ist die pro Sekunde abgestrahlte Leistung des sichtbaren Lichts. Lumen wiederum ist definiert durch das "Lux", das ist die Beleuchtungsstärke, die ein Objekt von einer Lichtquelle erhält (siehe Seite 154). 1 Lumen entspricht 1 Lux auf einen Quadratmeter. Bei einem Bildverhältnis von 16:9 ergibt sich für eine Diagonale von 107 cm eine Fläche von 0,5 m² und für eine Diagonale von 153 cm eine Fläche von 1 m². Um die Messung der Lichtstärke von Videobeamern zu normieren, müssen einige Parameter festgelegt werden, sonst ließen sich durch Auswahl der Messpunkte (z.B. Bildmitte), des Testbildes, der Kontrast- und Helligkeitseinstellungen am Beamer die Testergebnisse zu leicht auf Spitzenwerte optimieren. Spitzenwerte, die auch als Peak-Lumen bezeichnet werden, würden beispielsweise bessere Werte für Röhrenbeamer ergeben, auf kleinen Bildflächen können diese sehr hohe Weißwerte (Lumen) erreichen, hingegen sehen die Lumenwerte für große helle Bildflächen eher mäßig aus. (Das heißt im Umkehrschluss aber auch, dass Röhrenbeamer bei Bildern mit normaler Helligkeitsverteilung bessere Kontrastverhältnisse darstellen können, als die Messwerte von ANSI-Lumen vermuten lassen.) Bei LCD-Beamern wiederum spielt es keine Rolle für den Spitzenwert, ob die helle Bildfläche relativ klein oder groß ist.

Dennoch war es zweckmäßig, für die Beurteilung von Videobeamern eine normierte Messmethode, das **ANSI-Lumen** zu definieren. ANSI steht für 'American National Standards Institute' und bezeichnet in diesem Fall eine normierte Messmethode für die Helligkeitsleistung des Beamers. Dazu wird auf eine Leinwand mit definierter Größe ein spezielles Graustufen-Testbild projiziert. Auf dieser Leinwand wird nun in neun definierten Zonen die Beleuchtungsstärke (Einheit: Lux) gemessen.

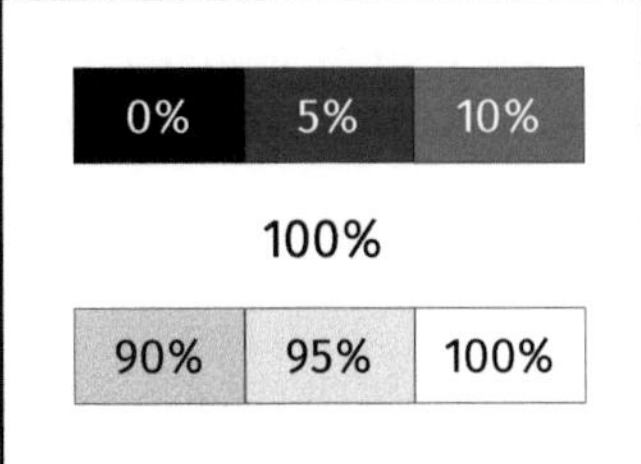

Testmuster   Messfelder

Daraus wird ein Mittelwert errechnet, der in die Einheit Lumen (für Lichtstrom = Menge der Photonen) umgerechnet werden kann. Durch diese Messmethode können Hotspot und Randlichtabfall auf der Leinwand in die Messung mit einbezogen werden.

Als Faustregel kann man sagen, dass mindestens 150 ANSI-Lumen pro m² Projektionsfläche in abgedunkelten Räumen eingerechnet werden sollten, 600 ANSI-Lumen/m² sind ein sehr guter Wert.

In hellen Räumen mit Umgebungslicht sollte die Beamerleistung pro m² etwa 10 x so hell wie das Raumlicht sein:

$$10 \ \text{x Lux Raumlicht x } m^2 \text{ Leinwand} = \text{ANSI-Lumen}$$

Für einen Raum mit 50 Lux Restlicht und eine Leinwand von 2m² würde sich also ergeben: 10 x 50 Lux x 2m² = 1000 ANSI Lumen
(Eine solche Annäherung genügt für Präsentationen, für das volle Kontrastverhältnis bei Filmvorführungen reicht es jedoch nicht.)

Für Kinos mit DCP-Vorführung gibt es keine direkte DCI-Empfehlung (DCI ist das Konsortium für die Normierung von digitalen Kinos, die DCPs projizieren) für die Mindest-Lichtstärke von Projektoren. Eine Empfehlung für ANSI-Lumen macht auch keinen Sinn, da diese einige wichtige Faktoren nicht berücksichtigt, z.B. Reflektionen und Lichtquellen im Saal, sowie den Gainfaktor der Leinwand. Je nach Bauart des Kinos und Aufstellung des Projektors können unterschiedliche Leinwände erforderlich sein, die ganz verschiedene Reflektionseigenschaften aufweisen (siehe Seite 196). Entscheidend ist schlussendlich die Helligkeit die die Zuschauer*innen empfinden, also die Leuchtdichte (siehe Seite 154).
Empfohlen wird für digitale Kinos eine Leuchtdichte von 14 foot lambert, das entspricht 48 candela/m². Für Kinos die der DCI-Norm entsprechen sollen, ist dafür in der SMPTE-Norm ST 431-1-2006 eine Messmethode vorgegeben: Mit einem spezifischem Testbild wird aus der Mitte des Zuschauerraums mit einem Spotmeter die Leuchtdichte der Leinwand ermittelt.

Video-Projektoren

Die ersten Video-Projektoren (Beamer) kamen in den 1980er Jahren auf den Markt. Inzwischen haben sich recht unterschiedliche Bauformen entwickelt:

Röhrenbeamer sind die älteste Technik auf dem Markt, inzwischen werden sie kaum noch verwendet. Je eine Bildröhre für Rot, Grün und Blau stellen einen Lichtstrahl her, der eine nachleuchtende Farbschicht aus Phosphor durchquert. Die Strahlen mischen sich erst auf der Leinwand zu einer Bildinformation. Dazu benötigt es einen präzisen Abgleich für die Konvergenz der drei Röhren, sowohl mechanisch (Ausrichtung und Schärfe) wie auch elektronisch (pro Röhre etwa 20 Parameter: horizontales und vertikales Zentrieren, Bildbreite und -höhe, Kissenverzeichnungen, Randverzeichnungen). Zum Aufbau des Beamers musste man also mindestens eine halbe Stunde für das Einjustieren einrechnen. Zudem waren die Geräte sehr groß, sehr schwer (15-80 kg) und nicht sehr lichtstark (200-800 ANSI-Lumen). Vorteilhaft ist, dass Röhrenbeamer kein Kühlgebläse benötigen und daher fast geräuschlos arbeiten, sie haben eine hohe Lebensdauer von über 10.000 Stunden und weisen ein sehr hohes Kontrastverhältnis auf.

LCD-Beamer benötigen zwar ein Kühlgebläse, aber die Vorteile überwiegen: Sie sind wesentlich lichtstärker, kleiner, leichter und einfach zu installieren. Bei LCD-Beamern wird der Lichtstrahl eines Brenners durch Prismen oder halbdurchlässige Spiegel aufgeteilt und durchquert parallel 3 LCD-Panels (für jede Grundfarbe eins). Jedes dieser Panels enthält eine große Anzahl einzelner LCD-Schaltungen, d.h., Pixel (2.000.000 oder mehr), die das Licht je nach Schaltungszustand durchlassen, teilweise durchlassen oder sperren.

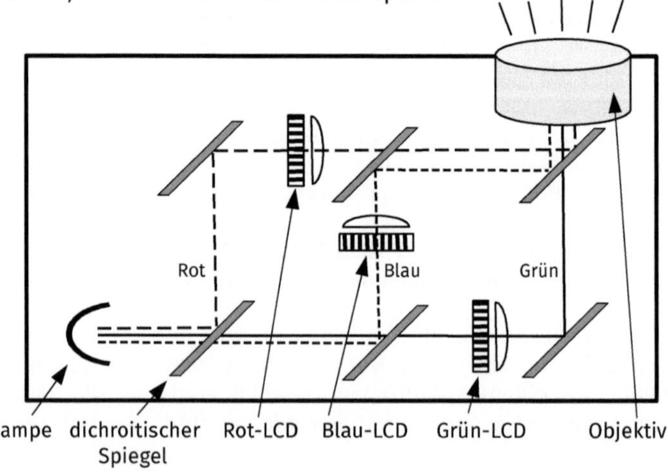

Ein völliges Schwarz ist dabei nicht zu erreichen, etwas Restlicht dringt immer durch die Panels. (Das Kontrastverhältnis ist also etwas schlechter als beispielsweise bei DLP-Beamern.) Die drei Lichtstrahlen werden im Gerät wieder zu einem Strahl vereint und durch ein Objektiv auf die Leinwand projiziert. Für den Kinobetrieb werden LCD-Beamer mit 8.000 bis 20.000 ANSI-Lumen verwendet.

LCD-Beamer sind auch sehr gut für die Datenprojektion geeignet durch die scharfe Abgrenzung der Pixel. Diese Pixelauflösung kann allerdings auf der Leinwand, je nach Auflösung und Abstand von der Leinwand, durchaus wahrgenommen werden und störend wirken.

Bildformate, die nicht der Pixelauflösung des Beamers gleichen, müssen skaliert werden, also auf die gegebene Pixelstruktur umgerechnet werden, das mindert die Bildqualität erkennbar. Nachteilig ist auch, dass LCD-Beamer eine starke Kühlung benötigen, d.h., ein lautes Lüftergeräusch entwickeln.

DLP-Beamer (Digital Light Processing, auch DMD = Digital Micromirror Device) sind eine neuere Technik, die ohne LCD-Panels auskommen: Das Licht eines Brenners strahlt durch ein Farbrad, das ist eine Filterscheibe, die je einen Filter für Rot, Grün und Blau enthält und mit 3600 Umdrehungen oder mehr pro Minute rotiert. Das nun wechselnd-farbige Licht fällt auf eine Fläche, die sich aus vielen kleinen beweglichen Spiegeln zusammensetzt. Die Spiegel werden einzeln elektro-magnetisch bewegt (synchron zur Stellung des Farb-Rades) und reflektieren dadurch das Licht für jeden Farbanteil ganz oder gar nicht in den Strahlengang.

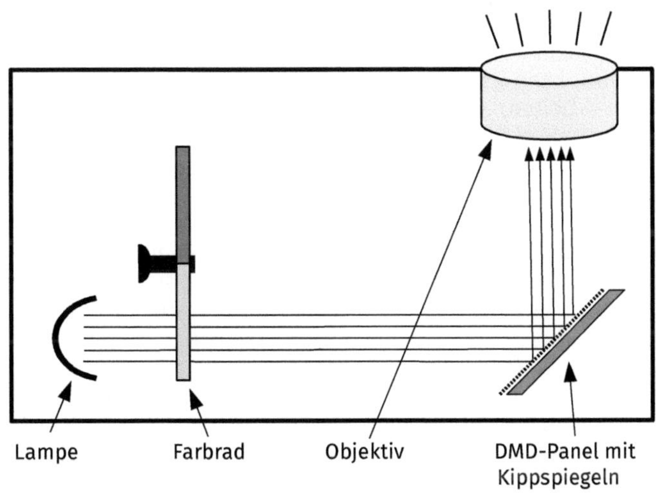

Für die menschliche Wahrnehmung verschmilzt die sequentielle Darstellung der einzelnen Farbanteile aufgrund der hohen Frequenz zu einem bunten Gesamtbild. Die Helligkeit, beziehungsweise die Farbsättigung entsteht durch die Dauer mit der die Spiegel das Licht in den Strahlengang reflektieren: Die Spiegel werden in einem schnellen Takt angesteuert, bis zu 5.000 mal in der Sekunde. Die Helligkeit eines einzelnen Bildpunktes wird dadurch bestimmt, wie häufig der dafür zuständige Spiegel dann das Licht in den Strahlengang reflektiert.
Da es bei DLP-Projektoren nur noch einen Strahlengang für das Licht gibt, ist die Konvergenz, also die Schärfe, höher als bei LCD-Projektoren, bei denen drei Strahlengänge wieder zu einem zusammengefasst werden müssen. Die Lichtausbeute ist ebenfalls größer als bei LCD-Beamern und weil die Spiegel dichter zusammen liegen als LCD-Schaltungen, ist auch die mögliche Auflösung höher.

Nachteilig bei DLP-Beamern ist der Regenbogen-Effekt: Das nacheinander erfolgende Projizieren der Farben kann bei schnellen Bildbewegungen oder auch Kopfbewegungen der Zuschauer*innen zu der Wahrnehmung von Regenbogen-Mustern in Teilen des Bildes führen. Dabei werden nur noch einzelne Farbanteile wahrgenommen, also nicht mehr die vollständige RGB-Farbmischung. Für einen sehr kurzen Moment sind dann also stellenweise einzelne Grundfarben sichtbar. Das Auftreten dieses Effekts hängt von der Frequenz der Farbwechsel im Farbrad ab. Je höher diese Frequenz ist (was aufwändiger in der Herstellung ist), desto weniger tritt der Effekt auf. Auch sind die Menschen unterschiedlich empfindlich für diesen Effekt.
Da die Helligkeit eines Bildpunktes durch die Dauer, bzw. die Häufigkeit mit der die kleinen Spiegel das Licht in den Strahlengang reflektieren, realisiert wird, kann es bei kostengünstigen Beamern, die mit geringeren Frequenzen arbeiten, zudem zu einem Flirren bei dunkelgrauen Flächen kommen: Zwischen den kurzen Lichtimpulsen gibt es dann längere Schwarzpausen, deren Frequenz eventuell schon für das Auge wahrnehmbar sind.

Für kleinere Anwendungen sind inzwischen DLP-Beamer auf dem Markt, die mit **LED**s als Lichtquelle arbeiten. Damit lässt sich ein sehr geringer Stromverbrauch erreichen, so dass sogar ein Batteriebetrieb möglich ist. Auch das Farbrad kann bei dieser Technik entfallen, da auch verschiedenfarbige LEDs, also rote, grüne und blaue, verwendbar sind, die sequentiell sehr schnell ein- und ausgeschaltet werden können. Schließlich ist auch die Lebensdauer von LEDs sehr hoch, sie liegt bei etwa 20.000 Stunden. Nur die Lichtstärke ist derzeit nicht vergleichbar mit herkömmlichen Brennern, daher sind zur Zeit mit der LED-Technik nur geringe Auflösungen und kleine Bildflächen zu realisieren.

LCoS -Beamer (Liquid Crystal on Silicon), von JVC auch unter dem Namen **D-ILA** (Direct Drive Image Light Amplifier) angeboten, arbeiten ähnlich wie DLP-Beamer, allerdings trifft der Lichtstrahl hier nicht auf Spiegel, sondern ansteuerbare LCD-Panels, die je nach Ausrichtung der LCD-Pixel das Licht entweder in den Strahlengang reflektieren oder nicht. In der Lichtausnutzung sind die LCos-Beamer effizienter als LCD-Projektoren, da die Schaltkreise nicht im Lichtweg sind, sondern sich hinter der Spiegelfläche befinden. So kann eine sehr hohe Lichtausbeute erreicht werden. Zudem können die Reflektions-Chips sehr kompakt gebaut werden und eine hohe Auflösung erzielen.

Eine günstige 1-Chip-Variante ermöglicht sehr kleine Bauformen, die stromsparend mit LEDs als Lichtquelle betrieben werden kann. Solche Beamer können sogar in Handys eingebaut werden, natürlich sind sie dann nicht sehr lichtstark und bieten keine hohe Auflösung.

Laser-Beamer haben prinzipiell den gleichen Aufbau wie LCD-, DLP- oder LCos-Beamer, nur eben mit einem Laser als Lichtquelle. Genaugenommen sind es mehrere kleine Laser, die mit Spiegeln zu einem Strahl gebündelt werden. (Dies geschieht aus Sicherheitsgründen, da ein sehr starker Laser gefährlich wäre.)

Es werden derzeit ausschließlich blaue Laserdioden verwendet, da rote und grüne Laserdioden in der nötigen Stärke zu teuer wären und auch nicht langzeitstabil sind. Rot und Grün wird erzeugt, indem der blaue Strahl eine Phosphorschicht durchläuft, die den Strahl entsprechend einfärbt. Nur der blaue Strahl ist also "echtes" Laserlicht. Anschließend wird das Laserlicht durch das LCD-Panel oder auf die DLP-Spiegel gelenkt. Ein Problem bei dieser Technik ist jedoch, dass das blaue Laserlicht ein sehr schmalbandiges Lichtspektrum aufweist, d.h., es erfordert ein aufwändiges Farbmanagement. Der Vorteil dieser Technik ist eine hohe Lichtleistung und eine hohe Lebensdauer der Lichtquelle.

4K-Beamer / UHD-Beamer

Prinzipiell werden 4K-Beamer (Kino), bzw. UHD-Beamer mit der gleichen Technik wie HD-Beamer gebaut, also LCD, DLP, Lcos, oder Laser, nur eben mit mehr Pixeln. Hochwertige Beamer weisen zudem HDR-Fähigkeit auf (siehe Seite 78), das heißt sie haben einen sehr hohen Kontrastumfang, können Signale mit 10 oder 12 Bit verarbeiten und annähernd den Farbraum DCI-P3 umsetzen. (UHDTV erlaubt zwar den Farbraum REC.2020, mit konventionellen Beamern kann aber maximal der Farbraum DCI-P3 dargestellt werden, vergleiche Seite 163ff.

Bei kostengünstigen UHD-Beamern kann es allerdings so sein, dass das Panel, bzw. die DMD-Spiegelfläche keine echte (native) UHD-Auflösung aufweist. Die höhere UHD-Auflösung wird dann dadurch realisiert, dass das UHD-Videosignal zunächst in mehrere HD-Bilder aufgeteilt wird (vergleichbar mit PAL-Halbbildern):

Bild 1 aus Zeile 1 mit Pixel 1, 3, 5,...   Zeile 3 mit Pixel 1, 3, 5,... usw.
Bild 2 aus Zeile 1 mit Pixel 2, 4, 6,...   Zeile 3 mit Pixel 2, 4, 6,... usw.
Bild 3 aus Zeile 2 mit Pixel 1, 3, 5,...   Zeile 4 mit Pixel 1, 3, 5,... usw.
Bild 4 aus Zeile 2 mit Pixel 2, 4, 6,...   Zeile 4 mit Pixel 2, 4, 6,... usw.

Diese Teilbilder werden nun jeweils direkt nacheinander projiziert, dabei wird jede Teilbild-Projektion mittels eines beweglichen Panels oder einer reflektierenden Fläche um ein halbes Pixel verschoben. Die Bildfrequenz muss dafür dann natürlich vier mal so hoch sein, da ja vier Teilbilder im Zeitraum eines einziges Vollbildes dargestellt werden müssen.

Video-Eingänge an Beamern
Wesentliche Eingänge für Videosignale an Beamern sind:

HD-SDI für professionelle Videoquellen (siehe S. 91)
HDMI   für UHD-BluRay- / BluRay- / DVD-Player,
        sowie Daten- und Bildsignale von Computern (siehe S. 92)
        (ggf. auch einfach adaptierbar auf DVI)
DVI   für Daten- und Bildsignale (siehe S. 92)
        (ggf. auch einfach adaptierbar auf HDMI, eventuell aber ohne den
        Kopierschutz HDCP, siehe Seite 93)
VGA   für Daten- und Bildsignale von älteren Computern (siehe S. 179)
RGB   (Cinch oder BNC) für hochwertige analoge SD-Videosignale von
        älteren Zuspielern (siehe S. 89)
FBAS   (Cinch oder BNC) für ältere Consumer-Zuspieler (z.B. VHS-Player)
        (siehe S. 41).

Sonstige Features: Beamer können zusätzlich ausgestattet sein mit:
- **Keystone-Korrektur** (Trapezkorrektur / Verzerrungsausgleich) zur Kompensation einer trapezförmigen Verzerrung, die entsteht, wenn der Beamer das Bild zu schräg von oben, unten oder von der Seite auf die Leinwand projiziert. Zu bedenken ist dabei, dass das Ausgleichen der Verzerrungen berechnet wird, es müssen also Pixel für die Darstellung hinzu- oder heraus-gerechnet werden, was zu Verlusten und treppenförmigen Kanten führt. Eine optische Entzerrung mit geeigneten Objektiven ist der Keystone-Korrektur vorzuziehen.
- **Zoom**, ermöglicht eine flexiblere Aufstellung.
- **Farbtemperatur-Einstellung**, zum Ausgleich an verschiedene Umgebungslicht-Situationen (siehe im Kapitel "Monitore", Seite 183).
- **Horizontale Spiegelung,** um eine Rückprojektion zu ermöglichen.
- **Vertikale Spiegelung**, um eine "Kopf-über"-Aufhängung an der Decke zu ermöglichen.
- **16:9 / 4:3 -Umschaltung**, um die Bildformate anpassen zu können.
- **100 Hz-Technik** für die Verbesserung der Bewegungsdarstellung.
- **Line-Doubler**, stellt bei einer Videoprojektion aus 50 Halbbildern durch Zwischenspeicherung 25 Vollbilder her, die dann jeweils zweimal gezeigt werden.
- **Kaschierung**, ermöglicht ein einstellbares Abkaschen an den Bildrändern mit Schwarz. Das kann je nach Projektionsfläche (es muss ja nicht immer eine Standard-Leinwand sein) oder bei problematischen Videos (VHS hat oftmals einen unsauberen unteren Rand) sinnvoll sein.
- **Eingebaute Lautsprecher**, sind eher sinnlos, weil die Leistung meist gering und die Platzierung in fast jedem Fall falsch ist.
- **Audioausgang**: Kann bei Verwendung mehrerer Zuspieler den Aufwand an Verkabelung mindern. Ebenso: HDMI-Eingang mit ARC (siehe S. 94).

Anmerkungen zur Installation von Beamern

Beim Aufbau von Videoprojektoren ist darauf zu achten, dass alle beteiligten Geräte aus einem Stromkreis versorgt werden, da sonst Ausgleichsströme der elektrischen Erdung Störstreifen hervorrufen können, die langsam vertikal durch das Bild laufen. Eventuell hilft auch die galvanische Trennung der Videosignale durch einen Mantelstromfilter. *(Zur Unterdrückung von Brummstörungen im Audiosignal kann zudem eine optische Übertragung des Audiosignals zum Verstärker sinnvoll sein.)*

Die Einstellung von Helligkeit und Kontrast wird am besten mit dem Testbild "Pluge" vorgenommen (siehe im Kapitel "Monitore", Seite 181). Die Einstellung der Farbsättigung kann analog zu Monitoren vorgenommen werden, siehe dort.

Im Zusammenhang mit professionellen Beamern für eine HD-Projektion ist ein Problem neu aufgetaucht: Die Geräte-interne Signalwandlung der großen Datenmengen ist aufwendig und kostet somit auch Zeit. Daher kann es sein, dass ein HD-Videobeamer das zugespielte Signal um bis zu 2 bis 3 Bilder verzögert projiziert, der Ton ist damit durchaus wahrnehmbar asynchron. In diesen Fällen muss, sofern möglich, das Audiosignal im Zuspieler verzögert ausgegeben werden oder eine Verzögerungsschaltung in den Tonweg eingebaut werden.

Projektionsabstand

Für den Aufbau einer Videoprojektion ist es natürlich auch wichtig zu wissen, welchen Projektor mit welcher Objektiv-Brennweite man für den möglichen Projektionsabstand im jeweiligen Saal überhaupt verwenden kann. Gerade bei großen Sälen ist der Videobeamer bei entfernter Aufstellung schnell zu weitwinklig, das Bild ist dann viel größer als die Leinwand.
Berechnen lässt sich der Abstand von Projektor zur Leinwand mit der folgenden Formel (alle Längenangaben in mm):

$$\text{Distanz (D)} = \frac{\text{Brennweite (f) x Bildbreite (B)}}{\text{Panelbreite (Targetbreite) P}}$$

Wenn man ausrechnen will, welche Leinwandbreite bei einem gegebenen Projektor in einem bestimmten Saal möglich ist, sieht die Formel so aus:

$$\text{Bildbreite (B)} = \frac{\text{Distanz (D) x Panelbreite (P)}}{\text{Brennweite (f)}}$$

Die Panelbreite (Targetbreite) bezieht sich dabei auf die Breite des Bildwandlers (z.B. LCD-Panel). Typische Panelgrößen bei Beamern sind:

		Diagonale	Breite x Höhe
Standardgeräte	(16:9)	1,5" (45 mm)	39 mm x 22 mm
kleine portable Geräte	(16:9)	0,9" (23 mm)	20 mm x 11 mm

Die Panelgröße ist leider häufig nur als Diagonale und zudem in Zoll angegeben. Um die Panelbreite in mm zu erhalten, kann man die in Zoll angegebene Diagonale mit den folgenden Faktoren multiplizieren:
Bei einem 4:3 Target: Breite (in mm) = Diagonale (in Zoll) x 20,32
Bei einem 16:9 Target: Breite (in mm) = Diagonale (in Zoll) x 22,14

Ist die Panel-Diagonale bereits in mm angegeben, gilt folgende Formel:

Bei einem 4:3 Target: Breite (in mm) = Diagonale (in mm) x 0,8
Bei einem 16:9 Target: Breite (in mm) = Diagonale (in mm) x 0,87

Die Hersteller von Videobeamern erleichtern die Berechnung immerhin damit, dass sie häufig das Projektionsverhältnis des Beamers angeben. Wenn für das Projektionsverhältnis zwei Zahlen angegeben werden, bedeutet das, dass ein Zoomobjektiv verwendet wird. Bei einer Angabe von z.B. 1,5 – 2,5 : 1 , würde das bedeuten, dass je nach Zoom eine Bildbreite von 1 m bei einer Entfernung von 1,5 m bis 2,5m entstehen würde, oder andersherum, dass bei einer Entfernung von 7,5 Metern die Bildbreite je nach Brennweite von 5 m bis 3 m betragen kann. Für die Berechnung gelten die folgenden Formeln:

$$\text{Projektionsverhältnis} = \frac{\text{Entfernung}}{\text{Bildbreite}}$$

bzw., wenn die Entfernung vorgegeben ist:

$$\text{Bildbreite} = \frac{\text{Entfernung}}{\text{Projektionsverhältnis}}$$

und wenn die Breite der Leinwand vorgegeben ist, ergibt sich:

$$\text{Entfernung} = \text{Projektionsverhältnis} \times \text{Bildbreite}$$

Zu beachten ist, dass Zoomobjektive im äußersten Weitwinkel- oder Telebereich eventuell Verluste bei der Helligkeit, der Schärfe oder der gleichmäßigen Ausleuchtung aufweisen können.

Leinwand

Je nach Verwendungszweck gibt es Leinwände mit unterschiedlichen Reflektionseigenschaften. Es werden drei Typen unterschieden:

— Typ **D** (= diffus) ist mattweiß und weist eine gleichmäßige Zerstreuung des einfallenden Lichtes auf. Dieser Typ wird auch Weitwinkeltuch genannt. Der Vorteil ist, dass dieser Typ einen weiten Betrachtungswinkel erlaubt, der/die Zuschauer*in ist also nicht auf eine "ideale" Betrachtungsposition angewiesen. Andererseits reflektiert dieser Typ aber auch jegliches vorhandene Streulicht, das heißt, der Kontrast verschlechtert sich deutlich in Räumen, die nicht völlig abgedunkelt werden können.

— Typ **S** (= Speculum, auch als Typ **M** bezeichnet) hat eine metallisierte Oberfläche, er wirkt wie ein matter Spiegel. Der Eintrittswinkel des Lichtstrahls gleicht dem Austrittswinkel, Streulicht ist daher (je nach Richtung) nicht so problematisch. Üblicherweise ist dieser Typ Leinwand gut geeignet, wenn der Saal nicht zu breit ist und die Projektion von einer hochgelegenen Position (Saaldecke) möglich ist. Dieser Typ Leinwand ist auch notwendig für eine 3D-Vorführung mit polarisiertem Licht.

— Typ **B** (= Beaded) ist mit winzigen Glasperlen beschichtet und wirkt daher retro-reflektiv wie Katzenaugen. Der Projektor sollte also möglichst nahe der Zuschauerposition installiert sein. Streulicht ist auch hier (je nach Position) nicht so problematisch. Dieser Typ wird auch als Typ **P** (= Perlwand) bezeichnet.

Verglichen mit dem Typen D (diffus) weisen die Typen S und B bezogen auf die ideale Zuschauerposition eine hellere Reflektion auf. Das wird als Gainfaktor (gegenüber einer mattweißen Fläche) beschrieben. Eine Leinwand vom Typ B kann einen Gainfaktor von bis zu 2,5 aufweisen, wenn ein Betrachtungswinkel von maximal 30° eingehalten wird. Eine Parabol-Leinwand, wie sie in großen Kinos üblich ist, kann auch noch höhere Gainwerte aufweisen. Der Nachteil eines hohen Gainfaktors kann ein Hot-Spot sein, also eine deutlich hellere Projektion in der Bildmitte.

Schalltransparente Leinwände

In Kinosälen werden häufig akustisch durchlässige Leinwände verwendet, um die Lautsprecher auch hinter den Leinwänden installieren zu können. Es gibt solche Leinwände mit Mikroperforation und als schalltransparente Gewebetücher. Der Schall dringt dabei durch kleine Löcher im Leinwandtuch. Diese Löcher mindern allerdings das Licht-Reflektions-vermögen der Leinwand und verringern geringfügig den Schärfeeindruck. Für einen guten Klang sollten diese Leinwände nach der "THX-Norm" zertifiziert sein, doch selbst damit werden beim Ton die Höhen etwas gedämpft, d.h., der Audio-Frequenzgang muss angepasst werden.

LED Videowand (LED-Screen)

Für Großbildprojektionen bei Tageslicht und in hellen Sälen sind Videobeamer problematisch, denn alles Licht, das von der Leinwand reflektiert wird, erreicht die Zuschauer*innen, das heißt, das Videobild wird überlagert vom hellen Kunst- oder Tageslicht, dunkle Bildanteile sind kaum noch zu erkennen. Möglich wird eine Projektion unter diesen Bedingungen erst durch selbstleuchtende Projektionsflächen. Bei LED Videowänden werden die einzelnen Bildpunkte durch LEDs dargestellt, pro Pixel werden also drei LEDs in den Video-Grundfarben Rot, Grün und Blau benötigt. Damit ist derzeit eine bis zu 100 mal hellere Darstellung als mit Videobeamern möglich. Da gleichzeitig die Grundfläche der LED-Wand dunkel sein kann, heben sich die leuchtenden LEDs auch mit dem größtmöglichen Kontrast ab. Gängige LED-Wände können Videosignale mit 8, 10 und auch 12 Bit verarbeiten, können also HDR-tauglich sein. Für Outdoor-LED-Wände sind Lichtstärken von bis zu 6000 cd/m2 (= NIT) realisierbar (Stand: 2017).

Wesentlich ist der Pixelpitch (Pixelabstand) auf der LED-Wand: Als Faustregel kann man sagen, dass der Pixelpitch in mm dem empfohlenen Mindestabstand in Metern des Zuschauers entspricht. Bei einem Pixel-pitch von 4 mm wäre also der minimale Betrachtungsabstand für die Zuschauer*innen 4 Meter. Der kleinstmöglich realisierbare Pixelpitch liegt derzeit bei 0,9 mm (Stand: 2017). Die daraus resultierende Berechnung der Wandgröße ist einfach: Soll ein Full-HD-Bild mit 1080 x 1920 Pixeln abgebildet werden, ergibt sich bei einem Pixelpitch von 4 mm eine Bildbreite von 7,68 m (= 4 mm x 1920). Die Bildhöhe würde damit 4,32 m betragen.

Für große Flächen, die mobil auf- und abbaubar sein sollen, etwa bei Konzertveranstaltungen oder Konferenzen, müssen solche Großbildwände modular aufgebaut sein. Gängig sind beispielsweise Module mit einer Kantenlänge von 50 x 50 cm oder 57,6 x 76,8 cm bei Dicken von 8 bis 20 cm. Wichtig ist dabei, dass die einzelnen Module randlos sind, d.h., dass an den Stoßkanten der Module der Pixelabstand nur genauso groß ist, wie auf der Modulfläche selbst. Diese Module lassen sich dann zu rechteckigen Flächen nahezu beliebiger Größe verbinden. Die Signalverbindung geschieht durch eine serielle Verbindung, das Videosignal wird also von einem Modul zum nächsten übertragen. Ein Controller sorgt für die ortsrichtige Wiedergabe auf den einzelnen Modulen. Der Controller muss daher zunächst vom Nutzer die Information erhalten, in welcher Abfolge die Module gesteckt sind und kann dann das eingehende Videosignal (z.B. von einer Live-Kamera) auf die Module aufteilen. Der Controller ist häufig Software-basiert und kann ein Eingangssignal mit "multiple output graphic cards" mit einem optimierten Scaling an die Module anpassen. Optional kann der Scaler auch mit einer "video capture input card" ausgestattet sein. Ein einfacher Controller kann auch Hardware-basiert sein, d.h., das Eingangssignal wird durch eine lineare Matrix auf die einzelnen Module aufgeteilt. Dabei sind dann aber meist nur vorgegebene Modul-Zusammenstellungen möglich, z.B. 2x2 oder 4x4. Wenn dabei das Input-Bild ein anderes Format aufweist, werden ggf. nicht alle Pixel der LED-Wand genutzt.

Ein grundsätzliches Problem bei Live-Veranstaltungen ist die Latenz von Systemen mit LED-Wänden: In Kameras, Kabelwegen und der Signalverarbeitung in CCU und Videomixer können etwa 60 ms Latenz auftreten, weitere 50 ms können in Scaler und Controller und schließlich noch 10 ms in den einzelnen LED-Modulen. Insgesamt kann also eine Verzögerung von etwa 120 ms auftreten, d.h., eine achtel Sekunde, bzw. drei Frames. Die Asynchronität zwischen Sprecher*in und Projektion ist damit für Zuschauer*innen deutlich wahrnehmbar.
Ein weiteres Problem ist die Veränderung von Farben bei der Alterung der Module. Die farbigen LEDS altern je nach Farbe (d.h., chemischer Zusammensetzung) unterschiedlich und verlieren dabei an Leuchtkraft. Bei sorgfältiger Auswahl der Komponenten bei Herstellung und Zusammenbau ist der Effekt mehr oder weniger gleichmäßig und kann meist durch Software-Einstellungen korrigiert werden. Muss jedoch ein defektes Modul ausgetauscht werden, dann kann das Ersatzmodul ganz andere Helligkeits- und Farbwerte aufweisen. Eine genaue Messung mit einem Spektrometer und anschließende Justierung ist aufwändig.

Auch im **Kino** setzt sich die LED-Bildwand durch: 2018 hat in Wien das erste Kino in Europa eine LED-Bildwand in Betrieb genommen. Diese 4K-LED-Bildwand von Samsung (Markenname: "Onyx") hat eine Größe von 10,3 m x 5,4 m. Sie besteht aus 96 Kästen (Cabinets), die jeweils 24 Module enthalten, jedes Modul hat 3840 RGB-LEDs. Der Pixelpitch beträgt 2,5 mm. Die LED-Bildwand kann eine maximale Helligkeit von 500 Candela/m^2 erreichen (- klassische Kino-Videoprojektoren erreichen etwa 48 cd/m^2). Für Filmvorführungen wird nur etwa die halbe Helligkeit genutzt, bei voller Helligkeit sind auch Veranstaltungen möglich, die Saallicht benötigen. Der Stromverbrauch bei Filmvorführungen beträgt etwa 4000 Watt (- ein klassischer DCP-Projektor mit Brenner verbraucht bei vergleichbarer Projektionsgröße etwa 1.500 bis 2.500 Watt). Für diese Technik hat der Hersteller bei einem Betrieb von 24 h pro Tag eine Lebensdauer von 11 Jahren garantiert.
Eine LED-Bildwand ist jedoch nicht genügend schalltransparent, d.h., die Lautsprecher können nicht hinter der LED-Bildwand angebracht werden, sondern nur darüber, darunter oder an den Seiten. Möglich ist, wie in dem o.g. Kino in Wien installiert, aber auch eine "Projektion" des Schalls von Lautsprechern auf die LED-Bildwand, die diesen dann zu den Zuschauer*innen reflektiert.

Digitales Kino

Die Abtastung von Filmmaterial zur Erzeugung eines Videosignals begann lange vor der Einführung digitaler Medien. Da es zu Anfang der Fernsehzeiten noch keine portablen Videokameras gab, wurden Reportagen, ebenso wie Spielfilme, auf Filmmaterial gedreht. Die Filmabtastung für die Ausstrahlung der Sendung fand dann ganz "analog" statt: Es wurden sogenannte "Kamera-Abtaster" verwendet, dabei wurde vom Filmprojektor direkt auf die Kamera-Röhre projiziert. In den 80er Jahren wurde der Flying-Spot-Abtaster entwickelt: Ein Lichtpunkt durchleuchtet zeilenweise das Filmbild, das Abbild wurde auf eine Bildröhre (später: Fotozellen) projiziert. Aktuell wird das "Telecine"-Verfahren verwendet, das Filmbild wird zeilenweise durch einen Schlitz abgetastet (vergleichbar mit einem Flachbettscanner), und von CCD-Sensoren erfasst. Damit ist auch eine 4K-Abtastung möglich, die als DCP-geeignete Vorführkopie dienen kann.

Digitale Bearbeitung von Filmmaterial

Vor der Einführung von DCP verstand man jedoch unter dem Begriff "Digitales Kino" zunächst nicht die Filmprojektion, die nach wie vor weitgehend mit 35mm-Kopien erfolgte, als vielmehr die digitale Bearbeitung von Filmmaterial. Um die technischen Bedingungen der Videobearbeitung definieren zu können, ist es wichtig, zu wissen, mit welcher Auflösung Filmmaterial eigentlich arbeitet. Eine ganz genaue Auflösung lässt sich hierfür nicht angeben, da die einzelnen Bildpunkte durch Moleküle in einer Emulsion gebildet werden. Diese Moleküle, das Filmkorn, hat in der Emulsion eine statistische Verteilung, es ist also nur eine gewisse Anzahl von Filmkörnern pro Fläche gegeben, nicht aber deren genaue Position. Noch etwas "unschärfer" wird die Situation beim Farbfilm: Erst das Zusammenwirken der drei Grundfarben, die aus unterschiedlichen Filmkörnern gebildet werden, erzeugt die Farbe. Insofern kann hier nicht mehr von einem einzelnen Filmkorn gesprochen werden, sondern nur von einer Farbstoffwolke. Die Größe einer solchen Farbstoffwolke hängt dabei wesentlich von der Filmempfindlichkeit ab: Bei 500 ASA beträgt sie 8 µm, bei 200 ASA 5 µm und bei 100 ASA 3 µm. Für 100 ASA ergäbe sich somit eine Auflösung von mehr als 8000 Bildpunkten in der Waagerechten. Diese Auflösung (die als "8k" bezeichnet wird), ist jedoch in der Praxis zu hoch dimensioniert, realisiert werden kann aufgrund von Verlusten (z.B. durch das Objektiv) eine Auflösung von etwa 4K (4096 x 3072 Pixel für 35mm Full Screen). Durch Kopierprozesse (Negativ, Nullkopie, Vorführkopie) geht weitere Auflösung verloren, übrig bleiben etwa 2K (2048 x 1536 Pixel für 35mm Full Screen). Daher war zunächst eine digitale Bearbeitung von Filmmaterial in einer Auflösung von 2K üblich, Rechner und Festplatten ermöglichen inzwischen aber auch die Bearbeitung von Material mit 4K und höher.

Bei der digitalen Bearbeitung von abgetastetem Filmmaterial ist mit 2K oder 4K grundsätzlich die Pixel-Auflösung in der Horizontalen gemeint, in der Vertikalen können sich daraus je nach Bildformat verschiedene Werte ergeben:

Filmformat	Abtastung in 2K Auflösung	Abtastung in 4K Auflösung
35mm Full Screen (1:1,33)	2048 x 1536	4096 x 3072
35mm Academy (1:1,37)	2048 x 1494	4096 x 2988
Standard 1:1,66	2048 x 1232	4096 x 2464
Standard 1:1,85	2048 x 1106	4096 x 2212
Cinemascope 1:2,35*	2048 x 1736	4096 x 3472

Das Seitenverhältnis von Cinemascope erscheint bei den genannten Pixelverhältnissen fast quadratisch. Erst bei der Kinoprojektion wird das Bild dann durch Verwendung einer anamorphotischen Vorsatzlinse auf das Seitenverhältnis von 1:2,35 verbreitert.

Mit der Einführung des digitalen Kino-Projektions-Standards DCP (siehe nachfolgendes Kapitel) haben sich die o.g. Pixel-Auflösungen etwas verändert, um nunmehr den Pixel-Auflösungen des DCP-Kinos zu entsprechen.

DCP

Mit der steigenden Qualität von Videokameras und -Projektoren und der Entwicklung von geeigneten Videonormen und Farbräumen wurde auch die digitale Videoprojektion in den Kinos möglich. Die Umrüstung auf eine digitale Videoprojektion in den Kinos ist zwar mit erheblichen Investitionen verbunden, hat für die Film- und Kinoindustrie jedoch wesentliche Vorteile: Die Kosten für die Erstellung von Kopien und für die Distribution sinken erheblich und in den Kinos wird weniger Personal benötigt. In den Kinos gibt es nun einen Programmablauf, der im voraus programmiert werden kann und dann nur noch gestartet werden muss. Dieser Programmablauf enthält sämtliche technischen Vorgänge im Kinosaal, z.B. dass zunächst das Licht herunter gedimmt wird, der Vorhang sich öffnet, der Werbeblock beginnt, dann das Licht ganz aus geht, der Hauptfilm beginnt und am Ende des Films der Vorhang sich wieder schließt und das Licht angeht. Dieser Ablauf könnte auch von der Kasse aus gestartet und per Videokamera überwacht werden. Für die Vorführer*innen bleibt im wesentlichen die Arbeit, die DCP-Datenträger an die Projektionsanlage anzuschließen (und ggf. auf den Kino-Server zu kopieren), sowie die o.g. Programmierung zu erstellen.

Im Jahr 2004 hat der Dachverband amerikanischer Filmstudios (DCI) erstmals eine Norm für das "Digitale Kino" festgelegt. In dieser Norm werden die technischen, qualitativen und rechtlichen Aspekte für die Kinoprojektion definiert. Dabei unterscheidet die DCI zunächst zwischen dem "Digital Source Master" (DSM), das eine Filmproduktionsfirma als Master in ihrem eigenen Workflow herstellt, davon können Fassungen jedweder Art produziert werden, z.B. DVDs, BlueRays, Masterbänder für TV-Ausstrahlungen, 35mm-Kopien, etc. Für die DCI-Norm ist hierbei nur interessant, dass die Qualität dieses Masters hinreichend für eine Kinoprojektion ist. Von diesem DSM-Format muss dann ein ein "Digital Cinema Distribution Master" (DCDM) erstellt werden, welches sich dann für die Projektion eignet (bezüglich Auflösung, Kontrastwerten, Farbkorrektur und Tonmischung) und alle notwendigen Parameter der DCI-Norm erfüllen muss. Schließlich wird daraus noch das "Digital Cinema Package" (DCP) erstellt, das Signal wird dabei verschlüsselt, komprimiert und verpackt. Für die Kinovorführung muss das Signal dann wieder entpackt, dekomprimiert und entschlüsselt werden, damit das DCDM-Signal projiziert werden kann. Das Importieren einer DCP in eine Kinoanlage wird "ingesten" (englisch: aufnehmen) genannt.

Für das DCDM-Signal sind in der DCI-Norm 1.2 von 2012 die folgenden Eckdaten definiert:
Möglich sind Auflösungen von 2K und 4K. (Um diese Kinoformate deutlich von den Videoformaten FullHD mit 1080x1920 Pixeln und UHD mit 2160x3840 Pixeln zu unterscheiden, werden sie auch C2K und C4K genannt, das C steht dabei für Cinema.) Die 2K- und 4K-Auflösungen werden jeweils noch einmal in verschiedene Formate (Frame Aspect Ratio) spezifiziert, die unterschiedliche Bildseitenverhältnisse aufweisen:

Format	Seitenverhältnis	Pixel bei 2K	Pixel bei 4K
Flat	1:1,85	1080 x 1998	2160 x 3996
Full Container	1:1,90	1080 x 2048	2160 x 4096
Scope	1:2,39	858 x 2048	1716 x 4096

Das Format "Full Container" wird üblicherweise nicht genutzt, es entspricht keinem klassischen Filmformat. Ein Cinemascope-Bild wird mit der Einstellung "Scope" erzeugt. In dieser Einstellung weist die Bildhöhe nur 858 Pixel (2K), bzw. 1716 Pixel (4K) auf. Das ermöglicht es, (auf geeigneten Leinwänden) das Bild vertikal und horizontal jeweils um etwa 12 % zu vergrößern, so dass dann wieder die volle Leinwandhöhe erreicht und das Bild entsprechend breiter wird. Mit DCP kann auch HDTV im Format 1:1,78 abgespielt werden, also mit 1080 x 1920 Pixeln, bzw. 2160 x 3840 Pixeln. Dazu wird das Format "Flat" eingestellt, links und rechts sind dann (bei korrekt gemasterter DCP) jeweils 39 ungenutzte schwarze Pixel bei 2K, bzw. 78 Pixel bei 4K.

In Kinos mit 2K-Projektoren können auch 4K-DCPs vorgeführt werden, der Projektor zieht dann aus 4K-DCP den 2K-Anteil. Wird eine 2K-DCP mit einem 4K-Projektor vorgeführt, dann wird das 2K-Material in Echtzeit auf 4K hoch skaliert.

Nicht ganz unproblematisch ist übrigens die Vorführung von zusätzlichen Bildquellen (z.B. DVD-Player) mit Videos im Bildseitenverhältnis von 4:3. Der DCP-Projektor projiziert grundsätzlich ein Breitbild, also 1,85:1 oder breiter. Wird ein 4:3-Signal extern von einem Player eingespeist, so verzerrt der Projektor das Bild in die Breite auf mindestens 1,85:1. Es ist daher notwendig, dem Projektor bereits ein Breitbild einzuspeisen. 4:3-Videos müssen also als 16:9 Pillarbox-Formate vorliegen (d.h., links und rechts des 4:3-Bildes müssen schwarze Bildpunkte definiert sein). Die Anpassung eines 4:3 Bildes kann mit einem "Scaler" erfolgen, der das 4:3-Bild auf eine 16:9-Pillarbox konvertiert. Eventuell lässt sich auch ein BluRay- bzw. DVD-Player auf ein solches Monitor-Format umschalten.

Anfänglich wurden DCPs ausschließlich im Interop-Standard gemastert, damit waren für 2K nur Bildraten von 24p und 48p möglich, sowie 3D-Produktionen, 4K-Auflösungen ließen nur Bildraten von 24p zu. Der neuere Standard 'SMPTE' (seit 2009) ermöglicht auch Bildraten von 24p, 25p, 30p, 48p, 50p, 60p, sowie neuere Audioformate wie beispielsweise 'Dolby Atmos'. Kino-Anlagen im SMPTE-Standard können auch DCPs im Interop-Standard abspielen. Der SMPTE-Standard kann jedoch nicht in älteren Kinos abgespielt werden, die nur über den Interop-Standard verfügen. Viele DCPs werden daher noch im älteren Interop-Standard erstellt und sind somit auch für ältere DCP-Projektionsanlagen kompatibel.

Die Farbauflösung lässt 3 x 12 Bit zu. Das Videosignal wird dafür in den CIE-XYZ-Farbraum konvertiert und in einem MXF-Container einzelbildweise als JPEG2000-Dateien gespeichert. Die Datenrate kann bis zu 250 MBit/s betragen. Das Tonsignal kann bis zu 16 Kanäle aufweisen, jeweils mit 24 Bit PCM-Ton und Abtastraten von 48 oder 96 kHz. Derzeit sind die folgenden Spurbelegungen festgelegt:
- 51 = 6-Spur-Ton (5.1): Left, Right, Center, LFE (Subwoofer), Left Surround, Right Surround.
- 71 = 8-Spur-Ton (7.1): Left, Right, Center, LFE (Subwoofer), Left Surround, Right Surround, Left Center, Right Center.
- 10 = Mono (1.0)
- 20 = Stereo (2.0) (jedoch ohne 'Lt Rt'-Surroundcodierung)
- MOS = No Audio (silent)
- IAB = Immersive Audio Bitstream, ggf. spezifiziert als Atmos, Auro, DTSX Als Basis dienen hier fest zugeordnete 5.1 oder 7.1 Kanäle, zusätzlich kann das Signal objektbasierte Töne enthalten (siehe Seite 331)

In der DCP können optionale Untertitel-Spuren enthalten sein, die dann bei der Vorführung eingeblendet werden, sie werden bezeichnet als "dynamische Untertitel". (Untertitel, die bereits fest in das Videomaterial eingeschrieben sind, werden als "eingebrannt", bzw. "burned in" bezeichnet.) (Siehe auch Kapitel "Untertitel", Seite 114)

Alle Dateien müssen MXF-kompatibel sein (nach SMPTE 384M). Bei einer zulässigen Datenrate von bis zu 250 MBit/s für Bild und Ton zusammen, ergibt sich ein Datenvolumen von insgesamt bis zu 129 GByte/h.
Ebenfalls wird in der DCI-Norm die technische Ausstattung der Kinos definiert. Der Projektor muss eine Auflösung von 2K oder 4K aufweisen und eine Farbtiefe von 12 Bit pro Grundfarbe verarbeiten können (zum Vergleich: bei BluRay sind es 8 Bit). Als Farbraum wird DCI-P3 verwendet (siehe Seite 163), der etwa 46% des CIE-XYZ-Farbraums beträgt und somit erheblich größer ist, als beispielsweise der HDTV-Farbraum ITU-R BT. 709. Das Gamma muss 2,6 betragen. Für eine höhere Leuchtstärke werden Xenon-Lampen mit 2-10 kW eingesetzt.
Die DCI-Empfehlung für die Leuchtdichte (siehe Seite 154) des Leinwand-bildes beträgt 14 fL (foot lambert), das entspricht 48 candela/m^2 .

Neuere Kinos übertreffen diese Standards deutlich:
Die Firma Dolby hat in speziellen Kinos (z.B. 2015 in Hilversum) das Format 'Dolby Cinema' installiert. Dieses Format verwendet die 'Dolby Vision'-Spezifikationen (siehe Seite 80), d.h., zulässig sind 12 Bit, 4:4:4 und der Farbraum REC.2020. Die Projektion erfolgt hier mit zwei 4K-Laserprojektoren, die zusammen eine Spitzenhelligkeit von 31 fL, bzw. 106 candela/m^2 ermöglichen. Dabei soll nach Herstellerangabe ein Kontrastumfang von 1 : 1.000.000 erreicht werden (Standard-DCP: 1 : 2.000, konventionelle Laserprojektion: 1 : 4.000 bis 1 : 8.000)
Ein anderer Weg, der z.B. von Samsung angeboten wird, ist die Projektion auf LED-Wänden. Dort kann derzeit mit HDR-Material eine Spitzen-helligkeit von bis zu 146 fL, bzw. 500 candela/m^2 erreicht werden, bei einem Kontrastumfang laut Hersteller von 1 : 1.000.000 (siehe auch 'Kino mit LED-Wand', Seite 198).

Wesentlich für die kommerzielle Filmindustrie ist die Verschlüsselung der DCP-Dateien. Damit soll gewährleistet werden, dass eine DCP nur in dem vorgesehenen Kino und nur in einem bestimmten Zeitraum vorgeführt werden kann. Dazu erfolgt zunächst eine symmetrische Grundverschlüsselung des Videomaterials mit 128 Bit AES. Zum Verschlüsseln wird also derselbe Schlüssel genutzt wie zum Entschlüsseln. Dieser Schlüssel wird den Kinos in einer wiederum verschlüsselten KDM (Key Delivery Message) übermittelt. Für diesen Schlüssel geschieht die Verschlüsselung asymmetrisch (mit 2048 Bit RSA): Der Filmverleiher verschlüsselt mit einem öffentlichen Schlüssel. Entschlüsselt kann die

KDM dann nur mit einem privaten Schlüssel des Kinobetreibers werden, der im Projektor gesichert gespeichert ist. Dieser private Schlüssel basiert auf Zertifikaten für die Gerätekonfiguration, d.h., auf Seriennummer und Hersteller der Abspielgeräte, die der Kinobetreiber nutzt. Der KDM-Schlüssel ist somit nur für den jeweiligen Kinobetreiber nutzbar. Alle Kinos erhalten also genau dasselbe DCP, aber für jeden Projektor wird vom Verleiher (mit Hilfe von Kino-Datenbanken) eine eigene KDM erstellt. Diese KDM wird beim Kinobetreiber in den DCP-Server importiert und kann nun die symmetrische Grundverschlüsselung der DCP entschlüsseln. Für die Weitergabe von DCPs an Mastering-Systeme (Postproduktion, aber auch bei Festivals, die beispielsweise Fehlerkorrekturen durchführen) werden DKDMs (Distribution Key Delivery Message) genutzt. Das Verschlüsselungsverfahren ist das gleich wie bei KDMs.

Schließlich wird für die Auslieferung als DCP für die Benennung der Files eine genaue Einhaltung von Namenskonventionen gefordert, das regelt die "**Digital Cinema Naming Convention**" (Stand 09-2020: Version 9.6.2), siehe: https://isdcf.com/dcnc/). Diese File-Bezeichnung wird als **CPL** (Composition Playlist) bezeichnet und ist als Handlungsanweisung für die Kino-Vorführer*innen zu verstehen (bzw. kann auch durch geeignete Software ausgelesen werden). Eine CPL sieht dann beispielsweise so aus:

NameDesFilms_FTR_S_EN-de_DE-18_51-EN_2K_ST_20170831_FAC_IOP-3D_OV

Leerzeichen sind in den File-Bezeichnungen nicht erlaubt. Einzelne Felder werden durch Unterstriche getrennt, innerhalb der Felder müssen ggf. Bindestriche verwendet werden. Unterstriche innerhalb einzelner Felder sind nicht zulässig. Die Felder bedeuten im einzelnen:

NameDesFilms : Film Title = Name des Films (Der Titel soll nicht durch Bindestriche getrennt werden, ein Wortanfang soll durch Großbuchstaben hervorgehoben werden. Der Titel muss ggf. gekürzt werden, da manche Kinoserver nur eine begrenzte Anzahl von Zeichen anzeigen können)
FTR : Content Type = Genre (FTR steht beispielsweise für Feature, möglich sind u.a. auch TLR = Trailer oder ADV = Werbung, sind mehrere Stücke gleicher Art enthalten, kann ein Bindestrich mit nachfolgender Nummer angefügt werden. Dem "Content Type"-Feld können auch "Modifier" angefügt werden, z.B. bei einer 3D-Version oder wenn es sich um eine andere Frame-Rate als 24 fps handelt. Das "Content Type"-Feld sähe dann beispielsweise so aus: FTR-3D-48
S : Projector Aspect Ratio = Bildseitenverhältnis. Möglich sind die Formate F = Flat (1,85:1), S = Scope (2,39:1) und C = Full Container (1,90:1). Für abweichende Bildformate kann die Aspect Ratio zusätzlich zum Abspielformat angegeben werden: Bei HDTV mit 1080x1920, bzw. 2160x3840 Pixeln, wird dann "F-178" angegeben, bei einem 4:3 Format wäre das "F-133" (die Projektion erfolgt dann jeweils mit einer Pillarbox).

EN-de : Language: Audio & Subtitle (Hier beispielsweise Englisch mit deutschen Untertiteln. Wenn die UT-Sprache in Großbuchstaben angegeben ist, handelt es sich um dynamische UT, die erst bei der Projektion eingeblendet werden, bei einer Angabe in Kleinbuchstaben handelt es sich um "eingebrannte" UT, die also fester Bestandteil des Bildes sind.) Falls OCAP (Open Caption Files) oder CCAP (Closed Caption Files) enthalten sind, können diese im Language Field angefügt werden.

DE-18 : Territory and Rating (= Abspielgebiet und Altersfreigabe)

51-EN : Audio Type, z.B. 51=5:1, 71=7:1, 10 = Mono, 20 = Stereo, IAB = immersive Sound, u.a., bezogen auf die Sprachfassung (hier z.B. Englisch)

2K : Bildauflösung, möglich sind: 2K, 4K

ST :   Studio = Name von Filmproduktion oder Verleiher (2-4 Buchstaben)

20170831 : Datum = Jahr, Monat, Tag

FAC : Facility = Hersteller des DCP-Files (3 Buchstaben)

IOP-3D : Standard = Ob die DCP im Interop- oder im SMPTE-Standard (siehe Seite 202) erstellt wurde.

Für 3D-Filme ist die zusätzliche Angabe "-3D" möglich.

OV : Package Type, mögl. sind: OV = Original Version oder VF = Version File

Eine zusätzliche Neuerung im digitalen Kino sind optionale zusätzliche Untertitel und Hilfen für hör- oder sehbehinderte Zuschauer*innen:

Für blinde oder sehbehinderte Menschen können Audiodateien mit Bildbeschreibungen zugänglich gemacht werden, für hörbehinderte Menschen können Untertitel individuell gezeigt werden. Dafür gibt es mehrere Möglichkeiten:

VI ("Visually Impaired – narration track")
- Die DCP enthält eine Tonspur mit Bildbeschreibungen, diese kann im Kino dann über WLAN oder via Internet an die Handys der betroffenen Zuschauer*innen übertragen und mit Kopfhörer gehört werden.

HI ("Hearing Impaired")
- Eine veränderte Tonmischung (Hörverstärkung), die Dialoge gegenüber Musik und Geräuschen bevorzugt darstellt und per WLAN oder Internet übertragen werden kann.
- CCAP (Closed Caption Files): Untertitel in der Sprache der Vorführfassung, die gegebenenfalls noch mit Geräuschbeschreibungen ergänzt werden können, werden auf den Smartphones der Zuschauer*innen dargestellt.
  Mit diesem Verfahren können natürlich auch Untertitel für Übersetzungen angeboten werden.
  (Die Hearing-Impaired-Untertitel können auch auf die Leinwand projiziert werden, dann werden sie als OCAP (Open Caption Files) bezeichnet.)

Sofern die Audio- oder Untertiteldateien aus dem Internet geladen werden, kann das mit einer App erfolgen. In dieser App muss zunächst der betreffende Film ausgewählt werden und dazu die gewünschte Unterstützung (Hörverstärkung, deutsche Untertitel, etc.). Die App schaltet nun das Mikrofon des Smartphones frei und prüft damit anhand einer Referenzdatei, ob der entsprechende Film bereits begonnen hat, bzw. an welcher Position er sich befindet. Dann werden synchron die Audio- oder Untertitel Dateien zum Smartphone übertragen. Für solche Apps gibt es diverse Anbieter, z.B. 'Greta & Starks'.

DCP erstellen

Eine DCP selbst zu erstellen ist durchaus machbar, einige Software ist dazu auch kostenlos erhältlich (z.B.: OpenDCP, DCP-o-matic). Es braucht jedoch einen Rechner mit schneller Hardware und einige Render-Zeit.

Auf einfache Weise lassen sich DCPs mit dem kostenlosen Open-Source-Programm **DCP-o-matic** erstellen. Das Programm ist für Windows, Mac und Linux erhältlich. Es akzeptiert gängige Formate wie MP4, Apple ProRes, MOV, AVI und M2TS, bietet Analysemöglichkeiten für Video und Audio, kann dynamische Untertitel einbauen, KDMs und CPLs erstellen. Darüber hinaus kann DCP-o-matic aus DCPs heraus auch ProRes- und H.264-Dateien exportieren.

Nach dem Starten von DCP-o-matic muss zunächst ein (neues) Projekt geöffnet werden. In dem Fenster "Inhalt(e)" müssen dann die notwendigen Files (z.B. Schnittmaster, ggf. weitere Tondateien und Untertitel) hinzugefügt werden. *(Anmerkung: Vor- oder Nachspänne mit stummen Schwarzbildern sind nicht erwünscht, sie stören eventuell den automatisierten Programmablauf und müssten daher im Kino bei der Programmierung der Vorführung manuell herausgenommen werden.)*

Nun müssen die notwendigen Einstellungen gemacht werden:

Im Reiter 'Bild' erfolgen die Einstellungen meist automatisch:
Typ: 2D (sofern es kein 3D-Film ist)
Beschnitt: Nach Bedarf, wenn Teile des Bildes nicht gezeigt werden sollen.
Einblenden/Ausblenden: Nach Bedarf
Skaliere auf: Hier sollte das Originalformat verwendet werden, bei HD
     also 1.78:1. Von der Software werden dann ggf. schwarze Balken
     hinzugefügt, um das Vorführformat 'FLAT' oder 'Scope' aufzufüllen.
Filter: Nach Bedarf. Angeboten werden beispielsweise Deinterlacing,
     Rauschfilter, Spiegelung
Farbumwandlung: Hier wird der Farbraum des Quellmasters genannt.
     Es erscheint meist automatisch der richtige Farbraum, daher sollte
     hier die Einstellung nur geändert werden, wenn man sich ganz sicher
     ist. Siehe auch: Farbraum, Seite 159.

Im Reiter 'Ton' wird das "Channel Mapping", also die Aufteilung der Tonspuren vorgenommen. Die DCP-Spurbelegungen sind dabei vorgeschrieben und müssen eingehalten werden, ggf. müssen daher die am Schnittplatz erstellten Spuren umsortiert werden:

DCP-Kanal	5.1	7.1	Bemerkungen
1	L	L	Left
2	R	R	Right
3	C	C	Center
4	LFE	LFE	Low Frequency Effects
5	Ls	Ls	Left surround
6	Rs	Rs	Right surround
7	HI	HI	Hearing Impaired
8	VI-N	VI-N	Visually Impaired Narrative
9		Lc	Left Center (bei SDDS*)
10		Rc	Right Center (bei SDDS*)
11		Lrs	Left Rear Surround (bei DS*)
12		Rrs	Right Rear Surround (bei DS*)

*SDDS = Sony Dynamic Digital Sound
*DS = Dolby Surround

Zudem kann bei den Toneinstellungen der Audiopegel überprüft werden ('Audiopegel anzeigen') und ggf. eine Pegel-Korrektur vorgenommen werden. Der Spitzenwert (Sample Peak) darf natürlich keinesfalls 0 dB erreichen, -6 dB sollte die Obergrenze sein. Der Richtwert für LUFS für Kinofilme (die ja eine hohe Dynamik aufweisen dürfen) liegt derzeit bei -27 LUFS. (Der 'Loudness War' ist aber auch im Kino angekommen und so können sehr laute Filme auch bis zu -20 LUFS aufweisen. Das kann natürlich alles im Kino am Lautstärkeregler nachgeregelt werden, aber sinnvoll ist es schon, dass die Lautheit der Filme und insbesondere der Spitzenpegel normiert ist. Für TV-Files ist übrigens -23 LUFS vorgeschrieben, um bei den Zuschauer*innen im heimischen Wohnzimmer eine geringere Dynamik zu erreichen. Siehe auch: LUFS, Seite 281)
Die ggf. notwendige Pegelkorrektur kann in dem Feld 'Verstärkung +/-' vorgenommen werden.

Dynamische Untertitel können hinzugefügt werden, möglich sind die Dateiformate .srt, .ssa, oder .ass und bereits erstellte DCP-Untertitel-Dateien (MXF-Datei, beginnend mit "sub_"). Dazu werden sie in das Feld mit den Quelldateien mit dem Befehl "Dateien hinzufügen" importiert. Wenn sie dort angeklickt werden, öffnen sich unten die Optionen "Timed text" und "Timing/Trimmen", hier können Formatierung, z.B. Schriftfarbe, -größe und Umriss, sowie zeitliche Abläufe definiert werden.
Die Standard-Schriftart für Untertitel bei DCP-o-matic ist Arial (unabhängig von der Schriftart, die in der .srt-Datei vorliegt), jedoch kann mit dem Untermenü "Zeichensatz" eine andere Schriftart hinzugefügt werden. In dem Untermenü "Darstellung" kann die Schriftfarbe, eine Umrandung oder auch Schriftschatten ausgewählt werden und die Farbe für diesen. Die Größe und Position der Untertitel sind vorgewählt (Verschiebung = 0%, bzw. Größe = 100%), können jedoch verändert werden.
Unbedingt muss bei der Verwendung von dynamischen Untertiteln dann auch ein Eintrag im Feld "Caption Sprache" erfolgen. (Ebenso muss natürlich die CPL ergänzt werden im Reiter "DCP", Option "Details".)

Nun kann ganz oben der Reiter 'DCP' aufgerufen werden. Dort erscheint oben, sofern 'ISDCF Name erzeugen' angekreuzt ist, bereits die CPL. Die Sprachfassung muss aber noch mit einem Klick auf 'Details' ergänzt werden (siehe oben: "Digital Cinema Naming Convention").
Der Inhaltstyp kann nach je nach Filmtyp ausgewählt werden.

Wichtig ist noch die Entscheidung für einen DCP Standard, d.h., für 'SMPTE' oder 'Interop' (siehe Seite 202).
Unten bei 'Bild' kann nun noch DCI Containertyp ausgewählt werden. Hier bitte nur zwischen 'Flat' und 'Scope' auswählen. Das Format 'Full Container' ist nicht für den normalen Kinobetrieb vorgesehen.
Bei der Auflösung muss '2K' oder '4K' ausgewählt werden. Bei einer Full-HD-Produktion bringt eine 4K-DCP keine Vorteile, dadurch wird nur die Datei größer und die Datenrate höher.
Eine 4K-DCP von einer 4K-Produktion kann auch für die Vorführung in einem 2K-Kino genutzt werden.

Die DCP-Bildrate sollte dem Original entsprechen, sonst kann es zu Rucklern bei der Vorführung kommen. Sofern es sich bei dem Film um andere Bildraten als 24p handelt, muss 'SMPTE' ausgewählt werden.
Die JPEG2000 Bildrate sollte zwischen 75 und 125 MBit/s liegen.

Im Reiter 'Ton' kann nun noch ausgewählt werden, wieviele Audiokanäle in der DCP angelegt werden sollen. Das sollte der Anzahl der Kanäle im Masterfile entsprechen, aber ein Stereosignal kann auch in ein 5.1-Signal verpackt werden. Das ist sinnvoll, da dann die Stereomischung originalgetreu den Lautsprechern im Kino zugeordnet wird. Sonst könnte eine 2.0 Mischung je nach Audio-Decoder im Kino eine andere Decodierung erhalten.

Mit dem Kino oder dem Festival muss nun noch die Art der Übergabe der DCP-Dateien vereinbart werden. Für eine Projektion direkt vom eingereichten Datenträger müssen die Dateien auf einer Festplatte oder einem Stick mit USB 2 vorliegen, formatiert als MBR (Master Boot Record) Ext 2/3. Doremi und Sony unterstützen MBR NTFS, aber vorgesehen ist das Linux Format Ext2 oder Ext3 mit der Bytegröße iNode 128, read and executable only.
Eine Formatierung des Datenträgers mit Ext 2 oder Ext 3 ist möglich mit:
- PC mit Ubuntu Linux
- Ubuntu Linux auf USB-Stick (portable)

Ein Versand von DCP-Dateien als Upload sollte stets als .zip-Datei erfolgen (s.u.: Fehlerquellen).

"DCP-o-matic" basiert auf dem Programm "Open-DCP". Um zu verstehen, wie DCP-o-matic funktioniert, ist es hilfreich, sich die Arbeitsweise und die Abläufe von Open-DCP anzuschauen:

Open-DCP ist ein kostenloses Open-Source-Programm für Linux, Mac und Windows zur Erstellung von DCPs für 2K und 4K in den gängigen Frameraten (24, 25, 30, 48, 50, 60). Es ermöglicht aus TIFF- oder DPX-Dateien die Konvertierung in den DCP-Farbraum, die Erstellung der notwendigen MXF-Files für Audio und Video, die Einbindung von Untertitel-Files und schließlich die Erstellung des kompletten DCP-Paketes mit korrekter File-Bezeichnung. Eine KDM-Verschlüsselung ist möglich, zusätzlich wird aber ein KDM-Generator benötigt.

Vorbereitung der Files (nicht notwendig bei DCP-o-matic): Aus dem jeweiligen Schnittprogramm TIFF-Bilder erstellen mit 8, 16, oder 24 Bit (oder eine DPX-Sequenz, siehe Seite 104). Dabei müssen Dateinamen in gleicher Länge + Schreibweise mit fortlaufenden Nummern erzeugt werden, z.B.: Bild00001, Bild00002, etc.
Alle Tonspuren separat als Mono-WAV-Dateien erstellen mit 24 Bit + 48 kHz (auch möglich: 96 kHz)

1. Die Bilddateien mit Open-DCP in JPEG2000 encodieren.
Neben der Auswahl von 2K/4K und der Framerate muss der Quellfarbraum eingestellt werden (z.B. REC.709) und vor allem muss X'Y'Z'-Transformation angeklickt werden, d.h., die Transformation in den DCP-Farbraum.

Einstellungen: Als Bandbreite für 2K genügen etwa 75 MBit/s. Eine deutlich höhere Datenrate kann kleinere Kinoserver zum Stottern bringen.
(Dieser Schritt kann mit geeigneter Schnittsoftware auch übersprungen werden: Z.B. mit dem After-Effects – Plugin "J2K" können JPEG2000 Bilder auch direkt erstellt werden.)

Anmerkung:
DCP-encodierte JPEG2000 Bilder sind zwar am normalen PC darstellbar, weisen jedoch in Fotosoftware-Darstellungen scheinbar "falsche" Farb- und Gammawerte auf: Das Bild wirkt grünlich und flau im Kontrast, die Qualität der Bilder ist in dieser Form also kaum beurteilbar. Nur eine DCP-Software, bzw. -Projektion zeigt die richtigen Werte.

2. Im nächsten Reiter 'MXF' wird den JPEG2000- und den WAV-Dateien der MXF-Container zugeordnet (Auswahl von 'JPEG200', 'MPEG' und 'WAV' im Feld 'Type'). Als Label "SMPTE" wählen. (MXF-Interop ist weniger flexibel, siehe Seite 202). Auch die DCP-Framerate wird hier bestimmt.

3. Bei Bedarf im Reiter 'Subtitles' Untertitel-Dateien im srt-Format hinzufügen. (srt siehe Seite: 115)

4. Im Reiter 'DCP' das DCP-Package erstellen. Die Benennungen für DCP-Ordner sind genormt (s.o.), daher sollte auch der von OpenDCP angebotene "Title-Generator" benutzt werden. Dieser Titel wird dann als Benennung für den DCP-Ordner verwendet.

Mit 'Create DCP' kann nun die DCP erstellt werden.

Fehlerquellen
Ein Problem liegt in der Kontrolle der erstellten DCP – es gibt derzeit keine kostenlose Software, mit der die DCP eines längeren Films komplett durchgeprüft werden kann. Immerhin, manche Software bietet kostenlose Testversionen, mit denen man kurze Sequenzen prüfen kann. Eine Prüfung im heimischen Schnittstudio ist allerdings nur begrenzt aussagekräftig, da die Anlage zumeist nicht den DCI-P3-Farbraum wiedergeben kann, d.h., Farben und Kontraste sind nicht wirklich beurteilbar. Immerhin, die DCP kann auf Funktion, Fehlbilder, Tonspurbelegung, Sprachfassungen, Untertitel und Synchronität geprüft werden. Eine umfassende Prüfung sollte jedoch, wenn möglich, in einem DCI-zertifizierten Kino stattfinden.

Auf diese 'klassischen' Fehlerquellen sollte man bei der Erstellung einer DCP achten:

- CPL-Bezeichnung: Die CPL (s.o.) sollte vollständig und in der richtigen Reihenfolge geschrieben sein, sie ist die Grundlage für die Einstellungen des Projektors und für den Programmablauf im Kino
- Bewegungsauflösung: Ein Pull-Up oder ein Pull-Down des Videomaterials kann zu ruckelnden Bewegungen im Video führen
- Asynchronität: Beim Erstellen und Anlegen der Tonspuren für die DCP können Fehler passieren, z.B. bei einer falschen Sample-Rate
- Zuweisung der Tonkanäle: Durch unklare Benennungen können Tonkanäle beim Import in die DCP falsch zugewiesen werden
- Untertitel-Einbettung: Bei der Verwendung von dynamischen Untertiteln (SRT-Dateien) ist die Funktion, Vollständigkeit und Synchronität der UT zu prüfen
- Farbraum: Das Bild ist (im Kino) auf korrekten Kontrast, Gamma, und Farbe zu prüfen
- Bild- und Tonstörungen: Gelegentlich werden einzelne Bilder bei der Erstellung der DCP nicht korrekt gerendert, das kann zum Absturz der DCP führen. Archivmaterial von Videobändern können Ausfälle von Bild- oder Toninhalten aufweisen, der Ausfall von Synchronimpulsen führt zu extrem unangenehmen Ton- und Bildstörungen bei einer DCP
- Schwarz am Anfang und Ende eines Videos sollte, wenn überhaupt, nur wenige Frames dauern. Bei längeren Schwarz-Sequenzen bliebe das Kino vor, bzw. nach dem Film dunkel, da ja die DCP-Anlage auch das Saallicht und den Vorhang steuert
- Datenrate: bei der Datenrate sollte auf die Möglichkeiten des Kinos Rücksicht genommen werden, die Server von kleineren Kinos sind eventuell mit einer sehr hohen Datenrate überfordert, das Video könnte gelegentlich stocken

Der Upload von DCP-Dateien, z.B. zu einem Festival, sollte grundsätzlich in einer .zip-Datei erfolgen, die den kompletten DCP-Ordner mit allen Unterordnern und Dateien enthält. Diese Ordner und Dateien basieren auf Verweisen untereinander und werden von professioneller DCP-Software auf korrekte Hash-Summen geprüft. Ein separater Upload der einzelnen Ordner und Dateien auf einen Server kann daher zu Fehlermeldungen und falschen Zuordnungen führen.

Messgeräte

Für die Kontrast- und Farbkorrektur sind Messgeräte, justierte Monitore und kontrollierte Lichtbedingungen am Schnittplatz (und in der Studioregie) notwendig.
Der Schnittplatz sollte kein wechselndes Tageslicht aufweisen, die Ausleuchtung sollte mit Tageslicht-Farbtemperatur (6.000 - 6.500 K) stattfinden, auf dem Monitor dürfen keine erkennbaren Reflektionen sein, als Referenz für das Auge sollten die Wände des Schnittraums eine unbunte Farbe aufweisen und der Monitor eine Hintergrundbeleuchtung haben.

Monitor
Die visuelle Beurteilung eines Videosignals sollte mit einem "Klasse 1"- oder "Klasse 2"-Monitor erfolgen. Sie bieten eine hohe Auflösung und die Helligkeits-, Kontrast- und Farbeinstellungen sind genormt. Solch ein Monitor bietet HD-SDI-Eingänge, HDMI-Eingänge und eventuell auch noch analoge Y/R-Y/B-Y - Eingänge, mit denen sich das Videosignal unverfälscht darstellen lässt (vielleicht auch noch FBAS Eingänge, mit denen man prüfen kann, was im ungünstigsten Fall bei den Zuschauer*innen ankommt, z.B. Cross-Colour-Fehler). Zusätzlich gibt es noch Prüftasten, z.B. "Underscan", eine Anzeige, die das Bild soweit verkleinert, dass keine Bildränder mehr abgekascht werden. Damit können Farbverschiebungen oder instabile Zeilen am Bildrand ermittelt werden. Das Peaking ist einstellbar; die Farbanteile sind separat darstellbar, somit kann mit geeigneten Testbildern ein korrekter Chroma-Pegel eingestellt werden.
(Bei der Verwendung einfacher LCD-Monitore sollte bedacht werden, das bei Schwarzwerten eine Resthelligkeit von Hintergrundbeleuchtung durch die LCDs dringt. Manche Monitore weisen auch einen "dynamischen Kontrast" auf, d.h., die Hintergrundbeleuchtung wird bei dunklen Bildern gedimmt, somit können auch helle Bildteile dunkler werden. Die Kontrastverhältnisse bei LCD-Monitoren sind zudem mehr oder weniger vom Blickwinkel abhängig.)

Aber auch bei optimalen Raumbedingungen und justierten Monitoren findet eine Gewöhnung des Auges an Bildfarben statt, d.h., ein Farbstich wird nach einiger Zeit ignoriert. Man benötigt also in jedem Fall objektive Messinstrumente.

Messgeräte für Videopegel
Die nachfolgende Beschreibung für Waveformmonitor und Vektorskop bezieht sich vorwiegend auf die Handhabung und Bedienung als externe Stand-alone-Geräte. Inzwischen sind diese Messgeräte aber auch als Tools

in professionelle Schnittsoftware eingebaut. Einige der unten genannten Bedien-Optionen sind dadurch überflüssig geworden. Ganz wichtig ist nun aber, dass für die Nutzung dieser Schnittsoftware-Tools die Projekteinstellungen korrekt sind. Das heißt, es muss darauf geachtet werden, dass ein Projekt im richtigen Farbraum realisiert wird. Für SD-Projekte muss also die Norm ITU-R BT.601 eingestellt sein, für HDTV-Projekte die Norm ITU-R BT.709 und für UHDTV-Projekte die Norm ITU-R BT.2020. Für 2k- und 4k-Kinoproduktionen ist der erweiterte Farbraum "DCI-P3" mit größerer Bit-Tiefe (12 Bit) vorgesehen, für BluRays sind erweiterte Farbräume (xvYCC) und größere Bit-Tiefen (DeepColor) möglich (- aber nur für bestimmte Hardware-Konstellationen sinnvoll). Werden dafür die Projekteinstellungen nicht richtig gewählt, dann können die Messanzeigen von Waveformmonitor und Vektorskop falsch sein.

Waveformmonitor
Hiermit können die Pegel des Luminanz- und des Synchronsignals ermittelt werden, sowie Dauer und Ort der Signale (z.B. um Phasenverschiebungen zu messen). Der Waveformmonitor stellt (in der üblichen Grundeinstellung) die Helligkeitswerte aller Zeilen gleichzeitig dar. Die Darstellung ist insofern anschaulich, als dass die abgebildeten Objekte in ihrer horizontalen Position erkennbar sind. Die vertikale Position in der Waveform-Darstellung wird aber allein durch die Helligkeitswerte der Bildpunkte bestimmt.

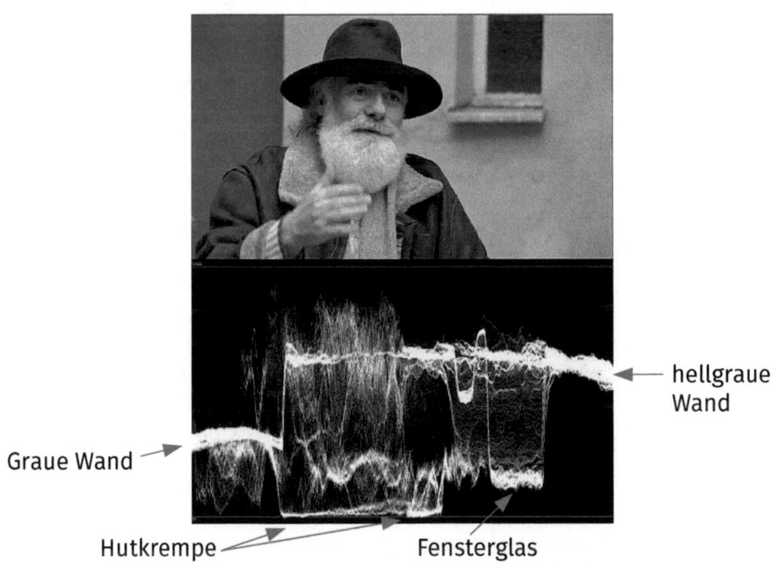

Beispiel für eine Waveform-Darstellung

Eine Variante des Waveform-Monitors ist die "RGB-Parade", sie stellt nebeneinander die Rot-, Grün- und Blauwerte jeweils als separate Waveform-Grafik dar. *(Eine weitere Variante ist die Y/Cb/Cr-Darstellung.)*

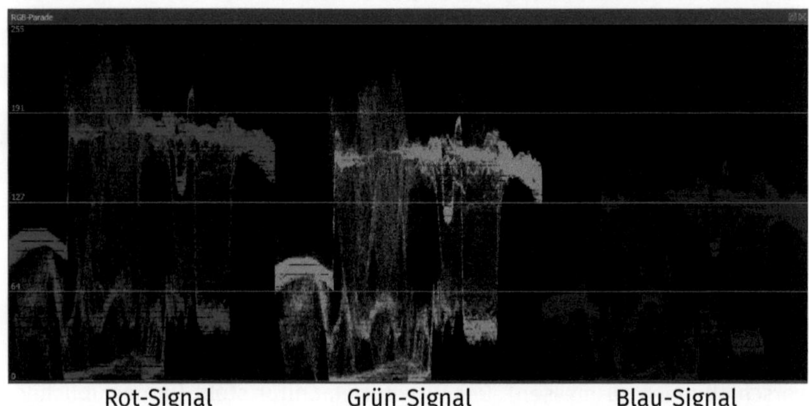

Rot-Signal   Grün-Signal   Blau-Signal

RGB-Parade
(am Motiv-Beispiel der vorhergehenden Grafik)

Am Schnittplatz wird der Waveformmonitor zumeist dazu benutzt, den Pegel des Luminanzsignals festzustellen. Dazu wird das Farbsignal ausgefiltert (Einstellung: "LUM"), so dass nur die Werte des Schwarz-Weiß-Signals dargestellt werden. Zur Bewertung des Signals muss zwischen Signalamplitude (SA) und Bildamplitude (BA) unterschieden werden. Die Signalamplitude (der Spannungsunterschied zwischen dem Synchron-impuls und der höchsten Bildaussteuerung = reines Weiß) darf nur maximal 1 Volt betragen.

Die Bildamplitude bezieht sich nur auf den Spannungsunterschied zwischen dem Schwarz- und dem Weißwert (und darf nur maximal 0,7 Volt betragen). Für die Arbeit am Schnittplatz bezieht man sich auf die Bildamplitude und gibt dort die Werte in Prozent an. Schwarz entspricht somit 0% (2-3% sind ebenso als Schwarz zugelassen) und Weiß entspricht 100%. Diese 100% entsprechen in den Farbräumen 601, bzw. 709, dem Bit-Wert 235, für die NTSC-Messung entspricht das dem Wert 100 IRE und für ein PAL-Signal 700mV. 0% entspricht dem Bit-Wert 16, für NTSC 7,5 IRE und für ein PAL-Signal 0mV. Der Schwarzwert darf nicht unter 0% absinken, da er sonst fälschlicherweise von Recordern oder Monitoren als Synchron-signal gelesen werden könnte. Das Weißsignal darf 100% nicht über-schreiten, da sonst eine Übersteuerung (ausgewaschen wirkende Bildteile) von Recordern und Monitoren stattfinden könnte. (Sehr feine Signalspitzen über 100%, z.B. Reflexionen auf sehr kleinen Flächen, sind erlaubt.) Prinzipiell ist mit Hilfe des Waveformmonitors darauf zu achten, ein möglichst kontrastreiches Bild zu erzielen, bei dem weder wesentliche Bildteile im Schwarz "verschluckt" werden, noch helle Bildteile verwaschen wirken.

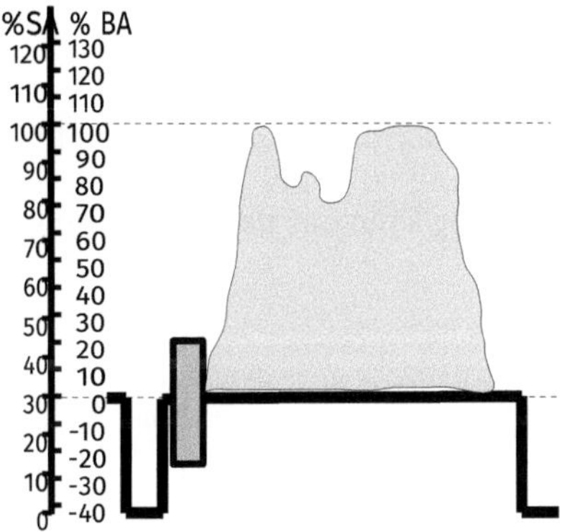

Korrektes Bildsignal mit Aussteuerung der Signalspitzen bis 100% BA und Schwarzwert größer oder gleich 0% BA.

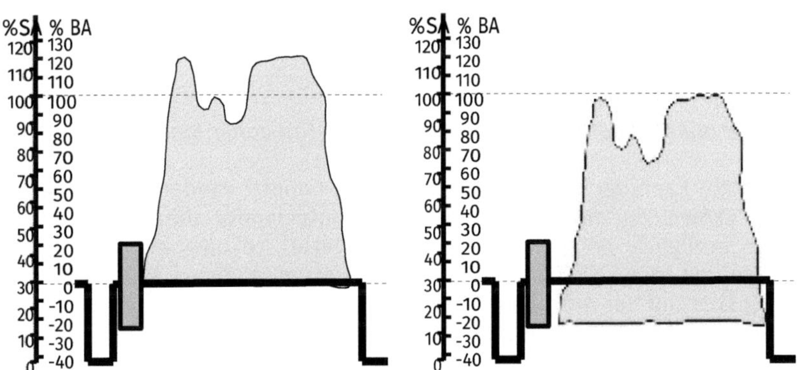

Unzulässig hoher Signalpegel, die Pegel über 100% führen zu Übersteuerungen bei der Aufzeichnung und werden dabei zu konturlosen weißen Flecken.

Unzulässig tiefer Signalpegel unterhalb von 0% BA kann Störungen des Synchronsignals verursachen.

Auch bei digitalen Schnittsystemen können Pegel angezeigt werden, die deutlich unter 0% oder über 100% liegen. Bei einem Export werden die Bildsignale jedoch begrenzt auf den Bereich zwischen 0% und 100% BA. Aber auch wenn somit keine 'verbotenen' Pegel mehr auftreten können, bedeutet das nicht, dass jedes Bild optimal ausgesteuert ist: Wenn der Videolevel zu stark angehoben wird, dann 'staucht' sich das Signal an der 100%-Grenze, es wird komprimiert. Der Pegel ist dann zwar noch zulässig, aber die Konturen in den hellen Bereichen gehen verloren (Zeichnung a). Wenn der Black-Level zu hoch angehoben wird, geht das Schwarz im Bild verloren, der Kontrast verringert sich, das Bild wirkt wie im Nebel aufgenommen (Zeichnung b). Bei entsprechenden Bildmotiven mit geringem Kontrastumfang kann das natürlich auch korrekt sein.

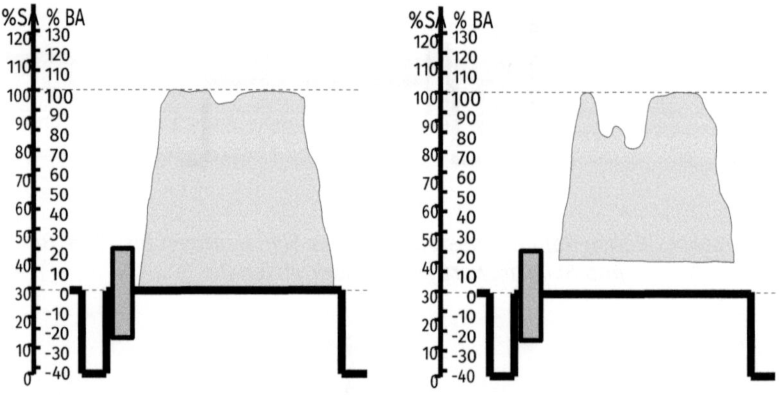

a) zu hohe Videolevel-Einstellung   *b) zu hoher Black-Level*

Weiterhin kann der Waveformmonitor dazu benutzt werden, um Kameras und Zuspieler im analogen Studiobetrieb aufeinander abzugleichen, zum einen bezüglich der Synchronsignale (H-Phase), so dass alle beteiligten Geräte mit dem gleichen Takt arbeiten, zum anderen bezüglich der Feinjustierung der einzelnen Geräte auf gleiche Ausgangspegel, bzw. der Kompensation von Leitungsverlusten bei der Übertragung.

Als Testsignal wird dazu ein Farbbalken (Bars) mit acht senkrechten Balken verwendet: Weiß, Gelb, Cyan, Grün, Magenta, Rot, Blau und Schwarz. Üblich sind zwei Farbbalkenvarianten: 100/100 und 100/75. Das sind eigentlich nur gängige Kurzbezeichnungen, technisch richtig ist die Benennung 100/0/100/0, bzw. 100/0/75/0 Die erste Zahl bezieht sich auf den weißen Balken und bedeutet, dass dieser mit 100% seines Wertes dargestellt wird, also eins zu eins. Der Waveformmonitor sollte dieses mit

100% BA anzeigen, das Vektorskop mit einem Punkt in der Bildmitte. Der zweite Wert "0" besagt, dass es keine Schwarzabhebung gibt, der Schwarzwert liegt also bei 0% im Waveformmonitor und als unbunter Punkt in der Bildmitte des Vektorskops. Der dritte Wert "/100" oder "/75" bezieht sich auf die Intensität der farbigen Balken, also ob die volle (technisch zulässige) Farbaussteuerung mit 100% oder nur zu 75% dargestellt wird. Der vierte Wert "/0" bezeichnet die minimale Farbsättigung. Welcher Farbbalken vorliegt, lässt sich am Waveformmonitor in der "LUM"-Einstellung erkennen: Beim 100/100 Balken liegt der Gelbwert bei 89% BA, beim 100/75 Balken etwa bei 67% BA.

Noch einfacher ist es in der "FLAT"-Einstellung: Hier wird bei Einspeisung eines FBAS-Signals zusätzlich zu den Luminanzwerten von Yl, Cy, G, Mg, R, B auch die jeweilige Farb-Aussteuerung dargestellt, sowie das Burstsignal zwischen Synchron- und Bildsignal. Beim 100/100 Balken liegt nun die Oberkante der Farbwerte von Gelb und Cyan bei etwa 130%, beim 100/75 Balken sollte die Oberkante der Farbwerte von Gelb und Cyan identisch zum Weißwert bei 100% liegen.

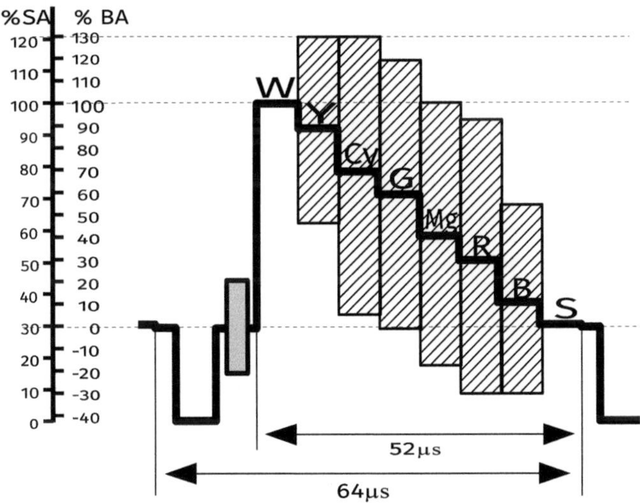

Waveformdarstellung des Flat-Signals eines 100/100 Farbbalkens

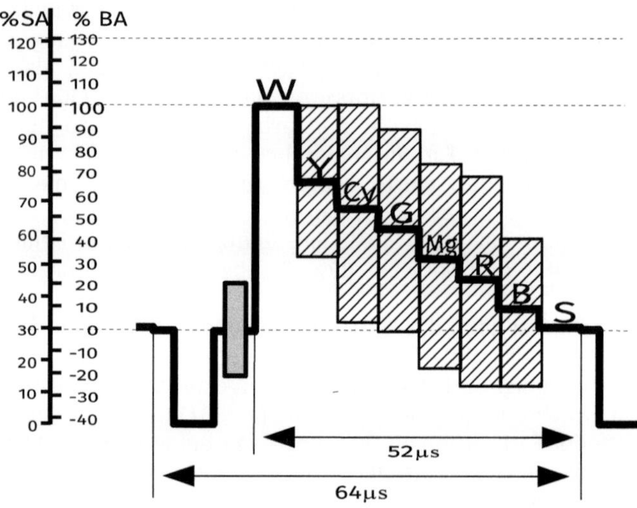

Waveformdarstellung des Flat-Signals eines 100/75 Farbbalkens

Die Sollwerte (BA) des Y-Signals für die einzelnen Farbwerte betragen für die einzelnen Farbbalken:

	Weiß	Gelb	Cyan	Grün	Magenta	Rot	Blau	Schwarz
100/100	100%	89%	70%	59%	41%	30%	11%	0%
100/75	100%	66%	53%	44%	31%	22%	9%	0%

Prinzipiell könnte auch ein einfaches Oszilloskop für diese Aufgabe verwendet werden. Da dieses aber nicht die Farbsignale ausfiltern kann, müsste es mit dem puren Luminanzsignal (z.B. aus dem Y-Anteil eines analogen Komponentensignals) gespeist werden. Problematisch ist allerdings, dass sich bei manchen Oszilloskopen die Nulllinie der Spannung nicht fest einstellen lässt, so verschiebt sich die Darstellung je nach Luminanzanteil vertikal. Zu diesem Zweck ist bei Waveformmonitoren die Funktion "DC-Restore" eingebaut, die den Nullwert in der Darstellung "festklemmt".

Vektorskop

Das Vektorskop stellt die Aussteuerung der Farbwerte eines Bildes dar. Eine Zuordnung des Farbwertes zu der Position im Bild ist dabei nicht gegeben. Vergleichbar wäre die Darstellung mit einem Farbkreis, auf dem die Farben zum äußeren Rand hin intensiver werden. Mit dem Vektorskop kann überprüft werden, ob beispielsweise sehr intensive Farbflächen im Bild eine Übersteuerung von einzelnen Farben aufweisen. Weiß, Grau und Schwarz sind "unbunt" und weisen somit keine Farbsättigung auf, daher erzeugen sie im Vektorskop keine Ablenkung nach außen und liegen im Mittelpunkt. Zusätzlich stellt das Vektorskop bei einem PAL-Signal den Burst dar.

Am Waveformmonitor lässt sich zwar mit dem Farbbalken-Testbild überprüfen, ob die Chrominanzpegel normgerecht sind, nicht jedoch, ob die Farben auch die richtige Färbung (Farborte) haben. Diese Überprüfung kann mit dem Vektorskop erfolgen. Es muss aber zunächst auf den richtigen Farbbalken eingestellt werden: 100/100 oder 100/75. Dazu gibt es im Monitorbild beim Burst eine Markierung (100% oder 75%) und einen Umschalter im Bedienfeld für den richtigen Wert.
Wenn das Vektorskop richtig eingestellt ist, sollten die Farborte in den vorgegebenen Referenz-Markierungen angezeigt werden. Eine Verschiebung nach rechts oder links (gegenüber einer gedachten Linie zwischen Mittelpunkt des Vektorskops und dem Farb-Sollpunkt) bedeutet eine falsche Färbung. Eine Verschiebung der Farborte nach innen oder außen (gegenüber dem Mittelpunkt des Vektorskops) bedeutet einen falschen Chrominanzpegel (Farbpegel), dieses sollte beim Farbbalken-Testbild auch im Waveformmonitor erkennbar sein.

Auf der folgenden Seite sind die Vektorskope-Darstellungen eines 100/100- Farbbalkens und eines 100/75-Farbbalkens zu sehen. Nur ein kleines Detail unterscheidet die beiden Darstellungen - die Länge des Burst-Signals:

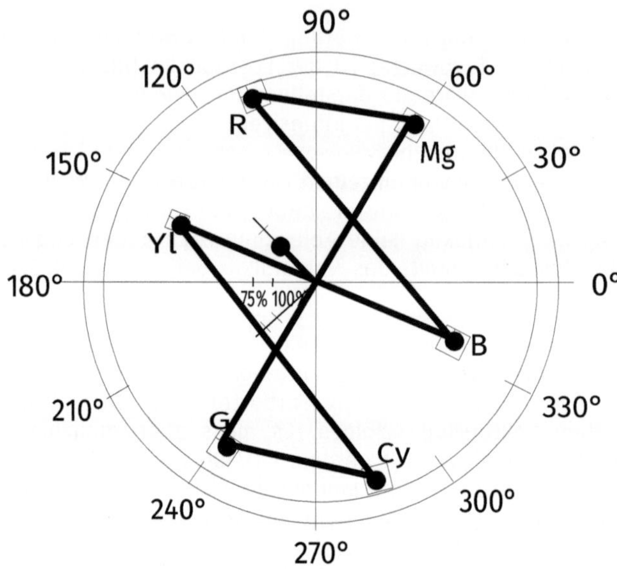

Vektorskop-Darstellung eines 100/100 Farbbalkens

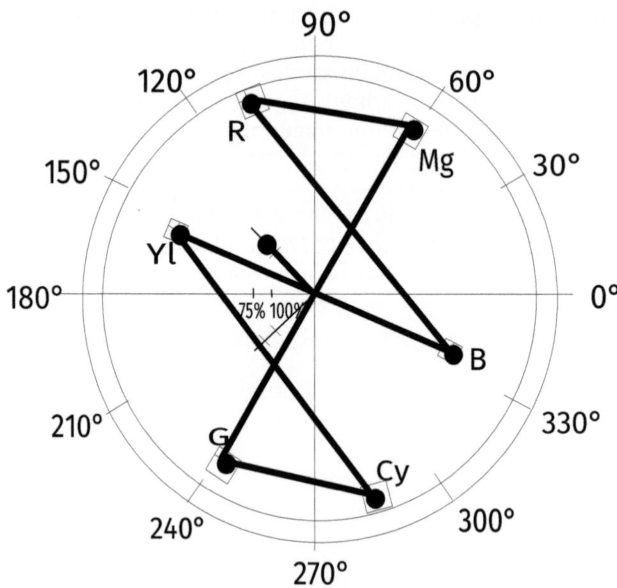

Vektorskop-Darstellung eines 100/75 Farbbalkens

Bis auf den Burst sehen hier die beiden Farbbalken-Signale gleich aus. Tatsächlich hat sich aber nicht der Burst verändert, sondern durch das Umschalten des Vektorskops auf eine Einstellung für das jeweilige Farbsignal (100/100 oder 100/75) wird der Maßstab der Darstellung verändert. Dadurch wird erreicht, dass die Farborte beider Farbbalken (wenn sie normgerecht sind), in den vorgegebenen Referenz-Markierungen abgebildet werden. (Natürlich kann man sich auch einen 100/75 Farbbalken in der 100/100 Einstellung ansehen, dann würden die Farborte jedoch wesentlich näher am Mittelpunkt abgebildet. Aber man stellt dabei fest, dass der 100/100 und der 100/75 Burst identisch sind.)

Da beim PAL-Signal die Farbphase alterniert, werden in der PAL-Einstellung des Vektorskops zwei Burstlinien dargestellt und jede Farbaussteuerung ist ebenfalls gespiegelt, also zweimal sichtbar. Das Umschalten des Vektorskops auf die NTSC-Einstellung macht die Darstellung insofern übersichtlicher, dass hier die Werte nicht gespiegelt dargestellt werden, also Burst und Farbaussteuerungen nur noch einmal dargestellt werden.

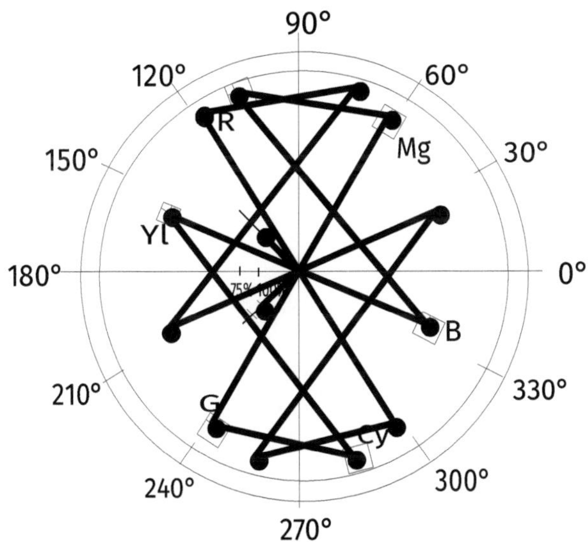

So sieht die Farbbalkendarstellung in der PAL-Einstellung des Vektorskops aus: Die verschiedenen Phasenlagen des Farbsignals werden gleichzeitig dargestellt. Übersichtlicher ist insofern die NTSC-Einstellung am Vektorskop, die nur eine Phasenlage darstellt (siehe obige Grafiken).

Histogramm

Eine weitere Möglichkeit der Bildmessung bietet das Histogramm. Üblicherweise werden Histogramme im Fotobereich verwendet. Hier wird die statistische Verteilung der Helligkeit der einzelnen Bildpunkte als Balkendiagramm dargestellt. Auf der waagerechten Achse werden von links nach rechts die Helligkeitswerte von Schwarz bis Weiß dargestellt, die Vertikale wird durch die Anzahl der Bildpunkte, die dem jeweiligen Helligkeitswert entsprechen, gebildet. (Das Histogramm kann auch für die einzelnen RGB-Anteile getrennt dargestellt werden.)

Mit dem Histogramm lässt sich somit erkennen, wie gleichmäßig die Belichtung eines Bildes ist, bzw. inwieweit die dunklen oder hellen Anteile eines Bildes überwiegen. Sind die Werte auf der linken Seite des Diagramms konzentriert, dann ist das Bild unterbelichtet, sind sie auf der rechten Seite konzentriert, dann ist es überbelichtet, jedenfalls soweit es sich um ein Motiv mit normaler Helligkeit und normalem Kontrast handelt. (Grundsätzlich ist es bei Video wichtig, den möglichen Kontrastumfang von 100% BA weitgehend auszunutzen, sonst wirken Bilder matt und kontrastarm. Zudem haben viele Consumer-Fernseher die unangenehme Eigenschaft, bei geringerem Helligkeitspegel die Hintergrundbeleuchtung des Bildschirms abzusenken.)

Bildmotiv

Im Gegensatz zur Waveform-Darstellung lässt sich bei einem Histogramm die Position der einzelnen Bildpunkte allerdings nicht mehr erschließen. Für das obige Landschaftsfoto sieht das Histogramm daher also so aus:

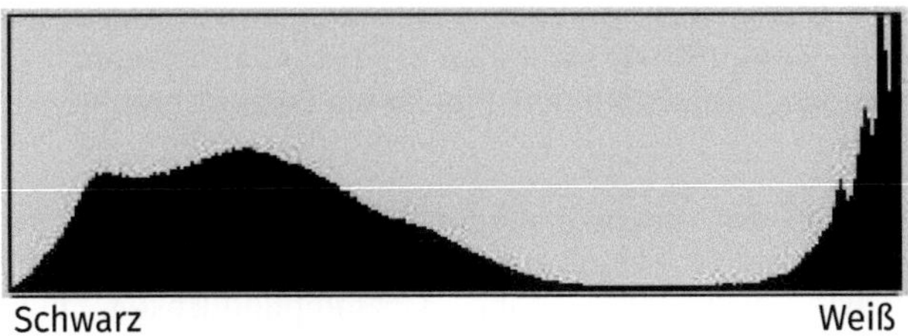

Histogramm Landschaftsfoto

Bei der Darstellung der Helligkeitswerte eines Farbbalkens sieht ein Histogramm recht unspektakulär aus, da es ja nur genau acht Grauwerte gibt:

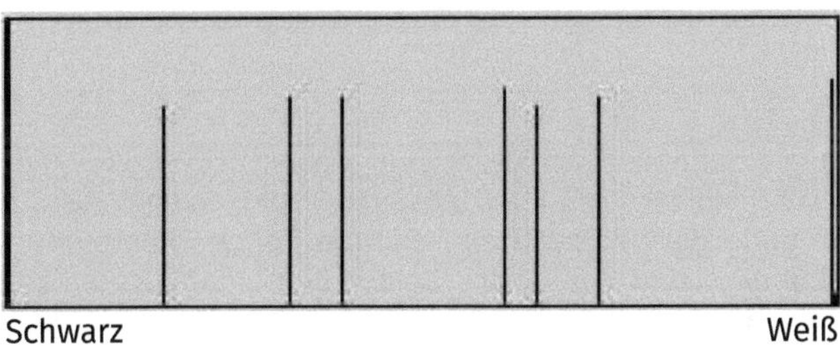

Histogramm Farbbalken

Kameratechnik

Kamera-Typen

Das Angebot an verschiedenen Kamera-Typen ist inzwischen sehr groß, nicht immer lassen sich die einzelnen Typen auch klar voneinander abgrenzen. Im wesentlichen kann man die Typen jedoch nach Bauart und Verwendungszweck unterscheiden, hier ist ein kurzer Überblick:

Cine-Kamera

Hier kommt es auf höchste Bildqualität an, den Kern bildet der Kamerabody mit einem großformatigen Bildsensor, der sowohl eine hohe Auflösung wie auch eine hohe Lichtempfindlichkeit bietet. Die Aufzeichnung findet in RAW-Dateien statt, damit kann ein großer Belichtungsumfang aufgezeichnet werden, die Datenmenge ist allerdings auch entsprechend groß und in der Postproduktion ist ein entsprechender Aufwand erforderlich. An den Kamerabody können In einem modularen Aufbau die notwendigen Zusatzteile wie Sucher oder Monitor, Objektiv, Griffe, Kompendien, Funkschärfen, externe Recorder etc. angebaut werden. Da diese Kameras zumeist im szenischen Bereich verwendet werden, sind Stromverbrauch, Gewicht und Ergonomie weniger wichtige Kriterien. Zudem dauert es einige Zeit, bis eine Cine-Kamera drehfertig installiert ist.

Broadcast-Kamera

Hier spielt ein schneller Workflow eine wesentliche Rolle. Die Kamera muss in sehr kurzer Zeit betriebsfertig sein, lange Akkulaufzeiten aufweisen und die Videodaten müssen ohne Rendering in der Postproduktion direkt nutzbar sein. Eine Broadcast-Kamera ist grundsätzlich als Schulterkamera gebaut und mit einem lichtstarken Zoomobjektiv für einen großen Brennweitenbereich ausgerüstet. Üblich sind Bildsensoren mit 2/3", sowie XLR-Audioeingänge mit Phantomspeisung. Eine FullHD-Auflösung reicht derzeit aus, da die klassischen Fernsehsender ohnehin nur in 720p oder 1080i senden. (Bei den Streaminganbietern gibt es hingegen auch im nichtfiktionalen Bereich Angebote in UHD-Auflösung, z.B. bei Sportübertragungen.)
Grundsätzlich sind professionelle Broadcast-Kameras auch als Studiokameras verwendbar und über eine CCU (siehe Seite 255) ansteuerbar.

Compact-Camcorder

Ursprünglich waren die Compact-Camcorder in der Consumer-Technik beheimatet, dort waren günstige, kleine, leichte Kameras mit fest installierten Zoomobjektiven gefragt, die einfach zu handhaben sind und mit Bild- und Tonautomatik eine mehr oder minder passable Bildqualität erzielen konnten. Mit deutlich verbesserter Technik haben sich Kameras dieses kompakten Typs inzwischen auch im professionellen Bereich etabliert. Nicht ganz so ergonomisch wie bei Broadcast-Kameras lassen sich die kompakten Modelle inzwischen vollständig manuell bedienen, auch wenn manche Funktionen noch in tiefen Menüs angesteuert werden müssen. Die Bildqualität in UHD und sogar 4K kann sehr gut sein, selbst HDR- und RAW-Aufzeichnungen sind bei einzelnen Modellen zu haben, 1" und sogar 4/3"-Bildsensoren ermöglichen einen annähernd filmischen Eindruck der Bilder und XLR-Toneingänge gehören ohnehin zum Standard.

DSLR/DSLM

Diese Kameras entstammen der digitalen Fotografie, eine Video-aufzeichnung war dort zunächst jedoch meist nur kleines zusätzliches Feature mit mäßiger Qualität, d.h., geringer Auflösung und geringen Bildraten. Inzwischen sind DSLR-Kameras jedoch zu vollwertigen Videokameras mit sehr guter Bildqualität geworden. DSLR bezeichnet hierbei Kameras mit einem Spiegelreflex-System, DSLM sind spiegellose Kameras. Insbesondere ein großer Bildsensor (4/3", APS-C, Vollformat) und eine hohe Lichtempfindlichkeit bei gleichzeitigem hohen Kontrast-umfang sorgen für Bilder mit einem ausgeprägten filmischen Look. Zum Teil werden bei diesen Kameras auch RAW-Aufzeichnungen angeboten. Nachteilig ist die kleine Bauform, die eine intuitive manuelle Einstellung schwierig macht, vieles muss über Menüs eingestellt werden. Der Audioeingang ist meist eine kleine Stereo-Klinkenbuchse, deren Kontakte nicht sicher verriegelt werden können und die auch keine Phantom-speisung für professionelle Mikrofone anbietet. Zudem ist die Aussteuerung des Tonsignals meist nur über eine Menüfunktion möglich. Es empfiehlt sich also, einen portablen Audiomixer zu verwenden und/oder die Audioaufnahme mit einem separaten Audio-Rekorder zu machen. Bei der Nutzung von Foto-Zoomobjektiven ist zudem zu bedenken, dass diese beim Zoomen nicht die Schärfe halten. Wer während der Aufnahme mit Foto-Objektiven zoomen möchte, muss sich also auf die Autofokus-Funktion verlassen.

Smartphone

Auch mit Smartphones können qualitativ sehr gute Videos erstellt werden, selbst Kinofilme wurden bereits mit Smartphones realisiert. Zu bedenken ist jedoch, dass der sehr kleine Bildsensor enge Grenzen setzt: Bei hoher Pixelzahl ist die Lichtempfindlichkeit vergleichsweise gering, unter ungünstigen Umständen kommt es also schnell zu wahrnehmbarem Bild-rauschen. Immerhin kann aber sogar ein Kinolook mit geringer Schärfen-tiefe inzwischen elektronisch realisiert werden. Ein echtes Zoomobjektiv ist baulich kaum zu realisieren, bei einigen Smartphones kann immerhin zwischen einigen Festbrennweiten umgeschaltet werden. Eine echte Telebrennweite kann aber meistens nur über ein Cropping der Pixel erfolgen, d.h., die Auflösung nimmt entsprechend ab. Für das Handling von Tonaufnahmen gelten die obigen Anmerkungen zu DSLR-Kameras.

PTZ-Kamera

Für Videoaufnahmen im Event-Bereich findet sich ein spezieller Kameratyp, die "PTZ"-Kamera. PTZ ist die Abkürzung für Pan, Tilt, Zoom. In einem relativ kleinen Gehäuse (Dome) ist eine Kamera untergebracht, die ferngesteuert zoomen und nahezu rundum filmen kann (d.h., annähernd 360° schwenken und 180° neigen). Auflösungen mit UHD sind inzwischen üblich. Die Stromversorgung kann über ein Netzwerkkabel (Power over Ethernet) erfolgen und das Videosignal per Funk übertragen werden. Diese Kameras können also beispielsweise an der Saaldecke angebracht werden und dann flexibel dynamische Bilder von Events und Publikum liefern.

Bildsensor

Der Bildsensor einer Videokamera hat die Aufgabe, die einfallende Lichtenergie für jeden einzelnen Bildpunkt in eine elektrische Spannung umzuwandeln. Dazu gibt es mehrere mögliche Verfahren:
Bis etwa Mitte der achtziger Jahre waren Video- und Fernsehkameras mit Bildröhren ausgestattet. Durch Lichteinwirkung werden hier in einer Bleimonoxid- (Plumbicon) oder Selen- (Saticon) Speicherschicht positive Ladungen erzeugt, die sich beim Auftreffen eines Elektronenstrahls entladen, dadurch entsteht ein Stromfluss.
Heute werden für Video- und Fernsehzwecke fast ausschließlich CCD-Bildsensoren (Charge Coupled Device) oder CMOS-Sensoren eingesetzt. Solche Bildsensoren bestehen aus mehreren Millionen einzelnen lichtempfindlichen Halbleitern, die Pixel genannt werden. Das durch das Objektiv projizierte Bild erzeugt in jedem einzelnen Pixel eine Ladung, die nach 1/50 Sekunde abgebaut und weitergeleitet wird.

Derzeit gibt es drei unterschiedliche CCD-Typen:

IT-CCD (Interline-Transfer-CCD)
Zunächst wird in der lichtempfindlichen Schicht des Pixels eine Ladung erzeugt. Diese wird in einen im Pixel ebenfalls vorhandenen Speicher verschoben. Da diese Speicher gleichfalls lichtempfindlich sind, müssen sie gegen Lichteinfall geschützt sein. Die Speicher sind vertikal miteinander verbunden und werden "Shiftregister" genannt. Die Ladungen werden nun getrennt einzeln nach unten verschoben in ein horizontales Shiftregister. Dort entsteht dabei ein kontinuierlicher Stromfluss, der dem zeilenweisen Aufbau des Bildes entspricht. Da die CCDs nicht halbbildweise gesteuert werden können, also das für das erste Halbbild nur die Zeilen 1,3,5,7 etc. und für das zweite Halbbild die Zeilen 2,4,6,8 etc. Gelesen werden können, werden Informationen zusammengefasst (Field-Read-Modus): die erste Zeile des ersten Halbbildes wird aus den Pixelzeilen 1 und 2 summiert, die Zweite aus den Pixelzeilen 3 und 4 usw., beim zweiten Halbbild wird die erste Zeile aus den Pixelzeilen 2 und 3, die

zweite aus den Pixelzeilen 4 und 5 summiert usw. Das hat dabei den Vorteil einer höheren Lichtausbeute, vermindert aber die Auflösung.

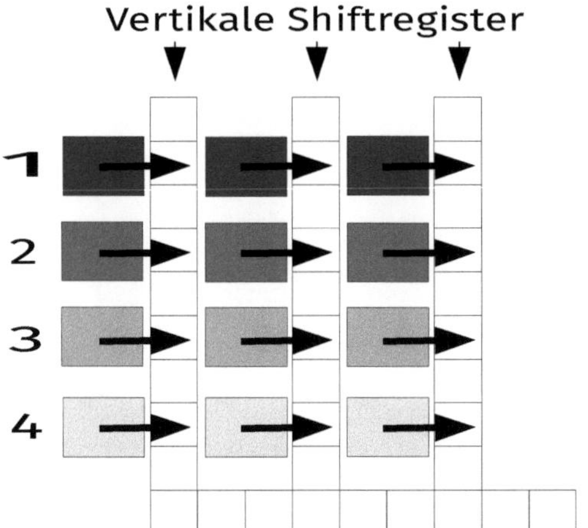

1. Verschieben der Ladung aus der lichtempfindlichen Schicht in die vertikalen Shiftregister

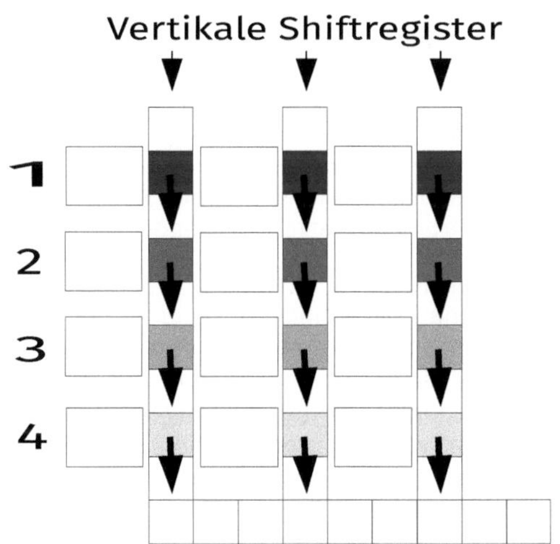

2. Verschieben der Ladungen in den vertikalen Shiftregistern

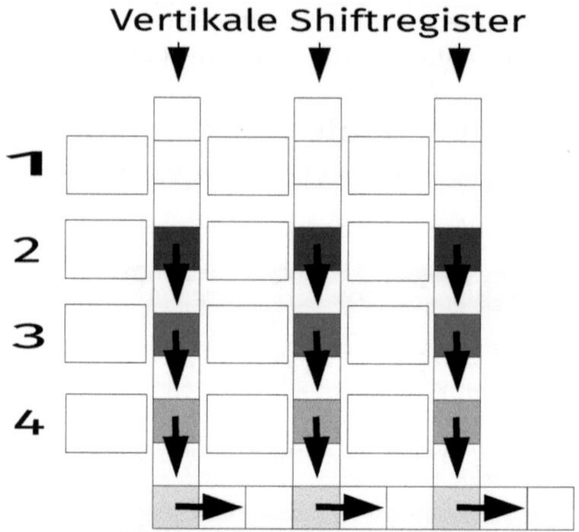

3. Verschieben der Ladungen aus den vertikalen Shiftregistern in das horizontale Shiftregister.

FIT-CCD (Frame-Interline-Transfer-CCD)
Der FIT-CCD ist ähnlich aufgebaut wie der IT-CCD, hat jedoch neben dem lichtempfindlichen Bereich einen zusätzlichen lichtgeschützten Bildspeicher, in den Ladungen zunächst geschoben werden. Dadurch verringert sich die Anfälligkeit gegenüber dem Smear-Effekt, der bei IT-CCDs gelegentlich sichtbar ist: Sehr helle Lichtpunkte im Bild verursachen einen vertikalen Lichtstreifen. Der starke Ladungsüberschuss eines Pixels kann im vertikalen Shiftregister nicht mehr vollständig abgeschottet werden. Bei FIT-CCDs wird die Ladung schneller in die zusätzlichen Speicherzonen abtransportiert, somit tritt der Smear-Effekt erst bei einer punktuell höheren Überbelichtung (ca. 10 Blendenwerte) ein.

FT-CCD (Frame-Transfer-CCD)
Die FT-CCDs haben genau genommen keine einzelnen Pixel. Hier werden vertikale lichtempfindliche Streifen verwendet, die über die ganze Bildhöhe gehen. Um einzelne Bildpunkte zu erzeugen, werden über diese vertikalen Streifen horizontale lichtdurchlässige Taktelektroden gelegt, die durch ein hohes negatives Sperrpotential die Ladungen der vertikalen "Bildpunkte" voneinander abschotten und gleichzeitig als Ladungssammelzonen fungieren. Da die lichtdurchlässigen Taktelektroden doch einen Teil des Lichts absorbieren, also nicht alles bis zur lichtdurchlässigen Schicht durchlassen, sind CCDs diesen Typs etwa 1 Blende unempfindlicher als zeitgleich hergestellte IT- und FIT-CCDs. Zudem müssen bei den FT-CCDs die lichtempfindlichen Zonen während

des Auslesevorgangs vor Lichteinfall geschützt werden. Dieses geschieht durch eine rotierende Flügelblende, die nach jedem Halbbild die CCDs verdeckt. Dadurch verkürzt sich die Ladungssammelzeit für die Pixel von 1/50 Sekunde auf 1/63 Sekunde.

Bei allen CCD-Varianten wird zur Verbesserung der Lichtempfindlichkeit häufig das "Lens on Chip"-Verfahren eingesetzt. Dabei fokussieren kleine Linsen auf jedem Pixel das Licht auf die lichtempfindliche Schicht, die ja nur einen Teilbereich der Pixelfläche einnimmt.

Wichtig ist die Anzahl der CCDs in einer Kamera. Ein CCD kann nur die auf ihn auftreffende Lichtmenge in ein elektrisches Signal wandeln, nicht jedoch die Farbzusammensetzung. Es müssen also Filter eingebaut werden, die nur einen einzelnen Farbauszug aus der gesamten Bildinformation auf die Pixel treffen lassen. Broadcast-Kameras verwenden dafür Prismen (seltener: dichroitische Spiegel), die das Licht in rote, grüne und blaue Farbanteile trennen und diese dann jeweils auf einen separaten CCD leiten. Somit sind in Broadcast-Kameras immer drei CCDs eingebaut um ein unreduziertes RGB-Signal zu erhalten.

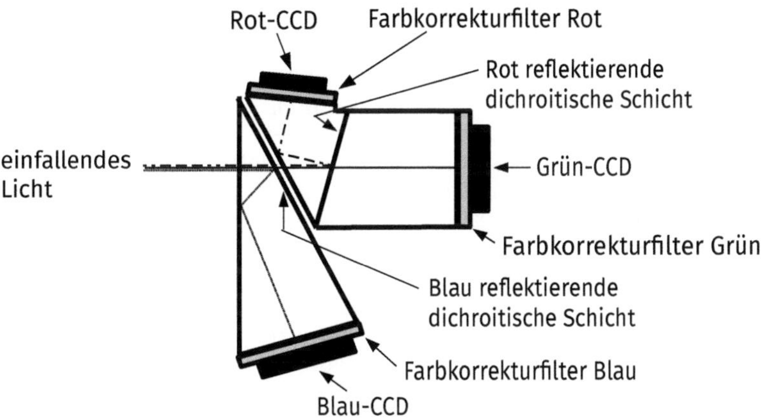

Prismen und Strahlengang bei einer 3-CCD-Kamera

Die Bildauflösung von 3-CCD-Chips wird durch das "Pixelshift"-Verfahren verbessert. Der CCD für den Grünanteil ist dabei um die halbe Pixelbreite versetzt, um die Auflösung des Bildes auf dem Target zu erhöhen. Somit existiert bei 3-CCD-Kameras anfänglich also (beim PAL-Verfahren) eine Auflösung von 1150 Zeilen, die dann in die üblichen 575 Zeilen verrechnet werden.

Bei HDTV-Kameras gibt es sogar Exemplare mit 4 CCDs (RGGB), das heißt, es gibt neben dem Rot- und dem Blau-CCD zwei CCDs für das Grünsignal, die mittels des Pixelshift-Verfahrens um eine halbe Pixelbreite versetzt sind. (Im HD-Signal setzt sich das bildschärfebestimmende Y-Signal zusammen aus 21% Rotanteil, 72% Grünanteil und 7% Blauanteil, die CCDs für das Grünsignal hat also den größten Anteil am Y-Signal.)

Eine andere Bauweise für professionelle HDTV-Kameras ist inzwischen allerdings wieder die Verwendung von nur einem CCD, der dann allerdings sehr groß ist und eine sehr hohe Anzahl von Pixeln aufweist, derzeit bis zu 12 Megapixel. Dabei werden Streifenfilter auf dem CCD verwendet, so dass nebeneinander liegende Pixel jeweils für eine andere Farbe zuständig sind. Der Vorteil ist, dass es bei diesem Verfahren nur eine Bildebene gibt, so dass Schärfenprobleme, die bei Verwendung von Prismen in hochauflösenden Systemen entstehen, vermieden werden. Zudem wird es so möglich, Objektive von Filmkameras zu verwenden.

Einfache Consumer-Kameras verwenden ebenfalls nur einen CCD mit Streifenfilter, deren Targetgrößen allerdings sehr klein sind (von 1/6" bis zu 1/4"). Philips hatte für gehobene Consumer-Ansprüche auch einmal eine S-VHS-Kamera mit 2 CCDs herausgebracht, aber diese CCD-Variante konnte sich auf dem Markt nicht durchsetzen.

CMOS-Bildsensor

Eine alternative Technik zu den CCD-Chips sind CMOS-Sensoren (Complementary Metal Oxide Semiconductors), auch APS (Activ Pixel Sensor) genannt. Auch hier wird in den einzelnen Pixeln das Licht durch Photodioden in elektrische Ladungen umgewandelt. Jeder Pixel enthält jedoch zusätzlich eine Transistorschaltung, die die Ladungen in elektrische Spannungen umwandelt. In jedem einzelnen Pixel kann nun zusätzlich sogar eine Vorverstärkung und eine A/D-Wandlung stattfinden ("aktive Pixel"). Im Gegensatz zu CCD-Chips kann bei CMOS-Sensoren jeder Pixel separat ausgelesen und auch angesteuert werden. Die Belichtung bei CMOS-Sensoren erfolgt zeilenweise: Zunächst wird in den einzelnen Zeilen der Spannungswert des vorhergehenden Bildes gelöscht, in den einzelnen Pixeln (also Photodioden) kann sich nun für eine definierte Zeit (z.B. 1/50 Sekunde) durch das einfallende Licht eine neue elektrische Spannung bilden, die Pixel werden dann zeilenweise einzeln ausgelesen.

Vorteilhaft an der CMOS-Technik sind ein verbesserter Rauschabstand, eine bessere Unterdrückung von Smear-Effekten, sowie niedrigere Produktionskosten. Nachteilig ist, ein stärkeres Fixed-Pattern-Noise (ein stetiges Muster im Gesamtbild, das wie eingefrorenes Rauschen aussieht, entstehend durch geringfügige Abweichungen bei der Herstellung der einzelnen Pixel) als bei CCD-Chips und dass aufgrund des höheren elektronischen Aufwandes die lichtempfindliche Fläche vergleichsweise klein gegenüber der gesamten Pixelfläche ist. Das kann jedoch durch das

Lens-on-chip-Verfahren kompensiert werden. Zudem kann es durch die zeilenweise Belichtung der Pixel zu einer Verzerrung kommen, die als "Rolling Shutter" bezeichnet wird. Das zeilenweise Belichten hat zur Folge, dass eine Belichtung der oberen Zeilen zu einem früheren Zeitpunkt stattfindet, als die Belichtung der unteren Zeilen. Objekte, die sich bewegen, werden somit innerhalb des Einzelbildes verzerrt, d.h., bei einer Objektbewegung nach rechts befindet sich im Einzelbild der untere Teil des Objektes weiter rechts als der obere Teil. Vermieden werden kann dieser Effekt durch die Verwendung eines "Global Shutters", bei dem alle Bildzeilen gleichzeitig belichtet werden. Ein elektronischer "Global Shutter" ist in seiner Bauweise jedoch aufwändiger zu realisieren als ein einfacher CMOS-Sensor mit "Rolling Shutter" und bringt daher zumeist, auf die einzelnen Pixel bezogen, eine kleinere Sensorfläche mit sich, d.h., mindert also die Lichtempfindlichkeit des Bildsensors.
Inzwischen werden auch CMOS-Sensoren gebaut, die die gleiche Target-Größe (Bildfeldgröße) aufweisen wie 35mm-Kameras, so dass die gleichen Objektive verwendet werden können.

Bayer-Pattern
Während professionelle Broadcast-Kameras je einen CCD-Bildsensor für R, G und Baufweisen, sind CMOS-Bildsensoren in Cine- und Fotokameras häufig als "Bayern-Pattern" auf einem einzigen (großen) Bildsensor ausgeführt. Grün ist dabei doppelt so häufig vertreten wie Rot und Blau, da Grün den größten Anteil zum Y-Signal beiträgt und als mittlere Farbe im Farbspektrum bei Kamera-Objektiven die höchste Abbildungsleistung bezüglich Schärfe und Auflösung bietet., d.h., die Abbildungsfehler bei der Lichtbrechung sind geringer als bei Rot oder Blau.

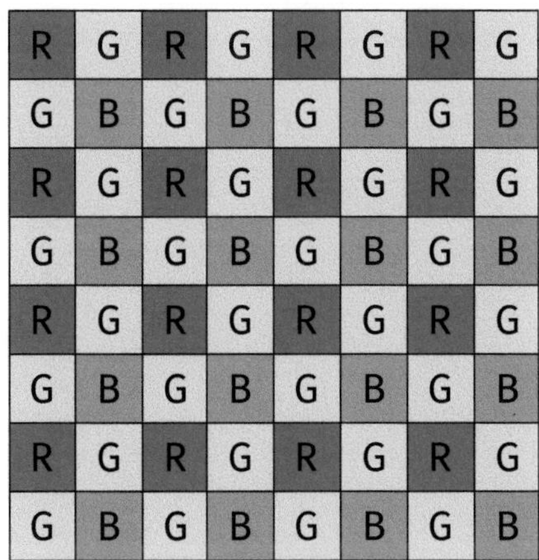

Bayer Pattern

In den herkömmlichen CCD-Sensoren ist jeder Pixel eindeutig als Teil eines Tripels (aus R+G+B) einem Bildpunkt zugeordnet. Würde man bei einem Bayer-Pattern dieses einfache Muster anwenden, also jeweils 4 Pixel zu nur einem Bildpunkt zusammenrechnen, dann könnte der Bildsensor nur ¼ der Auflösung bieten, die er nominell in Pixeln hätte, d.h., ein 4K-Sensor mit 2160 x 4096 Pixeln) hätte dann tatsächlich nur eine Auflösung von 2K (1080 x 2048 Pixel). Daher werden in einem Bayer-Pattern die einzelnen Bildpunkte aus wechselnden Konstellationen von R-, G- und B-Pixeln interpoliert, jeder Pixel wird somit Bestandteil von 4 Bildpunkten. Hier zum Beispiel der grüne Pixel in der dritten Reihe der zweiten Spalte (in einem Feld von 16 Pixeln):

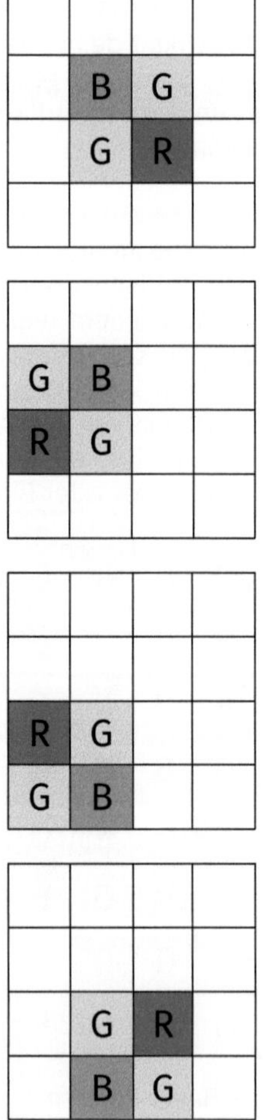

Der "De-Bayering-Algorithmus", der nun die Anordnung und Gewichtung der Daten vornimmt, entscheidet damit wesentlich über die Bildqualität (Auflösung, Schärfe, Farbwiedergabe, Kantendarstellung).

Größe des Bildsensors
Unabhängig vom Typ werden die Bildsensoren in verschiedenen Größen gebaut: Gängig sind Bildsensoren mit 1", 2/3", 1/2", 1/3" und 1/4" Diagonale und bei Cine-Kameras auch mit APS-C, Super-35, oder Vollformat (genaue Abmessungen siehe nächste Seiten.) Die Verwendung der Einheit Zoll (1" = 2,54 cm, englisch: inch) ist auf den ersten Blick allerdings irritierend: Beim Nachmessen beispielsweise eines 1"-Bildsensors stellt man schnell fest, dass dessen Fläche von 12,8 x 9,6 mm (bei einem 4:3-Format) nur eine Diagonale von 16 mm aufweist, also viel kleiner ist, als ein 1" (= 25,4 mm). Das erklärt sich daraus, dass die Bildsensor-Größeneinheiten noch von den zuerst verwendeten Röhrenkameras übernommen wurden. Gemeint war hier mit der Zollbezeichnung noch der Außendurchmesser der Röhren. Für das Target mit der lichtempfindlichen Schicht konnte nur eine entsprechend kleinere Fläche genutzt werden:

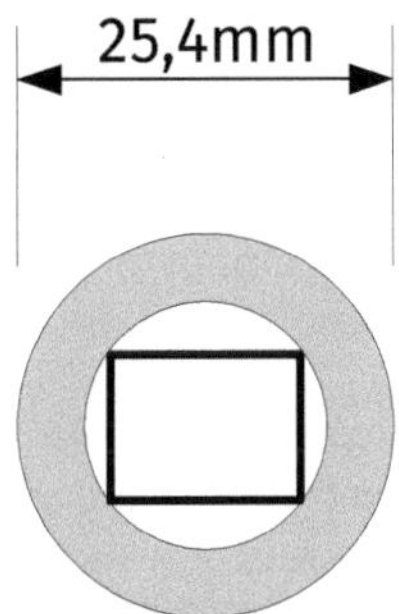

Beispiel einer 1"-Röhre: Der Außendurchmesser der Röhre beträgt 1" = 25,4 mm, das Target mit der lichtempfindlichen Schicht beträgt 12,8 x 9,6 mm mit einer Diagonale von 16 mm.

Anders als bei Filmmaterial hat bei einem vorgegebenen Videoformat (z.B. Full HD) eine Vergrößerung des Aufnahmeformats, also des Bildsensors (Target), keine Erhöhung der Bildauflösung zur Folge, denn die Anzahl der Pixel bleibt ja gleich (in diesem Beispiel: 1080 x 1920). Aber auf einer größeren Bildsensor-Fläche können größere Pixel verwendet werden, die dann jeweils mehr Lichtenergie erhalten. Das bedeutet auch, dass ein stärkerer Strom, bzw. eine höhere Spannung im Bildsensor erzeugt wird, das Nutzsignal erhält somit einen größeren Rauschabstand. Da größere Bildsensoren lichtempfindlicher sind, muss auch die Blende nicht so weit geöffnet werden. Bei professionellen Kameras wird das mit dem Wert "Blende X bei 2000 Lux" ausgedrückt, der besagt, dass ein bestimmtes Testbild mit vorgegebener Ausleuchtung bei diesem Wert noch optimal belichtet wird (ohne einen Gain zuschalten zu müssen). Gängige Kameras haben derzeit etwa eine Empfindlichkeit von Blende 11 bei 2000 Lux.

Mit der höheren Lichtempfindlichkeit und damit der Möglichkeit, eine kleinere Blende zu verwenden, nimmt die verfügbare Schärfentiefe zwar theoretisch zu, allerdings führen größere Bildsensoren grundsätzlich zu einer geringeren Schärfentiefe (siehe auch Kapitel "Optik", Seite 259), denn die Größe des Targets bestimmt auch die 'Normalbrennweite' eines dazugehörigen Objektivs, also eine Brennweite, die einen Bildausschnitt ergibt, der der normalen menschlichen Sichtweise ähnelt. Für ein 2/3 Zoll Target beträgt die Normalbrennweite 22 mm, bei einem 1/2 Zoll-Target sind es 16 mm, bei einem 1/3 Zoll-Target 11 mm und bei einem 1/4 Zoll-Target 8 mm. (Zum Vergleich: Bei einem Fotoapparat mit 24x36 mm Format liegt die Normalbrennweite bei 48 mm.)
Und damit benötigt ein größeres Target also grundsätzlich Objektive mit längeren Brennweiten, um den gleichen Bildinhalt wiederzugeben wie ein kleineres Target. Längere Brennweiten verringern jedoch die Schärfentiefe, das bedeutet, dass kleinere Bildsensoren (bei gleicher Pixelanzahl, Lichtempfindlichkeit und Blendeneinstellung) bauartbedingt eine höhere Schärfentiefe aufweisen als größere Bildsensoren. In der Praxis ist es somit mit einem 1/4" oder 1/3" Bildsensor schwieriger, eine selektive Unschärfe zu erzeugen, als mit einem professionellen 2/3" Bildsensor, oder gar einer Cine-Kamera (siehe auch Kapitel "Optik", Seite 259).

Der Nachteil größerer Bildsensoren ist allerdings, dass damit auch das Objektiv einen größeren Durchmesser, also größere Linsen haben muss, somit aufwändiger zu bauen ist und ein höheres Gewicht hat. Außerdem erzeugen größere Bildsensoren mehr Wärme, eine höhere Temperatur wiederum sorgt für mehr (ungewollte) Elektronenbewegung und damit mehr Bildrauschen.

Bildsensor-Größen von Videokameras im Vergleich:

Broadcast-Kamera
1",   16:9,   13,2 x 8,8 mm, Diagonale: 16 mm

Broadcast-Kamera
1",   4:3,   12,8 x 9,6 mm, Diagonale: 16 mm

Broadcast-Kamera
2/3", 16:9,   9,6 x 5,4 mm, Diagonale: 11 mm

Broadcast-Kamera
2/3", 4:3,   8,8 x 6,6 mm, Diagonale: 11 mm

professionelle Kamera
1/2", 4:3,   6,4 x 4,8 mm, Diagonale: 8 mm

Prosumer-Kamera
1/3", 4:3,   3,3 x 4,4 mm, Diagonale: 5,5 mm

Prosumer-Kamera
1/3", 16:9,   2,7 x 4,8 mm, Diagonale: 5,5 mm

zum Vergleich: Bildfenster-Größen bei Filmformaten

35mm Film Normalformat (Academy)*
1:1,37 16 x 22 mm   Diagonale: 27,2 mm (Kamera)
        15,2 x 20,9 mm   Diagonale: 25,8 mm (Projektion)

35mm Film Breitwandformat (amerikanisches Format)*
1:1,85 16 x 22 mm   Diagonale: 27,2 mm (Kamera)
        11,3 x 20,9 mm   Diagonale: 23,8 mm (Projektion)
(Scope-Formate werden mit anamorphotischen Linsen erzeugt)

16 mm Film
1:1,33, 7,4 x 10,4 mm, Diagonale: 12,8 mm   (Kamera)

Super 16 Film
1:1,66, 7,4 x 12,4 mm, Diagonale: 14,4 mm   (Kamera)

Die Bildfenster-Höhen für die Projektion der 35mm-Formate weichen voneinander ab, da bei den verschiedenen Formaten im Projektor unterschiedlich große

Bildfenster eingesetzt werden, die jeweils nur einen Ausschnitt des 35mm Normalformats zeigen. Bei der Kinoprojektion ergeben sich daraus unterschiedliche Bildhöhen, die mit dem entsprechenden Objektiv dann wieder auf die volle Leinwandhöhe und damit eine größere Breite vergrößert werden:
35mm Academy (1:1,37) = 15,2 x 20,9
35mm europäische Breitwand (1:1,66) = 12,6 x 20,9
35mm amerikanische Breitwand (1:1,85) = 11,3 x 20,9

zum Vergleich: Bildfenster-Größen von Fotoapparaten + Cine-Kameras

Die "Super35"-Formate von Video-Cine-Kameras sind nicht normiert, sie haben annähernd ein 16:9-Format mit einer Bildgröße von etwa 21 x 12 bis 28 x 18 mm.

Kleinbild (Foto) und Vollbild (Cine-Kamera)
2:3,   24 x 36 mm,   Diagonale: 43,3 mm

APS-C (Foto + Cine-Kamera)
2:3
14,8 x 22,2 mm bis 16,7 x 25,1 mm (nicht standardisiert)
Diagonale: 26,7 mm bis 30,1 mm

Four Thirds (Foto und Cine-Kamera)
4:3,   13 x 17,3 mm,   Diagonale: 21,3 mm
(Der Micro Four Thirds-Sensor hat gleiche Abmessungen)

1/1,63" (große digitale Kompaktkamera)
4:3, 6,2 x 8,3 mm, Diagonale: 10 mm

1/2,3" (normale digitale Kompaktkamera)
4:3, 4,6 x 6,2 mm, Diagonale: 7,7 mm

Im Fotobereich sind die kleinen Bildsensoren insofern problematisch, da diese kombiniert werden mit immer höheren Pixelzahlen, denn hohe Pixelzahlen gelten als Verkaufsargument für eine Kamera. Nicht beachtet wird dabei, dass damit die Lichtempfindlichkeit sinkt, so dass bei Aufnahmen unter mäßigen Lichtbedingungen mit längeren Belichtungszeiten (also Bewegungsunschärfe) und/oder einer höheren ASA-Einstellung (also Rauschen) fotografiert werden muss. Bei einer kleinen Kompaktkamera (1/2,3") setzt schon das zugehörige Objektiv die Grenze bei einer realisierbaren Auflösung von etwa 6 Megapixeln.

Auflösung

Die Auflösung bezeichnet die Genauigkeit mit der effektiv ein Bild in ein Signal verwandelt werden kann. Dabei ist nicht allein die Anzahl der Pixel entscheidend, zudem ist zwischen der vertikalen und der horizontalen Auflösung zu unterscheiden. Gemessen wird die Auflösung mit einem Linientestmuster, bei dem abwechselnd weiße und schwarze Linien dargestellt werden.

Die vertikale Auflösung ist je nach Fernsehsystem vorgegeben, sie beträgt 576 Zeilen bei PAL, 486 Zeilen bei NTSC und 1080 Zeilen beim (Full-)HDTV-System. Diese Werte lassen sich aber nur dann erreichen, wenn die Abbildung der Linien genau auf den Zeilen der Bildsensoren stattfindet. In der Praxis ist das nicht so, sondern die CCD-Zeilen (bzw. CMOS-Zeilen) werden durch das Testbild-Muster zum Teil nur gestreift und dabei interpoliert. Daher wurde der Kell-Faktor eingeführt, bei dem experimentell ermittelt wurde, dass bei zwei Rastern (in diesem Fall: Testmuster und CCD) mit gleicher Zeilenanzahl, in beliebiger Lage der Raster zueinander, zumindest etwa 64% der Linien wiedergegeben werden können. Man spricht dabei vom Kell-Faktor 0,64, das heißt, dass beispielsweise bei analogem Video ein CCD mit 576 Zeilen eigentlich nur etwa 370 Zeilen wiedergeben konnte. Im Rahmen der Digitalisierung wurde die Bauweise von CCDs und nachfolgender Elektronik soweit verbessert, das eine Auflösung von etwa 460 Linien (= Faktor 0,8) erreicht wurde. *(Sofern eine Kamera über den Frame-Reset-Modus (auch: Super-Vertikal-Mode oder EVDS) verfügt, lässt sich die vertikale Auflösung nochmals auf etwa 520 Linien steigern, allerdings bei Halbierung der Lichtempfindlichkeit. In diesem Modus werden die Zeilen einzeln ausgelesen, aber nicht summiert wie beim Field-Read-Modus (s.o.), sondern nur die Ladung jeder zweiten Zeile wird weitergeleitet. Die Ladungen der anderen Zeilen werden vernichtet.)* Digitales High Definition Television (HDTV) arbeitet generell mit einem Kell-Faktor von 0,9.

Etwas anders ist es bei der horizontalen Auflösung: Im Prinzip steht es dem Kamerahersteller frei, wie viele Pixel sich in einer CCD-Zeile befinden, solange jede Zeile in der vorgegebenen Zeit ausgelesen wird (52 μsec im SD-Format, 25,86 μsec im HD-Format mit 1080 Zeilen). Bei SD-Broadcast-Kameras wurde so etwa eine horizontale Auflösung von 800 Linien (=7,69 MHz) erreicht. Auch wenn diese hohe Auflösung im PAL-Standard weder aufgezeichnet noch gesendet werden konnte, war sie von Vorteil, damit das Signal bis 5 MHz eine möglichst hohe Modulationstiefe aufwies. Anders wurde es bei den ersten HD-Formaten gehandhabt: Um die Datenrate zu reduzieren, gab es Formate mit weniger Pixeln pro Zeile (z.B. HDV mit 1080 x 1440 Pixeln).

Die Modulationstiefe besagt, wieviel Prozent der möglichen Signalamplitude tatsächlich erreicht werden. Am Beispiel von schwarz-weißen Testbalken bedeutet das, Weiß sollte 100 % der Bildamplitude erreichen, Schwarz 0%. Je feiner die schwarz-weißen Linien jedoch werden, desto ungenauer kann die Kamera, das Objektiv, der Codec oder die Aufzeichnung diese Linien auflösen, bis sie schließlich verschwimmen. Es entsteht schließlich eine graue Fläche, die dann 0 % Modulationstiefe hat. (Das Grau liegt dann zwar bei 50 % Bildamplitude, moduliert das Signal aber nicht mehr.) Mit Hilfe der Modulationstiefe können Angaben über die objektive Schärfe und die Kantenkorrektur gemacht werden.

Ein weiteres Phänomen, der Alias-Effekt, hängt eng mit der Auflösung zusammen: Das Abtasttheorem besagt, dass für eine originalgetreue Wiedergabe die Abtastrate immer mindestens doppelt so hoch sein muss, wie die höchste rezipierbare Frequenz (siehe Seite 62f). Daher werden Audio-CDs mit einer Abtastfrequenz von 44,1 kHz erstellt, denn die menschliche Wahrnehmung verarbeitet Frequenzen bis etwa 18 kHz. Das Abtasttheorem lässt sich auch auf optische Darstellungen anwenden: Ein Video-Bildsensor bildet ein Raster mit 1080 x 1920 Pixeln. Wenn damit nun ein anderes, nicht deckungsgleiches Raster, das die Hälfte dieser Auflösung übersteigt, abgebildet werden soll, dann kann es sein, dass nicht nur einige Linien nicht abgebildet werden (siehe oben), sondern auch, dass die Überlagerung von Linien des Objektes mit dem CCD-Raster zu der Darstellung eines eigentlich nicht vorhandenen Musters führt. Das bekannteste Beispiel dafür ist das Fischgrätenmuster bei Anzügen, die dann plötzlich in allen Farben schillern. Mit dem Pixelshift-Verfahren (siehe Seite 229) kann auch der Aliaseffekt vermindert werden.

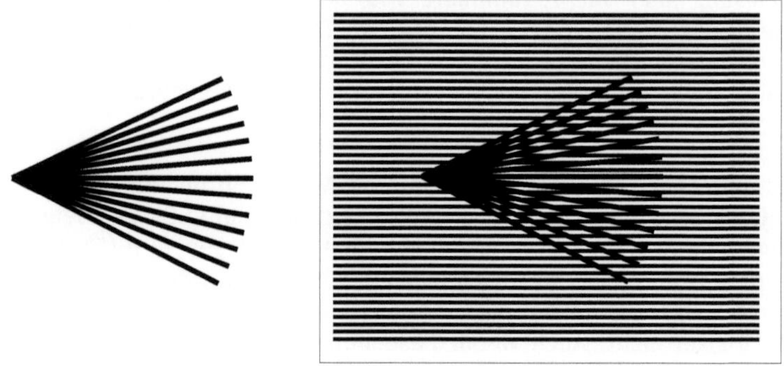

Aliaseffekt: Abbilden eines Musters in einem Zeilenraster

Störabstand / Lichtempfindlichkeit

Wie in jeder elektronischen Schaltung gibt es auch bei Kameras ungewollte und ungerichtete Elektronenbewegungen. Ursachen dafür sind

unter anderem nicht-abtransportierte Ladungen in CCDs (Light Shot Noise), der nicht völlig homogene Aufbau der CCDs (Fixed-Pattern-Noise), Einstreuungen von äußeren Störquellen und die notwendige Vorverstärkung des Signals. Dadurch entsteht ein 'Rauschen' im Bildsignal, d.h., ungewollte Elektronenbewegungen, die Abweichungen von Helligkeit und/oder Farbe in einzelnen Bildpunkten verursachen. Dieses Rauschen nimmt mit steigender Sensortemperatur zu. Solange dieses Rauschen ein bestimmtes Maß nicht überschreitet, ist es unkritisch, das heißt, für die Wahrnehmung nicht störend. Broadcast-Kameras haben einen Rauschabstand von etwa 60 dB, d.h., der Störpegel beträgt also nur 1/1000 vom Nutzsignal, das entspricht 0,1% Bildamplitude. (Das betrifft jedoch nur den Kamerakopf, die weitere Verarbeitung des Signals durch Bearbeitung, Wandlung, Kompression und Aufzeichnung, etc. bedeutet weitere Verluste.)
Der Störabstand hängt eng mit der Lichtempfindlichkeit der Kamera zusammen, die wiederum ist bezogen auf die Beleuchtung, die ein Objekt von einer Lichtquelle erhält. Die Einheit für die Beleuchtungsstärke ist "Lux", abgekürzt: lx. 1 Lux entspricht etwa der Beleuchtungsstärke, die eine Kerze in einer Entfernung von einem Meter abgibt.
Die Lichtempfindlichkeit einer Kamera wird nun mit folgendem Verfahren ermittelt: Eine weiße Fläche (mit 89% Remission, also Zurückstrahlung des Lichts) wird mit 2000 Lux beleuchtet. Nun wird die Blendenöffnung ermittelt, mit der man 100% Bildsignal (Bildamplitude) erhält und gleichzeitig einen Störabstand von etwa 60 dB einhält. (Bei Kameras älteren Typs waren zum Teil nur 55 dB gefordert.) Bei modernen Kameras liegt die Lichtempfindlichkeit bei Blende 10 bis 14.

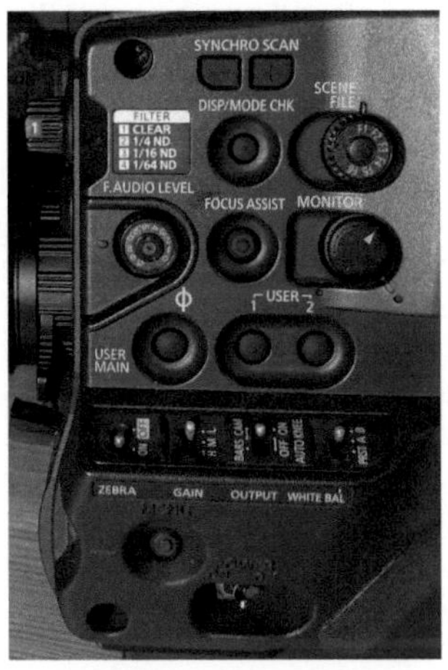

Bedienelemente an der Kamera Panasonic HPX 301

Gain / ISO

Die Lichtempfindlichkeit einer Kamera lässt sich durch die 'Gain'-Schaltung verstärken. Üblich sind dabei dB-Schritte von +3, +6, +9, +12, +18 dB, sowie extreme Schaltungen mit bis zu +36 dB. +6 dB entspricht dabei einer Verdoppelung der Empfindlichkeit, also eine Blende offener, +12 dB einer Vervierfachung, also zwei Blenden offener.

Leider nimmt beim Einsatz des Gains das Rauschen in gleichem Maß zu. Wenn also eine Kamera einen Störabstand von 60 dB hat, reduziert sich der Störabstand bei einer Gainschaltung von +6 dB auf nur noch 54 dB. Somit wäre ein Gain von +18 dB das maximal Zulässige, um den geforderten Mindeststörabstand von 40 dB einhalten zu können. Das Rauschen ist dann aber schon deutlich zu sehen und die Aufzeichnung / Nachbearbeitung fügen noch weiteres Rauschen hinzu. Zudem sinkt der Dynamikumfang. Mit einem Gain von +18 dB handelt man sich höchstwahrscheinlich Ärger ein. Ein Gain von +6 dB ist in den meisten Fällen unproblematisch.

Die Gain-Schaltung bietet oft auch einen Wert von -3 dB an, mit dem Lichtempfindlichkeit gesenkt werden kann, z.B. um eine geringere Schärfentiefe zu erhalten oder den Rauschabstand für eine aufwendige Nachbearbeitung zu erhöhen oder durch die Rauschminderung für ein Streaming eine bessere Kompression zu erreichen.

Für die Gain-Einstellung findet sich an den Broadcast-Kameras ein Schalter bei dem zwischen 'Low-Gain' (oder auch: 'Gain-Off'), 'Mid-Gain' und 'High-Gain' gewählt werden kann. Die dB-Werte für Low, Mid und High können vorher in einem internen Menü festgelegt werden.

Bei Cine-Kameras ist die Gain-Einstellung häufig ersetzt durch die Einstellung von ISO-Werten. Der Kamera-Hersteller ist dabei frei, welcher ISO-Wert als Basic-, bzw. Native-ISO-Wert festgelegt wird, d.h., als der ISO-Wert, der eine gute Lichtempfindlichkeit kombiniert mit einem hinreichenden Rauschabstand für den vorgesehenen Einsatzzweck (Kino, Broadcast, etc.). Prinzipiell führt das aber zum gleichen Resultat wie die Verwendung von Gain-Werten: Die Verdopplung des ISO-Wertes verdoppelt die Lichtempfindlichkeit, vermindert aber auch den Rauschabstand um 6 dB.

Bei den ISO-Werten verdoppelt sich die Lichtempfindlichkeit mit der Verdopplung der ISO-Zahl. Eine typische Zahlenreihe ist hier 100, 200, 400, 800, 1600, usw. Bei hochwertigen Kameras ist ein ISO-Wert von 400 oder sogar 800 meist unproblematisch, das hängt aber auch vom Motiv ab (dunkle Flächen sind kritisch) und der Komplexität der beabsichtigten Nachbearbeitung, d.h., je aufwändiger die angestrebten Effekte sein sollen, desto problematischer wird das Rauschen.

Shutter

Der Shutter verändert die Belichtungszeit der Einzelbilder. Die Anzahl der Bilder bleibt dabei konstant bei 50 Halbbildern pro Sekunde (oder ggf. auch bei 24, bzw. 25 Vollbildern). Damit ist bei ausgeschaltetem Shutter vorgegeben, dass jedes Halbbild eine Belichtungszeit von 1/50 Sekunde hat. Wenn jedoch nur ein Teil der Ladung, die im Bildsensor erzeugt wird, ausgelesen wird, ergibt sich damit eine kürzere Belichtungszeit. Üblich sind dabei Zeiten von 1/100, 1/200, 1/500, 1/1000 bis 1/10.000 Sekunde, die damit belichteten Frames werden dann jeweils für 1/50 Sekunde gezeigt. Je kürzer die Belichtungszeit ist, desto weniger Bewegungsunschärfe enthält das einzelne Bild, der Eindruck einer flüssigen Bewegung geht verloren, es entsteht ein Stroboskopeffekt. Manche Bewegungsarten sehen allerdings bei (mäßigem) Einsatz des Shutters plastischer aus, z.B. Wasserfälle. Und bei einer Greenbox kann ein Shutter (1/100 Sekunde) die Konturenschärfe von bewegten Objekten erhöhen.

Nützlich ist der Shutter zur gezielten Veränderung der Blendenwerte: Eine Halbierung der Belichtungszeit erfordert die Öffnung der Iris um eine Blende. Unumgänglich ist ein variabler Shutter zum Abfilmen von Computermonitoren, die mit einer anderen Frequenz als Videomonitore arbeiten. Der Shutter muss dafür fein abgestufte Werte von 1/50 bis 1/150 Sekunde anbieten. Ebenso nützlich ist dieses Feature für Dreharbeiten in Ländern, die mit einer anderen Stromfrequenz arbeiten, z.B. die USA mit 60 Hz, so dass das Flackern von Lichtquellen und Videomonitoren ausgeglichen werden kann.

Highspeed Aufzeichnung

Um eine echte Zeitlupe erzeugen zu können, muss eine Kamera mehr als 25 Vollbilder pro Sekunde erzeugen. Mit einer Bandaufzeichnung ist das nicht möglich, dafür müssen digitale Kameras mit einer Aufzeichnung auf Festplatten, Speicherkarten oder RAM-Systemen verwendet werden. Von diesen Medien können dann unverzüglich Zeitlupen wiedergegeben werden. Insbesondere für die Sportberichterstattung sind höhere Frequenzen sinnvoll, beispielsweise mit 75 Bildern/s, damit ruckelfreie Zeitlupen erstellt werden können. Im HD-Bereich sind Kameras mit höheren Bildfrequenzen inzwischen gängig.

Weißabgleich (White Balance)

Während sich das menschliche Auge relativ schnell an Lichtverhältnisse gewöhnt, sowohl was Helligkeit, als auch die spektrale Zusammensetzung (Farbe) des Lichts betrifft, ist eine Videokamera bauartbedingt auf nur eine spektrale Lichtzusammensetzung ausgerichtet. Diese liegt bei einer Farbtemperatur von 3200 K (siehe auch "Farbtemperatur", Seite 157). Anderen Lichtverhältnissen muss die Kamera angepasst werden. Eine Möglichkeit dazu sind optische Filter, die entweder vor das Objektiv gesetzt werden oder vor dem Bildsensor eingeschwenkt werden. Bei

Broadcast-Kameras ist ein Filterrad vor dem Bildsensor eingebaut, das hauptsächlich dazu dient, eine Helligkeitsanpassung an den Arbeitsbereich des Bildsensors vorzunehmen. Bei manchen Broadcast-Kameras ermöglicht dieses Filterrad zudem eine Konvertierung der Farbtemperatur. Das Filterrad bietet also die folgenden Optionen:

— Keine Konvertierung, d.h., das Licht wird nicht abgedunkelt oder gefiltert. (Damit die Lichtbrechung und somit die Schärfeleistung beibehalten werden kann, wird bei dieser Filterstellung eine farblose Linse verwandt.)
— ND-Filter: (ND = Neutral Density, farbneutraler Graufilter). Gängig sind dabei heute Werte von 1/4 Lichtdurchlässigkeit (= 2 Blendenstufen, bzw. 0,6 ND), 1/16 (= 4 Blendenstufen, bzw. 1,2 ND) und 1/64 (= 6 Blendenstufen, bzw. 1,8 ND).
— Konvertierung von Tageslicht (5600 K) auf Kunstlicht (3200 K). Die verwendete orange Konvertierungslinse "schluckt" eine 2/3 Blende an Helligkeit.
— Konvertierung von Tageslicht (5600 K) auf Kunstlicht (3200 K) bei gleichzeitiger starker Lichtdämpfung durch einen ND-Filter (s.o.).

Eine feinere Abstimmung auf die spektrale Zusammensetzung gegebener Lichtsituationen bietet der elektronische Weißabgleich. Hierbei werden die Anteile der einzelnen RGB-Signale am Gesamtsignal verändert, z.B. wird bei vorherrschendem 'blauen' Licht die Verstärkung (d.h., der prozentuale Anteil) des Blau-Signals herabgesetzt.
Für einen Weißabgleich kann eine eine weiße Referenzfläche verwendet werden, die Blende der Kamera sollte dann so eingestellt sein, dass sich eine Bildamplitude von maximal 90% ergibt. (Überstrahlungen sind zu vermeiden, da andere elektronische Schaltungen in der Kamera sonst den Wert verfälschen können.) Vorsicht: Schreibmaschinenpapier ist selten neutralweiß. Daher empfiehlt es sich, eine farbneutrale genormte Graukarte mit einer Reflektion von 18% zu verwenden. Bei der Messung mit einer Graukarte sollte die Blende so eingestellt werden, dass die Bildamplitude 50-80% beträgt.
Für den Weißabgleich müssen zunächst aber die richtigen Voraussetzungen geschaffen werden: Sämtliche Nebenlichtquellen, die nicht zur Ausleuchtung gehören (Arbeitslicht), aber einen Einfluss auf das Referenz-Weiß nehmen könnten, müssen ausgeschaltet werden. Ebenso muss dafür gesorgt werden, dass keine Scheinwerfer (z.B. Spitzlicht) direkt in das Objektiv hinein strahlen. Sofern der Weißabgleich gleichzeitig für Kameras erfolgen soll, müssen diese möglichst dicht beieinander stehen, so dass sie in fast gleichem Winkel auf die Graukarte / Weiß-Referenz gerichtet sind. Nun wird das Referenz-Weiß, bzw. die Graukarte bildfüllend herangezoomt, das Bild sollte dabei unscharf gestellt werden, damit wird die Helligkeit auf der Referenz gleichmäßiger verteilt.

Nun gibt es zwei Möglichkeiten für den Weißabgleich:

— automatisch (AWB = Auto White Balance): An der Kamera wird jetzt der Schalter 'AWB' kurz gedrückt und die Kamera ermittelt selbsttätig die notwendige Zusammensetzung des RGB-Signals um ein Weiß darzustellen. *(Dieser automatische Weißabgleich ist nicht mit dem automatischen Weißabgleich an Consumer-Kameras zu verwechseln: Bei diesen gibt es an der Kamera einen Sensor, der permanent die spektrale Lichtzusammensetzung misst und beeinflusst. Häufig bieten diese Kameras aber Festwerte für Kunstlicht und Tageslicht, sowie einen 'manuellen' Weißabgleich an, der genauso durchgeführt wird, wie der 'automatische' an einer Broadcast-Kamera.)*

— manuell: An einer CCU (= Camera Control Unit, unverzichtbare Fernbedienung bei Studioaufnahmen mit mehreren Kameras) können die Werte manuell an RGB- oder Y/R-Y/B-Y-Reglern eingestellt und mit der Anzeige eines Vektorskops verglichen werden. Nun kann an den Rot- und Blau-Reglern die Farbe so justiert werden, dass in der Waveform-RGB-Parade die RGB-Werte gleich hoch sind und dass im Vektorskop der Weißpunkt in die Mitte verschoben wird. Zusätzlich ist noch ein direkter Vergleich der Kameras sinnvoll, dazu wird auf dem Videomixer mittels der Wipe-Blende ein Splitscreen hergestellt, so dass jeweils zwei Kameras miteinander verglichen werden können. In der Y-Waveform-Darstellung können nun die beiden Kameras zunächst auf die exakt gleiche Helligkeit an der Splitscreen-Kante eingestellt werden und dann mittels der Waveform-RGB-Parade die Rot- und Blau-Werte der Kameras zueinander justiert werden.

Eine Überprüfung des Weißabgleichs in einem Schwarz-Weiß-Sucher ist möglich, wenn die Kamera mit CTDM-Playback (siehe Seite 142) ausgestattet ist: Beide komprimierte Darstellungen im CTDM-Playback müssen dann die gleiche Helligkeit (Weiß) aufweisen.

Moderne Kameras können Werte bis etwa 20.000 K abgleichen. Bei einer Broadcast-Kamera gibt es zwei Speicherplätze für automatische Weißabgleiche, sowie einen Festwert (AWB-Off) der sinnvollerweise zumeist auf 3200 K eingestellt ist (- aber gegebenenfalls per Menü auf einen anderen Wert eingestellt oder mit dem ND-Filterrad auf 5600 K konvertiert werden kann). Die Benutzung des Festwertes ist sinnvoll, wenn eine farbige Lichtstimmung wiedergegeben werden soll, bzw. gar kein Weißabgleich möglich ist, z.B. in einer Diskothek.
Mit einem Weißabgleich können auch Farbstimmungen erzeugt werden, wenn nicht Weiß, sondern die Komplementärfarbe der gewünschten Stimmung für einen Abgleich verwendet wird.

Schwarzwert

Auch wenn Schwarz als optische Information bedeutet, dass für die Kamera kein Licht, also "nichts" vorhanden ist, muss dieser Wert doch mit einer elektrischen Spannung dargestellt werden (ca. 0,3 Volt). Wesentlich ist dabei, dass alle drei CCDs auch tatsächlich diesen Schwarzwert abgeben. Die einzelnen CCD-Werte für Schwarz können aber, insbesondere bei Kameras mit analogen Verstärker-Schaltungen, leicht differieren. Thermische und elektromagnetische Einflüsse, sowie Alterung spielen dabei eine Rolle. Wenn die Werte nicht aufeinander abgeglichen sind, erhält das Schwarz einen Farbstich. (Wie das aussieht, lässt sich einfach mit einem Farbkorrektor darstellen.) Zur Kompensation dieses Problems gibt es an Broadcast-Kameras einen ABB- (Auto-Black-Balance-) Schalter. Dieser ist zumeist mit dem White-Balance-Schalter kombiniert (AWB = nach oben drücken, ABB = nach unten drücken). Beim Betätigen des ABB-Schalters schließt sich die Blende, so dass kein Licht mehr auf die CCDs fällt und die RGB-Schwarzwerte werden automatisch einander angeglichen. Je nach Kamera wird dieser Abgleich zusätzlich auch für mehrere Gain-Werte durchgeführt.

Für Gain-Einstellungen an der Kamera ist zugleich wichtig, dass die eingestellten Gain-Werte eine Kompensation des Schwarzwertes erfordern, sonst würde ja z.B. bei einem +9 Gain der Schwarzwert ebenfalls um diesen Wert angehoben, also zu einem Dunkelgrau werden. Dieser Gain-Kompensationswert nennt sich **Blackset.** Diese Einstellung ist jedoch nicht von außen an der Kamera möglich (bzw. nur über ein Menü) und sollte nicht ohne Messgerät durchgeführt werden.

Im Studio kann die Black-Balance auch manuell durchgeführt werden. Das funktioniert ähnlich wie der Weißabgleich (s.o.). Zunächst wird dazu die Blende geschlossen, besser noch, der Objektivdeckel aufgesetzt. Das Masterblack darf bei dieser Einstellung nicht in der Nulllinie (0% Bildamplitude) verschwinden, sonst sind die richtigen Werte praktisch nicht mehr einstellbar und stimmen dann wahrscheinlich nicht für sehr dunkle Grauwerte. Nun werden in der Waveform-RGB-Parade die Werte von R, G und B einander angeglichen, im Vektorskop sollte der Schwarzpunkt genau in der Mitte liegen (wenn möglich, sollte die Vektorskop-Darstellung dazu vergrößert werden). Über eine Splitscreen-Darstellung sollten die Werte der Kameras noch einmal miteinander verglichen werden.

Ebenso verhält es sich mit den weiteren Einstellungen:

Blackshading: Aufgrund unterschiedlicher Schichtdicken bei den CCD-Beschichtungen entstehen unterschiedlich große Schwarzströme. In einem Waveformmonitor ist das daran zu erkennen, dass das Schwarzsignal nicht parallel zur Nulllinie ist, sondern leicht ansteigt. Diese Einstellung muss separat für die einzelnen RGB-Werte erfolgen.

Pedestal ist die Einstellung des Schwarzwertes im Videosignal, also welchen Spannungswert das Schwarz in der Bildamplitude hat. Bei PAL wird eine Einstellung von 2 – 3 % Bildamplitude gewählt. Bei NTSC sind es 0 % und bei HDTV sind es ebenso 0%.

Blackstretch verändert das Kontrastverhältnis in dunklen Bildbereichen und lässt sich mit einer Graustufen-Testtafel einstellen.

Flare: Aufgrund von Reflektionen (aber auch Verschmutzungen) entsteht in Kamera-Objektiven Streulicht, das dazu führt, dass schwarze Bildflächen in kontrastreichen Bildern von Helligkeit überlagert werden. Um diesen Effekt zu kompensieren, sind Broadcast-Objektive mit einem Interface ausgestattet, das die Kenndaten an die Kamera übermittelt, die unter anderem zur Flare-Kompensation verwendet werden. (Der Flare-Effekt kann, wenn gewünscht, auch mittels eines Low-Contrast-Filters erzeugt werden. In den Filter sind Partikel eingebaut, die für eine definierte Lichtstreuung sorgen.)

Kontrast

Eine direkte Übertragung der CCD-Ströme auf das Videosignal wäre unbefriedigend, die gegebenen 0,7 Volt für die Bildamplitude ergäben einen zu geringen Kontrastumfang, die Bilder wären nur mit einem sehr geringen Bereich von optimaler Belichtung darstellbar. Daher muss mit elektronischen Schaltungen der Kontrastumfang erweitert werden und für eine befriedigende Wiedergabe die Kontrastkurve verändert werden.
Nach oben hin werden Weißwerte durch ein **Clipping** begrenzt, so dass keine unzulässig hohen Signalströme im Videosignal entstehen können. Das Clipping der Kameraelektronik liegt bei 103 – 115 % BA. Die Fernseh-anstalten begrenzen das Videosignal bei der Sendung aber auf 100 % BA, das entspricht einem Kontrastumfang von 7 Blendenstufen.
Das **Gamma** (γ) beschreibt dabei die Umsetzung von Graustufen in ein Videosignal, der Weißwert und der Schwarzwert bleiben dabei erhalten. Eingestellt wird mit dem Gamma also eine Anhebung oder Absenkung der Mitteltöne. Der Standardwert von Gamma beträgt 0,45. (Im Prinzip wäre auch eine lineare Übertragung, also ein Gamma von 1, machbar, das Problem liegt aber in der Wiedergabe durch Fernsehröhren, diese weisen ein Gamma von 2,2 auf. Zur Kompensation wird in den Kameras das Gamma reziprok vorverzerrt: 1/2,2 = 0,45.)

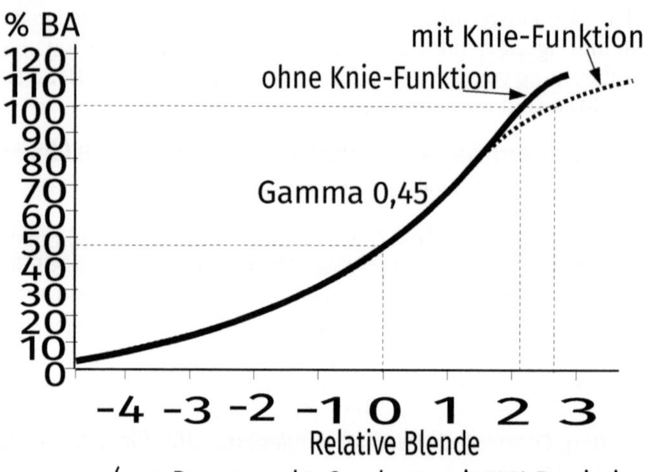

Gammakurve mit und ohne Kniefunktion

Mit der **Kniefunktion** kann oberhalb einer bestimmten Bildamplitude die Signalkurve (Slope / Gradationskurve) abgeflacht werden, so dass je nach Einstellung noch Werte von bis zu 125 % BA verarbeitet werden können. Die Kamerahersteller geben dabei an, dass eine Belichtungskompensation von bis zu 600% (= 2½ Blendenstufen zusätzlich) erreichbar ist. Das bezieht sich allerdings auf den Clipping-Punkt der Kameraelektronik. Die Fernsehsender clippen das Signal aber bereits bei 100%, der erreichbare Gewinn an Kontrastumfang liegt damit dann bei etwa ½ Blende. Da durch diese Komprimierung die einzelnen Kontrastunterschiede vermindert werden, soll dieses nur in den hellen Bereichen, also in den Lichtern stattfinden, nicht jedoch in Hauttönen, bzw. Gesichtern. Der Arbeitspunkt der Kniefunktion ist daher normalerweise erst bei 80 % BA angesetzt. Viele Kameras verfügen über ein 'Autoknie' (Autoknee) oder über vergleichbare Funktionen wie DCC (Dynamic Contrast Control), DRS (Dynamic Range System), etc., die den Arbeitspunkt je nach Motivkontrast verschieben. Bei gut ausgestatteten Kameras kann der Nutzer den Arbeitspunkt und den Slope (Steigung) selbst einstellen.

Belichtung

Das menschliche Auge kann einen wesentlich höheren Kontrastumfang verarbeiten als die Videokamera. Die Belichtung eines Videobildes ist daher fast immer ein Kompromiss zwischen richtig belichteten Bildteilen und unter- oder überbelichteten Teilen.

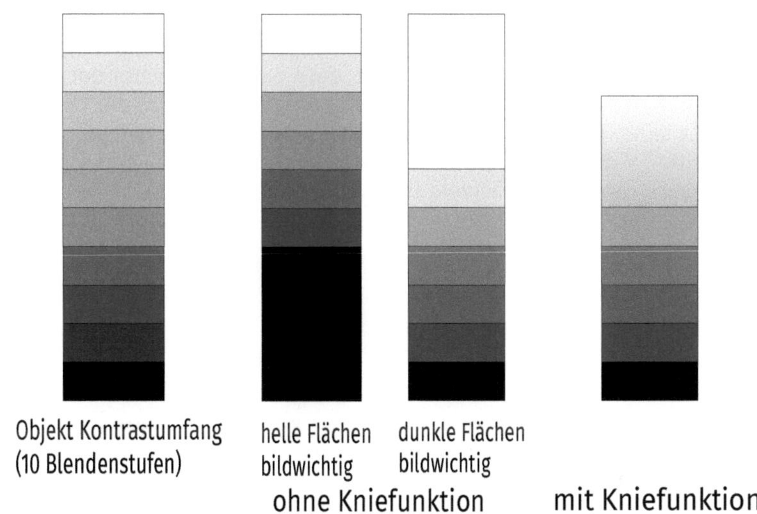

Verarbeitung des Objektkontrasts in ein Videosignal

Sofern sich keine Möglichkeit zu einer ausgewogenen Beleuchtung bietet, müssen Kameraleute zwischen bildwichtigen und bildunwichtigen (bzw. über- oder unterbelichteten) Bildteilen unterscheiden. Dazu ist zumindest ein professioneller Sucher mit ausreichender Schärfe- und Kontrastleistung erforderlich (siehe Seite 249). Aber auch bei einem guten Sucher erfolgt die Wahrnehmung durch die Kameraleute nur subjektiv: Die Anpassung des Auges vom Umgebungslicht an den den Sucher ist häufig ein Problem. Eine objektive Messung im Sucher kann dann z.B. mit dem Zebra erfolgen (siehe Seite 249).

Im Studio bietet sich als weitere Methode zur Belichtungskontrolle der Waveformmonitor an. Ergänzend dazu kann ein Luxmeter verwendet werden, das eine schnelle Kontrolle ermöglicht, ob alle relevanten Positionen im Studio (z.B. für Gäste auf einem Podium) eine gleiche Helligkeit aufweisen.

Hilfsweise können Kameraleute die automatische Belichtungssteuerung der Kamera nutzen. Die Automatik sollte mit einer gewissen Trägheit versehen sein, sonst verändern bewegte Objekte im Bild oder ein Zoom / Schwenk die Belichtung auffällig schnell. Gute Automatiken bewerten verschiedene Bildteile unterschiedlich, z.B. die Bildmitte stärker als den oberen Bildrand. Dennoch ist eine Automatik immer nur ein Notbehelf, trotz ausgefeilter Bewertungskriterien für die Belichtung kann eine Automatik nicht sicher festlegen, was wirklich bildwichtig ist.

Detail
Ein Schärfeeindruck entsteht durch Kontraste an Objektkanten im Bild. Eine Schwarz-Weiß-Kante im Bild ruft eine Spannungsveränderung im Videosignal hervor. Für diese Veränderung brauchen die Wandler allerdings eine kurze Zeit, es entstünde also ein Grauverlauf. Das so hergestellte Videosignal würde ohne elektronische Nachbearbeitung einen unzureichenden Schärfeeindruck aufweisen.

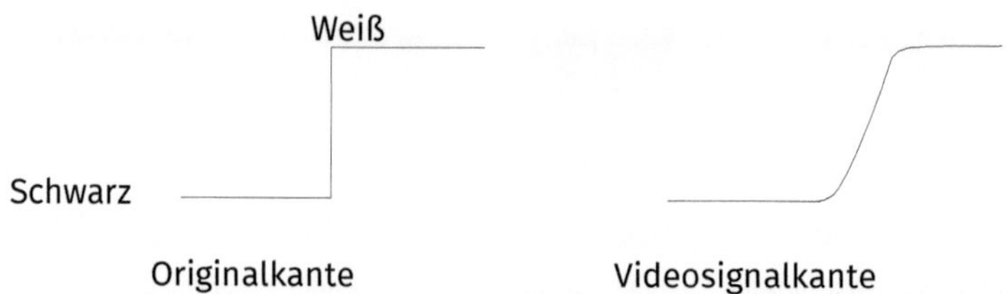

Mit dem **Crispening** wird versucht, die eigentlich erwünschte Kantensteilheit in der Signalkurve wieder herzustellen. Die zunächst entstandene Signalkante wird beim Crispening mit einem Rechtecksignal überlagert, so dass der Verlauf wieder steiler wird, also der Kontrast deutlicher.

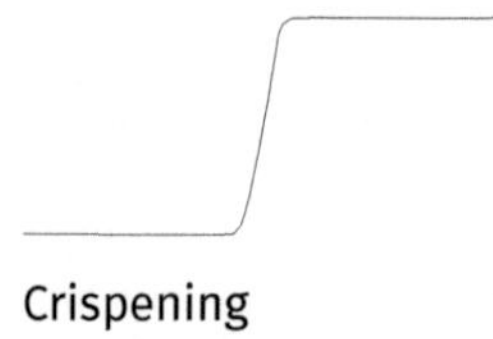
Crispening

Ein weiteres Verfahren zur Erhöhung der subjektiven Schärfewahrnehmung ist das **Detailing**. Hier werden an Signalsprüngen die Kontraste angehoben, indem an der Schwarzkante eine zusätzliche Signalabschwächung und an der Weißkante eine Signalerhöhung stattfindet.

Detailing

Ein gleichmäßig unscharfes Bild kann also eine Folge von zu geringer Detailing-Einstellung sein. Ein zu starkes Detailing hingegen lässt einen reliefartigen Eindruck entstehen.

Bei den meisten Kameras wird das Detailing nur im Grünsignal eingestellt, da dieses vorwiegend für den Schärfeeindruck verantwortlich ist. Das Detailing kann horizontal und vertikal eingestellt werden, daneben gibt es je nach Kamera zusätzliche Möglichkeiten:

Skin-Detailing: Das Detailing kann für das ganze Bild verändert werden, mit Ausnahme eines bestimmten Farbtons, beispielsweise der Haut.

Soft-Detailing: Vom Detailing-Prozess werden nur feinere Strukturen erfasst, harte Kontraste dagegen weniger verstärkt. Es entsteht nicht so schnell ein überscharfer, reliefartiger Bildeindruck.

Diagonal-Detailing: Zusätzlich zur horizontalen und vertikalen Einstellmöglichkeit.

Slim-Detailing: Die an den Signalsprüngen eingefügten Erhöhungen, bzw. Vertiefungen erhalten eine geringere Breite (Dauer), reliefartige Strukturen entstehen nicht so schnell.

Broadcast-Kameras bieten zudem am Sucher die Möglichkeit, das im Sucher gezeigte Bild mit einer Detailing-Funktion (je nach Hersteller: Picture, Peaking oder auch Peak Level) schärfer darzustellen (s.u.).

Kamerasucher / LCD-Display

Ein Kamerasucher wird meist nur noch bei Verwendung einer Hand- oder Schulter-Kamera verwendet, bei Stativ-Aufnahmen kommt meist das LCD-Display oder auch ein zusätzlicher Monitor zum Einsatz. Durch den Sucher zu sehen bringt eine gewisse Unbequemlichkeit mit sich, da die Körperhaltung sehr dem Design der Kamera angepasst werden muss. Andererseits ist beim Blick durch den Sucher das Umgebungslicht sehr gut abgeschirmt, die Beurteilung von Schärfe und Helligkeit ist also gut möglich, in vielen Fällen besser als beim LCD-Display.

Schärfeeinstellung

Die Voraussetzung für ein scharfes Kamerabild ist natürlich, dass das Sucherbild scharf gesehen werden kann. Da der Suchermonitor sehr klein ist, ist ihm eine optische Linse vorgesetzt, die das Bild vergrößert. Diese Linse muss zunächst für das Auge, d.h., für die Dioptrieneinstellung unterschiedlicher Sehstärken, angepasst werden. Mittels eines Schiebers kann die Entfernung der Linse vom Sucherbild verändert und damit die Scharfstellung erfolgen.

Bei kleinen Kamerasuchern und LCD-Displays ist das Fokussieren von HD- oder gar 4K-Bildern schwierig. Zunächst kann dafür der Peak-Level des Suchers angepasst werden, d.h., eine künstlich Anschärfung in der Sucherdarstellung (vergleiche oben: Detailing). Darüber hinaus gibt es als

Fokussierungshilfe das Fokus-Peaking: An Kanten mit hohen Kontrastwerten (d.h., scharf fokussierten Gegenständen) wird optional ein farbiger Saum in einer (meist wählbaren) Signalfarbe eingeblendet, damit wird deutlich erkennbar, welche Gegenstände scharf eingestellt sind.

Belichtungseinstellung
Zunächst müssen Helligkeit, Kontrast und Farbe des Suchers, bzw. LCD-Displays korrekt eingestellt werden. Falls die vom Kamerahersteller vorgegebenen Werte unzureichend erscheinen, sollte eine manuelle Einstellung erfolgen. Hilfreich ist dazu der Farbbalken. Als erstes sollte für die Einstellung das Farbsignal auf Null gepegelt werden. Mit dem Helligkeitsregler wird nun der Schwarzwert eingestellt, er sollte sich nur gerade eben vom Schwarz des Bildrahmens unterscheiden und deutlich vom benachbarten blauen Balken. Mit dem Kontrastregler wird nun der Weißwert eingestellt, Weiß sollte sich jetzt deutlich vom benachbarten gelben Balken unterscheiden. Schließlich sollte wieder der Farbwert eingestellt werden, soweit keine andere Referenz vorhanden ist, sollte es der vom Kamerahersteller empfohlene Normwert sein. Für die Farbeinstellung kann es zudem sinnvoll sein, die Farbtemperatur des Suchers/LCD-Displays auf die Umgebung abzugleichen.

Sehr hilfreich für die Bewertung von Bildern ist die Bilddarstellung mit dem "**Zebra**". Das Zebra ist ein Muster aus schraffierten Linien, das in das Sucherbild (oder das LCD-Display) eingeblendet wird und zwar entweder in einen Bereich mit optimaler Belichtung für Hauttöne (70 % BA) oder in den überbelichteten Bildbereich (oberhalb von 100 % BA).
Das 70 %-Zebra deckt einen Bereich von 65 – 75 % BA ab, das heißt, es wird ab 65 % BA in das Sucherbild eingeblendet und verschwindet wieder ab 75 % BA. Damit ist Haut richtig belichtet, wenn das Zebra (bei heller Hautfarbe) an den hellen Stellen in einem gut belichteten Gesicht erscheint. Etwas schwieriger ist dann allerdings die Schärfeeinstellung im Bereich des Zebras.
Das 100 %-Zebra beginnt bei 100 % BA und zeigt damit alle Bildbereiche an, die bei einer späteren Fernsehsendung geclippt werden würden. Problematisch ist die Beurteilung mit dem 100 %-Zebra dann, wenn kein Referenz-Weiß im Bild enthalten ist, also etwa in dunkel gehaltenen Innenräumen mit geringen Belichtungskontrasten.
Die Zebrawerte sind an den meisten Broadcast-Kameras einstellbar und das 70 %-Zebra ist mit dem 100 %-Zebra gleichzeitig einsetzbar.
Der Unterschied zwischen 75 % BA (Verschwinden des 70 %-Zebras) und 100 % BA (Einsetzen des 100 %-Zebras) beträgt etwa eine Blendenstufe, abhängig allerdings von der Einstellung des Autoknie/DCC.

Timecode

Der Timecode gibt jedem Einzelbild (Frame) eine Adresse in einem File, oder auf einem Videoband (- ebenso bei Filmmaterial, das mit entsprechend ausgerüsteten Kameras aufgenommen wurde). Die Nummerierung erfolgt dabei wie auf einer Uhr in Stunden, Minuten, Sekunden und Frames. Der Timecode zählt also von 00:00:00:00 bis 23:59:59:24, danach springt er wieder auf 00:00:00:00 zurück (- das gilt für europäische Formate, NTSC siehe unten). Der Timecode ist (zusammen mit einer eindeutigen File- oder Bandbezeichnung) notwendig, um die sichere Zuordnung von Material in Schnittprogrammen zu gewährleisten und um exakte Schnittlisten zu erstellen, die dann auch für ein Batch-Recording (Automaster) verwendet werden können.

Bei Bandformaten ist zu beachten, dass der Timecode auch für die Gerätesteuerung zum bildgenauen Schnitt benötigt wird, daher darf es keine "Timecodelöcher" geben. Die Löcher entstehen, wenn zum Beispiel die Kamera nach einem Playback bei einer Sichtung nicht wieder exakt am letzten Bild anschneidet. (Insbesondere bei älteren Camcordern mit etwas 'verschlissener' Mechanik kann es auch schon zu Timecodelücken kommen, wenn der Camcorder wieder eingeschaltet wird, also aus dem Save-Mode oder Off-Zustand hochgefahren wird. Vereinzelt tritt dieses Phänomen aber auch bei Digi-Beta- und IMX-Camcordern auf. Somit empfiehlt es sich, nach dem Einschalten zunächst die 'Re-Lock'- bzw. 'Return'-Funktion zu benutzen. Vorsichtshalber können bei der ersten Aufnahme nach dem Hochfahren der Kamera schon 5-10 Sekunden vor der eigentlichen Aufnahme gedreht werden, um einen sauberen Preroll beim Schnitt zu gewährleisten. Am Anfang eines neuen Videobandes sind ohnehin zunächst mindestens 30 Sekunden Farbbalken aufzunehmen, da der Bandanfang höheren mechanischen Belastungen und Verschmutzungen ausgesetzt ist.)

Bei der Schnittsteuerung kann es zu Problemen kommen, wenn die zu schneidende Einstellung über den Timecode 00:00:00:00 läuft, denn dann hätte der Anfang der Einstellung einer höheren Timecode als das Ende.

Bei professionellen Geräten gibt es die Möglichkeit, den Timecode ins Bild einzublenden. Diese Funktion kann in einem Menü aufgerufen werden, oder wird mit dem Schalter Superimpose aktiviert und wird dann z.B. im HDMI-Signalweg eingeblendet (oder bei analogen Geräten auch auf einem FBAS-Ausgang mit der Bezeichnung "Super" ausgegeben). Neben den Frames ist auch erkennbar, welches Halbbild gerade gezeigt wird, das Zeichen zwischen Sekunden und Frames wechselt von Punkt zu Doppelpunkt.

Beim amerikanisch/japanischen NTSC-Standard ist es mit dem Timecode etwas komplizierter, da NTSC mit exakt 29,97 Bildern pro Sekunde arbeitet.

Timecode kann jedoch nur in ganzen Zahlen dargestellt werden (hh:mm:ss:ff), daher müssen bei NTSC in regelmäßigen Abständen Timecode-Nummern ausgelassen werden (Drop-Frame), sonst würde der Timecode pro Stunde um 3 sek 18 Frames von der tatsächlichen Bildanzahl abweichen. Beim 'Drop-Frame'-Verfahren werden in der ersten Sekunde jeder Minute die Timecode-Nummern 00 und 01 ausgelassen, es sei denn die Minuten-Nummer beträgt 10 oder ein vielfaches davon. Ein 'Drop-Frame'-TC wird mit einem Semikolon zwischen Sekunde und Frame dargestellt (statt Doppelpunkt). PAL ist dagegen ein 'Non-Drop-Frame'-Verfahren.

Für den Timecode gibt es zwei verschiedene Aufzeichnungsvarianten:
Bei der Einstellung **Rec-Run** (für: Record-Run) läuft der Timecode nur dann weiter, wenn tatsächlich aufgezeichnet wird. Ein bereits auf auf der Speicherkarte vorhandener Timecode wird lückenlos weiter geschrieben (Jam-Sync). *(Das gilt auch bei einer Bandaufzeichnung: Gegebenenfalls wird dazu nach einer Aufnahmepause der vorhandene Timecode zunächst in einem kurzen Preroll eingelesen und dann im Recordmodus fortgeführt.)* Diese Einstellung ist sinnvoll, wenn mit nur einer Kamera gedreht wird, es ermöglicht z.B. einen besseren Überblick über den Umfang der bisherigen Aufnahmen und die Szenenlängen in einem später angefertigten Protokoll.

Bei **Free-Run** läuft der Timecode stetig weiter, unabhängig davon, ob die Kamera aufzeichnet. Das ist sinnvoll, wenn ein Ereignis mit mehreren Kameras synchron aufgezeichnet werden soll. Dabei werden zunächst die Kameras über Kabel miteinander synchronisiert, der Free-Run einer Kamera wird über die TC-Out-Buchse an die TC-In-Buchse der nächsten Kamera weitergegeben. Ist dort der Free-Run-Modus eingestellt, dann wird der Timecode von der Master-Kamera übernommen. Während der Aufnahme ist die Verkabelung dann nicht mehr nötig, die Synchronität kann (theoretisch) über Stunden gehalten werden. In der Praxis ist es aber sicherer, die Kameras weiterhin über Kabel oder eine Funkstrecke zu verkoppeln, oder zumindest gelegentlich, z.B. beim Akkuwechsel, den Timecode zu aktualisieren.

Für die Aufzeichnung selbst gibt es wiederum verschiedene Formate:
VITC (Vertical Interval Timecode) wird ins Videosignal geschrieben und kann daher nur gleichzeitig mit diesem aufgezeichnet werden. Es ist eine Art Strichcode mit 80 Bits, wovon 26 der Zeitaufzeichnung dienen, der Rest wird für User-Bits (siehe unten) verwendet. Der VITC wird in zwei nicht aufeinander folgende Zeilen der vertikalen Austastlücke geschrieben. Möglich ist das in den Zeilen 7 bis 22, Standard sind die Zeilen 19 und 21, die auf den Einstellschaltern an Rekordern als "C" und "E" bezeichnet sind. Mit einem Monitor im Underscan-Modus lässt sich

das gut erkennen. Der VITC kann vom Player im normalen Playback, in der Zeitlupe und im Standbild gelesen werden. Im schnellen Vorlauf ist er nicht mehr lesbar. Weil der VITC im Videosignal enthalten ist, bleibt er auch beim Kopieren auf analoge Medien, z.B. auf VHS, erhalten und kann mit einem geeigneten Decoder wieder aus dem Videosignal ausgelesen werden.

LTC (Longitudinal Timecode) wird bei einer Bandaufzeichnung wie eine Tonspur längs auf das Band geschrieben. (Er ist auch hörbar, wenn der LTC-Ausgang an einen Verstärker angeschlossen wird.) Der LTC kann unabhängig von einer Bildaufnahme aufgezeichnet werden. Er ist nicht im Standbild oder langsamen Zeitlupen lesbar, dafür aber beim Playback und im schnellen Vorlauf. Insofern ist es sinnvoll, wenn bei Playern die Timecode-Lesefunktion "Auto" eingeschaltet ist, der Player benutzt dann immer den gerade lesbaren Timecode. (Problematisch ist das nur, wenn VITC und LTC unterschiedliche Werte haben, wie es passieren kann, wenn mit Insert auf ein vorcodiertes Band geschnitten wird, oder der LTC nachträglich aufgezeichnet wurde.)

ATC Der ATC-Timecode (Ancillary Time Code) ist genaugenommen nur ein 'Wrapper' für serielle Datenübertragungen (z.B. SDI), der den VITC oder den LTC übermittelt. Er kann dazu in die vertikalen (VANC) oder horizontalen Austastlücken (HANC) eingebettet werden.

User-Bit ist eine Unterfunktion von VITC und LTC, kann aber unabhängig davon eingestellt werden. Er ist ebenfalls achtstellig, es können aber neben Zahlen auch die Buchstaben a bis f verwendet werden. So kann der Aufnahme eine Signatur gegeben werden, oder zusätzlich zum Timecode beispielsweise die aktuelle Uhrzeit aufgezeichnet werden.

RCTC (Rewritable Consumer Timecode) ist ein semiprofessionelles Format, das bei den Formaten Video8 und Hi8 verwendet wurde. Der RCTC wird dabei in die Lücke zwischen den Schrägspurabschnitten von Videosignal und PCM-Ton aufgezeichnet. Er kann nachträglich verändert werden.

RAPID Timecode ist ein (nicht mehr verwendetes) Timecode-Verfahren für das VHS Format, der nur von speziell modifizierten Recordern gelesen oder geschrieben werden kann. Er wird auf der Synchronspur aufgezeichnet mit einem Impuls alle zwei Sekunden. Er kann auch nachträglich geschrieben werden.

CTL ist eine Bandzählfunktion, die nicht mit einem Timecode verknüpft ist und keine Frames anzeigt. Der CTL funktioniert bei Broadcast-Recordern ähnlich wie in VHS-Rekordern, es werden nur die Synchronimpulse gezählt und es kann jederzeit mit der Reset-Taste auf Null zurückgestellt werden. So lässt sich beispielsweise bequem die Länge einzelner Szenen messen.

Studiotechnik

Studiotakt

Wenn mehrere Kameras oder Zuspieler gleichzeitig verwendet werden, müssen diese, sowie der zugehörige Bildmischer und Rekorder, getaktet werden, um die Videosignale der verschiedenen Kameras störungsfrei aneinander zu schneiden oder überblenden zu können. Das heißt, alle diese Geräte müssen ein gemeinsames Synchronsignal erhalten. Dieses Signal ist meistens ein Blackburst, also ein PAL-Signal mit Burst und Schwarz als Bildinhalt. Für HD-Signale kann auch der Tri-Level-Sync eines HD-Signals verwendet werden. Der Sync wird üblicherweise ausgegeben von einem Blackburst-Generator, aber prinzipiell kann auch eine Kamera, ein Videomischpult mit vorhandenen Referenz-Ausgang oder ein Rekorder mit eingebautem Blackburst-Generator (Anschluss: REF-Video Out) diesen Zweck erfüllen. Wichtig bei der Verkabelung des Taktsignals ist es, dass das Signal nicht verzweigt wird! Entweder der Blackburst-Generator hat genügend Ausgänge für alle Geräte, oder es wird ein Verteiler-Verstärker zwischengeschaltet, oder die Geräte müssen in Reihe geschaltet werden und das Taktsignal wird somit durchgeschliffen. Dazu wird das Blackburst-Signal angeschlossen an den Sync-In Eingang oder den Genlock-In (= Generator-Locking-Device, das ist ein interner Taktgeber, der von außen synchronisiert werden kann) der jeweiligen Kamera oder des Zuspielers. Dabei ist darauf zu achten, dass bei durchschleifenden Geräten der 75 Ω-Abschlusswiderstand nicht geschaltet ist, beim letzten Gerät in der Kette jedoch eingeschaltet sein muss. (Verzweigungen und falsch geschaltete Abschlusswiderstände würden das Taktsignal durch unzulässige Verstärkungen oder Abschwächungen unwirksam machen.) Bei analogen Geräten, bzw. Verkabelungen, ist je nach Kabellänge und Gerät ist noch ein Abgleich der H- und der SC-Phase notwendig.

H-Phase / SC-Phase

Zusätzlich zur Taktung muss nun bei analogen Signalen diese Synchronisation fein eingestellt werden, denn bauart- und kabellängen-bedingt weicht die Taktung geringfügig voneinander ab.
Die H-Phasen-Einstellung ist für den Feinabgleich der Horizontal-Phase zuständig, das heißt, Austast-, Synchron- und Bildsignal werden gegenüber dem Referenzsignal (Blackburst) zeitlich verschoben. Wenn die H-Phase der beteiligten Kameras oder Zuspieler nicht übereinstimmt, kommt es zum 'H-Ruck', der Bildinhalt ist gegenüber einem Referenzbild oder einem anderen Zuspieler horizontal verschoben. Das lässt sich sehr gut mit einem Wipe-Effekt im Bildmischer überprüfen (- obere Bildhälfte = Referenz, untere Bildhälfte = die einzustellende Kamera). Entscheidend für die Einstellung ist dabei der Beginn der eigentlichen Bildinformation.

Mit der SC-Phase (Subcarrier, dt.: Farbhilfsträger) wird die Phasenlage des Chroma-Signals auf das Referenzsignal abgeglichen. Dazu wird als Testbild der Farbbalken verwendet und die SC-Phase (gegebenenfalls auch der Chroma-Level) so einjustiert, dass das Signal den im Vektorskop vorgegebenen Referenzfeldern entspricht.

Camera Control Unit (CCU)

Insbesondere im Mehr-Kamera-Betrieb ist es sinnvoll, wenn die Bildregie eine Fernbedienung für die einzelnen Kameras zur Verfügung hat. Eine CCU ermöglicht es über das Kamerakabel, Blende, Shutter, Gain, Weißabgleich, Schwarzabgleich und Kamera-interne Menüs fernzusteuern, um so die Bilder der einzelnen Kameras zentral aufeinander abgleichen zu können. Zusätzlich bietet die CCU einen Interkom-Anschluss um mit den Kameraleuten kommunizieren zu können. Aber eine CCU hat noch mehr Aufgaben: Sie versorgt die Kameras über das Kamerakabel mit Strom, über die CCUs erfolgt die Synchronisation der Kameras (ggf. müssen die H-Phasen und die SC-Phasen von analogen Kameras mittels der CCU abgeglichen werden) um harte Schnitte, Überblendungen und Wipes am Mischpult überhaupt möglich zu machen.* Die CCUs benötigen dafür einen Studiotakt, den sie an die Kameras weitergeben. Da unterschiedliche Kamera-Kabellängen bei einer analogen Übertragung auch unterschiedliche Widerstandswerte für die Signalübertragung bedeuten, muss die CCU auch über eine Kabellängen-Kompensation verfügen. Schließlich wird auch noch die Tally-Information übertragen, die mit einem Rotlicht an der Kamera und einer Sucher-Einblendung anzeigt, ob die Kamera gerade auf Sendung ist.

Zur Übertragung wird entweder das analoge 26-polige Kamerakabel oder ein digitales Triax-Kabel verwendet. Im Prinzip entspricht das Triax-Kabel einem koaxialen BNC-Kabel mit einer doppelten Schirmung. Im Frequenzmultiplex werden damit Bild- Steuer- und Referenzsignale digital übertragen. Zusätzlich erfolgt über das Triax-Kabel die Stromversorgung der Kamera. Ein Triax-Kabel hat einen deutlich geringeren Durchmesser (9 – 15 mm) als ein analoges Kamerakabel, ist wesentlich flexibler und die Übertragungsstrecke kann länger sein (bis zu 2 km). Dafür ist andererseits der technische Aufwand an Kamera und CCU höher.

Da die Übertragungs-Bandbreite bei langen Kupferkabeln jedoch begrenzt ist, werden für die Videoübertragung zunehmend Glasfaserkabel verwendet.

Im Prinzip kann die Synchronisation von Kameras und Zuspielern auch im Mischpult erfolgen, wenn dieses über einen ausreichend dimensionierten Timebase-Corrector verfügt.

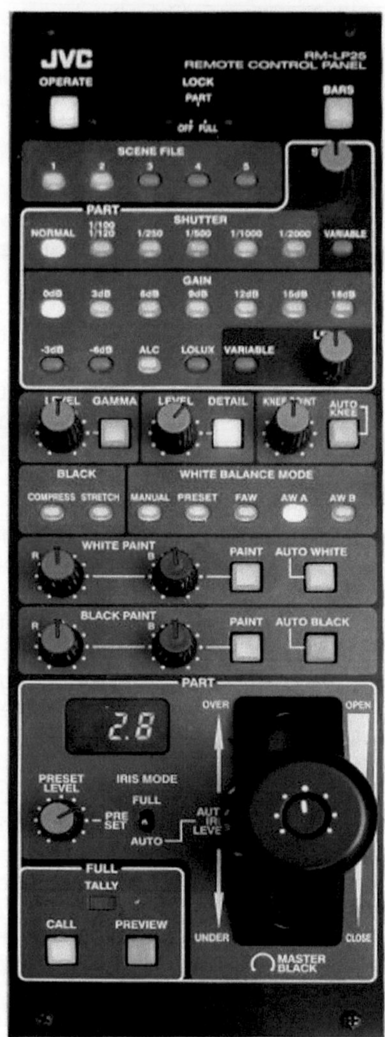

CCU für eine Kamera in einem Studio

Videomischpult

Zentrales Instrument im TV-Studio ist das Videomischpult (oder auch: Videomixer). Er hat Inputs für die Kamera und Zuspieler, sowie für Titelgeneratoren und Grafiken. Der Mixer kann selbst Farbbalken und Farbhintergründe (Matte) erzeugen. Der Master-Output kann an einen Recorder und/oder zur Live-Übertragung gehen.

Als Bildübergänge sind harte Schnitte, Überblendungen und Wipes möglich. Diese können mit Fader oder Auto-Take (eingestellte Überblend- / Wipe-Zeit) gefahren werden. Damit zwischen den einzelnen Inputsignalen störungsfrei umgeschaltet werden kann, muss der Videomixer einen Timebase-Corrector (TBC) aufweisen, der die Inputsignale zwischenspeichert und Takt-genau wieder ausgibt.

Die Videoeingänge können auch für das Keying genutzt werden (Upstream-Key): Die Quelle, bei der Bildflächen ausgetastet und ersetzt werden, ist der Key. Ausgetastet wird dabei ein bestimmtes Merkmal, d.h., eine bestimmter Helligkeitswert ('Luminanz-Key') oder eine Farbe ('Chroma-Key', bzw. die 'Schlüsselfarbe'), näheres dazu: siehe unten. Die Quelle, die die ausgetasteten Flächen mit einer einem Bild auffüllt, ist der 'Fill'.

Die Inputs sind in zwei Leisten unterteilt, diese Leisten werden "Bus" genannt. Je ein Bus-Leiste für Preview und eine für Programm (der jeweils aktive Input). Für diese Bus-Leisten gibt es zwei Bedienkonzepte:

Bei dem A/B-Mischer wechseln Preview (PRV) und Programm (PRG) die Leiste, d.h., das Programm im Bus 1 (obere Leiste) und wird nun auf die unten vorausgewählte Preview umgeschaltet, dabei wird Bus 2 (untere Leiste) zur Programm-Leiste (wichtig dabei: die Blendenhebel-Stellung).

Beim Flipflop-Mixer bleibt stets Bus 1 die Leiste für Programm und Bus 2 für die Preview. Ein Videomixer kann weitere Leisten aufweisen, z.B. Bus 3 für Keying (Green-Box, Luminanz-Key, etc.), Bus 4 für Aux (zum Effektgerät DVE und als Input auf PRG, PRV, Key).

Am Signalausgang des Mixers liegt ein Downstream-Keyer (DSK) an, mit dem Schriften und Logos (RGB mit Alphakanal, siehe Seite 113) eingeblendet werden können.

Zusätzlich kann der Videomixer eine Fernsteuer-Funktion über eine GPI-Schnittstelle (General Purpose Interface) aufweisen, mit der z.B. Player eingestartet werden können.

Oftmals bieten Videomischpulte außerdem einen Farbkorrektor an, einen Farbbalken zum Abgleichen der Signalwege, eine "Bild im Bild"-Funktion, vergrößern, verkleinern und Stroboskop-Effekte.

Ein **Chroma-Key** ermöglicht das Austasten von Farbflächen, die dann durch ein anderes Bild ersetzt werden. Damit kann beispielsweise im Studio einem Moderator eine animierte großflächige Wetterkarte als Hintergrund gegeben werden. Dieses Verfahren wird auch **Greenbox** genannt (früher: Bluebox). Die Farbe Grün (hier: die voll gesättigte Grundfarbe Grün des RGB-Signals, das entspricht beim Farbbalken dem vierten Balken von links) wird deswegen verwendet, weil sie in den menschlichen Hauttönen nicht als reiner Farbton vorkommt, bei Kleidung eher selten auftritt und somit eine Person farblich sauber getrennt werden kann von einer grünen Wand im Hintergrund. Das grüne Signal, also der Hintergrund, wird dann elektronisch ausgefiltert und durch ein anderes Bild ersetzt. Wichtig ist dafür eine möglichst hohe Farbauflösung im Videosignal - für Broadcast-Zwecke sollte daher mit einem Komponentensignal in 4:2:2-Auflösung gearbeitet werden. (Das ist auch ein weiterer Grund, warum vor einigen Jahren die Bluebox durch die Greenbox ersetzt wurde: Im Komponentensignal hat das Grün eine höhere Auflösung.) Eine saubere Trennung des grünen Hintergrunds von den Personen und Gegenständen im Vordergrund ist nicht ganz einfach zu erreichen, häufig reflektieren Haut, Haare, Kleider oder Gegenstände das Grün des Hintergrunds, diese Reflektion wird auch als "Spill" bezeichnet. Um eine möglichst saubere Trennung der Personen im Vordergrund vom Greenscreen im Hintergrund zu erreichen, sollte daher auf eine gleichmäßige und schattenfreie Ausleuchtung des Greenscreens geachtet werden, der Abstand der Personen vom Greenscreen möglichst groß sein und ein Spitzlicht auf die Personen im Vordergrund ist ebenfalls zu empfehlen. Zudem kann es auch sinnvoll sein, die Belichtungszeit in der Kamera zu verkürzen, z.B. auf 1/100 Sekunde, um Bewegungsunschärfen zu verringern, denn diese Bewegungsunschärfen erzeugen einen verwischten Übergang zwischen Motiv und grünem Hintergrund, der nicht sauber auszufiltern ist.

In der gleichen Weise arbeiten **Luminanz-Keys**, bei denen statt einer Farbe eine bestimmte Helligkeitsstufe herausgefiltert wird, also zum Beispiel schwarze Flächen. Mit einer 'Matte'-Funktion können Farbflächen hergestellt werden, beispielsweise als Hintergrund für Schriften. Dabei sind der Farbton, die Farbsättigung und die Helligkeit regelbar.

Farbkorrektor
Standalone-Farbkorrektoren arbeiten entweder auf Y/R-Y/B-Y - oder auf RGB-Basis. Der Y/R-Y/B-Y-Farbkorrektor hat für R-Y und B-Y jeweils einen Black- und einen Gain-Regler. Der Black-Regler ändert die dunklen Bereiche des Bildes, damit kann ein fehlerhafter Weißabgleich korrigiert werden. Die Grüninformation wird mit den Black-Regler nicht verändert, sondern nur in der Gesamtinformation hervorgehoben oder unterdrückt. Die Gain-Regler bearbeiten die hellen Partien, so kann zum Beispiel einem Gesicht mehr Farbe gegeben werden. Ein völliges Herunterdrehen beider Gain-Regler führt zu einem Schwarz-Weiß-Bild. Im Y-Bereich können Black, Contrast, Gain und Schärfe geregelt werden.
Ein RGB-Farbkorrektor bietet für jeden Farbkanal einen Black- und einen Gain-Regler. Veränderungen im Y-Signal sind somit etwas aufwendiger einzustellen.
(Wesentliche komplexere Einstellmöglichkeiten bietet professionelle Schnittsoftware, dort müssen die Veränderungen dann natürlich auch gerendert werden.)

Optik

Die Optik hat einen wesentlichen Einfluss auf die Bildqualität. Einige Parameter sind dabei vom Benutzer abhängig. Zunächst muss ein Zoom-Objektiv mechanisch an die Kamera angepasst werden: Der Anschluss (C-Mount, Ikegami Mount, etc.) weist immer geringe Toleranzen auf, die die Schärfeleistung der Kamera negativ beeinflussen können. Daher muss nach jedem Objektiv-Wechsel oder stärkeren mechanischen Erschütterungen das Auflagemaß geprüft und gegebenenfalls eingestellt werden, sonst verliert die Kamera beim Zoomen in den Weitwinkelbereich die Schärfe. Zum Einstellen wird die Kamera dazu mit ganz geöffneter Blende (Überbelichtungen gegebenenfalls mit ND-Filter oder Shutter kompensieren) auf einen 3 - 5 m entfernten 'Siemensstern' gerichtet und darauf im Telebereich scharf gestellt. Nun wird die Fixierschraube für die Auflagemaß-Einstellung gelöst und das Objektiv ganz in den Weitwinkelbereich gezoomt. Am Auflagemaß-Einstellring muss jetzt versucht werden, die größtmögliche Schärfe einzustellen. Dieser Vorgang (ranzoomen, Schärfe einstellen, zurückzoomen, Auflagemaß einstellen) sollte mehrmals durchgeführt werden, da sich die Einstellungen gegenseitig beeinflussen.

Siemensstern

Bei Dreharbeiten wird dann auf diese Weise die Schärfe gezogen: So nah wie möglich an das Objekt heranzoomen und dann scharfstellen. Sofern das Auflagemaß (s.o.) stimmt, ist die eingestellte Entfernung nun bei jeder Zoom-Stellung scharf.
Bei der Verwendung von Festbrennweiten kann die genaue Entfernung auch mit Hilfe eines Maßbands oder Lasers bestimmt und eingestellt werden. Für die Messung ist dabei die Entfernung zwischen der Sensorebene (bzw. Filmebene) und dem Objekt zu messen. Professionelle

Kameras haben dazu einen Messpunkt auf dem Gehäuse abgebildet: ϕ

Bei manchen Kameras ist dort auch eine Befestigung für ein Maßband vorgesehen.

Bei der Verwendung von Consumerkameras ist die Verwendung des Autofokus zur Schärfe-Einstellung häufig nicht zu vermeiden, da der Schärfe-Einstellring oder - regler meist nicht präzise bedienbar ist, oder auch der Sucher oder Monitor eine exakte Beurteilung der Schärfe nicht zulässt. Ein Autofokus stellt zumeist auf größere Objekte nahe der Kamera scharf, das ist bei Schwenks oder in Menschenmengen aber leider nicht immer das anvisierte Objekt, somit sind ungewollte Unschärfen leider nicht zu vermeiden.

Die Schärfe einer Abbildung wird nicht nur durch die Entfernungseinstellung bestimmt, auch die Blendenöffnung wirkt sich darauf aus. Damit ist zunächst die Schärfentiefe (englisch: Depth of Field, kurz: DOF) gemeint: Eine optische Unschärfe heißt, Bildpunkte erhalten auf der Abbildungsebene Zerstreuungskreise, werden also zu Flächen. Tatsächlich scharf wiedergegeben wird nur die am Objektiv eingestellte Entfernung, aber in einem bestimmten Bereich vor und hinter diesem Punkt sind die Zerstreuungskreise noch so klein, dass die Auflösung des Bildsensors diese Unschärfe nicht wiedergibt, d.h., der Durchmesser eines Zerstreuungskreises (auch: Unschärfekreis) ist nicht größer als der Durchmesser eines Bildsensor-Pixels. Die Größe des zulässigen Zerstreuungskreises für den jeweiligen Bildsensoren lässt sich mit der folgenden Formel berechnen:

$$Z \text{ (Zerstreuungskreis)} = \frac{d \text{ (Diagonale des Bildsensors)}}{N \text{ (Pixel entlang der Diagonale)}}$$

Für eine HD-Kamera mit einem 1/3"-Bildsensor berechnet sich das so:

$$Z = \frac{5{,}5 \text{ mm}}{\sqrt{(1080^2 + 1920^2)} \text{ Pixel}} = \frac{5{,}5 \text{ mm}}{2202 \text{ Pixel}} = 0{,}0025 \text{ mm}$$

Zum Vergleich: Bei einem 2/3" Bildsensor einer HD-Kamera beträgt der zulässige Durchmesser des Unschärfekreises 0,005 mm, also dem doppelten Durchmesser, verglichen mit einem 1/3" Bildsensor.

Wird die Blendenöffnung verkleinert, so verringert sich auch der Durchmesser der Zerstreuungskreise, die Schärfentiefe erhöht sich somit.

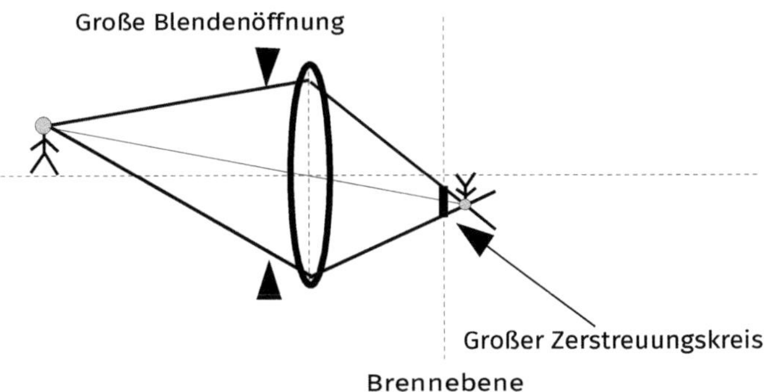

Aufnahme mit großer Blendenöffnung

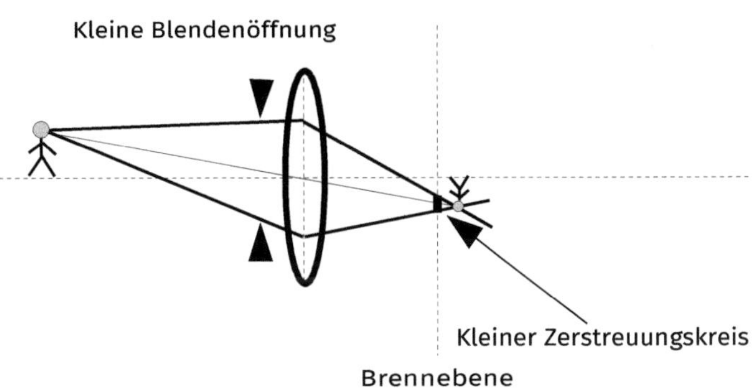

Aufnahme mit kleiner Blendenöffnung

Weniger bekannt ist, dass die tatsächliche Schärfeleistung eines Objektivs aber abnimmt, je weiter die Blende geschlossen wird. Das liegt daran, dass Lichtwellen an Kanten gebeugt und somit irregulär zerstreut werden. Bei großen Blendenöffnungen spielt das eine geringere Rolle, der größte Lichtanteil berührt die lichtstreuenden Kanten nicht, bei sehr kleinen Blendenöffnungen wird dann aber der Anteil der gebeugten Lichtwellen größer. Somit ist es nicht empfehlenswert, zur Erzielung einer 'unendlichen' Schärfentiefe, die Blende wesentlich über die kleinste angegebene Blende (bei Video meist Blende 16) zu schließen.

Ebenfalls Einfluss auf die Schärfentiefe haben die Brennweite und die Bildsensor-Größe. Die Definition für Brennweite einer (konvexen) Linse ist der Abstand der Hauptebene von der Brennebene. Die Hauptebene ist dabei die Ebene in einer (dünnen) konvexen Linse, in der parallel einfallende Lichtstrahlen gebrochen würden und in Richtung eines

Brennpunkts gebeugt werden. Die Brennebene ist die Fläche, auf der die parallel eingefallenen Strahlen nach dem Durchgang durch die Linse zu einem Punkt gebündelt sind.

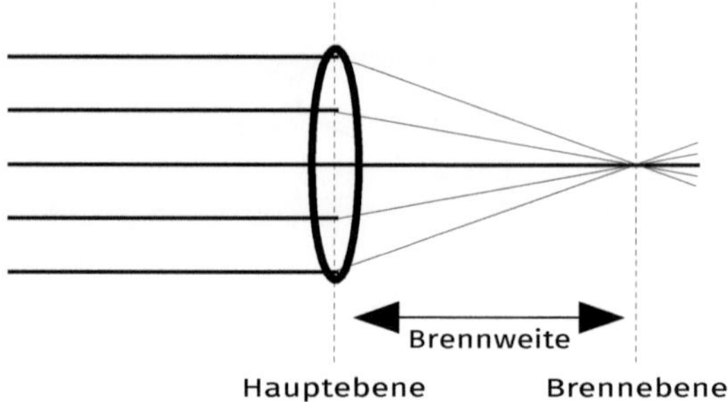

Strahlengang durch eine konvexe Linse

Die Hauptebene ist dabei eine abstrakte Ebene, da die Lichtstrahlen an den Oberflächen der Linse gebrochen werden, somit beim Durchgang durch eine Linse also zwei Brechungen erfahren. Es gibt daher eine vordere und eine hintere Hauptebene. Prinzipiell lässt sich jede Linse, oder auch ein komplex aufgebautes Zoomobjektiv, als eine einzige große Sammellinse betrachten. Bei solchen komplexen Sammellinsen wird die Brennweite stets von der hinteren Hauptebene aus gemessen.
Eine bestimmte Brennweite erzeugt je nach Objektentfernung immer eine bestimmte Abbildungsgröße:

$$\text{Abbildungsgröße (mm)} = \frac{\text{Objektgröße (mm)} \times \text{Brennweite (mm)}}{\text{Distanz (mm)}}$$

Verwendet man also ein Objektiv mit 100 mm Brennweite und filmt dabei einen 2 m hohen Gegenstand in 10 m Entfernung, so wird dessen Abbildung auf dem Target stets 2 cm hoch sein. Das Objekt ließe sich in diesem Fall also vollständig auf einem Kleinbildfilm (24 x 36 mm) abbilden, nicht jedoch auf einem 2/3" Video-Bildsensor (5,4 x 9,6 mm bei einem 16:9-Sensor), hier wäre nur ein Drittel der Objekthöhe abgebildet. Dasselbe Objektiv kann also je nach Targetgröße ein Tele-, Normal- oder Weitwinkelobjektiv sein.

Die Normalbrennweite wird dadurch definiert, dass die Zuschauer*innen eine perspektivisch richtige Darstellung erhalten, die ihren Sehgewohnheiten im Alltag entspricht, so als ob sie selbst, anstelle der Kamera, die Szene beobachtet hätten. (Das ist dabei bezogen auf den optimalen Betrachtungsabstand gegenüber dem Monitor, bzw. der Leinwand: Das Bild ist innerhalb des "deutlichen Sehfeldes" und die einzelnen Pixel/Zeilen sind nicht mehr erkennbar. Siehe auch: Kapitel

"Betrachtungsabstand", Seite 184). Die Normalbrennweite entspricht bei einem 4:3 Video, bzw. 1:1,37 Film annähernd der Diagonale des Targets, das heißt beispielsweise, dass beim 35mm Film Brennweiten zwischen 30 und 40 mm als Normalbrennweiten verwendet werden. Da genaugenommen ein vertikaler Bildwinkel von 30° den normalen Sehgewohnheiten entspricht, ist es praktischer, die Bildhöhe als Referenz zu verwenden, als die veränderliche Bildbreite (4:3, 16:9, 1:1,37, 1:1,85 etc.). Die Normalbrennweite entspricht somit 2H. Daraus ergeben sich die folgenden Werte:

Target	Größe in mm	Normalbrennweite
Video 4:3 , 1/2"	4,8 x 6,4	10 mm
Video 4:3, 2/3"	6,6 x 8,8	13 mm
Video 16:9, 2/3"	5,4 x 9,6	11 mm
16mm Normalformat, 1:1,38	7,44 x 10,40	14 mm
Super 16, Blow up, 1:1,66	7,44 x 12,44	14 mm
35mm Normalformat 1:1,37	16 x 22	32 mm
35mm Breitwand europäisch 1:1,66	13,2 x 22	26 mm
35mm Breitwand amerikanisch 1:1,85	11,9 x 22	22 mm
Fotografie Kleinbild	24 x 36	48 mm

Nun lässt sich fragen, warum hat die Größe des Bildsensors einen Einfluss auf die Schärfentiefe? Eigentlich müsste ja ein kleinerer Bildsensor eine geringere Schärfentiefe aufweisen, denn durch kleinere Fläche ergeben sich (bei gleicher Pixelzahl) natürlich auch für die einzelnen Bildpunkte kleinere Flächen. Der Zerstreuungskreis eines unscharf eingestellten Objekt vergrößert sich also relativ zu den einzelnen Bildpunkten, es kommt damit eher zu einer Ausdehnung des Zerstreuungskreises über mehrere Bildpunkte, also einer Unschärfe. Andererseits aber werden für verschiedene Bildsensorgrößen auch daran angepasste Brennweiten benötigt: Wenn man also bei einem 2/3" Bildsensor ein Objektiv mit 13mm Brennweite verwendet (was der Normalbrennweite entspricht), dann muss man für einen 1/3" Bildsensor ein 10mm-Objektiv benutzen, um den gleichen Bildinhalt darzustellen. Das abgefilmte Objekt hat zwar seine Größe vor der Kamera behalten, der Bildsensor allerdings hat seine Größe im Vergleich zum Objekt vor der Kamera verändert. Und das heißt, wenn man mit einem kleineren Bildsensor dasselbe Objekt so darstellen will, dass es in der Abbildung genauso dargestellt wird, wie es mit einem größeren Bildsensor aussähe, dann muss das Objektiv für den kleineren

Bildsensor "weitwinkliger" arbeiten – das gleiche Abbild muss ja auf eine kleinere Fläche projiziert werden. Und weitwinkligere Objektive, also mit kleinerer Brennweite, weisen nun mal eine höhere Schärfentiefe auf. Dieser Effekt wirkt sich sogar stärker auf die Schärfentiefe aus, als die relative Vergrößerung der Zerstreuungskreise bei einem kleineren Bildsensoren. Die Schärfentiefe nimmt also zu, es ist daher bei der Verwendung eines kleineren Bildsensors schwieriger, eine geringe Schärfentiefe zu erzielen, also den "Kinolook" herzustellen - es bleibt eine "flache" Fernsehästhetik.

Die Schärfentiefe lässt sich auch berechnen, bzw. Tabellen entnehmen: Als Maß für die Schärfentiefe kann die "Hyperfokale" verwendet werden, sie bezeichnet die vordere Schärfegrenze wenn das Objektiv auf ∞ (unendlich) eingestellt wird: Wenn man beispielsweise bei unterschiedlichen Bildsensoren das Objektiv auf einen Bildwinkel von 16° einstellt, so ergeben sich die folgenden Brennweiten: 1/3" = 20 mm, ½" = 29 mm, 2/3" = 39 mm. Für die Messung der Hyperfokalen ist es nun noch wichtig, dass eine gleiche Blende verwendet wird, beispielsweise die Blende 2,8. Dann ergeben sich für die Hyperfokale (bei SD-Kameras) die folgenden Werte: 1/3" = 15,88 m, 1/2" = 23,10 m, 2/3" = 31,96 m. Das heißt, bei einem 1/3" Bildsensor ist in der Entfernungseinstellung ∞ (bei gleichen Parametern) wesentlich mehr Vordergrund scharf, als bei einem 2/3"-Bildsensor Nimmt man übrigens den Wert der Hyperfokale als Entfernungseinstellung, dann reicht die Schärfentiefe vom halben Wert der Hyperfokale bis unendlich (d.h., für 1/3" bei o.g. Brennweite von 20 mm und Blende 2,8 reicht die Schärfe dann von 7,94 m bis unendlich).

Zur Veranschaulichung zeigt hier eine Grafik einige Beispiele, die die Auswirkungen auf die Schärfentiefe darstellen, wenn einzelne Parameter variiert werden:

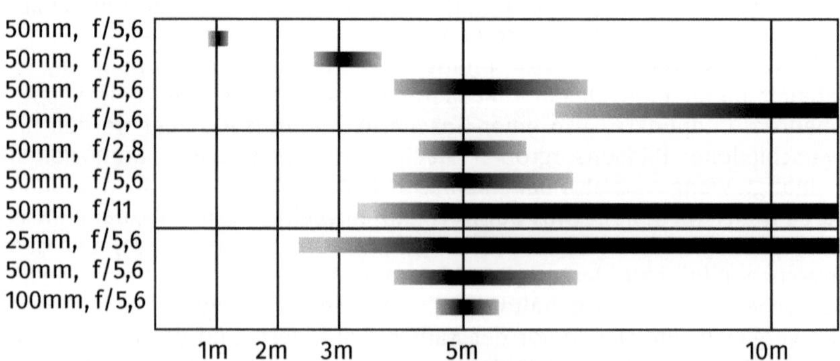

Der obere Teil der Grafik zeigt bei gleichbleibender Blende f/5,6 und Brennweite von 50mm die Auswirkung bei verschiedenen Entfernungs-

einstellungen, der mittlere Teil zeigt die Auswirkungen einer Veränderung des Blendenwertes (bei gleichbleibender Brennweite 50mm und einer Entfernung von 5 m) und der untere Teil zeigt die Auswirkung einer Veränderung der Brennweite (bei gleichbleibender Blende f/5,6 und einer Entfernung von 5 m).
Bei Bedarf lassen sich detaillierte Schärfentiefe-Tabellen im Internet finden, die für diverse Brennweiten genau die Schärfentiefe-Bereiche für die jeweiligen Kombinationen von Entfernungen und Blendenwerten aufzeigen.

Die Blende bestimmt die Lichtmenge die auf den Bildsensor fällt. Sie bestimmt sich aus dem Verhältnis der Brennweite zur Öffnungsweite der Optik. Die Blendenzahl lässt sich mit dieser Formel errechnen:

$$\text{Blendenzahl (k)} = \frac{\text{Brennweite (f)}}{\text{Durchmesser Blendenöffnung (D)}}$$

Der Kehrwert der Blendenzahl wird als Öffnungsverhältnis bezeichnet, das ergibt dann die Blendenreihen, die auf dem Objektiv aufgedruckt sind. Genaugenommen bezeichnen diese Werte den Nenner des Öffnungsverhältnisses, sie lesen sich also 1/1,4 oder 1/8. (Sie werden auch als f/1,4 oder f/8 bezeichnet, im Englischen: f-stop). Typische Werte sind:

1 - 1,4 - 2,0 - 2,8 - 4,0 - 5,6 - 8 - 11 - 16 - 22

Diese Blendenwerte stehen in einem Verhältnis zueinander: Die jeweils nächstkleinere Blende (weiter rechts in der Blendenreihe) lässt nur halb soviel Licht wie die vorgehende durch, d.h., bei Blende 2 fällt nur halb soviel Licht auf den Bildsensor wie bei Blende 1,4. Dieses "krumme" Zahlenverhältnis erklärt sich daraus, dass eine Fläche sich verdoppelt, wenn man die Kantenlänge mit 1,4 (das entspricht $\sqrt{2}$) multipliziert.
Die kleinste Zahl (ganz links in der Blendenreihe) steht also für die größte Blendenöffnung Diese größtmögliche Blendenöffnung wird auch als Lichtstärke des Objektivs bezeichnet. Die theoretisch größtmögliche Blendenöffnung beträgt f/0,5. Berühmt geworden sind die Aufnahmen von Stanley Kubrick für den Film "Barry Lyndon", die mit einem 50 mm-Objektiv mit der Lichtstärke von 1/0,7 ohne zusätzliches Kunstlicht gedreht wurden. Bei Broadcast-Zoomobjektiven sind maximale Lichtstärken von 1/1,4 bis 1/1,8 üblich.

Dabei ist zu beachten, dass die Lichtstärke eines Zoomobjektivs bei langer Brennweite (d.h., im Telebereich) abnimmt. Die Lichtstärke besagt ja, wieviel Licht bei der maximal möglichen Blendenöffnung auf den Bildsensor gelangt. Die wesentliche Rolle spielt dabei aber die Größe der Frontlinse des Objektivs, denn die Lichtstärke wird ja aus dem Verhältnis des Frontlinsen-Durchmessers (und somit der maximal möglichen Blendenöffnung) auf die Brennweite bezogen: Wenn ein Objektiv mit 50 mm Brennweite eine Lichtstärke von 1:2,0 hat, und es dabei einen Frontlinsen-Durchmesser von 25 mm aufweist, müsste bei 200 mm Brennweite dann der Frontlinsen-Durchmesser 100 mm betragen. Auch bei Broadcast-Objektiven beginnt bei langen Brennweiten irgendwann der Bereich, in dem der Frontlinsen-Durchmesser zu klein wird, die Lichtstärke nimmt ab, das wird als 'F-Drop' bezeichnet. Am Beispiel des Objektivs 'Canon J15x9,5B' sieht das so aus: Im Brennweitenbereich von 9,5 bis 121 mm hat das Objektiv eine Lichtstärke von 1:1,8, oberhalb von 121 mm nimmt die Lichtstärke kontinuierlich ab und beträgt schließlich bei der maximalen Brennweite von 143 mm nur noch 1:2,1. (Bei geschaltetem Brennweiten-Verdoppler verdoppeln sich auch die Werte für die Lichtstärke.)

Eine andere Art der Abschattung ist die Vignettierung. Insbesondere beim Einsatz von Vorsatzlinsen, Filtern, oder Kompendien kann es passieren, dass diese Bauteile im Weitwinkel-Bereich ins Bild geraten. Da sie zumeist jedoch weit im Unschärfebereich liegen, treten sie nur als abgedunkelter Bildrand auf.

Bildfehler
Alle Objektive weisen gewisse Fehler auf, die Lichtbrechungseigenschaften von Linsen sind nur unter großem Aufwand optimierbar und das ist noch am einfachsten bei Fest-Brennweiten machbar. Das Problem verschärft sich bei Zoomobjektiven, bei denen ja je nach Brennweite der Lichteinfall, die Lichtbrechungen und die Reflektionen in ganz unterschiedlicher Weise stattfinden, die Berechnung eines Zoomobjektives stellt also einen Kompromiss für alle Brennweiten dar.
Ein Abbildungsfehler ist die "sphärische Abberation" (auch: Öffnungsfehler), das heißt bei einfachen Linsen mit einer kugelförmigen Oberfläche werden parallel einfallende Lichtstrahlen nicht genau auf einen Brennpunkt konzentriert. Die Abbildung ist zwar scharf, aber weich. Neuere Objektive verwenden daher asphärische Linsen, das sind nicht-kugelförmig-geschliffene Linsen, mit denen sich die sphärischen Abberationsfehler korrigieren lassen. Sie sind allerdings vergleichsweise aufwändig herzustellen und damit teuer.

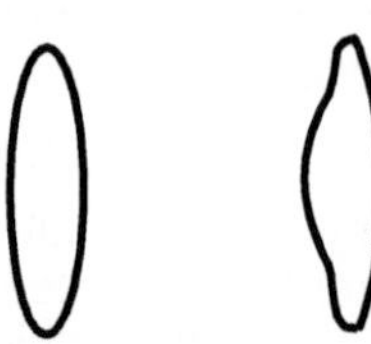

konventionelle Linse / asphärische Linse

Ein weiterer Abbildungsfehler ist die chromatische Abberation: Das weiße Licht setzt sich aus Lichtanteilen mit unterschiedlichen Wellenlängen zusammen und jede dieser Wellenlängen erfährt an einer Linse eine andere Lichtbrechung, es entstehen Farbsäume und Unschärfen. Die chromatische Abberation kann durch die Kombination zweier Linsen zu einem "Achromaten" reduziert werden. Die beiden Linsen bestehen dabei aus verschiedenen Glassorten mit unterschiedlichen Brechungen.

Ein besonderes Problem der Zoomobjektive ist die "Verzeichnung", das heißt, dass im Weitwinkelbereich gerade Linien (insbesondere horizontale und vertikale), die nicht durch den Bildmittelpunkt gehen, in der Abbildung gekrümmt dargestellt werden. Zumeist wölben sie sich nach außen, es entsteht eine "tonnenförmige" Verzerrung. (Eine Verzerrung nach innen wird als "kissenförmig" bezeichnet.)

Einige Abbildungsfehler können elektronisch kompensiert werden., z.B. der "Flare". Es handelt sich dabei um Streulicht, das aus ungewollten Reflektionen im Objektiv entsteht. Da die Abbildungsfehler von Objektiv-Typ zu Objektiv-Typ unterschiedlich sind, hat jedes Broadcast-Objektiv ein Interface, mit dem die Kenndaten des Objektivs an die Kamera übermittelt werden, um so die Fehlerkompensation zu optimieren.

Objektive sind vergütet, das heißt, mit optischem Filtermaterial beschichtet. Die Beschichtung sorgt einerseits für die Minderung von Reflektionen und filtert andererseits Teile des Lichtspektrums aus, die sich ungünstig auf die Belichtung von CCDs oder Film auswirken. Die erforderlichen Vergütungen sind für Film und CCD unterschiedlich, somit ist nicht jedes Objektiv für jede Kamera gut geeignet. Zudem können die Prismen der 3-CCD-Bildsensoren in Broadcast-Kameras Schärfeprobleme verursachen, wenn Filmobjektive verwendet werden.

Audiotechnik

Schall und Wahrnehmung

Schall besteht aus Druckwellen, die in einem Medium (Gas, Flüssigkeit, oder fester Stoff) weitergegeben werden. Eine Schallwelle erzeugt zunächst einen Druck, also eine Verdichtung der Moleküle, anschließend einen Unterdruck. Wenn die Schwingungen dieser Druckwellen in einem bestimmten Frequenzbereich stattfinden, sind sie für das menschliche Ohr hörbar: Das Ohr kann Schwingungen von 20 Hz (Hertz = Schwingungen pro Sekunde) bis etwa 20.000 Hz (= 20 Kilohertz, bzw. 20 kHz) wahrnehmen. Tiefere Frequenzen können über den Körper wahrgenommen werden und z.B. Ehrfurcht oder Angst auslösen. Sehr große Orgeln in Kirchen können beispielsweise das "Subkontra-C" wiedergeben, einen Ton mit 16,35 Hz. Auch Kino- und (hochwertige) Surround-Anlagen nutzen "unhörbare" tiefe Töne, um das Filmerlebnis zu intensivieren. Die Obergrenze der wahrnehmbaren Schwingungen nimmt mit zunehmendem Alter des Menschen deutlich ab, auf etwa 12 – 15 kHz. Die wahrgenommene Lautstärke hängt vom Druck der Schallwelle ab, dieser wird als Amplitude bezeichnet und in Pascal (Pa) gemessen (Pascal ist die Krafteinwirkung auf eine Fläche: 1 Pascal = 1 Newton/m^2)

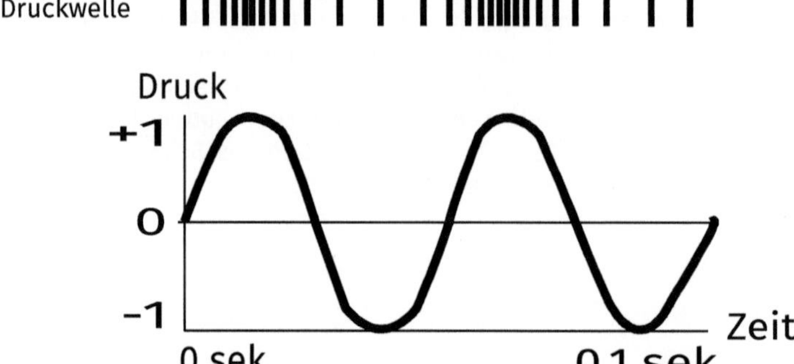

Beispiel einer Schallwelle mit 20 Hz und einer Amplitude von 2 Pa

Die nachfolgende Kurve zeigt, wie der Schalldruck einzelner Frequenzen wahrgenommen wird. Damit die gleiche Lautstärke wahrgenommen wird, müssen die einzelnen Frequenzen unterschiedliche Schalldrücke aufweisen. Das Verhältnis ändert sich zusätzlich mit der Höhe der Ausgangslautstärke: Bei insgesamt leisen Schalldruckpegeln müssen tiefe Frequenzen für eine gleichlaute Wahrnehmung noch mehr angehoben werden, als bei insgesamt lauteren Pegeln. (Deswegen gibt es bei HiFi-Verstärkern eine 'Loudness'-Taste, die Bässe bei einer leisen Abhörlautstärke überproportional anhebt.) Beispiel: Damit ein Ton mit 20 Hz genauso laut wahrgenommen wird, wie ein 1 kHz-Ton mit einem Lautstärkepegel von 10 dB$_{SPL}$, (10 Phon) muss der 20 Hz-Ton einen Schalldruck von etwa 80 dB$_{SPL}$ aufweisen, ein 100 Hz-Ton immerhin noch 30 dB$_{SPL}$ (Definitionen für dB und Phon siehe unten im Kapitel 'Pegel', Seite 276).

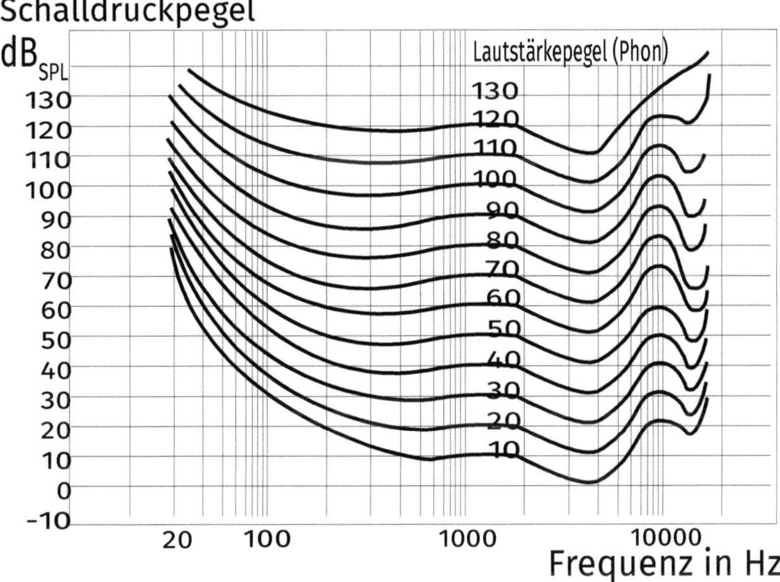

Menschliche Wahrnehmung von Schalldruckpegeln bei verschiedenen Frequenzen

Leisere Töne in einer Tonpassage werden unter Umständen nicht wahrgenommen, wenn sie von lauten Tönen "verdeckt" werden. Dieser Verdeckungseffekt ist insofern wichtig, etwa bei einer Tonmischung, weil damit auch die Abhörlautstärke einen Einfluss auf die Wahrnehmung hat: Bei einer leisen Abhörlautstärke werden eventuell leise Atmo-Töne nicht mehr wahrgenommen, die andererseits bei einer lauten Abhörlautstärke sogar störend wirken können. Daher gibt es auch Empfehlungen für die Pegel der Abhörlautstärke in Tonstudios, siehe Seite 345.

Schallausbreitung

Schallwellen breiten sich kugelförmig um ihre Quelle herum aus, sofern keine Hindernisse im Weg sind. Dabei nimmt die Schallintensität im

Quadrat zur Entfernung von der Schallquelle ab, das heißt, in der doppelten Entfernung von der Schallquelle beträgt die Schallintensität nur noch ¼. Die Einheit für die Schallintensität "I" ist Watt pro Quadratmeter = W/m².

Für die Ausbreitung einer Schallwelle ist es noch wichtig zu wissen, in welchem Medium die Übertragung erfolgt, denn davon hängen Geschwindigkeit und Wellenlänge der Schwingung ab. In einer Zeichnung wie oben dargestellt, sieht es ja so aus, als gäbe es ein festes Verhältnis zwischen Hertz-Zahl und Wellenlänge. Das gibt es auch, aber es gilt jeweils nur für ein Medium mit jeweils der gleichen Temperatur. Unterschiedliche Medien und Temperaturen bedeuten unterschiedliche molekulare Widerstände für eine sich hindurch bewegende Druckwelle. Insofern muss man sich vergegenwärtigen, dass der Maßstab für die Zeiteinteilung (und auch der für die Amplitude) willkürlich gewählt ist. In der Luft erreicht Schall bei 20° Celsius eine Geschwindigkeit von 343,8 m/s, bei 0° Celsius sind es nur noch 331,8 m/s. Zur Vereinfachung wird im allgemeinen ein Richtwert von 340 m/s verwendet.

Aus der Schallgeschwindigkeit c (in m/s) und der Frequenz f (in Hz) eines Tons lässt sich die Wellenlänge λ (in m) einer Schwingung berechnen:

$$\lambda = \frac{c}{f}$$

Beispiel für 1 kHz Ton: $\lambda = \dfrac{340 \text{ m/s}}{1000 \text{ Hz}} = \dfrac{340 \text{ m/s}}{1000 \text{ Schwingungen/s}} = 0{,}34 \dfrac{\text{m}}{\text{Schwingung}}$

Ein 1 kHz Sinuston hat in der Luft also eine Wellenlänge von 34 cm. Im hörbaren Bereich gibt es somit Wellenlängen von 1,7 cm (bei 20 kHz) bis zu 17 m (bei 20 Hz).

Die Wellenlänge einer Schallschwingung ist unter anderem bedeutend für die Ablenkung und Absorption von Schallwellen durch Gegenstände.

Auch wenn Schall sich prinzipiell kugelförmig um seine Quelle herum ausdehnt, hat man es in der Praxis häufig mit gerichteten Schallquellen zu tun: Der menschliche Mund strahlt Schall vorwiegend nach vorne ab, sinnvollerweise sind auch Lautsprecher so gebaut, dass sie Schall hauptsächlich in eine Richtung abstrahlen. (Eine kugelförmige Ausbreitung des Schalls ist damit weiterhin gegeben, jedoch mit unterschiedlichen Intensitäten in die verschiedenen Richtungen.) Die Schallausbreitung im Raum und damit auch die räumliche Wahrnehmung, wird bestimmt von Reflektionen und Dämpfungen. Jede Oberfläche absorbiert einen Teil des Schalls. (Die Schallenergie geht nicht verloren, sie wird gewandelt, z.B. in

Wärme.) Glatte, harte Flächen, wie etwa Beton, absorbieren wenig Schallenergie, der Schall wird fast vollständig reflektiert. Rauere, poröse Oberflächen, wie zum Beispiel Holz, absorbieren schon mehr Schallenergie. Textilstoffe und Dämmmaterialien schließlich absorbieren sehr viel Schallenergie. Daher werden sie auch zur Dämpfung eingesetzt. (Dämpfung als Mittel zur Unterdrückung von Reflektionen ist nicht zu verwechseln mit Dämmung, die das Aus- oder Eintreten von Schall in einen Raum verhindern soll.)

Die Wirkung von schalldämpfendem Material ist auch abhängig von Form und Dicke: Es können immer nur Reflektionen von Schallwellen absorbiert werden, deren Wellenlänge weniger beträgt, als die Dicke des Absorptionsmaterials. Schalldämpfung ist frequenzabhängig, durch dünnere Materialien werden zunächst die Reflektionen höherer Frequenzen gedämpft. Tiefere Frequenzen können mit so genannt "Helmholtz-Absorbern" gedämpft werden.

Stehen der Schallausbreitung kleinere Gegenstände (bezogen auf die Wellenlänge) im Weg, dann wird der Schall um sie herum "gebeugt".

Durch unterschiedliche Schallwege, zum Beispiel ungünstig versetzt stehende Lautsprecher, und Reflektionen kann es zu Überlagerungen von Schallwellen kommen. Wenn sich die Schallwellen gleichphasig, also mit gleichzeitiger Amplitude, überlagern, erfolgt eine Verstärkung der Schallwellen-Amplitude auf den doppelten Wert:

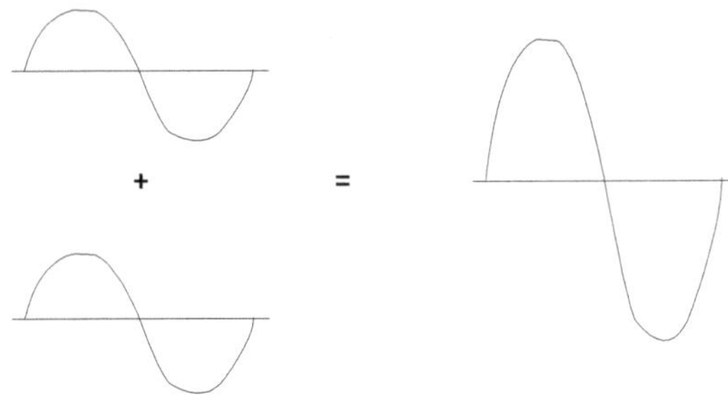

Addition von zwei gleichphasigen Schallwellen

Wenn sich die Schallwellen gegenphasig überlagern, erfolgt die Auslöschung der Schallwelle (Interferenz). Das kann z.B. passieren, wenn bei einem Lautsprecherpaar einer der beiden Lautsprecher mit falscher Polung verdrahtet wird. Natürlich ist dann nicht überall nichts zu hören, der Effekt ist dort am stärksten, wo sich die Wellen am meisten überlagern, also in der Mitte zwischen den Lautsprechern.

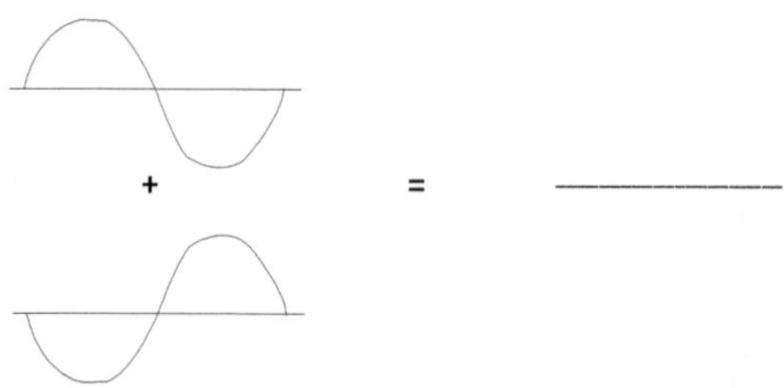

Addition von zwei gegenphasigen Schallwellen

Dieses Phänomen hat auch durchaus eine nützliche Anwendung, es wird verwendet beim "Noise Cancelling" (auch: "Active Noise Cancelling", kurz: ANC), um bei Kopfhörern Umgebungsgeräusche zu unterdrücken. Bei solchen Kopfhörern nimmt ein kleines Mikrofon die Umgebungsgeräusche auf, dann werden diese phasengedreht dem Nutzsignal im Kopfhörer zugemischt. Durch diesen "Gegenschall" löschen sich die Umgebungsgeräusche dann mehr oder weniger für den/die Zuhörer*in aus. Sonore Hintergrundgeräusche können damit relativ gut unterdrückt werden, laute Gespräche weniger. Zudem wird ein eigenes Grundrauschen erzeugt.

Abgesehen von solchen Anwendungen gibt es in der Praxis aber meistens Überlagerungen von Schallwellen, die sich nicht genau gleich- oder gegenphasig überlagern, es kommt zu mehr oder weniger Verstärkung oder Dämpfung der Schallwellen. Setzt sich die Schallwelle aus unterschiedlichen Frequenzen zusammen, dann kann das zur Folge haben, dass einige Frequenzen verstärkt und andere gleichzeitig gedämpft werden.

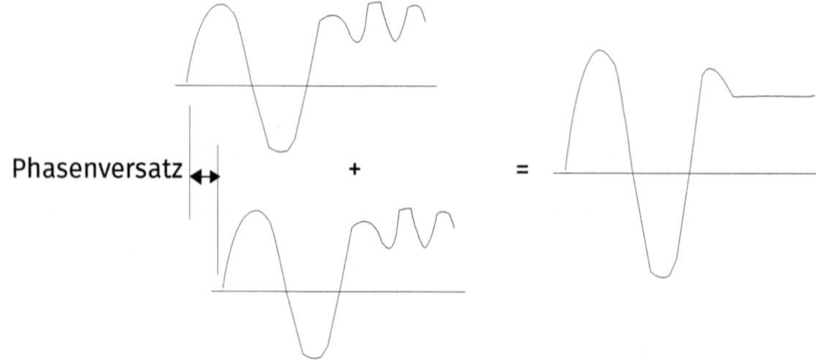

Addition von zwei gleichen Schallwellen mit Phasenversatz

Phasenversatz tritt nicht nur bei ungünstiger Lautsprecher- oder Mikrofonanordnung auf. Grundsätzlich kommt es auch durch Reflektionen im Raum zu Überlagerungen, die eben auch teilweise phasenversetzt sind. Auslöschungen durch Phasenversatz finden dann nicht nur in einer Frequenz, sondern auch noch in allen ungeraden vielfachen Frequenzen statt. Das nennt man "Kammfiltereffekt".
Ein verwandtes Phänomen ist die "Stehende Welle". Insbesondere in kleinen (rechteckigen) Räumen kann es dazu kommen, dass die Reflektionen einiger Frequenzen zu ortsfesten Phasenüberlagerungen führen, das heißt, es gibt (gut wahrnehmbar bei Dauertönen) an einigen Stellen im Raum stetige Verstärkungen oder Auslöschungen. Das geschieht bei allen Frequenzen, deren Wellenlänge die Hälfte des Abstands der Wände hat, oder ein ganzzahliges Vielfaches davon. Die Reflektionen haben dann an jedem Punkt des Raums immer die gleiche Amplitude und überlagern sich somit immer wieder mit der gleichen Auslöschung oder Verstärkung.

Räumliche Wahrnehmung
Die menschliche Wahrnehmung interpretiert Pegelunterschiede zwischen den Ohren, wie auch Unterschiede im zeitlichen Wahrnehmen, als Richtungen. Schon eine Schallquelle, die 2 – 4 ms eher bei einem Ohr eintrifft, wird vollständig als aus dieser Richtung kommend, interpretiert. Um diesen Effekt mit einem Pegelunterschied zu erreichen, muss das Geräusch auf dem einen Ohr etwa 18 dB lauter eintreffen, als auf dem anderen. Als Richtung wird auch ein unterschiedliches Frequenzspektrum wahrgenommen: Wenn etwa das gleiche Signal auf ein Ohr mit einem größeren Höhenanteil auftrifft, dann entspricht das dem Effekt, dass das gegenüberliegende Ohr eine Höhenabschattung durch den Kopf erfahren würde. (Darum ist bei Surroundanlagen auch nur ein Subwoofer erforderlich, denn bei tiefen Bassfrequenzen findet eine Abschattung durch den Kopf nicht statt – eine Richtungswahrnehmung erfolgt also bei Subwoofern nicht. In größeren Räumen kann es aber wegen Phasenüberlagerungen und Pegelunterschieden dennoch sinnvoll sein, mehrere Subwoofer zu verwenden.)
Ebenfalls für die räumliche Wahrnehmung von Geräuschen ist die Ausformung der Ohrmuscheln verantwortlich, die durch besondere Reflektionen, Dämpfungen oder Verstärkungen auch eine Wahrnehmung ermöglichen, ob Schall von vorne oder hinten, unten oder oben kommt.

Hall
Die Wahrnehmung des Schalls in einem Raum vollzieht sich in drei Stufen: Zunächst wird das Ursprungs-, bzw. Direktsignal gehört, dann treffen erste Reflektionen auf das Ohr und schließlich der Nachhall, die Reflektionen der Reflektionen. Das Direktsignal lässt den/die Zuhörer*in die Richtung

der Schallquelle wahrnehmen, das Verhältnis von Direktsignal und ersten Reflektionen lässt ihn auf die Entfernung der Schallquelle schließen, das Verhältnis von ersten Reflektionen und Nachhall gibt dem/der Zuhörer*in ein Gefühl für die Raumgröße. Da in kleinen Räumen die Schallwege recht kurz sind, ist darin kein Unterschied zwischen ersten Reflektionen und Nachhall wahrnehmbar.

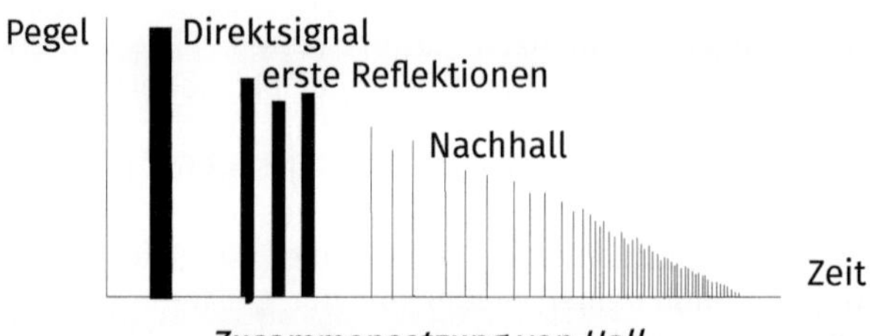

Zusammensetzung von Hall

Als Nachhallzeit wird die Zeit bezeichnet, in der der Schallpegel nach dem Verstummen der Tonquelle um 60 dB absinkt. In Kinos liegt die Nachhallzeit bei nicht mehr als 0,2 Sekunden, sonst leidet die Sprachverständlichkeit, mehr Nachhall wird, wenn gewünscht, bereits bei der Filmtonmischung zugemischt. Für Konzertsäle darf die Nachhallzeit deutlich höher liegen.

Hallradius
Wird in einem Raum eine Schallwelle, z.B. durch eine menschliche Stimme oder einen Lautsprecher erzeugt, dann nimmt die Intensität des Direktschalls mit der Entfernung zur Schallquelle ab. Gleichzeitig nehmen die Anteile von Reflektion durch die Raumwände zu. Der Hallradius ist die Entfernung von der Schallquelle, bei der die Intensität des direkt von der Schallquelle kommenden Schalls gleich der Intensität des von den Wänden reflektierten Schalls ist. Außerhalb des Hallradius bleibt der Schalldruck praktisch konstant, das wird dann als Diffusschallfeld bezeichnet. Das menschliche Gehör kann sich, mittels selektiver Wahrnehmung im Diffusschallfeld zumeist noch auf die Schallquelle konzentrieren, bei einer Aufnahme mit einem Mikrofon leidet aber die Verständlichkeit des Tons (z.B. bei Dialogen) sehr stark.
Richtmikrofone können eventuell auch außerhalb des Hallradius platziert werden, da die Richtcharakteristik eine Vergrößerung des Hallradius bewirkt.

Dopplereffekt
Wenn eine Schallquelle sich schnell auf ein Ohr zu bewegt, klingt der Ton höher, wenn sich die Schallquelle entfernt, klingt sie tiefer. Das Phänomen erklärt sich recht einfach: Durch die Annäherung der Schallquelle treffen

pro Zeiteinheit mehr Schallwellen beim Ohr ein, weil die Bewegung der Schallquelle auf den Hörer zu die Schallwellen verdichtet, bzw. den Abstand der Wellen durch die Eigenbewegung verkürzt, die Frequenz wird also erhöht. Umgekehrt beim Entfernen der Schallquelle: Es treffen weniger Schallwellen pro Zeiteinheit beim Ohr ein, die Frequenz wird niedriger. (Da dieser Effekt ebenfalls bei Lichtwellen vorhanden ist, wird er auch für astronomische Beobachtungen verwendet.)

Verzerrungen
Lineare Verzerrungen beziehen sich auf Verstärkungen oder Dämpfungen von Pegeln im Frequenzgang eines Gerätes oder Übertragungsweges. Abweichungen von einem idealen, linearen Frequenzgang treten praktisch in jedem Audiogerät auf. Das hängt mit einzelnen Bauteilen zusammen, etwa frequenzabhängige Verstärkungsfaktoren von Transistoren, oder bei elektro-akustischen Wandlern, also Mikrofonen oder Lautsprechern. Auch bei analogen Aufzeichnungen, insbesondere bei wiederholtem Kopieren, ergeben sich wahrnehmbare Klangveränderungen aufgrund linearer Verzerrungen. Digitale Geräte sind vergleichsweise unkritisch.

Nicht-lineare Verzerrungen entstehen durch das Auftreten zusätzlicher Schwingungen im Audiosignal, z.B. bei übersteuerten Aufzeichnungen. Im einfachsten Fall bedeutet das am Beispiel einer Sinuskurve, dass diese nicht nur eine Verstärkung oder Dämpfung (lineare Verzerrung), also eine Amplitudenveränderung, erhalten hat, sondern zusätzliche Schwingungen auftreten, so dass ein nicht-sinusförmiger Verlauf vorliegt. Die zusätzlichen Schwingungen bestehen aus ganzzahligen Vielfachen des Ursprungssignals (Harmonische), aus Summen- und Differenzfrequenzen zwischen Ursprungssignal und Harmonischen und aus Summen- und Differenzfrequenzen zwischen den Harmonischen.

Klang
Auch wenn in diesem Buch oftmals Sinustöne zur Veranschaulichung verwendet werden, sind sie in der Praxis insofern die Ausnahme, als dass sie in dieser Reinheit nicht natürlich vorkommen. Sie werden nur als Testsignal generiert und verwendet.
Dennoch bilden sie die Grundlage für das, was als Klang bezeichnet wird. Ein Klang setzt sich zusammen aus Reflektionen, Absorptionen und Resonanzen, also Schwingungen, die von anderen Materialien und Objekten übernommen werden. Am Beispiel einer Geige sieht das etwa so aus: Der Geigenbogen bringt eine Saite in (sinusähnliche) Schwingungen, die damit zunächst den Grundton erzeugt. Gleichzeitig gibt der Bogen selbst, durch das Rutschen über die Saiten, ein Geräusch ab. Der Saiten-Grundton wird durch das Holz des Geigenkörpers aufgenommen und versetzt dieses in Schwingungen (Resonanzen), die von der Holzart, Form, Größe und Dicke der Flächen abhängen. Die einzelnen Flächen- oder

Körperresonanzen wirken wiederum auf die benachbarten Flächen. Gleichzeitig entstehen an den Flächen und in den Hohlräumen Reflektionen. Nach außen hin hat der Körper des Geigers eine dämpfende Wirkung, der Raum fügt schließlich noch die Einflüsse seiner Akustik hinzu.
Durch die Resonanzen und Reflektionen entstehen 'Obertöne', ganzzahlige vielfache Frequenzen des Grundtons, dem das schwingende Material seinen eigenen Klang gibt. Die einzelnen Anteile der Obertöne sind durch die Bauform des Körpers Verstärkungen oder Dämpfungen unterworfen.

Ein gelegentlich in der Tontechnik auftauchender Begriff ist die Oktave. Das Verhältnis zweier Frequenzen zueinander wird als Intervall bezeichnet. Die Oktave ist ein Intervall mit einer Verdoppelung der Frequenzzahl, also hat zum Beispiel der Bereich von 50 bis 100 Hz einen Umfang von einer Oktave. Diese Verdoppelung entspricht auch der menschlichen Wahrnehmung von Tonhöhen. (Nähme man etwa feste Frequenzschritte von z.B. 200 Hz, dann wäre das für die Wahrnehmung im Bassbereich eine sehr große Veränderung, im Höhenbereich aber kaum hörbar.) Daher sind auch Darstellungen bei Grafiken, z.B. für Frequenzgänge, in Oktav-Intervalle aufgeteilt.
Ein anderes gelegentlich in der Tontechnik genanntes Intervall, z.B. bei Equalizern, ist die (große) Terz. Bei ihr ist das Verhältnis 4:5, zum Beispiel der Bereich von 1000 bis 1250 Hz ist ein Terz-Intervall.

Pegel

Bei Pegeln werden 'absolute' und 'relative' Pegel unterschieden. Ein absoluter Pegel bezieht sich auf einen festen Referenzwert, z.B. das dB_{SPL} auf Schalldruck, ein relativer Pegel bezeichnet ein Verhältnis zweier Pegel zueinander, z.B. den Abstand zwischen einem bestimmten Maß an Verzerrung (maximale Aussteuerung, bzw. Lautstärke) und einer minimalen Aussteuerung bei der ein bestimmter Rauschpegel noch nicht störend wirkt. Eine CD kann beispielsweise eine Dynamik, also einen Pegelunterschied von 96 dB aufweisen.
Schalldruck (Lautstärke) wird physikalisch in Pascal (Pa) gemessen. Die untere Hörschwelle liegt bei 0,00002 Pa, die Schmerzgrenze bei 150 Pa, d.h., die Schmerzgrenze ist etwa 10.000.000 mal lauter als die Hörschwelle. Da das unhandlich zum Rechnen ist, wurde ein logarithmisches Maß eingeführt: das Dezibel (dB). Es ist ein Maß, das sich an der Hörschwelle orientiert: 0,00002 Pa = 0 dB. Damit klar ist, dass dieses dB-Maß sich auf Schalldruck bezieht, wird das Kürzel SPL (Sound Pressure Level) angehängt.

Das dB$_{SPL}$ errechnet sich aus: $20 \times \log \dfrac{\text{Schalldruck Pa}}{\text{Schalldruck Hörschwelle Pa}}$

Somit liegt die Schmerzgrenze bei einem Pegel von 137,5 dB$_{SPL}$.

Für das menschliche Ohr ist die empfundene Lautstärke relevant, diese wird als Lautstärkepegel bezeichnet und ist frequenzabhängig (s.o.). Als Maß wird dafür das Phon verwendet. Bei der Phonmessung wird bei einem Schallereignis mit beliebigen Frequenzen ermittelt, welchen Schalldruck ein Sinuston mit 1000 Hz aufweisen müsste, um als gleich laut empfunden zu werden. Die untere Hörschwelle wird als 0 Phon definiert, die Schmerzgrenze bei etwa 140 Phon.
Eine andere Einheit für die subjektiv empfundene Lautheit ist das Sone, es wird unter anderem für die Geräuschmessung von technischen Geräten (z.B. Computer) verwendet. Ein Sone entspricht dabei 40 Phon, das wiederum ist definiert als Schalldruck eines 1 kHz-Sinustons mit einem Pegel von 40 dB$_{SPL}$. Eine Verdopplung des Lautheitseindrucks von 1 Sone sind dann 2 Sone (= 50 Phon), eine Vervierfachung ist 4 Sone (= 60 Phon). Bei Werten unterhalb von einem Sone ist die empfundene Lautheit nicht mehr linear an das Phon gekoppelt, eine Halbierung der Lautheit entspricht hier einem Unterschied von weniger als 10 Phon.

Für Lautstärkepegel-Messungen wird häufig auch eine Bewertung des Schalldrucks vorgenommen, die die physiologischen Bedingungen des menschlichen Ohrs berücksichtigt. Tiefe Töne nimmt das menschliche Ohr weniger wahr als gleich laute mittlere oder hohe Töne. Dieser Effekt verstärkt sich, je geringer die Lautstärke ist (siehe Seite 268). Für die Lärm- und Geräuschmessung werden daher Bewertungen vorgenommen, die abhängig vom Lautstärkepegel sind:

Die A-Bewertung für Lautstärkepegel zwischen 20 und 40 Phon,
die B-Bewertung zwischen 50 und 70 Phon (wird nicht mehr verwendet),
die C-Bewertung zwischen 88 und 90 Phon,
die D-Bewertung für sehr hohe Lautstärken (wird nicht mehr verwendet).

Bei Lautstärke-Messungen muss dementsprechend immer mit angegeben werden, welcher Bewertungsfilter verwendet wurde, also beispielsweise dB(A). Für Lärmschutzmessungen wird inzwischen üblicherweise nur noch die dB(A)-Bewertung verwendet, auch wenn der tatsächlich gemessene Pegel den ursprünglich vorgesehenen Messbereich überschreitet. Für die Angabe eines tatsächlichen Schallpegels wird die dB(C)-Bewertung verwendet. Die untenstehende Kurve zeigt, mit welchem Wert ein tatsächlich auftretender Schalldruck bei einer Messung korrigiert wird, damit er der menschlichen Wahrnehmung entspricht. Wird zum Beispiel ein Geräusch mit einer Frequenz von 100 Hz mit einer A-Bewertung gemessen, dann wird der Pegel mit 20 dB geringer bewertet, als die tatsächliche Schalldruckmessung ergab.

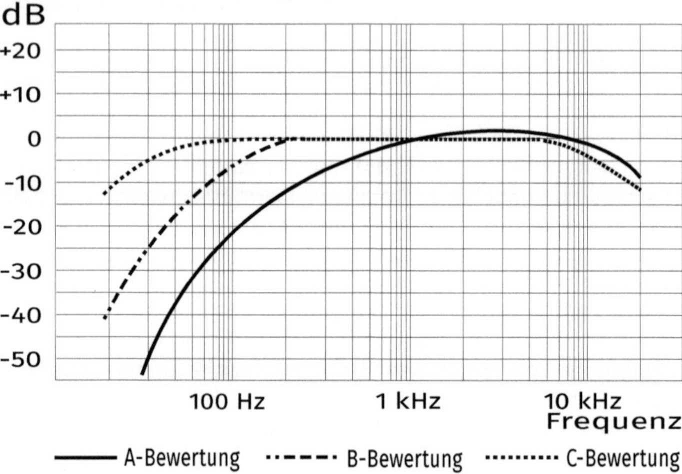

Bewertungsfilter für den Schalldruck

Auch beim dB(A) wird die Hörschwelle als 0 definiert und die Schmerzgrenze liegt etwa bei 140 dB(A). Im Gegensatz zum dB(A) ist das dB_{SPL} nicht gewichtet, also der Schalldruck aller Frequenzen wird gleich bewertet.

Messtechnisch bedeuten +/- 6 dB eine Verdoppelung, bzw. Halbierung des Schalldrucks, die menschliche Wahrnehmung empfindet allerdings erst +/- 10 dB als eine Verdoppelung, bzw. Halbierung der Lautstärke.
Ähnlich verhält es sich mit dem elektrischen Spannungspegel, also im Bezug auf das Aussteuern von Audiosignalen. Auch hier wird das dB mit dem 20-fachen Logarithmus berechnet:

$$dB\ (Spannung)\ =\ 20 \times \log \frac{U_1\ (in\ Volt)}{U_2\ (in\ Volt)}$$

Leider gibt es hier eine verwirrende Vielfalt von Bezugspegeln:
Gemessen wird an einem Widerstand (Verbraucher) von 600 Ω, an dem eine Leistung von 1 mW umgesetzt wird. Wenn dabei eine Spannung von 0,775 V anliegt, wird das als U_0 in der Nachrichtentechnik definiert = 0 dB_U (manchmal auch als dB_m bezeichnet). In Funkhäusern und Tonstudios gilt allerdings der Pegel gemessen an 1,55 V = 0 dB_r (r bedeutet hier relativer Spannungspegel; gelegentlich wird auch die Bezeichnung dB_F verwendet, F = Funkhauspegel). 0 dB_r, bzw. 0 dB_F entsprechen somit +6 dB_U.

In angelsächsischen Ländern wird der absolute Spannungspegel auf 1 V bezogen = 0 dB$_V$ (V für Volt) und entspricht damit +2,2 dB$_U$.
International ist zudem ein relativer Spannungspegel von +4 dB$_U$ (= 1,23 Volt) gebräuchlich (z.B. bei Profikameras und Recordern), der ebenfalls als 0 dB$_r$ definiert wird.
Schließlich gibt es noch den Pegel für Consumer-Geräte, dort entsprechen 0 dB einem Pegel von -10 dB$_V$ (= -7,8 dB$_U$), also = 0,3162 V

Immerhin, so schlimm ist das alles nicht, denn es gilt immer:
6 dB sind eine Verdoppelung oder Halbierung des Pegels,
10 dB sind eine Verdoppelung oder Halbierung der empfundenen Lautstärke.
0 dB ist die obere zulässige Aussteuerungsgrenze des jeweils benutzten Gerätes. (Bei analogen Geräten kann ein kleiner Headroom oberhalb von 0 dB akzeptabel sein.)

Eine Ausnahme ist allerdings für professionelle Digitalrecorder gegeben: Zwar beginnt auch hier eine Übersteuerung erst bei mehr als 0 dB, aber da diese auf jeden Fall vermieden werden muss, gelten für einige Anwendungen -9 dB als Vollaussteuerung. Um das zu verdeutlichen wird hier die Bezeichnung dB$_{FS}$ (FS für "FullScale") verwendet. -9 dB$_{FS}$ entsprechen + 6 dB$_U$ = 1,55 Volt.

Zur Veranschaulichung sind nachfolgend dB$_{FS}$, dB$_r$, dB$_U$, dB$_V$ und Volt aufeinander bezogen dargestellt. (Zum Beispiel: -9 dB$_{FS}$ = 0 dB$_r$ = 6 dB$_U$ = 3,8 dB$_V$ = 1,55 Volt)

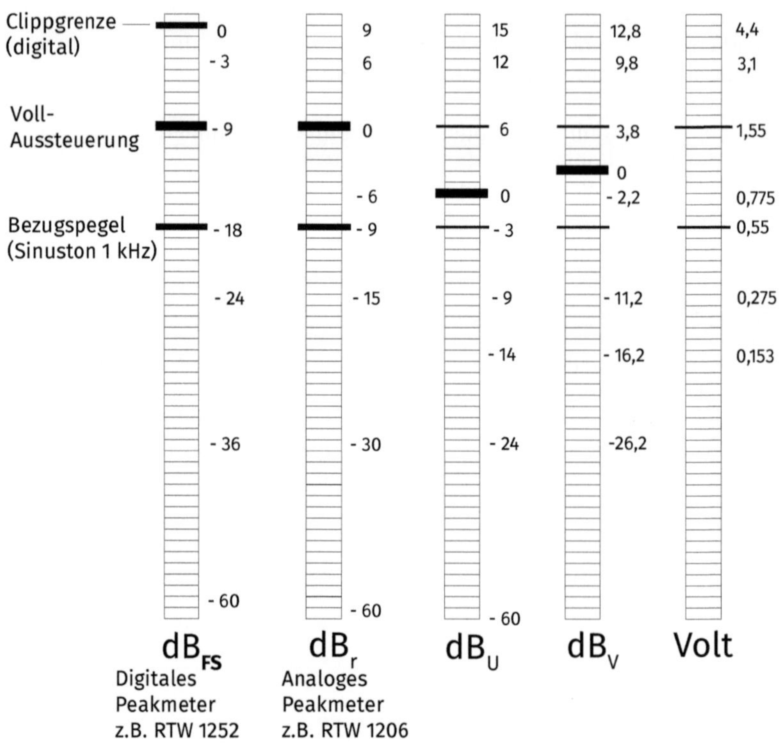

Verschiedene Pegel im Vergleich

Die obigen Angaben beziehen sich auf Spannungspegel, mit denen üblicherweise in der Tontechnik gearbeitet wird. Genaugenommen sind es Spitzenpegel oder auch Peaklevel (= U$_S$), also der Spannungswert zwischen Null Volt und der größten (positiven oder negativen) Spannung (= V$_P$, siehe auch bei "Wechselstrom", Seite 7).

Wenn man Spannungspegel jedoch auf die Leistung bezogen betrachtet, muss man sie anders berechnen: Die Grundlage ist dabei, wie hoch müsste eine Gleichspannung sein, um das gleiche zu leisten wie die gegebene Wechselspannung. Es müsste also ein leistungsbezogener Spannungswert, der Effektivwert (U$_{eff}$), gebildet werden. Für eine sinusförmige Spannung ist das relativ einfach: U$_{eff}$ = U$_S$ x $\sqrt{1/2}$ das ist (gerundet) das 0,7-fache der Sinus-Wechselspannung. Nun sind

Audiosignale normalerweise wesentlich komplexere Signale als Sinus-Signale, entsprechend aufwändiger ist die Berechnung des Effektivwertes. Als Näherungswert kann jedoch die obige Formel verwendet werden (- das ist dann der sogenannte "Quasi-Effektivwert"). Der Effektivwert wird auch als RMS (Root Mean Square) bezeichnet. Verwendet wird der Effektivwert beispielsweise beim Einpegeln der Abhörlautstärke in Studios.

Ebenfalls mit leistungsbezogenen Pegeln hat man es zu tun, wenn man die Ausgangsleistung für Lautsprecher berechnen will. Diese Pegel werden mit dem 10-fachen Logarithmus berechnet:

$$\text{dB (Leistung)} \;=\; 10 \times \log \frac{P_1 \text{ (in Watt)}}{P_2 \text{ (in Watt)}}$$

Deswegen verhält es sich dabei anders mit Dämpfung und Verstärkung: Hier bedeutet ein Unterschied von 3 dB eine Verdoppelung, bzw. Halbierung des Pegels.

LUFS

Auf einen Effektivwert bezieht sich auch die seit 2012 gültige Aussteuerungsnorm "EBU R 128" für Sender. Hier wird berücksichtigt, dass insbesondere in der Werbung, aber auch für die Abmischung von Songs bis 2012 eine Art Wettbewerb nach immer lauter empfundenen Beiträgen stattfand (auch als "loudness war" bezeichnet). Die Hersteller solcher Beiträge gingen davon aus, dass Werbung und Musik bei höher empfundener Lautheit mehr Aufmerksamkeit erzielen würden. Zwar durfte bei diesen Beiträgen die Spitzenaussteuerung nicht überschritten werden (bei Fernsehsendern -9 dB$_{FS}$), jedoch konnte durch starke Kompression (siehe unten im Kapitel "Kompressor", Seite 319) des Materials die empfundene Lautheit deutlich gesteigert werden. Das führte immer häufiger zu Beschwerden von Zuschauer*innen, die bei Werbeblöcken die Lautstärke deutlich herunter regeln mussten.

Seit 2012 wird bei den Fernsehsendern nach der Norm EBU R 128 mit dem Referenzwert "LU" (Loudness Unit, ein relativer Pegel), bzw. "LUFS" (Loudness Unit bezogen auf Full Scale, auch bezeichnet als "LKFS" = Loudness, K-weighted, relative to Full Scale) gearbeitet. LUFS ist eine Kombination von Pegelmessungen, die sowohl den Spitzenwert, wie auch die durchschnittliche Lautheit berücksichtigt. 1 LUFS entspricht dabei 1 dB, d.h., -23 LUFS entsprechen -23 dB$_{FS}$ der digitalen Vollaussteuerung. LUFS sind der Messung mit dem VU-Meter nicht unähnlich, jedoch beträgt die kürzeste Ansprechzeit 400 ms.

Für den Spitzenwert wird nun eine andere Einheit verwendet: **"dBTP"** (dB True Peak). Aufgrund der immer höher komprimierten Audiosignale erwies sich die Verwendung von dB_{FS} immer öfter als kritisch, denn bei der Umwandlung von (maximal ausgesteuerten) digitalen in analoge Signale konnten Übersteuerungen entstehen. Zur Erklärung: Digitale Samples könnte man grafisch als Rechtecke darstellen, d.h., wenn man mehrere Samples nacheinander hat, die alle bis zur Maximalgrenze 0 dB (üblicherweise werden dazu in der Praxis -0,3 dB verwendet), ergäbe sich eine Grafik mit einer exakt geraden Linie an der 0 dB-Grenze. Ein analoges Audiosignal bildet aber keine Treppe oder Gerade, sondern stets eine Kurve. Die digitalen Werte werden also zu einer Kurve interpoliert, praktisch bedeutet das, dass eine Reihe von 0 dB Samples bei der analogen Wiedergabe überschwingen würden, also über 0 dB hinaus gehen würden. Das kann zum einen direkt als Verzerrung hörbar sein, zum anderen Probleme verursachen wenn dieses Signal wiederum digitalisiert wird. (Ein nicht selten auftretender Fall ist ja, dass ein digital aufgezeichnetes Signal über eine analoge Leitung einem weiteren digitalen Gerät zugespielt wird.)

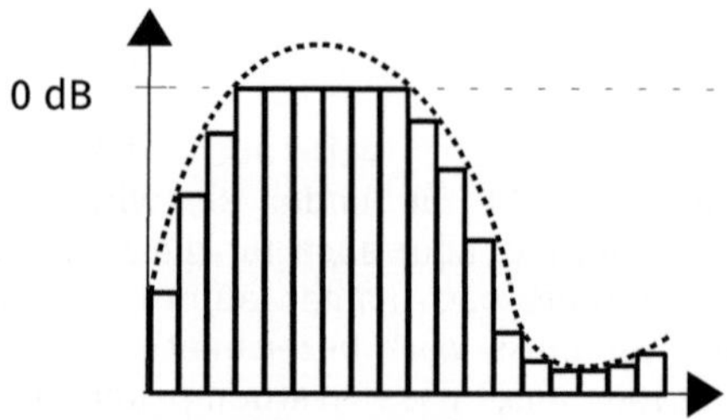

Bei der Wandlung eines digitalen Signals in ein analoges werden die Werte zu Kurven interpoliert.

Bei der Messung mit dBTP wird die Möglichkeit einer analogen Übersteuerung mit erfasst. Die Messung wird bezogen auf das 48 kHz PCM-Signal, gemessen wird mit 4-fachem Oversampling, so dass sich "virtuelle" Übersteuerungen, die aus der Interpolation des Signals ergeben, hinreichend genau berechnet werden können. 0 dBTP entsprechen demnach -0,5 bis -1 dB_{FS}.

Im Rahmen der neuen Aussteuerungsnorm EBU R 128 gilt nun also nicht mehr -9 dB_{FS} als Spitzenpegel, sondern -1 dBTP (für PCM-Ton, z.B. BluRay), bzw. -3 dBTP (für zu kodierenden Ton, z.B. Dolby E, Dolby Digital, Datenreduktion für Übertragungen). Der Dynamikbereich, der nun genutzt werden kann, hat sich also nach der neuen Norm um etwa 5 dB (bzw. etwa 7 dB für PCM-Ton) erweitert.

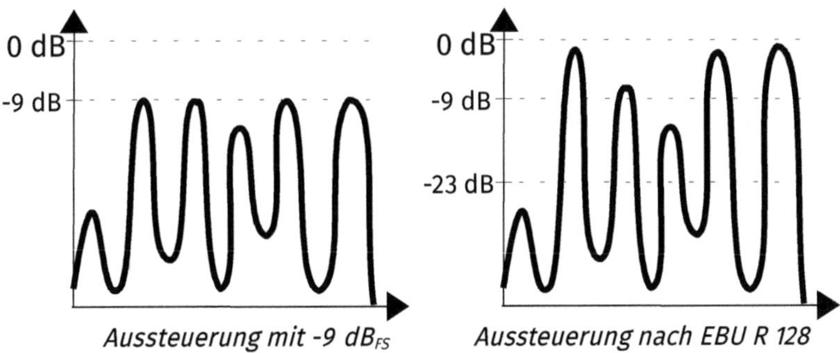

Erweiterung der Dynamik durch die Aussteuerung nach EBU R 128

Die eigentliche Neuerung bei der Messung nach EBU R 128 ist jedoch die Berücksichtigung der empfundenen Lautheit. Die "Programmlautheit" ist die gemessene Lautheit in LUFS über die gesamte Dauer eines Programmbeitrags. LUFS sind in etwa vergleichbar mit einer Pegelmessung mit dem früher verwendeten VU-Meter (mit 300 ms Ansprechzeit), die Anzeige des trägen Messinstruments erscheint "gehörrichtig", entspricht also etwa der empfundenen Lautstärke. Für eine Bewertung mit dem LUFS-Messgerät werden die Audiosignale allerdings aufwändiger und präziser gemessen, es werden die folgenden Parameter erfasst:

- Die momentanen Lautheitswerte "M" (Momentary), gemessen über 400 ms Dauer
- Die kurzzeitigen Lautheitswerte "S" (Short), gemessen über 3 s Dauer
- Die Durchschnittslautheit "I" (integrated loudness) des gesamten Beitrags (oder eines Programmabschnitts)
- Der relative Lautheitsumfang (Maximum Loudness Range = LRA), der die Dynamik zwischen den leisesten Identifizierbaren Tönen (weakest 'real' signal) und den lautesten Passagen (ohne einzelne singuläre Peaks, z.B. Pistolenschüssen) angibt. Als Basis für die Messung werden die durchschnittlichen Lautheiten von Zeitfenstern mit 3 Sekunden verwendet.
- Die maximalen dBTP-Werte

LUFS-Meter können, soweit nicht schon vorhanden, als Plug-in zur Schnittsoftware (z.B. AVID) hinzugefügt werden, z.B. "dpMeter 5" von TBProAudio. Auch die kostenlose DCP-Erstellungssoftware "DCP-o-matic" beinhaltet die Möglichkeit, LUFS, LU und dBTP zu messen.

Für die öffentlich-rechtlichen Sender in Deutschland gelten derzeit, laut den "Technischen Produktionsrichtlinien zur Herstellung von Fernsehproduktionen" (ARTE, Juni 2019), diese Vorgaben:

(zur Kalibrierung: Ein Referenzsignal von 1000 Hz bei -18 dBFS muss auf einem „EBU-Mode"-Messgerät zur Anzeige eines Lautheitspegels von -18 LUFS führen, wenn das Programmsignal in Stereo oder 5.1-Modus am linken und rechten Kanal anliegt.)

Integrated loudness (I):   -23.0 LUFS ±0,5 LU
                                          (±1 LU für Livesendungen)

Maximum short-term loudness (S):   -18.0 LUFS
- (für kurze Programmbeiträge
    wie Werbung und Trailer)

Maximum loudness range (LRA):   max. 20.0 LU
- In der Praxis ist es empfehlenswert,
   zur Vermeidung eines übermäßig
   "dichten" Abhöreindrucks den LRA-Wert
   zwischen 5 und 15 LU zu halten.

Maximum true peak: -1 dBTP für PCM-Ton

Auch für eine Tonmischung bei Kinofilmen ist eine Messung der LUFS-Pegel sinnvoll. Allerdings gibt es für die Lautheit einer Kino-Abmischung keine feste Regel, jedoch Konventionen: Im Kino ist eine höhere Dynamik als im TV möglich, üblich ist dort daher ein Pegel von -27 LUFS (- siehe Seite 336).

Signalübertragung

asymmetrisch: Diese Kabel sind mit Cinchstecker (englisch = RCA-plug), zweipoliger Klinke oder dreipoliger Stereoklinke ausgestattet. Ein Leiter führt das Tonsignal, die ihn umgebende Abschirmung dient als Rückleitung/Erdung (Koaxialkabel). Längere Kabelwege, insbesondere bei Mikrofonen, sind problematisch.

symmetrisch: Die Kabel sind mit XLR-Stecker oder dreipoliger Klinke ausgestattet. Zwei Leiter in einer gemeinsamen Abschirmung transportieren das Signal: Das eigentliche Signal ("Line"oder "+" oder "Hot") und als Rückleitung das gleiche Signal phasengedreht ("Return" oder "–" oder "Cold").
Eventuelle Störsignale wirken in gleicher Weise auf Line und Return und werden im nachfolgenden Übertrager, der die Phasen wieder "zurückdreht", somit ausgelöscht, bzw. neutralisieren sich selbst. Lange Kabelstrecken sind dabei unproblematisch.

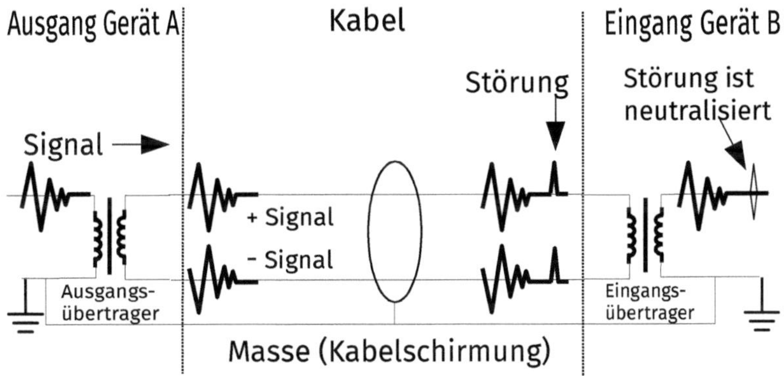

Unterdrückung von Störungen bei symmetrischer Übertragung

Die Abschirmung wird dabei (außer bei Mikrofonen) nicht als Rückleitung/Erdung benötigt und kann daher bei Brummstörungen an einem Kabelende aufgetrennt werden (siehe Brummstörung, Seite 289).
Beim obigen Beispiel wird das Signal von einem Übertrager symmetriert. Übertrager (siehe auch: Transformator, Seite 15) sind allerdings nur aufwändig zu realisieren. Günstiger ist die Symmetrierung mit elektronischen Schaltungen zu erreichen, die deswegen meistens verwendet werden.

Die Auslöschung von Störsignalen bei der symmetrischen Übertragung basiert darauf, dass ein Störsignal im Line- und im Return-Leiter jeweils eine gleich große Wirkung hat. In der Praxis gibt es aber geringe Unterschiede, das von einer Quelle ausgehende Störsignal wird in den meisten Fällen Line und Return nicht ganz gleichmäßig treffen, denn einer der beiden Leiter wird wahrscheinlich der Störquelle etwas näher liegen und den anderen Leiter gegenüber dem Störsignal ein wenig abschatten. Um dem Abhilfe zu verschaffen, sind die Leiter in einem Mikrofonkabel miteinander verdrillt. Weitergehend ist das Star-Quad-Kabel: Es enthält vier miteinander verdrillte Leitungen, je zwei für Line und Return. Die Leiter für das jeweilige Signal liegen sich dabei gegenüber, so dass Line und Return nun gegenüber den Störsignalen die gleiche Angriffsfläche bieten.

Beim XLR-Stecker ist die Belegung: Pin 1 = Erdung/Abschirmung, Pin 2 = Line, Pin 3 = Return. Dabei sollte das Stecker-Gehäuse übrigens nicht mit dem Erdungskontakt (Pin 1) verbunden sein, um das Fließen von Störpotentialen über diesen Weg zu verhindern (siehe Brummstörungen, Seite 289). (Achtung: XLR-Verbindungen werden gelegentlich auch für Lautsprecher verwendet, dann haben die einzelnen Leiter einen größeren Querschnitt, aber es gibt keine Abschirmung, d.h., diese Kabel sind für Line- oder Mikrofonsignale ungeeignet!)

Bei einem 3-poligen Klinkenstecker erfolgt die symmetrische Belegung so: Schaft = Erdung/Abschirmung,   Ring (Mitte) = Return,   Tip (Spitze) = Line.

Nicht selten tritt der Fall auf, dass ein symmetrisches Gerät mit einem asymmetrischen verbunden werden soll. Wenn kein Adapter zur Hand ist, lässt sich ein entsprechendes Verbindungskabel einfach herstellen:
Von symmetrisch auf asymmetrisch: Die symmetrische Übertragung sollte so lange wie möglich erhalten bleiben. Erst beim asymmetrischen Stecker erfolgt die Wandlung, hier werden die Erdung (XLR = Pin 1, bzw. Klinkenstecker = Schaft) und die Rückleitung (XLR = Pin 3, bzw. Klinkenstecker = Ring) zusammengeführt und an die Stecker-Abschirmung gelötet. Die Signalleitung (XLR = Pin 2, bzw. Klinkenstecker = Tip) wird am Mittenkontakt befestigt.

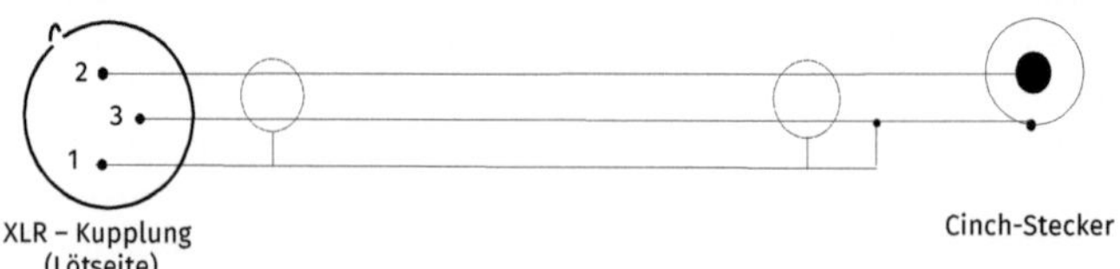

Adaptierung von symmetrischen auf asymmetrische Signale

Pegelanpassung

Problematisch ist der Anschluss eines Line-Ausgangs an einen Mikrofoneingang. Der Pegel des Line-Ausgangs mit -10 dB$_V$ = 0,316 V (z.B. CD-Player) oder + 4 dB$_U$ = 1,23 V (z.B. Betacam-SP-Player) ist etwa tausend mal so hoch wie ein Mikrofonpegel (je nach Mikrofon etwa 0,001 V, bzw. --60 dB), der Eingangsverstärker des Mikrofoneingangs erzeugt dann bei einem Line-Pegel eine starke Verzerrung. Zum Anpassen des Line-Pegels wird ein Spannungsteiler benötigt, den man auch selbst anfertigen kann:

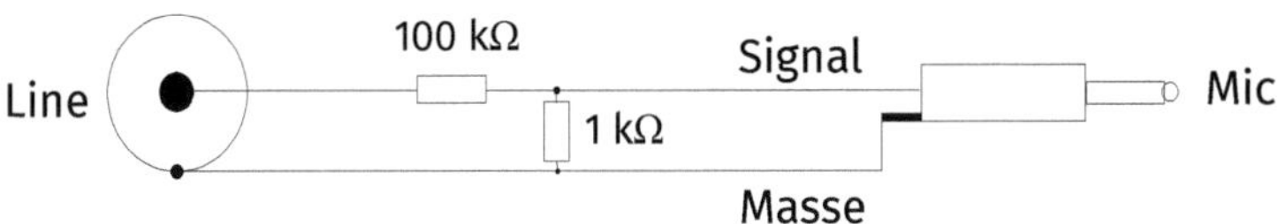

Anpassung eines Line-Signals auf einen Mikrofon-Eingang

Hier ist eine asymmetrische Verbindung dargestellt. Zwischen einem Linestecker (z.B. Cinch) und dem Mikrofonstecker (Klinke) wird in die Signalleitung ein 100 kΩ Widerstand eingelötet, ein weiterer Widerstand mit 1 kΩ verbindet die Signalleitung (zwischen dem 100 kΩ Widerstand und dem Mikrofonstecker) mit der Masseleitung.

Im umgekehrten Fall, wenn ein Mikrofonsignal auf einen Line-Eingang angepasst werden soll, wird ein Verstärker benötigt, praktischerweise sollte man dafür ein Mischpult verwenden.
Bei der Verwendung professioneller Mikrofone kann es passieren, dass diese zu hochpegelig für manche Mikrofoneingänge sind. Dann können Dämpfungsglieder dazwischen gesteckt werden, die das Signal um 10 oder 20 dB dämpfen.

Bei Plattenspielern ist die Anpassung etwas komplizierter: Da die Art der mechanischen Abtastung von Plattenrillen nicht in allen Frequenzbereichen gleichermaßen gute Resultate bringt, wird bei der Herstellung der Frequenzgang eines Audiosignals angepasst, d.h., die Bässe werden abgeschwächt und die Höhen angehoben (RIAA-Kennlinie). Zudem bringt die mechanische Abtastung nur ein Signal mit einer sehr geringen Spannung hervor (vergleichbar mit einem Mikrofon-Signal). Das Signal muss also vorverstärkt werden und der Frequenzgang muss entzerrt werden. Das leistet entweder der Phono-Eingang am Verstärker oder ein separater Phono-Vorverstärker (auch: 'Entzerrvorverstärker'), der dann zwischen dem Plattenspielerausgang und dem Line-Eingang eines Mischpults oder Verstärkers angeschlossen wird.

Digitale Übertragung

Für die digitale Übertragung von Audiosignalen haben sich mehrere Standards durchgesetzt:

Im professionellen Bereich gibt es die **AES/EBU-Norm** (Audio Engineering society / European Broadcasting Union). Verwendet wird dabei ein symmetrisches Kabel mit XLR-Anschlüssen (2 - 7 V_{PP}, 110 Ω Wellenwiderstand – *die üblichen XLR-Kabel für analoge Audiosignale haben typisch 75 Ω Wellenwiderstand*). Es können zwei Tonkanäle mit maximal je 24 Bit / 192 kHz transportiert werden. Jede 24 Bit Information ist eingebettet in einen Subframe. Der Subframe mit insgesamt 32 Bit beginnt mit einem 'Preamble' (4 Bit, die den Beginn des Subframes und die Zuordnung zu einem Audiokanal eindeutig markiert, vergleichbar mit einem Video-Synchronsignal), dann folgt die Audio-Information eines Kanals mit 24 Bit, danach folgt ein 'Validity-Bit', das besagt, dass ein gültiges, auswertbares Datenwort vorliegt. Darauf folgt ein User-Data-Bit, das vom Benutzer frei belegbar ist. Anschließend kommt ein 'Channel-Status-Bit', das über 192 Subframes gesammelt wird und dann einen Informationsblock mit 24 Bytes bildet, der die Kanal- und Signaleigenschaften übermittelt (AES/EBU-Norm oder S/PDIF-Format, ob eine Emphasis vorliegt, welche Abtastfrequenz verwendet wird, etc.). Abschließend im Subframe wird ein Parity-Bit übertragen, das zur Fehlererkennung genutzt wird. Je zwei Subframes, die alternierend die beiden Tonkanäle übertragen, bilden einen Frame und 192 Frames bilden einen Datenblock.

Im Consumer-Bereich wird der **S/PDIF**-Standard (Sony/Philips Digital Interface) verwendet, sowohl asymmetrisch über Kupferkabel (Koaxialkabel mit Cinch-Steckern, bis 24 Bit und 96 kHz, Datenrate bis zu 6 MBit/s, 75 Ω Wellenwiderstand), wie auch optisch über Glasfaser-Kabel mit dem sogenannten **Toslink**-Stecker ('Toshiba-Link', mit bis zu 24 Bit und 96 kHz und einer Datenrate bis zu 20 MBit/s). Tatsächlich wird für die Datenübertragung nicht immer eine Glasfaser genutzt: In preiswerten Consumer-Kabeln werden Kunststoffe verwendet, die nur eine Übertragung von bis zu 10 Metern ermöglichen. Professionelle Kabel enthalten Leiter aus Glas oder Silikat, die problemlos mehrere 100 Meter Übertragung ermöglichen.

Ursprünglich war der S/PDIF-Standard zur Übertragung von unkomprimierten PCM-Stereosignalen entwickelt worden. Komprimierte Surround-Formate mit 5.1 (Dolby Digital, DTS) können inzwischen aber ebenfalls übertragen werden. Höherwertige Formate (Dolby True HD, DTS HD, immersive Sound) können nur als Downmix übertragen werden. (Surround-Formate siehe Seite 327ff.)

Über **HDMI**-Schnittstellen (siehe Seite 92) kann eine unkomprimierte Übertragung von Surround-Formaten erfolgen.

Brummstörungen

Eine Brummstörung besteht aus den 50 Hz Schwingungen des Netzstroms und, in abgeschwächter Form, den Vielfachen dieser Frequenz. Die Ursache für eine Brummstörung kann ein schlecht abgeschirmtes Kabel oder Gerät sein, auf das Einstreuungen aus einem anderen Gerät einwirken. Wenn das störende Gerät nicht abgeschaltet werden kann, sollte es zumindest in größerer Entfernung platziert werden.

Häufiger ist die Ursache jedoch, dass eine Mehrfach-Erdung oder Brummschleife entstanden ist: Die einzelnen Geräte werden dabei über den Schutzkontakt der Steckdose geerdet und gleichzeitig über die Signalleitung von anderen geerdeten Geräten. Der Schutzleiter eines Gerätes dient nicht nur der elektrischen Sicherheit, darüber fließen auch die auf die Abschirmungen einwirkenden Einstreuungen ab. Da aber alle Erdungsverbindungen kleine, leicht differierende Widerstände haben, werden die Einstreuungen unterschiedlich gut abgeleitet, die Störungen suchen sich dann den Weg mit dem geringsten Widerstand. Wenn das die Signalleitungen sind, fließen darüber nun die Ausgleichsströme, es ist eine Brummschleife entstanden.

Eine Brummschleife kann durch eine "sternförmige" Erdung vermieden werden: Alle Geräte werden über Netzverteiler an einem zentralen Punkt geerdet und es dürfen keine Erdungs-Querverbindungen über die Signalleitungen gekabelt sein. Diese Querverbindungen sind bei symmetrischen Audioverbindungen unproblematisch zu beseitigen:
Bei symmetrischen Leitungen werden die Abschirmungen, die auch das Erdungspotential transportieren, nicht für die Signalführung benötigt. Die Abschirmung kann an einem Kabelende aufgetrennt werden, am anderen Kabelende muss die Abschirmung aber verbunden bleiben, denn sonst können Einstreuungen nicht mehr abgeleitet werden. Ob die Abschirmung am Input oder am Output aufgetrennt wird, ist egal, aber es sollte innerhalb einer Anlage immer die gleiche Seite sein. Kabel mit nicht durchgehender Abschirmung sollten gekennzeichnet sein, denn sie dürfen nicht für Mikrofone verwendet werden. (Mikrofone haben kein eigenes Erdungspotential, daher könnten Einstreuungen nun nur noch über die Signalleitungen abfließen und wären also bestens hörbar, zum anderen wird bei Mikrofonen die Abschirmung für die Phantomspeisung benötigt.)

Brummschleifen können auch durch Übertrager unterbunden werden. Da das Signal in Übertragern elektromagnetisch weitergeleitet wird, besteht kein Erdungskontakt mehr. Als Übertrager bieten sich D.I.-Boxen (Direct Injection-Box) an. Die Erdung kann hier mit dem "Ground-Lift"-Schalter beibehalten oder unterbrochen werden. Gleichzeitig kann ein asymmetrisches Signal in ein symmetrisches gewandelt werden.

Eine andere Variante ist, den Ton als optisches Signal (z.B. Toslink, s.o.) oder per Funk zu übertragen. Dadurch können beispielsweise Videogeräte (Zuspieler und Beamer) von Audioanlagen elektrisch getrennt werden.

Keinesfalls jedoch darf eine Brummschleife durch Abkleben oder deinstallieren der Schutzkontakte an Netzstrom-Anschlüssen unterbrochen werden. Das ist bei defekten Geräten oder einem unterbrochen Nullleiter lebensgefährlich!

Technische Qualitätsmerkmale bei Audiogeräten

Klirrfaktor

Der Klirrfaktor (englisch: Total Harmonic Distortion = THD) bezieht sich auf nicht-lineare Verzerrungen. Der Gesamt-Klirrfaktor ist das Verhältnis zwischen der Summe der Effektivspannungen aller zusätzlichen Schwingungen von nicht-linearen Verzerrungen und der effektiven Gesamtspannung des Signals. Der Klirrfaktor wird mit einem 1 kHz Sinuston (DIN 45403) ermittelt, indem zuerst der Effektivwert des Gesamtsignals gemessen wird, dann wird das 1 kHz-Signal mit einem Notchfilter aus dem verzerrten Signal ausgefiltert, der Effektivwert des verbleibenden Signals gemessen und als Prozentwert vom Gesamtsignal angegeben.

Headroom

Der Headroom (die Übersteuerungsreserve) ist der Geräte-Aussteuerungsbereich, der zwischen dem Arbeitspegel und einer unzulässigen Übersteuerung liegt. 'Zulässig' ist eine Übersteuerung, bei der ein bestimmter Klirrfaktor nicht überschritten wird. Für professionelle Digital-Rekorder befindet sich der Headroom z.B. zwischen -9 dB (Arbeitspegel/Vollaussteuerung) und 0 dB, wo die Verzerrung schlagartig einsetzt und sofort unangenehm wahrnehmbar ist. Bei analogen Geräten oberhalb des Arbeitspegels von 0 dB nimmt die Verzerrung langsam zu, der Headroom ist daher auch abhängig von Gerätetyp und Dolby-Schaltung. Rekorder haben einen Headroom von etwa 3 – 6 dB, Mischpulte können einen Headroom von 10 – 15 dB aufweisen.

Rauschabstand

Rauschen bezeichnet den Signalanteil an unerwünschten Tönen, die durch ungerichtete Elektronenbewegungen in elektronischen Schaltungen oder ungerichtete Magnetpartikel bei Aufzeichnungen hervorgerufen werden. Das Ohr ist dabei für höhere Frequenzen empfindlicher als für niedrige, d.h., höhere Frequenzen fallen schon bei niedrigeren Pegeln auf. Um diesem Faktor gerecht zu werden, gibt es Bewertungen für Rauschpegel, die sich an der Wahrnehmungsgrenze orientieren: Eine ältere Norm ist die "A-Bewertung", die eigentlich für Hintergrund-Geräuschmessung in Gebäuden entwickelt wurde. Insbesondere im Bereich 1 – 10 kHz sind hier weniger kritische Pegel definiert, so dass der Rauschabstand bei Audiogeräten mit einer "A-Bewertung" 10 bis 13 dB besser erscheint. Vergleichsweise ähnlich sind sich die neueren Normen DIN 45401 und CCIR 468.

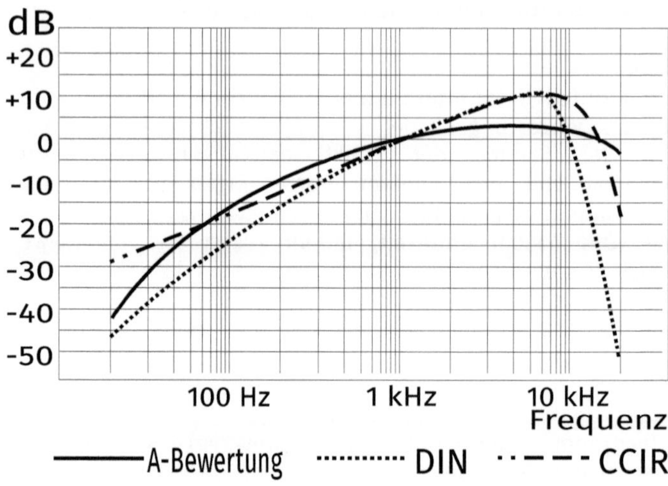

Rauschabstände bei verschiedenen Normen

Anhand des Rauschens wird der Rauschabstand (Signal to Noise Ratio = SNR), bzw. die Dynamik gemessen. Hier ist darauf zu achten, ob der Abstand zwischen Rauschpegel und Arbeitspegel (= 0 dB) oder zwischen Rauschpegel und der maximal möglichen Aussteuerung (also inklusive Headroom) gemeint ist.

Gleichlauf

"Wow and Flutter" sind Phänomene, die analoge Bandaufzeichnungsgeräte oder Plattenspieler betreffen. Kleine Geschwindigkeitsschwankungen, bei langsamerem Bandlauf "Wow" und bei schnellerem "Flutter", rufen Klangveränderungen hervor. Auch hier ist zur Messung ein Bewertungsfilter üblich, der die Wahrnehmbarkeit der Klangveränderung berücksichtigt (Weighted Root Mean Square = WRMS). Gute Geräte arbeiten mit weniger als 0,02% Toleranz.

Gleichermaßen wichtig ist, dass die definierte Sollgeschwindigkeit eines Gerätes auf Dauer eingehalten wird, um den Austausch von Tonträgern zwischen verschiedenen Geräten zu gewährleisten.

Ein- und Ausgänge

Für anspruchsvollere Anwendungen sollten Geräte mit symmetrischen Ein- und Ausgängen versehen sein. Im Broadcastbereich ist es üblich, mit symmetrischer Signalführung (siehe S. 285) zu arbeiten, da die Störanfälligkeit gegenüber elektrischen und elektromagnetischen Feldern geringer ist. XLR-Anschlüsse sind Klinkensteckern vorzuziehen, da sie mechanisch stabiler sind, eine größere Kontaktfläche aufweisen und somit einen besseren Kontakt gewährleisten.

Mikrofone

Für den guten Klang eines Mikrofons gibt es mehrere wichtige Kriterien, die eine Rolle spielen, z.B. der Rauschabstand, die Dynamik, das Impulsverhalten und der Frequenzgang. Die meisten Probleme bei Tonaufzeichnungen entstehen allerdings durch eine ungünstige Positionierung des Mikrofons: Wenn zu viele und zu laute Nebengeräusche den Ton stören oder unverständlich werden lassen, war das Mikrofon schlicht zu weit entfernt von der Tonquelle, auf die es ankam. Nebengeräusche lassen sich später bei der Tonbearbeitung nur schwer oder auch gar nicht ausfiltern, man muss sie von Anfang an vermeiden. In der Praxis heißt das: Näher ran an die Tonquelle (Sprecher*innen, Sänger*innen, Interviewpartner*innen, ...), dadurch wird die Tonquelle deutlich lauter für das Mikrofon, die Aussteuerung kann niedriger sein, und die Nebengeräusche werden damit, relativ zur Tonquelle, erheblich leiser.
Und nun zu den technischen Kriterien:

Übertragungsfaktor
Der Übertragungsfaktor (auch: Feld-Leerlauf-Übertragungsfaktor) beschreibt die Empfindlichkeit eines Mikrofons. Er gibt an wieviel Milliwatt das Mikrofon abgibt, wenn ein Schalldruck von einem Pascal, gemessen bei einer Frequenz von 1 kHz, auf die Membran trifft. Für ein dynamisches Mikrofon ergibt sich dabei etwa ein Wert von 1 - 3 mV/Pa.
Daraus lässt sich das Übertragungsmaß ableiten, der Pegel, der an einem Vorverstärker (in Kamera oder Mischpult) eingestellt werden muss. Es ist ein logarithmiertes Maß, dass mit Hilfe eines Bezugs-Übertragungsfaktors (= 10V/Pa) errechnet wird:

$$\text{Übertragungsmaß (dB)} = 20 \times \lg \frac{\text{Übertragungsfaktor}}{\text{Bezugs-Übertragungsfaktor}}$$

Für ein Kondensator-Mikrofon mit einem Übertragungsfaktor von 5 - 12 mV/Pa errechnet sich damit ein Übertragungsmaß von -66 bis -58 dB, ein dynamisches Mikrofon kommt dabei auf -80 bis -70 dB. Das Mikrofon-Signal muss also um diesen Wert angehoben werden, bis es einem Line-Pegel entspricht.

Geräuschspannungsabstand
Ein Mikrofon gibt auch ohne Schalleinwirkung ein Eigenrauschen ab. Es handelt sich dabei um temperaturabhängige spontane und ungerichtete Elektronenbewegungen oder um die Wärmebewegung von Luftmolekülen gegen die Mikrofonmembran. Nur beim absoluten Nullpunkt (0 Kelvin, bzw. -273 Grad Celsius) wären elektronische Schaltungen rauschfrei. Das

Phänomen betrifft sowohl Mikrofone mit Stromspeisung wie auch dynamische Mikrofone. Auch bei letzteren entsteht ein Rauschen in der Spule oder dem Bändchen, sowie in den Ausgangstransformatoren.

Der Geräuschspannungsabstand gibt das Verhältnis an, von der Spannung des Eigenrauschens zu der Spannung, die das Mikrofon bei einem Schalldruck von 1 Pascal (entspricht einem Schalldruckpegel von 94 dB) und einer Frequenz von 1 kHz abgibt.

$$\text{Geräuschspannungsabstand (dB)} = 20 \times \lg \frac{\text{Spannung bei 1 Pa / 1 kHz (V)}}{\text{Geräuschspannung (V)}}$$

Für die Geräuschspannung gibt es die internationale Norm CCIR 468, bzw. die deutsche Norm DIN 45405. Danach liegt der Geräuschspannungsabstand für Kondensator-Mikrofone bei etwa 20 dB. Leider findet sich in manchen Geräteunterlagen noch die früher benutzte "A-Bewertung" für Geräuschspannungsabstand, die zu etwa 9 - 13 dB besseren Werten führt.

Ebenfalls eine ältere Bezeichnung ist die Ersatzlautstärke, das ist der Pegel, den ein Mikrofon ohne Schalleinwirkung abgibt, also das Eigenrauschen. Diesen Wert erhält man, wenn man den Geräuschspannungsabstand von 94 dB subtrahiert.

Dynamik

Die Dynamik ist das Verhältnis zwischen dem Eigenrauschen und dem Grenzschalldruck. Die Dynamik eines Mikrofons ist zumeist deutlich höher als der Geräuschspannungsabstand (- der ja bei einem Schalldruckpegel von 94 dB bestimmt wird). In der Praxis werden Werte um 100 dB erreicht.

Grenzschalldruck

Der Grenzschalldruck eines Mikrofons ist erreicht, wenn die Verzerrungen ein bestimmtes Maß überschreiten, d.h., wenn der Klirrfaktor (bei 1 kHz) mehr als 0,5 % beträgt. Kondensatormikrofone erreichen dabei Werte von etwa 125 – 135 dB, dynamische Mikrofone liegen bei über 140 dB, d.h., in der Praxis wird dieser Wert nicht erreicht, so dass hier auf die Angabe eines Grenzschalldrucks verzichtet wird.

Impulsverhalten

Das Impulsverhalten bezeichnet die Fähigkeit eines Mikrofons, eine Schallwelle mit steilen Flanken möglichst genau in ein elektrisches Signal zu transformieren. Einen besonders starken Einfluss dabei hat die Masse der Membran, also deren Trägheit. Die Membran widersetzt sich zunächst dem Schallimpuls, sie schwingt langsamer ein. Auch wenn der Impuls endet, "bremst" die Membran nicht sofort ab, sondern schwingt aufgrund der Massenträgheit noch ein wenig weiter, sie gerät ins "überschwingen".

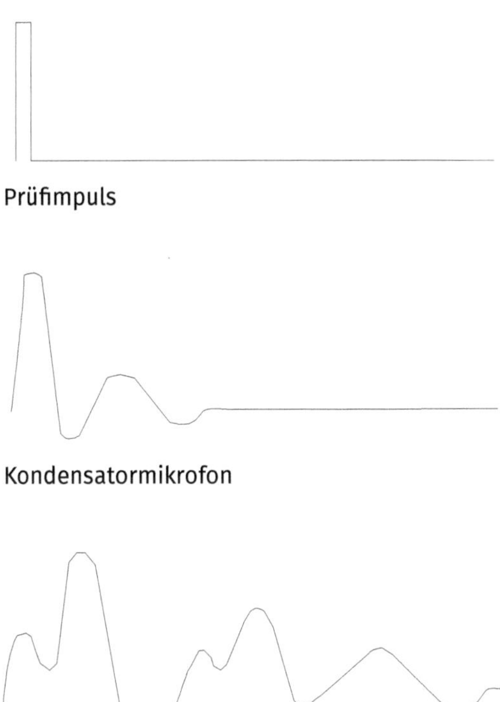

Prüfimpuls

Kondensatormikrofon

dynamisches Mikrofon

Frequenzgang

Der Frequenzgang oder auch Übertragungsbereich sagt aus, wie stark ein Mikrofon das Eingangssignal verändert, also welche Anhebungen oder Abschwächungen in den einzelnen Frequenzbereichen stattfinden. Eine Frequenzkurve ist ein wichtiges Mittel zur Beurteilung der Qualität eines Mikrofons. Die Aussage, ein Mikrofon hätte einen Frequenzgang von z.B. 20 Hz bis 20 kHz, besagt zunächst wenig. Es heißt nur, dass es alle diese Frequenzen irgendwie verarbeiten kann, dabei kann es immer noch basslastig, höhenlastig, verzerrt oder schlicht dumpf klingen. Wichtig ist daher immer die zusätzliche Angabe einer Toleranz, also welche Abweichung in dB für den genannten Frequenzgang zulässig ist. Noch besser ist eine beigelegte Frequenzkurve mit einem Messprotokoll. Aussagekräftig ist die Angabe eines Frequenzgangs, bei dem eine (möglichst geringe) Toleranz angegeben ist, z.B. ± 2 dB. Andererseits müssen Mikrofone mit stärkeren Abweichungen vom idealen

Frequenzgang nicht schlecht sein, sie können auch eine durchaus erwünschte Klangfarbe aufweisen.

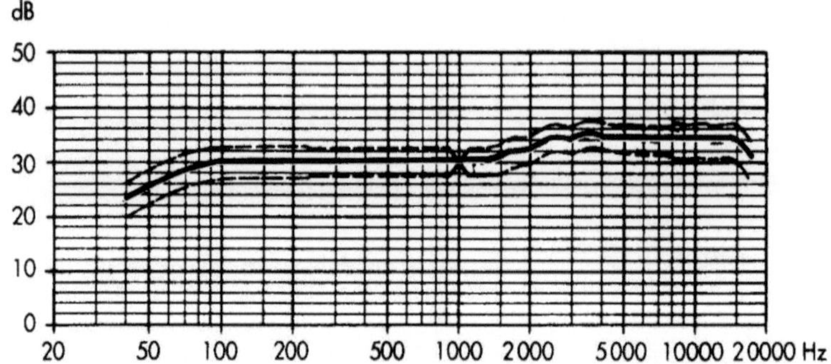

Frequenzgang des dynamischen Mikrofons Sennheiser MD 421 mit Nierencharakteristik. Die Messkurve ist die mittlere Linie, die obere und untere Linie bilden das Toleranzfeld mit +/- 2 dB ab. Bei 1000 Hz liegt der Referenzwert, daher ist dort keine Toleranz angegeben.

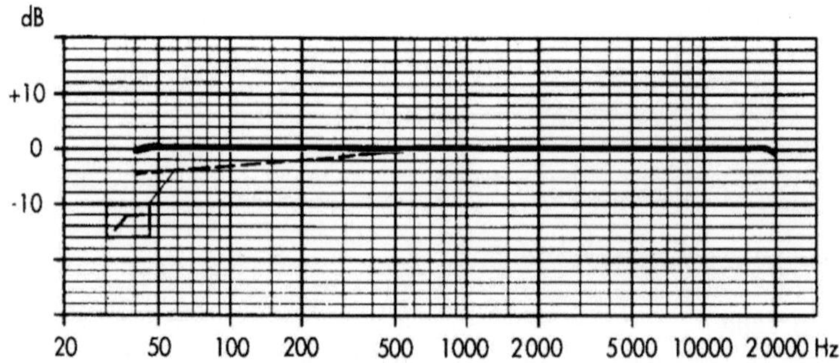

Zum Vergleich: Frequenzgang des Kondensatormikrofons Sennheiser MKH 40 mit Nierencharakteristik. Im Bassbereich zeigt die nach unten abgehende gestrichelte Kurve den Frequenzgang mit der zugeschalteten Bassabsenkung an. Hier ist das Toleranzfeld nicht eingezeichnet, der Toleranzwert wird mit +/- 2dB angegeben.

Schallwandler

Vorwiegend werden im Broadcast-Bereich Mikrofone mit elektrodynamischer Schallwandlung und Kondensator-Typen verwendet, selten piezoelektrische Typen.

Eine Art der elektrodynamischen Schallwandler ist das **Tauchspulen-Mikrofon**. Hier ist an der Membran eine kleine Spule befestigt, die angeregt durch die Membranbewegung sich in einem permanent-magnetisches Feld bewegt. So wird eine elektrische Spannung in die Spule induziert, die damit eine elektrische Abbildung des Schallereignisses darstellt und somit als Audiosignal verwendet werden kann.

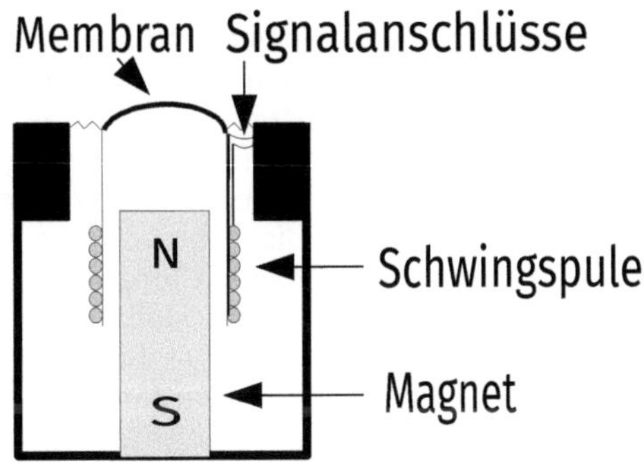

Tauchspulen-Mikrofon

Problematisch ist hierbei, dass die Masse der Spule das System mechanisch relativ träge werden lässt, Schallimpulse werden verzögert. Zusätzlich dazu findet wie bei jeder Spule eine Selbstinduktion statt, die Schallschwingungen können also nicht genau abgebildet werden. Es findet eine Verzerrung statt, die allerdings als "Klangfarbe" durchaus erwünscht sein kann. Die Ausgangsleistung von elektrodynamischen Mikrofonen ist vergleichsweise gering, typisch: etwa 1-3 mV/Pa. Andererseits sind elektrodynamische Mikrofone mechanisch relativ unempfindlich, weisen kaum zusätzliche Verzerrungen bei sehr hohen Schalldrücken auf und benötigen keine Stromversorgung.

Eine andere Art des elektrodynamischen Mikrofons ist das **Bändchenmikrofon**. Ein Aluminiumstreifen mit 2-4 mm Breite und einigen Zentimetern Länge wird mittels des Schalldrucks durch ein Magnetfeld bewegt, dadurch wird eine Spannung induziert. Das Bändchenmikrofon hat dabei ein gutes Impulsverhalten und einen linearen Frequenzgang, ist aber sehr empfindlich gegen Erschütterungen, schnelle Bewegungen und Wind.

Bei **Kondensator-Mikrofonen** bilden die elektrisch geladene Membran und eine Gegenelektrode einen Kondensator. Durch Schallimpulse wird die Membran auf die Gegenelektrode zu- oder wegbewegt, der "Plattenabstand" des Kondensators verändert sich also, so dass mehr oder weniger Strom den Kondensator durchfließt. Dieser Strom wird dann noch im Mikrofon verstärkt, so dass eine relativ hohe Ausgangsleistung zur Verfügung steht, typisch: 5-50 mV/Pa. Da bei Kondensator-Mikrofonen, im Gegensatz zu Tauchspulen-Mikrofonen, die Massenträgheit der Membran und Selbstinduktion von Spulen kaum eine Rolle spielen, kann eine sehr genaue Abbildung des Schallereignisses, also ein linearer Frequenzgang erreicht werden.

Kondensator-Mikrofone benötigen immer eine Stromversorgung. Die Stromspeisung wird von entsprechend ausgestatteten Mischpulten, Audio-Rekordern, Kameras oder externen Speiseteilen bereitgestellt. Üblicherweise wird heute die "48 Volt Phantomspeisung" verwendet, die direkt an die Membran und die Gegenelektrode angelegt wird. Die Phantomspeisung nach DIN 45596, die gebräuchliche Abkürzung lautet P 48, versorgt die Mikrofone über die beiden Tonadern gleichermaßen mit Gleichstrom gleicher Polarität, die Rückleitung erfolgt über die Abschirmung. (Das ist nur bei symmetrischer Leitungsführung möglich.) Da an beiden Tonadern die gleiche Polarität anliegt, können auch elektrodynamische, symmetrisch erdfrei beschaltete Mikrofone an Anschlüssen mit aktivierter Phantomspeisung betrieben werden. Zu beachten ist, dass es auch Mikrofone und Phantomspeisungen für 12 Volt und 24 Volt gibt (P 12, bzw. P 24).

Weniger gebräuchlich ist heute die Tonaderspeisung mit 12 Volt nach DIN 45595 (T 12). Hierbei wird an die eine Tonader eine Gleichspannung von 12 Volt angelegt, über die andere Tonader erfolgt die Rückleitung. Die Mikrofonschaltung muss dabei nicht symmetrisch sein, darf dabei aber nicht elektrisch mit dem Gehäuse oder Kabelschirm verbunden sein. Trennkondensatoren halten dabei die Speisespannung von den nachfolgenden Verstärkern fern. Tonaderspeisung führt bei Mikrofonen, die nicht dafür ausgelegt sind, zu Verzerrungen und kann diese auch zerstören.

Eine Variante der Kondensator-Mikrofone sind die **Elektret-Kondensator-Mikrofone**. Sie arbeiten nach dem gleichen Prinzip, benötigen aber eine weniger aufwändige Stromspeisung, da bei ihnen eine polarisierte Membran verwendet wird. Bei der Herstellung werden Ladungsträger in die Membran eingearbeitet, ausgerichtet und dann im weiteren Herstellungsprozess "eingefroren", so dass nun eine konstante Ladung besteht. Nunmehr ist nur eine Verstärkung des Signals erforderlich, die durch eine Batterie erfolgen kann. Oftmals sind Elektret-Kondensator-Mikrofone wahlweise aber auch mit Phantomspeisung zu betreiben.

Selten genutzt werden heute **Piezoelektrische Mikrofone**. Bei ihnen reagieren Kristalle auf den mechanischen Druck einer Schallwelle mit einer Ladungsverschiebung. Die entstehenden Spannungsunterschiede zwischen den beiden Seiten des Kristalls werden dann an den Mikrofonverstärker weitergegeben. Nachteilig bei diesem Mikrofontyp ist eine starke Temperaturabhängigkeit.

Nicht geeignet für Broadcast-Zwecke sind **Kohlemikrofone** (auch als Kontaktmikrofone bezeichnet). Der Wandler enthält feine Kunstkohle-Körnchen, die bei Schalldruck-Einwirkung zusammengepresst werden und dabei ihren elektrischen Widerstand verringern. Sie haben zwar einen hohen Wirkungsgrad, aber starke Verzerrungen und einen schlechten Frequenzgang. Sie werden vorwiegend in der Fernsprechtechnik verwendet.

Richtcharakteristik

In vielen Fällen ist es sinnvoll, dass Mikrofone den Schall aus einer Richtung bevorzugt aufnehmen, d.h., seitlich einfallenden Schall, also Nebengeräusche und Hall, nur abgeschwächt aufnehmen. Die Mikrofone werden daher baulich so gestaltet, dass sie eine "Richtcharakteristik" erhalten. Mikrofone werden im wesentlichen mit den nachfolgenden Richtcharakteristika angeboten:

- Kugelcharakteristik: Das Mikrofon ist im Idealfall in alle Richtungen gleich empfindlich.
- Achtercharakteristik:Das Mikrofon ist, bezogen auf die Membran, nach vorne und hinten gleich empfindlich, zu den Seiten nimmt die Empfindlichkeit ab.
- Nierencharakteristik: Das Mikrofon ist vorwiegend nach vorne empfindlich, erst ab etwa 45° seitlich (bei höheren Frequenzen) nimmt die Empfindlichkeit ab, die größte Auslöschung findet bei 180° statt.
- Supernierencharakteristik: Stärker ausgeprägt als die Nierencharakteristik, ab etwa 30° seitlich (bei höheren Frequenzen) nimmt die Empfindlichkeit ab.
- Keulencharakteristik: Hier nimmt die Seitenempfindlichkeit schon bei etwa 15-20° (bei höheren Frequenzen) ab.

Die Richtcharakteristik eines Mikrofons kann mittels drei verschiedener Bauprinzipien hergestellt werden:

Druckempfänger haben eine geschlossene Mikrofonkapsel, das heißt, eine von außen kommende Schalldruckwelle bewegt die Membran unabhängig von der Richtung mit der sie auftrifft. Die Membran wird soweit in das geschlossene Innere der Kapsel gedehnt, bzw. gepresst, bis der Innendruck dem Außendruck entspricht, also ausgeglichen ist (oder die Dehnfähigkeit der Membran erreicht ist). Eine geschlossene Mikrofonkapsel ist nach allen Richtungen gleich empfindlich, man bezeichnet das als Kugelcharakteristik. In der Praxis ist die Richtung nicht ganz egal, da kürzere (Schall-) Wellenlängen durch Gehäusebauteile gegenüber der Membran abgeschattet werden können. Bei höheren Frequenzen ist also nicht mehr unbedingt eine Kugelcharakteristik gegeben.

Druckgradientenempfänger haben eine offene Mikrofonkapsel, die Membran ist von beiden Seiten der Schalldruckwelle ausgesetzt. Wesentlich für die Richtcharakteristik ist die Schalldruckdifferenz (Druckgradient) zwischen Vor- und Rückseite der Membran. Ein Schallereignis von vorne oder hinten führt zu einer maximalen Auslenkung, kommt das Schallereignis von der Seite, dann sind die Druckverhältnisse auf der Vor- und Rückseite der Membran identisch, es kommt zu keiner Auslenkung. Eine solche offene Bauweise, die Vor- und Rückseite der Membran gleichermaßen dem Schalldruck gegenüber exponiert, führt zu einer "Achter-Richtcharakteristik".

Andere Richtcharakteristika lassen sich dadurch erreichen, dass der Weg des Schalls zur Rückseite der Membran verlängert wird. Es werden Umwege, so genannte "akustische Laufzeitglieder", eingebaut, die bei seitlichem und rückwärtigem Schalleinfall zu einer Auslöschung des Schalldrucks führen, da nun der Schall gleichphasig auf Vor- und Rückseite der Membran auftrifft. Umgekehrt sorgen die Laufzeitglieder bei frontal einfallendem Schall mit zunehmender Frequenz für immer stärkere Phasendifferenzen zwischen Vor- und Rückseite der Membran. Die Phasendifferenzen bilden damit Druckunterschiede aus, die die Membran zum Schwingen bringen. Für tiefere Frequenzen (mit wesentlichen längeren Schallwellen) lässt sich das in den relativ kleinen Mikrofonkapseln bautechnisch nicht mehr realisieren. Das führt dazu, das die Richtwirkung von Druckgradientenempfängern mit zunehmender Frequenz steigt. Empfänger dieser Art haben eine "Nierencharakteristik".

Wenn aus kurzer Distanz, 1 Meter oder weniger, in einen Druck-gradientenempfänger gesprochen wird, entsteht der so genannte "Nahbesprechungseffekt": Die tieffrequenten Anteile werden stärker übertragen. Dem frequenzabhängigen Druckgradienten wird durch die Nähe einer punktförmigen Schallquelle, wie dem Mund, ein frequenzunabhängiger Druckgradient überlagert. Bei größeren Entfernungen ist es nicht so sehr der Druckunterschied zwischen Vor- und Rückseite der Membran, als vielmehr die Phasendifferenz, die eine Membranbewegung auslöst, damit werden höhere Frequenzen aufgrund der Bauweise der Mikrofonkapsel "bevorzugt". Nahe des Mikrofons wirken die eigentlichen Druckunterschiede einer Schallwelle stärker als die Phasendifferenz. Das hängt auch mit der Form der Druckwellen zusammen, in der Nähe der Schallquelle, von der sie sich konzentrisch ausbreiten, haben sie eine stärkere Krümmung, in größerer Entfernung ist die Wellenfront nahezu eben, also ungekrümmt. Dieser Nahbesprechungseffekt kann bei 50 Hz eine Verstärkung von bis 15 dB gegenüber 1000 Hz ausmachen.

Interferenzempfänger: Um die Richtwirkung zu verbessern, können Mikrofone mit einem Richtrohr versehen werden. Dieses ist an der Vorderseite offen und hat seitliche Löcher oder Schlitze, die mit akustischem Dämpfungsmaterial versehen sind. Da somit seitlich gleichzeitig einfallende Schallwellen nun einen unterschiedlich langen Weg zur Membran zurücklegen müssen, überlagern sie sich ganz oder teilweise gegenphasig und löschen sich mehr oder weniger aus (Interferenz). Die Richtwirkung hängt von der Länge des Richtrohrs ab. Bei höheren Frequenzen ist die Wirkung stärker, es entsteht eine keulenförmige Richtcharakteristik, bei niedrigeren Frequenzen ist die Richtcharakteristik schwächer, hier ist bestenfalls eine Nierencharakteristik zu erreichen.

Beispiele für Richtcharakteristika:

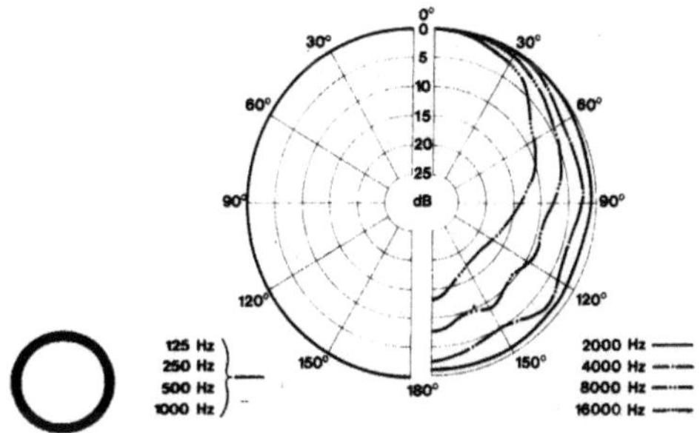

Kugelcharakteristik: Am Beispiel des Kondensatormikrofons Sennheiser MKH 20 sieht man, dass eine echte Kugelcharakteristik nur für die Frequenzen bis etwa 2000 Hz gegeben ist. Darüber hinaus entsteht aufgrund der kleineren Wellenlängen des Schalls doch eine Richtcharakteristik. Dennoch ist es heute in Prospekten allgemein üblich, bei Mikrofonen mit Kugelcharakteristik keine Richtdiagramme mehr anzugeben.

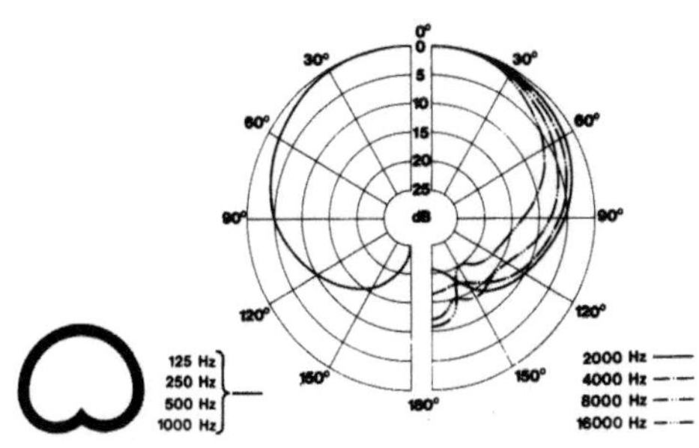

Nierencharakteristik (Sennheiser MKH 40)

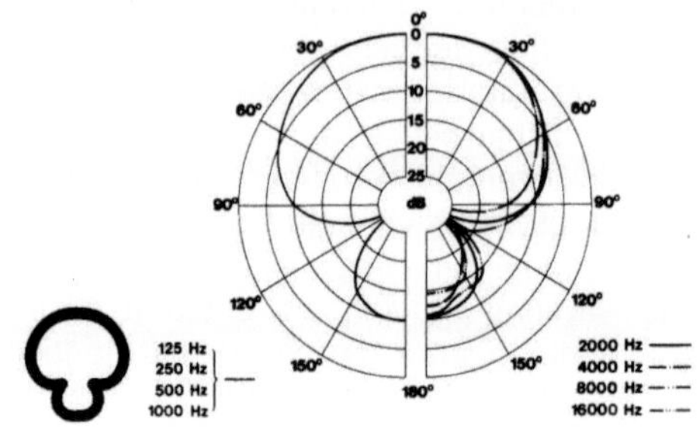

Supernierencharakteristik (Sennheiser MKH 50)

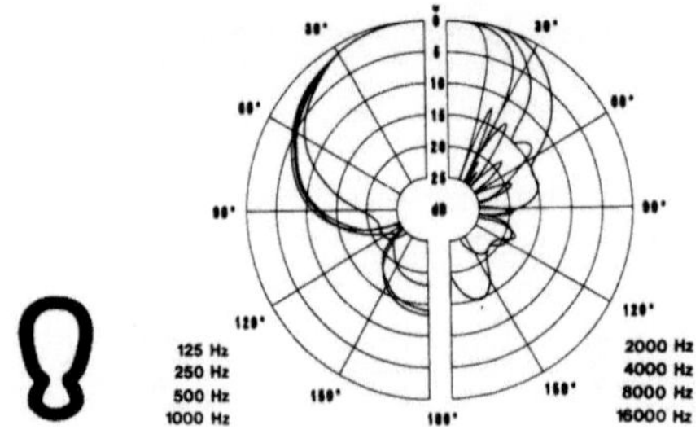

Keulencharakteristik (Sennheiser MKH 70)

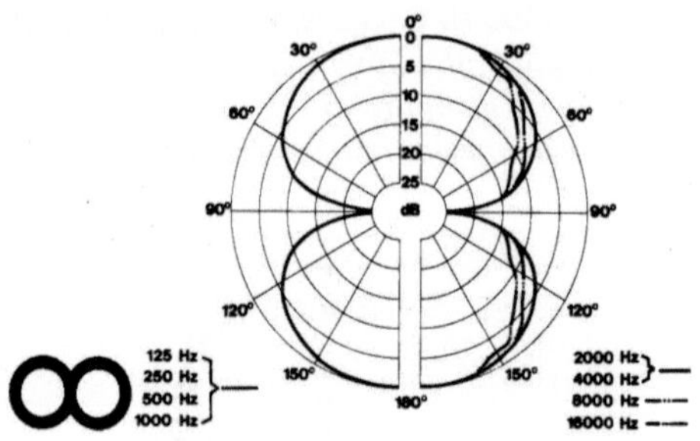

Achtercharakteristik (Sennheiser MKH 30)

Bündelungsgrad

Der Bündelungsgrad gibt an, um welchen Faktor die Leistung von Direktschall bei einem Richtmikrofon größer wäre, im Vergleich zu einem Mikrofon mit Kugelcharakteristik bei gleicher Empfindlichkeit. Es handelt sich hierbei um ein Leistungsverhältnis und da gleichzeitig der Schalldruck einer Schallquelle im Quadrat zur Entfernung abnimmt, bedeutet das, dass man z.B. mit einem Richtmikrofon mit dem Bündelungsgrad 3 einen Besprechungsabstand von der Schallquelle wählen kann, der um den Faktor $\sqrt{3}$ (= 1,73) größer ist, als bei einem Mikrofon mit Kugelcharakteristik. Mikrofone mit Nierencharakteristik erreichen etwa den Bündelungsgrad 3, Supernieren etwa den Grad 4, eine Keulencharakteristik kann noch deutlich höher liegen.

Richtmikrofone können somit eventuell auch außerhalb des Hallradius (siehe Seite 274) platziert werden, da die Richtcharakteristik eine Vergrößerung des Hallradius bewirkt.

Körperschall

Mikrofone nehmen den Schall nicht nur über die Luft auf, sondern auch mechanisch, also durch Berühren des Mikrofons, Anschlusskabels oder Ständers. Daher ist die Mikrofonkapsel mechanisch immer vom Gehäuse getrennt. Dennoch kann der Effekt nicht ganz vermieden werden, er wird zudem stärker, je ausgeprägter die Richtcharakteristik des Mikrofons ist. Mikrofone mit Keulencharakteristik sollten daher auch nicht direkt mit der Hand gehalten werden, sondern stets in einer elastischen Aufhängung befestigt sein.

Windgeräusche

Wenn Wind auf das Mikrofon trifft oder der/die Sprecher*in versehentlich in das Mikrofon hinein pustet, klingt es , insbesondere bei Mikrofonen mit starker Richtwirkung, meist leider nicht nach einer Wind-Atmo im Spielfilm, sondern es ertönt ein lautes Krachen. Für Sprecher*innen und bei leichtem Wind empfiehlt sich daher grundsätzlich ein "Popschutz", also ein Schaumstoff-Überzug aus offenporigem Schaumstoff, der noch besser wirkt, wenn er zudem außen mit Velour beschichtet ist. Dieser Popschutz verhindert bei Sprecher*innen auch tieffrequente Druckwellen, also eine Überbetonung von Bassfrequenzen. Alternativ zum Schaumstoff kann im Studio dafür auch ein Popschutz verwendet, bei dem in einem (meist runden) Rahmen ein Netzgewebe gespannt ist, dieses verhindert ebenso Popgeräusche, indem die beim Sprechen auftretenden Luft-Turbulenzen gefiltert werden.

Bei starkem Wind genügt das jedoch alles nicht, dann wird ein Windkorb benötigt. Er verteilt den Winddruck gleichmäßig in seinem Gehäuse und lässt damit keine Turbulenzen mehr bis zum Mikrofon vordringen. Die Wirkung kann noch verstärkt werden, wenn der Windkorb mit einem Fell überzogen wird.

Besondere Mikrofontypen

Ansteckmikrofone, die auch Knopf- oder Lavalier-Mikrofone genannt werden, haben eine besonders kleine Bauform. Die Mikrofonkapsel und der relativ große Vorverstärker sind getrennt und mit einem dünnen Kabel verbunden. Sie können unauffällig an der Kleidung oder in der Dekoration untergebracht werden und somit sehr nah an der Schallquelle platziert werden, ohne störend zu wirken. Die Nähe zur Schallquelle hat den Vorteil, dass Raumgeräusche nur noch wenig in den Ton mit einfließen. Nachteilig bei einer Befestigung an der Kleidung ist allerdings, dass die Gefahr von Körperschall-Übertragung wächst, denn bei Bewegungen reibt die Kleidung am Mikrofon oder dem Kabel.
Meistens haben die Ansteckmikrofone eine Kugelcharakteristik, seltener eine Nierencharakteristik, denn mit einer ausgeprägteren Richtcharakteristik wächst auch die Gefahr von Körperschall.

Grenzflächenmikrofone (englisch: PZM = Pressure Zone Microphones) machen sich die Tatsache zunutze, dass an großen Flächen im Raum (Wände, Böden, große Tische) der Schalldruck um bis zu 6 dB ansteigt. Während sich im Raum selbst, durch stehende Wellen, frequenz- und ortsabhängige Schalldruckmaxima und -minima ausbilden, liegt eine große Begrenzungsfläche immer in einem Schalldruckmaximum. An den Begrenzungsflächen wird auch die Raumakustik (Reflektionen von Wand, Boden und Decke) originalgetreu übertragen, damit werden dem Hörer gute Eindrücke von Raumgröße und -beschaffenheit vermittelt. Verzerrende Kammfiltereffekte (Auslöschungen und Verstärkungen durch die Überlagerung von Direktschall und Reflektion, wie es bei einem Mikrofon in der Raummitte geschieht) sind wesentlich schwächer.
Die Grenzflächenmikrofone haben im allgemeinen kleine Kondensator-Druckempfänger, die bündig in eine harte Platte eingelassen sind, so dass die Kapseln sich in einer möglichst geringen Entfernung von der Grenzfläche befinden und die Bauform des Mikrofons die Eigenschaften der Grenzfläche nicht verändert.

Großmembran-Mikrofone
Üblicherweise haben Mikrofonmembranen einen Durchmesser von bis zu 10 mm. Durch diese geringe Größe und die damit ebenfalls geringe Masse reagieren diese Membranen auch auf kleinste Impulse recht genau, also linear (eine gute Qualität des Mikrofons vorausgesetzt). Großmembranen haben hingegen einen Durchmesser von etwa 25 mm und somit mehr Masse und Trägheit, also ein schlechteres Impulsverhalten, das schwächt schnelle Pegelanstiege bei 'explosiven' Lauten (z.B. beim "t") ein wenig ab und erzeugt somit ein homogeneres Klangbild. Gleichzeitig ist die dünne Membran in sich weniger stabil, sie flattert sozusagen ein wenig, aber das

kann bei guter Abstimmung durchaus zu einem warmen, angenehmen Klangbild führen. Es ist übrigens nicht so, dass wie etwa bei Lautsprechern große Membranen eher für Bässe geeignet sind, man kann mit kleinen Membranen ebenso gut einen linearen Frequenzgang erzielen wie mit großen.

Große Membranen klingen höhenreicher wenn der Schall direkt von vorne eintrifft ("on axis") als wenn er von der Seite eintritt ("off axis"). Damit eignen sie sich sehr gut als Nahbesprechungs-Mikrofone, z.B. für Sänger*innen oder Rundfunksprecher*innen, die sich ja stets in optimaler "on axis"-Position zum Mikrofon befinden. Ein Großflächenmembran-Mikrofon mit einer guten Abstimmung kann dann die Stimme sehr weich und füllig darstellen. Ein weiterer Vorteil der Großmembran ist, dass die größere Fläche (sie "fängt" mehr Schall) ein stärkeres Nutzsignal erzeugt und somit rauschärmer arbeiten kann.

Drahtlose Mikrofone

Wenn kabelgebundene Mikrofone die Bewegungsfreiheit am Set zu sehr einschränken, werden drahtlose Mikrofone (auch: Sendemikrofone oder Mikroports genannt) verwendet. Grundsätzlich sind es normale Mikrofone, die mit einem Sender ausgestattet sind. Das Signal wird an einen Empfänger übertragen und kann dort an einem Ausgang mit Mikrofon- oder Line-Pegel abgegriffen werden. Die Sender werden unterschieden in Handsender, das sind handgehaltene Mikrofone mit eingebautem Sender und Taschensender, die an Ansteckmikrofone angeschlossen werden. Auf der Empfänger-Seite gibt es stationäre Anlagen, die den Empfang mehrerer Signale und die genaue Überwachung der Empfangsqualität ermöglichen, sowie Kleinempfänger für den mobilen Einsatz, die auch direkt an der Kamera befestigt werden können.

Für die Übertragung wird das niederfrequente Mikrofon-Signal (20 Hz – 20.000 Hz, kurz: NF-Signal) einem hochfrequenten Signal (kurz: HF-Signal) aufmoduliert und zwar im Frequenzmodulations-Verfahren (FM). Das FM-Verfahren bietet den Vorteil, dass auch bei schwankenden Funkübertragungspegeln (Feldstärken) das Signal korrekt wieder demoduliert werden kann. Ein amplitudenmoduliertes Signal, das mit wechselnden Feldstärken übertragen wird, würde in seiner Lautstärke und dem Frequenzgang verändert.

Aber auch FM-Signale können gestört werden, durch Reflektionen des Signals an Wänden, sowie Abschattungen durch Hindernisse in der Funkstrecke. Reflektionen die sich dem ursprünglichen Signal überlagern bewirken Verstärkungen oder Abschwächungen der Feldstärke. Schon kleine Positionsveränderungen des Senders gegenüber dem Empfänger (in einem Raum) verändern die Feldstärke und wenn die minimal notwendige Feldstärke, die der Empfänger benötigt, unterschritten wird, gibt es ein Tonloch.

Eine Verbesserung des Empfangs bewirkt das 'Diversity'-Verfahren, es verwendet zwei voneinander unabhängige Empfangsteile mit jeweils einer eigenen Antenne. Eine Vergleichsschaltung wertet die beiden Signale aus und schaltet das stärkere Signal auf den Ausgang des Empfängers.

Ein weiteres Problem ist das Eigenrauschen der HF-Funkstrecke. Daher werden in einem Kompander-Verfahren die senderseitigen NF-Signale zunächst komprimiert, schwächere Pegel also angehoben, bevor sie dem FM-Signal aufmoduliert werden und beim Empfänger dann nach der Demodulation wieder expandiert.
Gut ausgestattete Mikroport-Anlagen bieten die Möglichkeit, verschiedene benachbarte Übertragungsfrequenzen zu nutzen, so dass der gleichzeitige Betrieb mehrerer Sendemikrofone möglich ist.

Geräte für den professionellen Einsatz arbeiten entweder im 200 MHz-Bereich (VHF = Very High Frequency), oder, wie es bei der Technik der öffentlich-rechtlichen Rundfunkanstalten der Fall ist, in dem Bereich von 470 – 790 MHz (UHF = Ultra High Frequency). Höhere Frequenzen sind dabei in der Regel weniger anfällig für Störungen. Die Nutzung der Frequenzbereiche werden vom Bundesamt für Post und Telekommunikation geregelt. Es dürfen nur Geräte verwendet werden, die über eine Zulassungsnummer (früher: FTZ-Nummer) durch das Bundeszentralamt für Telekommunikation (BZT) verfügen.

Zu beachten ist, dass die Frequenzbereiche von 790 bis 814 MHz, sowie 838 bis 862 MHz für LTE-Signale ("Funk-DSL") im Jahr 2011 neu vergeben wurden. In diesen Bereichen ist für ältere Funkmikrofone zunehmend mit Störungen zu rechnen. (Aus leidiger Erfahrung: Die Störungen klingen wie Wackelkontakte am Signalstecker.) Die Zulassungen für Funkmikrofone mit diesen Frequenzbereichen endeten endgültig am 31.12.2015.

Stereoaufnahme

Für die Aufzeichnung einer Tonaufnahme, die eine räumliche Wahrnehmung ermöglicht, gibt es verschiedene Möglichkeiten:
- Aufzeichnung durch separate Mono-Mikrofone auf getrennten Tonspuren, etwa bei einem Konzert. Den einzelnen Tonspuren wird erst bei der Mischung ein Ort im Stereopanorama zugewiesen.
- Aufzeichnung mit einem Stereo-Mikrofon (eigentlich zwei zusammengesetzte Mono-Mikrofone), dem bei der Mischung natürlich auch weitere Töne beigemischt werden können.
- Aufzeichnung mit zwei Mono-Mikrofonen in einer bestimmten Aufstellung. Bei diesem Verfahren gibt es zwei unterschiedliche Prinzipien, nach denen sich die Mikrofonverwendung und -aufstellung richtet:

Intensitäts-Stereophonie

Die Intensitäts-Stereophonie nutzt die unterschiedliche Lautheit von Tönen im Stereospektrum um dem Hörer eine räumliche Zuordnung zu ermöglichen. Für diese Technik gibt es wiederum zwei Möglichkeiten:

Die **x/y-Stereophonie** verwendet zwei gleiche Richtmikrofone (zumeist mit Nierencharakteristik), die in geringem Abstand voneinander mit unterschiedlichen Ausrichtungen positioniert werden. In der Praxis, etwa für Orchesteraufnahmen, werden die Mikrofone in einem Winkel (Öffnungswinkel) von etwa 135° bis 180° zueinander aufgestellt.

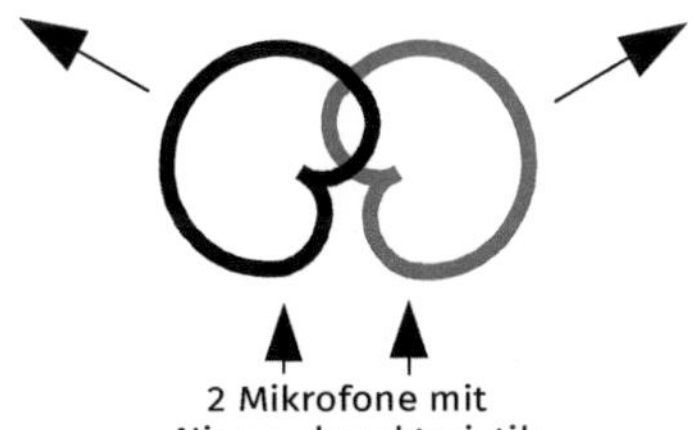

Positionierung von Mikrofonen bei der x/y-Stereophonie

Durch die Richtcharakteristik der Mikrofone können sich Pegelunterschiede von 20-25 dB in den Stereokanälen ergeben, die eine vollständig einseitige Wahrnehmung im Stereopanorama bewirken. Eine Verringerung des Öffnungswinkels bewirkt eine Vergrößerung des

Aufnahmebereichs, da die Richtungen mit maximaler Pegeldifferenz zwischen den Mikrofonen nach hinten verschoben werden. Bei gleicher Anordnung bewirken Mikrofone mit stärkerer Richtcharakteristik einen kleineren Aufnahmebereich.
Das x/y-Verfahren ist weitgehend monokompatibel, Phasenunterschiede zwischen dem linken und dem rechten Kanal können kaum auftreten. Bei seitlichem Schalleinfall auf die Mikrofone (also auch aus der Mitte des Klangkörpers) kann es allerdings durch die Richtcharakteristik zu einer bemerkbaren Höhenabsenkung kommen, unter der die Brillanz der Aufnahme leiden kann. Auch lässt sich der räumliche Eindruck bei einer x/y-Aufnahme nachträglich nicht mehr beeinflussen.

Beim **M-S-Mikrofonverfahren** (M-S = Mitte-Seiten) werden zwei unterschiedliche Mikrofon-Charakteristiken miteinander kombiniert: Ein Mikrofon mit beliebiger Charakteristik (meist Niere oder Superniere) wird direkt auf den Klangkörper ausgerichtet. Das zweite Mikrofon muss eine 'Achtercharakteristik' (Druckgradienten-Mikrofon) aufweisen und wird um 90° nach links gedreht, möglichst nahe zum M-Mikrofon installiert und liefert das S- (Seiten-) Signal. Von links kommende Töne bewirken nun eine positive Auslenkung der Membran des Achter-Mikrofons, von rechts kommende Töne bewirken eine negative Auslenkung, links und rechts haben also eine entgegengesetzte Phasenlage. Somit werden die Signale für die Stereoaufzeichnung nicht direkt hergestellt, sondern müssen erst durch Summen- und Differenzbildung erstellt werden:
Linker Kanal = M + S, rechter Kanal = M − S. Anhand der Überlagerungen der Richtcharakteristika zwischen dem M- und dem S- Mikrofon kann der Aufnahmebereich ermittelt werden.

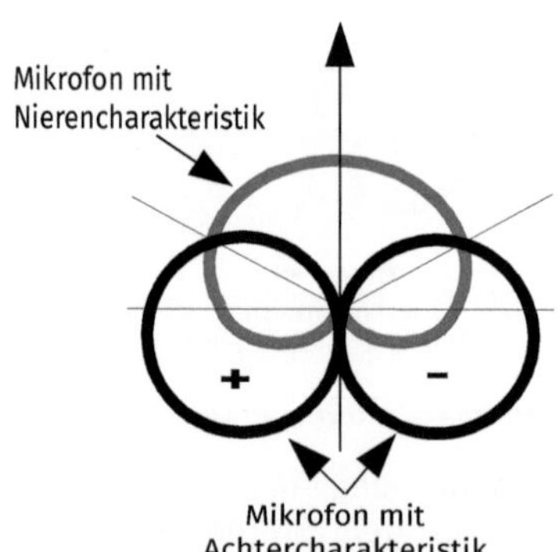

Positionierung von Mikrofonen bei der M-S-Stereophonie

Dort wo sich die Richtcharakteristika berühren, ergibt sich durch die Summen- und Differenzbildung ein nur noch einseitiges (linkes oder rechtes) Signal, womit auch der maximale Aufnahmewinkel bestimmt wird. Diese Punkte können durch Pegelveränderungen an einem der beiden Mikrofone verschoben werden.

Während der Aufnahme lässt sich das Signal nur mit einem speziell dafür ausgestatteten Audiomixer abhören, oder indem das S-Mikrofon an einem Mixereingang phasenrichtig auf die linke Seite geregelt wird und auf einem anderen Mixereingang gleichzeitig phasengedreht auf rechts gelegt wird, sowie das M-Mikrofon auf einem dritten Mixereingang auf Mitte gelegt wird.

Der Vorteil des M-S-Verfahrens ist die absolute Monokompatibilität, das heißt, wenn die beiden Stereokanäle zu einem Monosignal summiert werden, ergibt sich das folgende Summensignal: $(M + S) + (M - S) = 2\,M$, das Seiten-Mikrofon wird also neutralisiert.

Der Vorteil gegenüber dem x/y-Verfahren ist, dass das Stereopanorama noch nachträglich verändert werden kann durch unterschiedliche Gewichtung von M- und S- Mikrofon bei der Mischung. Auch mit Höhenabsenkungen ist beim M-S-Verfahren nicht zu rechnen, da das M-Mikrofon auf die Mitte des Klangkörpers ausgerichtet ist und die Achtercharakteristik des S-Mikrofons im allgemeinen einen weitgehend linearen Frequenzgang hat.

Laufzeit-Stereophonie

Wenn eine akustischen Information mit einem zeitlichen Unterschied von etwa 2 Millisekunden auf die menschlichen Ohren trifft, wird das als Richtungsinformation wahrgenommen. Diesen Umstand macht sich die Laufzeit-Stereophonie zunutze. In der so genannten **A–B – Stereophonie** werden zwei Mikrofone mit beliebiger Richtcharakteristik in einem Abstand von etwa 20 bis 150 cm aufgestellt. Je stärker dabei die Richtcharakteristik der Mikrofone ist, desto größer werden gleichzeitig auch die Pegelunterschiede zwischen den Mikrofonen, so dass man mit vergleichsweise geringeren Mikrofonabständen (im Vergleich zur Kugelcharakteristik) arbeiten kann. Ebenfalls gängig ist ein Verfahren, bei dem eine Scheibe zwischen den Mikrofonen angebracht wird, die nach ihrem Erfinder 'Jecklin-Scheibe' heißt.

Bei größeren Klangkörpern kann es notwendig sein, zusätzlich Stützmikrofone mit Nieren- oder Supernieren-Charakteristik für einzelne Instrumente zu verwenden, dabei sollte die Übersprechung durch andere Instrumente möglichst gering sein. Diese Stützmikrofone werden dann am Mischpult in das Stereopanorama eingeordnet. Je mehr Stützmikrofone eingesetzt werden und je mehr Anteil sie an der Mischung haben, desto größer ist allerdings die Gefahr, dass das Klangbild seine räumliche Tiefe verliert.

Prinzipiell vermittelt die Laufzeit-Stereophonie einen besseren räumlichen Eindruck als die Intensitäts-Stereophonie. Andererseits resultiert aus der Entfernung der Mikrofone voneinander ein Phasenversatz, der das Verfahren nur bedingt monokompatibel macht.

Audio-Aufzeichnung und -Bearbeitung

Einen wichtigen Schritt für die Audioaufzeichnung stellt der Übergang von der analogen zur digitalen Aufzeichnung dar. Zwar konnte auch die analoge Aufzeichnung ganz hervorragende Ergebnisse bringen, z.B. mit Bandmaschinen, die bei einer Bandgeschwindigkeit von 38 cm/s einen Rauschabstand von über 65 dB aufwiesen, aber der mechanische Aufwand und somit die Kosten waren hoch. Andere Formate wie etwa die Audio-Cassette (Bandgeschwindigkeit: 4,75 cm/s) genügen nicht mehr den heutigen klanglichen Ansprüchen. Bei Bändern aller Art kam für die Langzeitarchivierung noch ein weiteres Problem hinzu: das Übersprechen der Signale. Die auf dem Bandmaterial magnetisierten Eisen- oder Chrompartikel geben über längere Zeit ihre magnetische Information an die Partikel auf der nächsten Lage des Bandwickels weiter, das Material magnetisiert sich durch die Schichten. So entsteht auf den Spuren langsam aber stetig ein Vor- und Nachhall der Klänge.

Auch die Schallplatte, mit theoretisch bis zu 60 dB Dynamik (in der Praxis maximal 50 dB), entspricht nicht mehr dem Stand der Technik. Dass der Schallplattensound aber doch manchmal besser klingt als neuere Releases, mag damit zusammen hängen, das neuere Remixes häufig mit wesentlich stärkeren Dynamikkompressionen arbeiten. Und auch damit, dass man mit den Schallplatten-Nebengeräuschen sozialisiert wurde, man hat sich an das Rauschen, Knistern und Rumpeln gewöhnt, es gibt einem auch das Gefühl, etwas authentisches, ein individuelles Original zu besitzen.

Für die direkte digitale Audioaufzeichnung gibt es zwei wesentliche Formate: Die unkomprimierten PCM-, bzw. WAV-Dateien und die komprimierten mp3-Dateien:

PCM-Dateien (Pulse Code Modulation), sind Daten, die mit einer konstanten Abtastrate und einer konstanten Bit-Auflösung unkomprimiert digitalisiert werden. Die Bezeichnung **WAV** ist genaugenommen nur das Kürzel für die Dateiendung (= .wav), der vollständige Begriffe WAVE bezeichnet ein von Microsoft definiertes Containerformat, das "Resource Interchange File Format" (RIFF).

Als PCM-Ton wird auf Video-DVDs, BluRays und UHD-BluRays (neben komprimierten Dateien, wie z.B. 'Dolby Digital' und 'DTS') genaugenommen die LPCM-Technik (Linear Pulse Code Modulation) genutzt. 'Linear' besagt dabei, dass für die Quantisierung gleichmäßig große Wertebereiche verwendet werden. (Im Unterschied dazu gibt es auch eine nichtlineare Quantisierung, die große Signalwerte in einer gröberen Bit-Auflösung quantisiert und kleinere Werte in einer feineren Auflösung. Dadurch kann die Datenrate verkleinert werden, das wird beispielsweise in der Nachrichtentechnik genutzt.)

Für Audio-CDs werden PCM-Samples von 44,1 kHz und 16 Bit verwendet, bei Broadcast-Video sind es 48 kHz und 24 Bit. Jedes Bit bringt 6 dB Rauschabstand, erhöht also den Dynamikumfang um 6 dB. Für CDs errechnet sich somit ein Dynamikumfang von 16 Bit x 6 dB = 96 dB, Broadcast erreicht somit sogar einen Dynamikumfang von 144 dB. Dies entspricht bei einem Stereosignal einer Datenrate von 1,4 MBit/s auf einer CD, bzw. 2,3 MBit bei Broadcast. PCM-Dateien mit geringeren Abtastraten und Bitgrößen weisen eine hörbar geringere Qualität auf und eignen sich somit nur für Anwendungen, die möglichst geringe Dateigrößen aufweisen sollen (z.B. Übertragung im Internet).

Eine digitale Nachbearbeitung von Tonsignalen (z.B. Pegelveränderung, Klangveränderung, Erstellen einer Mischtonspur) bringt allerdings stets mehr oder minder große Verluste mit sich, da eine Neuberechnung von digitalen Audiosignalen zunächst zu Werten führt, die nicht exakt den vorgegebenen Bit-Stufen entsprechen, diese Werte müssen dann auf die nächsten Bit-Stufen gerundet werden. Daher kann es sinnvoll sein, Aufzeichnungen mit höheren Abtastraten und Bit-Auflösungen durchzuführen, als auf dem späteren Distributionsmedium vorgesehen sind. (Zu den Grundlagen der Digitalisierung siehe Kapitel "Digitale Videosignale", Seite 62) Wenn für die spätere Bearbeitung eine Verlangsamung (Zeitlupe) des Tonsignals vorgesehen ist, sollte die Aufnahme mit der höchstmöglichen Abtastrate vorgenommen werden.

Nur für die Distribution ist das Format **"mp3"** (genauer: MPEG-1 Audio Layer 3) geeignet. Dieses stark komprimierende Verfahren nutzt psychoakustische Effekte in der Wahrnehmung aus: Leise Töne nach lauten Tönen werden kaum wahrgenommen, zwei sehr dicht aufeinander folgende Töne werden als einer wahrgenommen – auf dieser Basis können Informationen herausgefiltert werden, die für die menschliche Wahrnehmung nicht notwendig sind, ohne den Klang allzu auffällig zu verändern. Die meisten Menschen können mp3-Material mit einer Datenrate von mindestens 192 kBit/s (für Stereo) nicht mehr vom Originalmaterial unterscheiden.

Die ersten gängigen portablen **Digital-Recorder** waren noch an mechanische Laufwerke gebunden, z.B. bei der DAT-Cassette (16 Bit, 44,1 und 48 kHz), bzw. bei Mini-Disc (MD)-Recordern (16 Bit, 44,1 kHz). Inzwischen findet bei portablen Geräten die Aufzeichnung vorwiegend auf SD-Karten statt. Selbst in der derzeit gängigen besten Auflösung von 24 Bit mit 96 kHz Abtastrate für eine WAV-Stereo-Datei sind auf einer 4 GB-Karte Aufzeichnungen bis zu 110 Minuten möglich. Neben den WAV-Dateien mit verschiedenen Auflösungen von 44,1 kHz mit 16 Bit bis 24 Bit mit 96 kHz können diese Geräte zumeist auch direkt mp3-Dateien mit verschiedenen Datenraten von 32 bis 320 kBit/s aufzeichnen. Ob sich eine Aufzeichnung als mp3-Format lohnt, sei bei den niedrigen Preisen der Speichermedien dahingestellt – eine denkbare Anwendung ist immerhin die Aufzeichnung von langen Gesprächsrunden und Vorträgen, die später transkribiert werden sollen und nur für eine schriftliche Auswertung gedacht sind.

Die Anforderungen an **SD-Karten** (siehe auch S. 121) sind dabei nicht allzu hoch, selbst für eine Aufzeichnung in der höchsten Auflösung beträgt die Datenrate (bei Mono) nur etwa 0,6 MB pro Sekunde. SD-Karten bieten derzeit aber schon Geschwindigkeiten von 1,5 bis 100 MB pro Sekunde an. Eine "schnellere" Karte empfiehlt sich insofern nur in Bezug auf eine höhere Lesegeschwindigkeit, mit der man die Daten schneller auf einen anderen Träger kopieren kann.

WAV 24 Bit 96 kHz	WAV 24 Bit 88 kHz	WAV 24 Bit 48 kHz	WAV 24 Bit 44 kHz	WAV 16 Bit 96 kHz	WAV 16 Bit 88 kHz	WAV 16 Bit 48 kHz	WAV 16 Bit 44 kHz	MP3 320 kbps	MP3 128 kbps
27 min	30 min	54 min	59 min	40 min	44 min	81 min	88 min	392 min	980 min

Mögliche Aufzeichnungsdauer von Stereo-Audiodateien in Minuten pro GigaByte

Die Ausstattung der kleinen portablen Digital-Recorder lässt inzwischen wenig Wünsche offen, manuelle Aussteuerung mit zuschaltbarem Limiter und wahlweise automatische Aussteuerung sind Standard, ebenso Aufzeichnungen mit 24 Bit und 96 kHz. Ein eingebautes Stereo-Mikrofon, sowie Mikrofon- und Line-Eingänge gehören ebenso dazu. Die Frage ist eher, soll es ein sehr kleines unauffälliges Gerät in Zigarettenschachtel-Größe sein, mit den naturgemäß damit verbundenen Nachteilen wie einem sehr kleinen Display und Eingängen, die nur für kleine Klinkenstecker gebaut und insofern nicht in jeder Situation kontaktsicher sind? Oder darf es ein etwas größeres semiprofessionelles Gerät sein, dass auch Eingänge für große Klinken- oder XLR-Stecker und Phantomspeisung bietet? Von der Aufzeichnungsqualität gibt es da kaum Unterschiede, auch die eingebauten Mikrofone sind im allgemeinen recht gut (- allerdings doch nicht ganz High-End mit linearem Frequenzgang wie ein Kondensator-Mikrofon, etwa von Sennheiser oder Neumann). Ein Beispiel für einen ganz kleinen Digital-Recorder ist der "Roland R-09HR", ein etwas größeres Gerät mit XLR-Eingängen ist das "Zoom H4", weitere Geräte werden unter anderem von Fostex, Kenwood, Marantz, M-Audio, Olympus, Sony, Tascam und Yamaha angeboten. Die Preisspanne liegt zwischen 150 und 600 €.

Noch besser ausgestattet sind professionelle Recorder, z.B. Von Nagra, Roland, Tascam oder Zoom, die mehr als zwei symmetrische Eingänge und eine 4-, 6- oder 8-Spur-Aufzeichnung ermöglichen. Sie bieten dazu einen Timecodegenerator, bzw. eine Timecode-Verkopplung, Aufzeichnungen mit bis zu 32 Bit und 192 kHZ und professionelle Drehregler für eine präzise intuitive Bedienung.

Audio-Bearbeitung und Wiedergabe

Audio-Bearbeitungsgeräte gibt es als analoge oder digitale Stand-alone-Geräte und als Softwaretools. Da die Bearbeitungsmöglichkeiten im Prinzip gleich sind, werden die Geräte und Tools hier nicht getrennt beschrieben. Ein Vorteil der digitalen Geräte ist allerdings, dass Einstellungen gespeichert werden können.

Mischpult

Mischpulte gibt es im wesentlichen für zwei Anwendungen: Für die Livemischung, z.B. bei Konzerten, kommt es darauf an, dass das Mischpult möglichst viele Ausgänge hat, etwa für die Monitore der Musiker*innen, eine Sende- oder Record-Mischung und natürlich den Live-Mix. Die andere Möglichkeit sind Mischpulte für Videoschnitt und Studioanwendungen, die eher als Schnittstelle für verschiedene Zuspieler dienen und im wesentlichen nur ein Summensignal ausgeben müssen.

Gute Mischpulte bieten im allgemeinen die folgende Ausstattung:

Kanäle, die mit getrennten symmetrischen Eingängen für Line- und Mikrofonpegel ausgelegt sind. Die Mikrofoneingänge bieten eine 48 Volt Phantomspeisung an, eventuell zusätzlich eine Tonader-Speisung. Je nach Auslegung kann das Mischpult auch weitere Kanäle aufweisen, die nur für Linepegel ausgelegt sind. Ein Schalter für Phasendrehung kann bei problematischen Signalen oder für die M-S-Mikrofonie nützlich sein. Jedem Eingang ist ein Gain-Regler (Vorverstärker) zugeordnet, der das Eingangssignal auf den Arbeitspegel anhebt. Er hat einen Einstellbereich von +4 bis -60 dB. (Ein am Masterausgang voll ausgesteuertes Signal eines einzelnen Kanals sollte am Kanalfader nicht mit weniger als -10 dB ausgesteuert sein, sonst ist wahrscheinlich der Gain zu hoch, damit wird der Headroom des Mischpults überschritten und das Signal ist trotz korrektem Masterpegel verzerrt.)
Nachfolgend sind Equalizer geschaltet, entweder parametrische Entzerrer für Bässe, untere Mitten, obere Mitten und Höhen, oder in einfacherer Ausstattung nur ein parametrischer Entzerrer für die Mitten und je ein Bass- und Höhenregler. Die letzteren sind dann Breitband-Entzerrer, die ober- bzw. unterhalb ihrer Grenzfrequenz das Signal breitbandig bearbeiten. Gelegentlich ist zur Unterdrückung von Netzbrummen noch ein "50 Hz"- Schalter vorhanden.
"Inserts" bieten die Möglichkeit, das Signal zunächst durch ein Bearbeitungsgerät zu senden. Die Inserts sind Aus- und Eingänge gleichzeitig. So kann das Summensignal vor den Masterfadern abgegriffen, bearbeitet und in den Masterausgang zurückgesandt werden. Inserts gibt es auch für die einzelnen Kanäle.

Das Signal einzelner Kanäle oder der Summe kann auf verschiedene Aux-Ausgänge, Sub-Gruppen und Monitore verteilt (geroutet) werden. Hierbei gibt es auch noch die Möglichkeit, dass das Signal Pre- oder Post-Fader geroutet werden kann, also mit oder ohne Einfluss der Kanalfader. Mit den Pre-Fade Signalen kann zum Beispiel in einem späteren Arbeitsgang noch eine andere Abmischung hergestellt werden.

Eine "Solo"-Schaltung für jeden Kanal bietet die Möglichkeit, das jeweilige Signal einzeln in den Monitoren, z.B. per Kopfhörer, abzuhören.

Ähnlich arbeitet die "PFL"- (Pre-Fade-Listen) Schaltung jedes Kanals: Das Signal wird unbeeinflusst von den Kanalfadern den Monitoren, und wichtiger noch, der Level-Anzeige zugewiesen. Damit lässt sich einfach überprüfen, ob der Gain-Regler auf den richtigen Bereich eingestellt ist.

Ein "Mute"-Knopf schaltet den Kanal ungeachtet der Fader-Einstellung stumm, so dass eine eingestellte Mischung auch bei nicht genutzten Signalen erhalten bleiben kann. (Grundsätzlich sollten alle nicht genutzten Kanäle "gemutet" werden, da damit auch der Rauschpegel am Masterausgang gesenkt werden kann.)

Die Fader haben im allgemeinen einen Regelbereich +10 bis - ∞ dB (effektiv ist bei etwa – 90 dB nichts mehr zu hören). Die Fader sollten als Schieberegler ausgeführt sein, dann sind sie genauer zu bedienen und die Einstellung ist intuitiver zu erfassen, als bei Potentiometern.

Der "Pan"-(Panorama) Regler weist ('routet') das Signal der einzelnen Kanäle dem Stereospektrum zu, also links, rechts oder mittig den Masterausgängen zu. Hierbei ist zu beachten, dass das Ausgangssignal am Masterausgang etwa 3 dB höher ist, wenn das Signal voll nach links oder rechts geroutet wird, als das bei einer mittigen Einstellung der Fall ist.

Ausgangsseitig bieten manche Mischpulte noch die Möglichkeit, das Ausgangssignal von Line- auf Mikrofonpegel umzuschalten, um eine bessere Anpassung an einige Aufzeichnungsgeräte zu bieten. Weiterhin haben einige Mischpulte in der Mastersektion noch einen graphischen Equalizer, der auf das Summensignal wirkt. Das ist von Vorteil, wenn das Mischpult direkt an einen Verstärker angeschlossen werden soll. Manche Mischpulte sind zudem mit Klangprozessoren ausgestattet, etwa für Hall und Echo.

Ein Sonderfall sind **"Power-Mixer"**, bei denen gleich die Verstärker-Endstufe eingebaut ist. Somit bieten sie auch Lautsprecher-Ausgänge für Boxen. Bei den Power-Mixern ist ein Equalizer in der Mastersektion auf jeden Fall sinnvoll, da das Signal damit relativ einfach (wenn auch nicht immer befriedigend) auf die Raumakustik eingestellt werden kann.

Portable Mischpulte

Für Dreharbeiten bei Film und Fernsehen unverzichtbar sind portable Mischpulte. Sie werden gelegentlich kurz als "SQN" bezeichnet, dies ist jedoch nur ein Markenname, genauso gut (und teuer) können auch die portablen Mixer anderer Firmen sein, z.B. von "Shure", "Wendt" oder "Sound-Devices". Im allgemeinen sind sie symmetrisch als "3 in 1" Mono-Mixer oder "3 in 2", bzw. "4 in 2" Stereo-Mixer ausgeführt. Die Eingänge sind für verschiedene Mikrofonspeisungen schaltbar und natürlich für Line- und Mikrofonpegel umschaltbar. Die Eingänge sollten für besonders empfindliche Mikrofone um 10 dB dämpfbar sein. Meistens ist noch eine Bassabsenkung schaltbar, sowie die Zuschaltung eines Limiters möglich. Der Mixer muss ein 1 kHz-Sinussignal als Pegelton (Tone) generieren können, damit die Kamera ein Referenzsignal erhält. Ausgangsseitig muss der portable Mixer eine Umschaltung von Line- auf Mikrofonpegel ermöglichen. Der Betrieb kann wahlweise mit Batterien, Akkus und Netzteil erfolgen. Die Skalen sollten beleuchtbar sein. Mit dem Slate-Mikrofon können Ansagen für einzelne Takes direkt am Mixer eingesprochen werden. Wichtig ist ein besonderer Line-Eingang (Monitor), über den das Kopfhörer-Signal der Kamera eingespeist und abgehört werden kann. Nützlich kann eine Monitor-Schaltung für das Abhören von M-S-Stereoaufnahmen sein.

In der Praxis müssen die portablen Mixer zunächst auf die Mikrofone abgestimmt werden, das heißt, der symmetrische XLR-Eingang wird auf die passende Mikrofonspeisung eingestellt. Dynamische Mikrofone benötigen keine Speisung (manche Typen können durch Tonaderspeisung sogar zerstört werden), die meisten Kondensatormikrofone arbeiten mit 48 Volt Phantomspeisung, ältere Kondensatormikrofone benötigen gelegentlich 12 Volt Tonaderspeisung, Elektretkondensator-Mikrofone mit eigener Batteriespeisung können mit oder ohne Phantomspeisung arbeiten. Wenn das Signal von einem Mischpult oder anderen hochpegeligen Geräten eingespielt wird, muss der Eingang auf Line geschaltet werden.

Ebenso muss der Audioeingang der Kamera auf den Mixer abgestimmt werden: Dazu sollte der Line-Ausgangspegel des Mixers verwendet werden (- der wesentlich schwächere Mikrofonausgangspegel ist störanfälliger). An der Kamera muss der Audioeingang somit auf Line gestellt werden, eine Einstellung auf Mikrofonpegel ruiniert den Ton in jedem Fall.
Nun müssen noch die Pegelanzeigen von Mixer und Kamera aufeinander abgestimmt werden. An der Kamera wird dazu zunächst die automatische Aussteuerung ausgeschaltet und dann ein Pegelton vom Mixer ausgegeben. Nun geht es darum, dass die Tonaussteuerung am portablen Mixer verlässlich zu einer optimalen Pegelaufzeichnung im Camcorder führt. Die Pegelanzeige des portablen Mixers muss also identisch, oder zumindest aussagekräftig in Bezug auf die tatsächlich aufgezeichneten Pegel des Camcorders sein. Am einfachsten geht das mit dem Pegelton

des portablen Mixers – dieser gibt (je nach Grundeinstellung) 0 dB oder auch -9 dB Sinuston (1000 Hz) heraus und entsprechend muss nun auch Aussteuerungsregler am Camcorder eingestellt werden. Klingt einfach, aber ist in der Praxis aber häufig dann doch etwas komplizierter, denn es gibt an Mixern und Camcordern verschiedene Arten von Pegelmessern. Bei älteren Geräten ist häufig ein analoges Zeiger-Instrument, das VU-Meter, eingebaut, bei digitalen Camcordern und neueren Mixern sind es dagegen Peakmeter, die eine LED-Anzeige, bzw. ein Balkendiagramm aufweisen.

Diese verschiedenen Messgeräte reagieren recht unterschiedlich auf Spitzenpegel: Ein VU-Meter braucht einen Ton von mindestens 300 ms Dauer, damit der Spitzenpegel voll angezeigt wird, d.h., bei Sprachaufnahmen, wird hier also fast immer ein geringerer Pegel angezeigt. Dieser Pegel entspricht etwa der vom menschlichen Gehör empfundenen Lautheit. Eine Pegelanzeige dieser Art ist allerdings für eine digitale Aufzeichnung sehr ungeeignet, da hier schon kurze Übersteuerungen von 2 ms Dauer zu einem Störgeräusch in der Aufzeichnung führen.

Wenn also ein älterer analoger Mixer mit einem neueren digitalen Camcorder verbunden wird, sind die Pegelanzeigen der beiden Geräte in der Charakteristik und den Werten verschieden. Bei professionellen digitalen Geräten kommt noch ein weiterer Punkt hinzu: 0 dB Aussteuerung bedeutet hier etwas anderes als bei analogen Geräten. Bei digitalen Geräten dürfen 0 dB keinesfalls überschritten werden, bei analogen Geräten setzt bei 0 dB zunächst nur eine kaum wahrnehmbare Verzerrung ein. Analoge Geräte dürfen also bis 0 dB ausgesteuert werden, kleine kurze Spitzen darüber (bis etwa +3 dB) sind tolerabel. Bei digitalen Geräten hingegen muss das Programmmaterial sicher unter $0\,dB_{FS}$ ausgesteuert werden. Üblicherweise liegt die Maximalaussteuerung hier bei $-9\,dB_{FS}$. (Dies ist für die Kameraaufzeichnung eine Konvention, jedoch keine zwingende Festlegung. Bei Sendemastern für Fernsehanstalten hingegen war $-9\,dB_{FS}$ bis 2012 eine Festlegung, diese wurde inzwischen jedoch durch den LUFS-Standard ersetzt, siehe dort: Seite 281)

Für den Level des Pegeltones (Tone) bei einer Kameraaufzeichnung gibt es keine zwingende Regel, wohl aber sinnvolle Konventionen. Bei Pegeltönen für digitale Aufzeichnungen geht es inzwischen nicht mehr darum, dass wie früher die analogen Signalwege eines Schnittsystems mit dem Pegelton kalibriert werden mussten, heute soll damit nur noch die korrekte Einstellung von Mixer und Camcorder gewährleistet werden.
Einfach ist die Sache also, wenn ein Mixer mit digitalem Peakmeter mit einem digitalen Camcorder verbunden werden soll: Die Aussteuerung am Mixer darf bis 0 dB aufweisen, am Camcorder dann maximal $-9\,dB_{FS}$. Somit kann man den Pegelton am Mixer auf -9 dB setzen und muss diesen dann am Camcorder auf $-18\,dB_{FS}$ einpegeln. (Den Level des Pegeltons auf

der Vollaussteuerung festzulegen ist zwar möglich, aber unerfreulich laut für Tonleute und Cutter*innen. Daher ist ein gegenüber der Vollaussteuerung abgesenkter Pegel zu empfehlen: die Konvention ist -9 dB unter der Vollaussteuerung, bei digitalen Geräten also bei -18 dB$_{FS}$.)

Die Verbindung eines Mixers mit analoger Anzeige (VU-Meter) mit einem Camcorder ist anders zu handhaben, hier sind die Empfehlungen für die Verwendung eines SQN-Mixers: Zunächst wird der Pegelton (Tone) des Mixers eingeschaltet und sollte dabei einen Pegel von 0 dB beim Mixer anzeigen. Bei analogen Aufnahmegeräten mit Zeigerinstrumenten (VU-Meter), beispielsweise Betacam-SP, ist nun eine Einstellung von -2 bis -4 dB empfehlenswert, je nach persönlicher Erfahrung und Sicherheitsbedürfnis. Digitale Aufzeichnungsgeräte benötigen einen größeren Abstand zum 0 dB-Spitzenpegel, bei dem die Übersteuerung schlagartig und hörbar einsetzt, empfohlen sind -12 dB (Empfehlungen laut Handbuch der SQN-Mixers). Die Verwendung eines Limiters ist zu erwägen.

Für die Tonüberwachung empfiehlt es sich, um Übertragungsfehler auszuschließen, das Signal des Kopfhörer-Ausgangs der Kamera zu nutzen. Dieses kann in einem speziellen Multipol-Kabel zum Mixer geführt werden und dort mit der Monitoreinstellung "RET" (für Return) oder "External AUX" (die Bezeichnung ist je nach Hersteller unterschiedlich) abgehört werden.

Die Verwendung des Limiters (siehe S. 319) am Mixer ist durchaus sinnvoll. Üblicherweise ist er so eingestellt, dass er erst bei sehr hohen Pegeln wirkt, also bei einer normalen Aussteuerung keinen hörbaren Einfluss hat.

Die Bassabsenkung kann je nach Drehsituation sinnvoll sein, es sollten jedoch nicht gleichzeitig die Bassabsenkung an Mikrofon und Mixer eingeschaltet sein.

Equalizer

Equalizer werden auch Entzerrer genannt, sie beeinflussen den Frequenzgang des Audiosignals, erzeugen also lineare Verzerrungen. Einzelne Frequenzbereiche können verstärkt oder abgesenkt werden. Es gibt sie in zwei Ausführungen: Graphic-Equalizer und parametrische Equalizer.

Graphic-Equalizer haben ihren Namen dadurch erhalten, dass die Stellung ihrer Schieberegler, die für das Abschwächen oder Verstärken einzelner Frequenzen zuständig sind, quasi eine graphische Abbildung der Bearbeitung durch den Equalizer darstellen. Die einzelnen Frequenzbereiche haben hierbei feste Mittelwerte, die Verstärkung oder Abschwächung wirkt sich nur bis zu den nächsten benachbarten Reglern (Frequenzbereichen) aus, sie haben eine geringe Frequenzbreite, bzw. eine hohe Flankensteilheit. Die Breite der einzelnen Frequenzbereiche, als "Bandwith", "Güte" oder "Q" bezeichnet, hängt bei graphischen Equalizern also unter anderem von der Anzahl der angebotenen

Frequenzbänder ab. Üblich sind Oktav- (10 Frequenzbänder), ⅔ Oktav- (16 Frequenzbänder) und Terzband-Entzerrer (31 Frequenzbänder). Je mehr Frequenzbänder vorhanden sind, desto besser können schmalbandige Störgeräusche unterdrückt werden, ohne dass der gewünschte Klang Veränderungen erfährt. Auch für Frequenzband-Korrekturen von Lautsprechersystemen und die Einstellung einer Anlage auf die Raumakustik ist ein Terzband-Entzerrer gut geeignet.

Flexibler ist ein parametrischer Equalizer. Er bietet meistens in 3 bis 5 frei wählbaren Frequenzbändern die Möglichkeit mit einer veränderbaren Bandbreite Verstärkungen oder Absenkungen zu erzeugen. Die hierbei verwendeten Filter werden Bell- oder Glockenfilter genannt. Zunächst wird die jeweilige Mittenfrequenz ("Center-Frequency") eingestellt, dann deren Bandbreite (Bandwith, Güte, oder "Q") und schließlich mit dem Level-Regler die Dämpfung oder Verstärkung (Gain) dieses Bereiches. So können sehr breitbandige oder auch sehr schmalbandige Veränderungen realisiert werden. Der Nachteil ist, dass die Einstellungen nicht so intuitiv wie beim Graphic-Equalizer zu erfassen sind.
Daneben gibt es in einigen Geräten, z.B. HiFi-Verstärkern, noch so genannte Bass- oder Höhenregler. Diese haben keine Mittenfrequenz im eigentlichen Sinn, sondern eine Eckfrequenz, unterhalb deren (Bass-Regler) oder oberhalb deren (Höhen-Regler) sie das Signal breitbandig entzerren. Sie werden auch "Shelving-Filter" oder "Kuhschwanz-Entzerrer" genannt. Eine weitere Variante an Verstärkern ist der "Loudness"-Schalter, der für das Hören bei geringen Lautstärken die Bässe anhebt, um die dann für tiefe Frequenzen geringer werdende Empfindlichkeit des menschlichen Ohres auszugleichen.
An Mischpulten und Mikrofonen finden sich häufig "Low-Cut"-Filter, die eine starke Absenkung im unteren Bassbereich bewirken, um (bei Mikrofonen) Wind- oder Griffgeräusche zu unterdrücken oder (bei Mischpulten) 50 Hz-Störungen vom Netzstrom auszufiltern.

Kompressor / Limiter
Im Kompressor werden Audiosignale verdichtet. Das kann dazu dienen, sehr dynamische Pegel, also mit kurzen hohen Spitzen und einer geringeren Gesamt-Lautstärke, vernünftig auszusteuern, oder das Lautheitsempfinden einer Sequenz zu steigern, wie es bei Werbung häufig gemacht wird. Hierzu wird ein Schwellenwert (Threshold) bestimmt; oberhalb dessen die Veränderung stattfinden soll. Die Pegel, die oberhalb dieses Schwellenwertes liegen, können nun um einen bestimmten Faktor (Ratio) gestaucht, also komprimiert werden. Damit liegt der Maximal-Pegel des Signals nun allerdings mehr oder weniger deutlich unter dem Arbeitspegel (0 dB) und muss dann wieder bis zum Arbeitspegel angehoben werden, dafür gibt es einen eingebauten Aufholverstärker (Output-Regler).

Im folgenden Beispiel ist eine Kompression mit der Ratio 3 bei einem Schwellenwert von -10 dB zu sehen. Jedes dB, das hier den Schwellenwert überschreitet, wird auf 1/3 seines Wertes gedämpft, also 3 dB werden zu 1 dB, 6 dB werden zu 2 dB, usw. Danach wird der Output-Regler um 6 dB hochgeregelt.

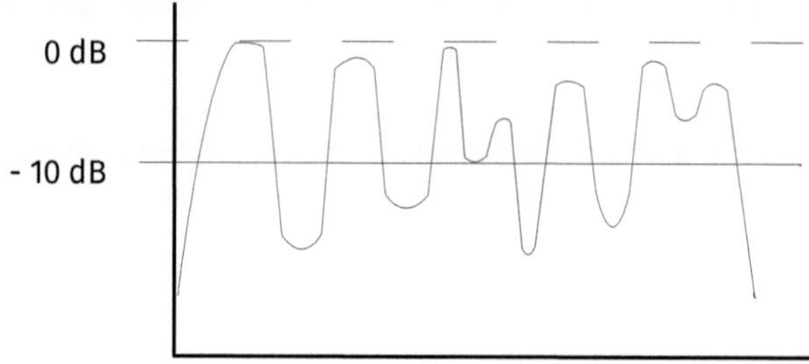

Ursprungssignal

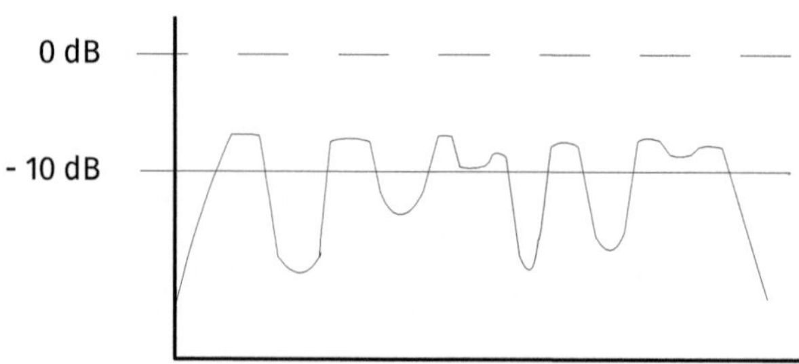

*mit dem Ratio-Wert 3 komprimiertes Signal
bei einer Threshold von -10 dB*

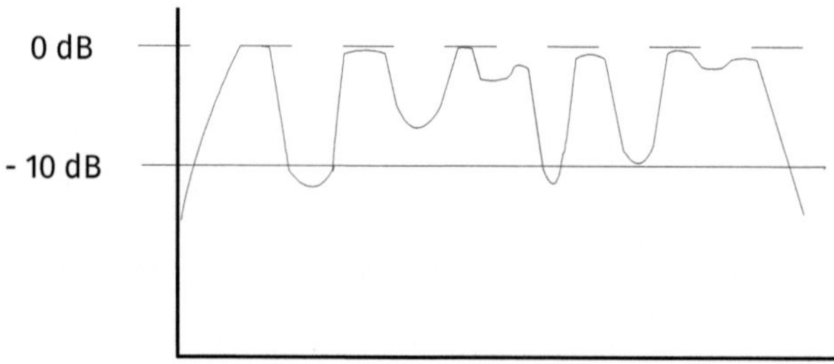

angehobenes komprimiertes Signal

Damit die Kompressionsvorgänge nicht zu deutlich zu hören sind, sollte es die Möglichkeit geben, Anfang und Ende des Kompressionsvorgangs weich zu gestalten, d.h., die Ansprechzeit (Attack) und die Ausschwingzeit

(Release) nach Bedarf einstellen zu können. Auch eine "Soft-Signalspitze"-Schaltung, die den Arbeitspunkt über einen größeren Bereich ausdehnt, kann für weniger hörbare Übergänge sorgen. Sinnvoll ist auch, wenn der Kompressor im Multiband-Verfahren arbeitet, d.h., das Signal wird in mehrere Frequenzbänder aufgeteilt, die dann alle unabhängig voneinander bearbeitet werden: Eine Signalspitze ist oft nur in einem Frequenzbereich vorhanden, es muss also nicht das ganze Signal komprimiert werden.

Ein **Limiter** ist ein Kompressor mit einer extremen Ratio-Einstellung. Signale oberhalb des eingestellten Arbeitspunktes werden so stark herunter geregelt, dass eine Spitze nicht mehr auftritt. Analoge Limiter lassen allerdings sehr kurze Spitzen, insbesondere in der Einschwingzeit, noch durch, bei einer Aufzeichnung auf ein digitales Medium kann das problematisch sein.

Bei der Aussteuerung eines Audiosignals mit zwischengeschaltetem Kompressor / Limiter ist Vorsicht geboten: Wenn das Signal an einem Mischpult ausgesteuert wird, dem ein Kompressor folgt, um schließlich irgendwo aufgezeichnet zu werden, kann man bei entsprechender Einstellung des Kompressors das Mischpult so hoch aussteuern wie man will, das Aufzeichnungsgerät übersteuert nicht! Allerdings ist dann irgendwann das Signal soweit komprimiert, dass es keine Dynamik mehr aufweist. Es kann zudem auch verzerrt sein, da bei zu hoher Eingangs-Aussteuerung intern im Mischpult ein übersteuertes Signal dann wieder zu einem "korrekten" Pegel komprimiert wird.

Ein spezieller Kompressor ist der De-Esser, er soll die Zischlaute (s, sch, f) der menschlichen Stimme absenken. Der De-Esser ist einstellbar auf den betreffenden Frequenzbereich, filtert diesen heraus und bearbeitet ihn mit einem einstellbaren Kompressor oder Limiter. Die Attack- und Releasezeiten sind dabei sehr kurz.

Expander / Gate

Der Expander ist das Gegenstück zum Kompressor: Unterhalb eines einstellbaren Schwellenwertes wird hier das Signal gedämpft. Damit erhält das Signal mehr Dynamik, oder es können leise Nebengeräusche unterdrückt werden, oder man kann damit schlicht das Rauschen reduzieren. Allerdings ist ein Expander als Werkzeug zur Nebengeräusch- oder Rauschunterdrückung mit Vorsicht einzusetzen, denn diese unerwünschten Signalanteile werden sofort wieder lauter, sobald sie vom eigentlichen Nutzton überlagert werden.

Ein Gate ist ein extrem eingestellter Expander: Fällt das Signal unterhalb des eingestellten Schwellenwertes, dann wird der Kanal stumm geschaltet. Das ist zum Beispiel sinnvoll bei Live-Konzerten, wo an jedem Instrument ein Mikrofon angebracht ist. Damit die Musik nicht zu einem Brei wird, sollte ein Mikrofon nur dann den Ton übertragen, wenn das jeweilige Instrument benutzt wird, also einen gewissen eigenen Pegel abgibt. Durch die Stummschaltung von nicht benutzten Mikrofonen wird auch die Gefahr von Rückkopplungen vermindert.

Auch beim Expander / Gate gilt: Die Übergänge (Attack und Release) sollten weich einstellbar sein. Es klingt recht unangenehm, wenn ein abklingender Klavierton plötzlich abbricht.

Rauschunterdrückung

Es gibt mehrere unterschiedlich arbeitende Rauschunterdrückungssysteme und Geräte. Sie lassen sich grob in "Single-ended-" und Kompander-Verfahren unterscheiden.

"Single-ended" sind Stand-alone-Geräte, die in den Signalweg eingeschliffen werden, sie werden auch Denoiser genannt. Denoiser teilen das Signal in mehrere Frequenzbänder auf und untersuchen diese jeweils darauf, ob ein eingestellter Schwellenwert erreicht wird. Wenn dieser Wert in einem Frequenzband nicht erreicht wird, wird das Frequenzband stumm geschaltet. Das Stummschalten beginnt zunächst im obersten Frequenzband und setzt sich gegebenenfalls bis in die untersten Bänder fort. Dieses Verfahren macht sich den Verdeckungseffekt zunutze, es fällt nicht auf, dass in einigen Frequenzbändern nun gar nichts mehr zu hören ist. Das Rauschen hingegen hätte ja einen Pegel und wäre daher in einigen Passagen hörbar.

Kompander ist ein Kunstwort aus Kompressor und Expander. Das Verfahren wird in analogen Aufzeichnungsgeräten eingesetzt. Bei diesen Geräten ist das Bandrauschen der größte Rauschfaktor. Zugleich ist das Bandrauschen ein stetiger Faktor, der einen weitgehend gleichen Pegel hat. Wenn nun zunächst eingangsseitig das Nutzsignal mittels Kompression angehoben wird, dann liegt der Nutzsignalpegel höher über dem Rauschpegel. Da die Kompression natürlich den Klang verändert, muss das Signal beim Abspielen ausgangsseitig wieder expandiert werden. Damit wird gleichzeitig auch der Rauschpegel abgesenkt.

Emphasis ist eine weitere Technik zur Rauschunterdrückung. Vom wahrnehmbaren Rauschen sind hauptsächlich höhere Frequenzen mit niedrigen Pegeln betroffen. Eine Möglichkeit ist daher, diese Pegel gezielt anzuheben. Beim Pre-Emphasis-Verfahren wird daher das Audiosignal in einer Parallelschaltung zum Signalweg auf den Pegel hoher Frequenzen untersucht. Hohe Pegel werden dann in dieser Parallelschaltung ausgefiltert, die verbleibenden niedrigen Pegel werden verstärkt und dann dem Ursprungssignal hinzu gefügt. Damit liegen die hohen Frequenzen bei Bandaufzeichnungen deutlich über dem Rauschpegel. Das Signal muss bei der Wiedergabe dann eine De-Emphasis-Schaltung durchlaufen, die die Höhenanhebung wieder ausfiltert und auf den ursprünglichen Pegel bringt. Emphasis-Schaltungen gibt es unter anderem in DAT-Recordern und in Digi-Beta-Recordern. Für ein Digi-Beta-Sendeband darf die Emphasis-Schaltung aber laut Pflichtenheft ARD/ZDF nicht verwendet werden.

Unter Verwendung der Emphasis-Technik hat die Firma Dolby mehrere Verfahren zur Rauschunterdrückung entwickelt:

Dolby B ist eine Technik, die in Consumer-Geräten verwendet wird. Die Emphasis-Schaltung hat ihren Arbeitspunkt pegelabhängig oberhalb von 400 Hz, die größte Wirkung wird oberhalb von 8 kHz erzielt. Das System bringt eine Minderung des Rauschpegels von bis zu 10 dB.

Dolby C ist eine Verbesserung der Dolby B -Technik. Der Arbeitspunkt kann hier bereits bei 100 Hz einsetzen. Dolby C arbeitet außerdem mit höheren Kompressions- und Expansionswerten und beinhaltet zudem eine "Anti-Saturation"-Schaltung, die verhindert, dass hohe Frequenzen bei einer Bandaufnahme von lauten Gesamtpegeln verschluckt werden.
Die größte Wirkung erzielt das System im Bereich von 1 kHz bis 10 kHz. Oberhalb von 10 kHz ist eine weniger starke Bearbeitung beabsichtigt (Spectral Skewing), dort sind die Rauschpegel nicht mehr so auffällig, andererseits machen sich dejustierte Tonköpfe aber stark bemerkbar, da die Dolby-Schaltung den dadurch verursachten Höhenverlust übermäßig stark kompensieren würde.
Dolby C wird auch beim Betacam-Format verwendet, bei Benutzung von Oxyd-Bändern ist Dolby C abschaltbar, bei Metallpartikel-Bändern wird Dolby C automatisch zugeschaltet.

Dolby A wurde für den professionellen Bereich entwickelt. Diese Schaltung teilt das Signal in vier Frequenzbänder auf (bis 80 Hz, 80 Hz – 3 kHz, oberhalb von 3 kHz, oberhalb von 9 kHz), die unabhängig voneinander bearbeitet werden. Die größte Wirkung liegt bei Pegeln unterhalb von -40 dB. Die in Parallelschaltungen angehobenen Frequenzen werden wieder dem Ursprungssignal zugefügt.
Um eine korrekte Dolby-Decodierung bei der Wiedergabe zu erreichen, wird bei der Aufnahme am Bandanfang ein Dolby-Testton aufgezeichnet, der als Referenz für den Wiedergabe-Decoder dient. Je nach Frequenz kann eine Rauschminderung von 10 dB (bei 5 kHz) bis 15 dB (im oberen Frequenzspektrum) erreicht werden.

Dolby SR (SR = Spectral Recording) ist eine Weiterentwicklung der Dolby A -Technik. Zunächst wird das Signal im Höhen- und Bassbereich komprimiert, dabei werden besonders hohe Pegel abgesenkt, die eine Übersteuerung im Zusammenhang mit den später hinzugefügten

angehobenen Frequenzen bewirken könnten. Das Signal wird dann in 10 zum Teil feste und zum Teil variable Frequenzbänder aufgeteilt, die separat bearbeitet werden. Dabei werden alle Frequenzbereiche angehoben, die unterhalb des Arbeitspegels liegen und wieder dem (komprimierten) Ursprungssignal hinzugefügt. Dolby SR enthält ebenfalls eine 'Anti-Saturation'- und eine 'Spectral Skewing'-Schaltung (siehe oben: Dolby C).
Um eine korrekte Decodierung der Dolby SR-Aufnahme bei der Wiedergabe durchführen zu können, ist wie bei Dolby A das Aufspielen eines Referenz-Signals notwendig. Dolby SR erreicht eine Rauschminderung von bis zu 25 dB und ist in seiner Arbeitsweise unhörbar.
Für Consumer-Tapedecks existiert eine vereinfachte Version mit dem Namen **Dolby S**.

Das **'dbx'**-Verfahren komprimiert zunächst das gesamte Signal im Verhältnis 2:1. Pegel unter +4 dB werden dabei erhöht, Pegel oberhalb von +4 dB mit gleichen Ratio abgesenkt. Anschließend wird den hohen Frequenzen eine Pre-Emphasis hinzugefügt. Mit diesem Verfahren lassen sich auch Ton-Materialien mit einer hohen Dynamik zufriedenstellend auf eine analoge Bandmaschine aufzeichnen.
Nachteilig ist die Arbeitsweise des Kompanderverfahrens über das ganze Frequenzspektrum insofern, dass manche Regelvorgänge hörbar werden: Für Attack- und Release-Vorgänge wäre es günstiger, wenn die eingestellten Zeiten in höheren Frequenzbereichen kürzer wären, als in tiefen Frequenzbereichen. Das dbx-Verfahren erreicht eine Rauschminderung von bis zu 30 dB.

telcom c4 wurde von AEG entwickelt und wird in einigen Rundfunkstationen verwendet. Es arbeitet mit einer konstanten Kompression von 1,5:1 und mit einer Emphasis in vier Frequenzbändern. Es erreicht eine Rauschminderung von bis zu 30 dB.

Dolby E ist ein digitaler Übertragungsstandart im Produktionsbereich, der in einer symmetrischen XLR-Verbindung bis zu acht Tonkanäle bei einer Abtastrate von je 48 kHz bei 24 Bit Wortbreite übertragen kann (= 3 MBit/s). Die Kompression ist damit hinreichend gering, so dass mehrfache Nachbearbeitungsvorgänge möglich sind.

Klangprozessoren

Bei diesen Geräten wird das Tonsignal durch zusätzlich eingefügte Signalanteile verändert.

Der **Exciter** fügt dem Signal künstlich erzeugte Oberwellen und minimale frequenzabhängige Phasenverschiebungen hinzu. Damit kann die Präsenz und Verständlichkeit des Signals erhöht werden. Zunächst wird mit dem Regler "Tune" der Schwellenwert eingestellt, oberhalb dessen die Bearbeitung stattfinden soll. Mit dem Regler "Mix" wird dann der Anteil bestimmt, der dem Ursprungssignal hinzugefügt werden soll. Da bei diesem Verfahren auch das Rauschen verstärkt wird, ist gleich ein Rauschunterdrückungssystem eingebaut. Das weist auch auf das Problem hin: Die Exciter sind auf ein sehr sauberes Ursprungssignal angewiesen, denn jeder unerwünschte Ton im Frequenzbereich oberhalb des Schwellenwertes wird gleichzeitig mit verstärkt. Ein zu stark bearbeitetes Signal klingt schnell höhenlastig und schrill.

Der digitale **Delay**-Prozessor stellt Echos her, indem er Signale in einem RAM-Speicher zwischenspeichert und mit Verzögerung dem Originalsignal wieder hinzu mischt. Die Verzögerungszeit hängt dabei von der Größe des RAM-Speichers ab. Durch Rückkopplung des Ausgangssignals können Mehrfachechos hergestellt werden.
Bei analogen Geräten lässt sich dieser Effekt nur durch ein Tonband mit Endlosschleife herstellen, die mit versetzten Aufnahme- und Wiedergabeköpfen arbeiten.

Reverb gibt Tönen einen Nachhall, mischt ihnen also eine räumliche Charakteristik zu. Das ist aufwendiger als das Delay, da die räumliche Wahrnehmung von Tönen eine komplexe Mischung aus Direktschall, ersten Reflektionen und Nachhall ist. Das heißt, es müssen viele kurze Verzögerungen und Überlagerungen für diesen Effekt produziert werden. Folgerichtig gibt es in Reverb-Geräten meistens eine Anzahl vorgefertigter Effekte für die Simulation verschiedener Räume (Room, Hall, Cathedral, etc.).
Die Atmosphäre eines Orchesters oder Chorgesanges entsteht auch durch kleine Ungenauigkeiten. Beim Einsatz von Stimmen oder Instrumenten gibt es immer geringe Zeit- und Höhenunterschiede, die erst die Vielzahl der Musiker*innen verdeutlichen. (Wenn man ein Instrument oder eine Stimme mehrfach zusammenkopiert, wird es schlicht lauter, klingt aber nicht wie eine Gruppe.) Der **Chorus**-Effekt simuliert diese Ungenauigkeiten elektronisch mit kurzen Delays und wechselnden Tonhöhen-verschiebungen.

Audio Restauration

Für die Aufarbeitung älterer Tonaufnahmen, vorwiegend von Schallplatten, gibt es mehrere Verfahren. Es geht zumeist darum, typische Störungen zu beseitigen, wie Rauschen, Knistern und Knacken. Das Rauschen ließe sich mit einem Denoiser entfernen, sehr kurze Knackser können herausgeschnitten werden.

Eleganter ist die Bearbeitung jedoch auf Software-Basis. Dazu gibt es Programme, die das Audiosignal auf Störgeräusche analysieren und diese dann gezielt herausfiltern. Dieses Verfahren nennt sich 'De-Clicking'. Weitergehend gibt es aber noch ausgefeiltere Software, die sogar fehlende Tonpassagen ergänzen kann, indem das vorhergehende und nachfolgende Tonmaterial analysiert und auf dieser Basis neues Material konstruiert wird. Dieses Verfahren vollbringt auch keine Wunder, aber bei kürzeren Ausfällen kann es einen Versuch wert sein.

Stereo- und Surroundwiedergabe

Eine Stereowiedergabe soll einen räumlichen Eindruck in Bezug auf die Seitenverhältnisse ermöglichen, das heißt, ein/e Zuhörer*in kann damit bei einem Klangkörper (z.B. Orchester) oder einem Film die Töne akustisch links und rechts zuordnen. Bei einem Wiedergabesystem, das mit Lautheitsunterschieden zwischen zwei Lautsprechern arbeitet, funktioniert das aber nur optimal, wenn der/die Zuhörer*in sich in einer idealen Position zu den beiden Lautsprechern befindet, also ein gleichseitiges Dreieck von Lautsprechern und dem/der Zuhörer*in gebildet wird. Ein Lautheitsunterschied von 18 dB zwischen den Lautsprechern weist eine Schallquelle eindeutig einem Ort ganz links oder ganz rechts zu, geringere Lautheitsunterschiede bilden eine "Phantomschallquelle" zwischen den Lautsprechern. Ebenfalls der Richtungswahrnehmung dienen Laufzeitunterschiede, das heißt, die Schallquelle wird der Richtung zugeordnet, aus der sie zuerst hörbar ist. Bei der Wahrnehmung spielt auch die Positionierung der Lautsprecher im Raum eine Rolle: Beide Lautsprecher sollten dabei eine gleiche Entfernung von Wänden und Zimmerecken aufweisen, da sonst die Klangwiedergabe der Lautsprecher unterschiedlich ist.

Im Kino ist eine einfache Stereowiedergabe aber unbefriedigend, denn die wenigsten Zuschauer*innen haben eine ideale Sitzposition. Zudem bieten Phantomschallquellen zwischen zwei Stereolautsprechern auch nicht die gleiche Klangqualität, sowie Richtungs- und Entfernungsortung, wie ein Mehrkanalsystem mit entsprechend vielen Lautsprechern. Daher wurde für die Kinobeschallung der 'Surroundton' eingeführt, der zunächst aus 4 Kanälen bestand: Ein Mittenkanal (Center), der vorwiegend für die Wiedergabe von Dialogen verwendet wird, je ein Kanal für Links und Rechts zur stereophonen Wiedergabe von Geräuschen und Musik, sowie ein Surroundkanal mit mehreren Lautsprechern seitlich und hinter den Zuschauer*innen zur Wiedergabe einer räumlichen Atmo (- gelegentlich auch für besondere Effekte wie etwa ein Flugzeug, das den Zuschauer*innen über die Köpfe fliegt). Bei einigen Kinosystemen mit besonders breiten Leinwänden (Cinerama, SDDS) gibt es noch zusätzliche Kanäle für 'halblinks' und 'halbrechts'. Heute hat sich auch bei den hinteren und seitlichen Surroundkanälen Stereo durchgesetzt. Bei einigen Systemen (6.1) gibt es hinten einen Surround-Center-Kanal (Back-Center). Standard ist heute außerdem ein Extra-Kanal für die Wiedergabe der tiefen Bass-Frequenzen. In der Übertragung von Surroundsignalen ist der ".1"-Kanal für die Übertragung von besonders tiefen Frequenzen zuständig, er wird daher als "LFE" (Low Frequency Effects) bezeichnet. Es ist zwar möglich, durch entsprechend groß dimensionierte Vollbereichs-Lautsprecher jeweils den vollen Frequenzbereich inklusive der Bass-

Effekte zu nutzen, aber es ist technisch und ökonomisch sinnvoll, die besonders tiefen Frequenzen einem separaten Kanal zuzuordnen. Diese tiefen Frequenzen sind nämlich nicht räumlich zu orten, d.h., sie müssen beim Abspielen nicht den anderen Lautsprechern (z.B.: L, R, C, SL, SR) zugeordnet werden. Das spart einerseits den aufwändigen und damit teuren Einbau von fünf oder mehr Vollbereichs-Lautsprechern und ermöglicht andererseits auch mehr Headroom und eine Datenreduktion bei der Speicherung und Übertragung von Audiosignalen. Das LFE-Signal ist jedoch nicht gleichzusetzen mit einem "Subwoofer-Signal". Je nach Tonmischung können auch die L-, R-, C- und Surround-Signale bereits das volle Frequenzspektrum enthalten.

Welche Signale nun tatsächlich zum Subwoofer gelangen, entscheidet der Surroundprozessor im AV-Receiver, bzw. der Kinoanlage. Dafür muss zunächst dort eingestellt werden, welche Arten von Lautsprechern daran angeschlossen sind. Wenn es sich um Vollbereichs-Lautsprecher handelt und kein Subwoofer angeschlossen ist, muss für diese Lautsprecher die Einstellung "Large" gewählt werden (zumindest für die Hauptlautsprecher vorne Links und Rechts) . Diese Lautsprecher erhalten damit nun das volle Frequenzspektrum als Signal. Diese Option ist aber nur empfehlenswert, wenn die Lautsprecher auch wirklich leistungsfähig sind. Zudem verlangt sie dem Verstärker insgesamt deutlich mehr Leistung ab. Empfehlenswert ist daher die Verwendung eines Subwoofers. Alle anderen angeschlossenen Lautsprecher müssen in dem Fall die Einstellung "small" erhalten. Nun entscheidet die Frequenzweiche im Verstärker, bis zu welcher Frequenz (auch als Trennfrequenz bezeichnet) die Signale ausschließlich an den Subwoofer gehen (und damit die anderen Lautsprecher entlastet werden). Diese Trennfrequenz ist allerdings nicht scharf gezogen, sondern bezeichnet die Frequenz oberhalb, respektive unterhalb derer der entsprechende Signalpegel bei den nicht-zuständigen Lautsprechern nach und nach abnimmt (üblich sind etwa 12 dB pro Oktave). Bei qualitativ guten Lautsprechersystemen wird üblicherweise eine Trennfrequenz von 80 Hz verwendet. Weitere Informationen zu den Anforderungen für Surround-Lautsprecher siehe Seite 341f.

Als Kürzel für die Aufteilung der Surround-Audiokanäle hat sich die folgende Schreibweise etabliert: x.y.z
x bezeichnet dabei die Anzahl horizontal (auf Ohrhöhe) angeordneten Lautsprecher, also der Lautsprecher L, R, Center und Surround. y bezeichnet die Anzahl der Subwoofer und z ist die Anzahl der Höhenlautsprecher (bei immersiven Formaten, siehe unten). Ein klassisches Surroundformat ist damit beispielsweise 5.1 , ein immersives Format wird z.B. mit 7.2.4 beschrieben.

Die wichtigsten Surround-Wiedergabeformate für den Kino- und Heimbereich sind zur Zeit:

Dolby Stereo bezeichnet einen 4-Kanal-Ton (Links, Mitte, Rechts, Surround), der auf Filmmaterial in die zwei analogen Lichtton-Spuren Lt und Rt (= Left-total und Right-total) kodiert ist (Motion Picture Matrix). Dazu werden die Signale 'Links', bzw. 'Rechts' unverändert in die Spuren Lt, bzw. Rt übernommen, das Mittensignal wird um 3 dB abgesenkt und dann den Spuren Lt und Rt gleichermaßen zugemischt, das Surroundsignal wird ebenfalls zunächst um 3 dB abgesenkt, zusätzlich begrenzt auf maximal 7 kHz, geringfügig verzögert und dann den Spuren Lt und Rt in zueinander entgegengesetzten Phasenlagen zugemischt. Zur Rauschunterdrückung wurde dabei zunächst Dolby A verwendet, heute ist Dolby SR Standard. Ein Dolby-Stereo-Matrix-Decoder im Filmprojektor trennt die Signale wieder auf. Bevorzugt wird dabei der Mittenkanal, der für die Verständlichkeit von Dialogen besonders wichtig ist, dafür ist die Kanaltrennung bei Dolby Stereo relativ schlecht, die L-, M- und R-Signale können leicht in das Surroundsignal übersprechen. Das Signal ist monokompatibel, aufgrund der Phasenverschiebung löscht sich der Surround-Ton bei der Wiedergabe in einem Monoprojektor vollständig aus.

Für den Heimbereich wurde **Dolby Surround** entwickelt. Es arbeitet mit dem 'Surround Pro Logic Decoder', der eine bessere Kanaltrennung als beim Dolby-Stereo-Verfahren aufweist und zudem das Surroundsignal um 20 ms verzögert (Richtungswahrnehmung hängt auch von Laufzeitunterschieden ab, also aus welcher Richtung ein Schallereignis zuerst eintrifft). Zur Rauschunterdrückung wird Dolby B verwendet.

'**Dolby SR.D**' ist ein digitales Filmton-Verfahren und wird heute allgemein als '**Dolby Digital**' oder auch '**AC-3**' bezeichnet. Aus Kompatibilitäts-gründen muss der Dolby-Stereo-Lichtton dabei unverändert erhalten bleiben, das Digital-Signal erhält den Platz zwischen den Perforations-löchern. Damit können 554 kBit/s aufgezeichnet werden, von denen 320 kBit/s für die Kinoprojektion genutzt werden, andere Datenträger, z.B. DVDs können ebenfalls mit Dolby Digital arbeiten und erlauben höhere Datenraten. Es wird ein 5.1-Signal codiert: Links, Mitte, Rechts, 2 x Surround (Stereo) und ein Subwoofer-Signal (auf 120 Hz begrenzt). Da die Signale mit 48 kHz abgetastet werden, muss die Datenmenge reduziert werden, dazu wird ein Kompressionsverfahren mit dem Namen 'AC-3' (Audio-Codec 3) verwendet. Die Datenrate ist bei Dolby Digital flexibel zwischen 32 und 640 kBit/s möglich, ein Stereosignal hat typischerweise 192 kBit/s, ein 5.1-Signal mit einer maximalen Audiofrequenz von 18 kHz hat 384 kBit/s, bei einer maximalen Frequenz von 20 kHz sind es 448 kBit/s.

Dolby Digital steht auch als Variante für Heimkinos zur Verfügung. Wie beim Kinoton enthält es 5.1 verlustbehaftet komprimierte separate Kanäle. Ebenso möglich sind 1.0, 2.0 und 2.1 Kanäle. Die Datenrate beträgt auf einer DVD bis zu 448 kbit/s und auf einer BluRay bis zu 640 kbit/s. Dolby Digital kann über die Schnittstellen S/PDIF und Toslink, sowie über "ARC" (Rückkanal bei HDMI) übertragen werden.

Dolby Digital Surround EX ist eine kompatible Weiterentwicklung zu einem 6.1-System, das einen dritten Surround-Kanal beinhaltet (Mitte-hinten).

Dolby TrueHD ist eine Weiterentwicklung von Dolby Digital, bei der die einzelnen Kanäle nun unkomprimiert sind. Zudem ist 7.1 mit 96 kHz möglich und 5.1 mit 192 kHz, jeweils mit einer Auflösung von bis zu 24 Bit. Die Datenrate kann bis zu 18 Mbit/s betragen.

Dolby Digital Plus (kurz: DD+) ist eine komprimierte Variante von Dolby TrueHD mit bis zu 6 Mbit/s. Es unterstützt 7.1-Kanäle und eine Abtastung von 48 und 96 kHz mit bis zu 24 Bit. Das Dolby Digital Plus Signal enthält meist einen abwärtskompatiblen Kern, der das herkömmliche Dolby-Digital enthält. Dolby Digital Plus wird verwendet beim HDTV-Fernsehen, BluRays und Streaming.

DTS (Digital Theater System) ist ursprünglich ein Kinosystem mit separatem Tonträger. Auf einer CD-Rom werden 6 Tonspuren komprimiert aufgezeichnet, auf dem Filmstreifen gibt es neben der Lichttonspur eine DTS-Steuerspur, die der Synchronisation der CD-Rom dient. Die Datenreduktion ist dabei mit 882 kbit/s geringer als bei Dolby Digital.
Auch auf DVDs und BluRays im Heimkino findet das komprimierte DTS mit 5.1 Anwendung (weniger Kanäle sind ebenfalls möglich), natürlich ohne separate CD-ROM. Die Datenrate beträgt bis zu 1,5 Mbit/s.

DTS-HD Master Audio ist vergleichbar mit Dolby TrueHD und bietet ebenfalls eine verlustlose Codierung mit bis zu 7.1 Kanälen und 24 Bit, jedoch mit bis zu 24,5 Mbit/s.

DTS-HD High Resolution Audio ist eine verlustbehaftet komprimierte Variante von DTS-HD Master Audio mit bis zu 6 Mbit/s.

SDDS (Sony Dynamic Digital Sound) ist ein 7.1-System für 35mm-Film in Kinos mit den Kanälen: links, halblinks, Mitte, halbrechts, rechts, Stereo-Surround, Subwoofer. Die Aufzeichnung erfolgt an beiden Rändern des Filmstreifen zwischen der Perforation und der Außenkante.

THX ist kein Tonaufzeichnungs- oder Rauschunterdrückungsverfahren, sondern eine Zertifizierung für Optimierungen der Audio-Wiedergabe in den Kinos. Es ist eine genaue Festlegung von Lautsprecher-Aufstellungen, Frequenzgängen, Nachhallzeiten und akustischer Dämmung. Ein Kino, das die geforderten Bedingungen erfüllt, erhält das THX-Zertifikat, das ein Jahr gültig ist und dann wieder neu überprüft werden muss. THX wurde von George Lucas (Regisseur von 'Star-Wars' und 'Indiana-Jones') und seinem Toningenieur Tomlinson Holman entwickelt, THX bedeutet **T**omlinson **H**olman E**X**periments (- ein früher Film von George Lucas hieß übrigens 'THX 1138'). Da eine THX-Zertifizierung durch die Firma "THX Ltd." recht kostspielig ist, verzichten inzwischen viele Kinos darauf. Das muss aber nicht heißen, dass diese Kinos einen schlechteren Sound haben, denn es liegt im Interesse der Kinos sich auch ohne THX-Zertifizierung an den THX-Normen zu orientieren, um den bestmöglichen Klang herzustellen.

Home THX Audio System ist der Versuch, den Kinosound in das heimische Wohnzimmer zu bringen. Die Akustik des Kinosaals soll dabei mit Hilfe von Sound-Prozessoren simuliert werden. Dazu werden einem Dolby-ProLogic-Decoder die folgenden Prozessoren nachgeschaltet:
Eine aktive Subwoofer-Weiche, die einerseits für den Subwoofer Frequenzen oberhalb von 80 Hz ausfiltert, umgekehrt aber auch für die Frontlautsprecher (Mitte, Links, Rechts) die Frequenzen unterhalb von 80 Hz ausfiltert, damit diese ein klareres Klangbild liefern (und auch kleiner gebaut werden können). Ein Re-Equalizer senkt die Höhenwiedergabe oberhalb von 1 kHz geringfügig ab, um allzu spitze Töne für die Wohnzimmerakustik zu vermeiden.
Eine Dekorrelationsschaltung sorgt dafür, dass die Surround-Boxen (bei Mono-Surround) räumlich nicht mehr geortet werden können, indem das Signal für die beiden Surroundboxen in Frequenz und Phase leicht unterschiedlich verschoben wird. (Diffuse Umgebungsgeräusche scheinen meistens nicht einer Quelle zuzuordnen zu sein, zwei Surroundboxen in einem kleineren Raum sind dagegen sehr wohl als Schallquelle zu orten.)
Das 'Timbre-Matching' soll klangliche Unterschiede ausgleichen, die entstehen, wenn ein Geräusch von den Frontlautsprechern zu den hinteren Surroundlautsprechern 'wandert'. Diese Unterschiede in der Wahrnehmung hängen einerseits mit der Form des menschlichen Ohrs zusammen, andererseits aber auch damit, dass Surroundlautsprecher anders gebaut sind als Frontlautsprecher.
Zusätzlich dazu werden beim 'Home THX Audio System' Lautsprecher mit einem optimierten Abstrahlverhalten verwendet.

Immersive Sound

Die meisten Surround-Ton-Verfahren bieten eine räumliche Wahrnehmung auf nur einer Höhenebene, d.h., in Ohrhöhe. "Immersive Sound" fügt eine weitere Dimension hinzu und ermöglicht damit eine differenzierte Höhenwahrnehmung, z.B. bei Regengeräuschen oder Flugzeugen. Bisher sind drei "Immersive Sound"-Verfahren auf dem Markt: **Auro 3D** seit 2006,

Dolby Atmos seit 2014, **DTS:X** seit 2015. Alle drei Formate arbeiten auf Basis eines vorhandenen 5.1 bzw. 7.1 Systems und erweitern diese durch zusätzliche Kanäle, bzw. Lautsprecher, die über den ganzen Hörraum verteilt sein können, d.h., weitere Front-, Surround- und Deckenlautsprecher.

Neuartig ist dabei der Ansatz mit objektbasierten Informationen. Bisherige Surround-Verfahren nutzen die kanalbasierte Tonmischung, um Töne im Surround-Panorama zu positionieren, beispielsweise werden Dialoge auf den Center-Kanal und ggf. noch Anteile auf den L- oder R-Kanal abgemischt. Bei der objektbasierten Mischung werden die einzelnen Stimmen und Töne als Audio-Objekte definiert, sie erhalten dazu eine Position in einem XYZ-Koordinatensystem (X = links/rechts, Y = vorne/hinten, Z = oben/unten), sowie Bewegungsvektoren und zeitliche Zuordnungen. Diese Positions- und Bewegungsdaten werden den zugrundeliegenden kanalbasierten Audiodateien ("Dolby TrueHD", bzw. "DTS-HD Master Audio") als Metadaten hinzugefügt. Kompatible AV-Receiver decodieren dann diese Metadaten und verteilen die einzelnen Audio-Objekte auf eine vorhandene Lautsprecher-Konstellation. In der Praxis werden bei den neuen "Immersive Sound"-Verfahren gleichzeitig objekt- und kanalbasierte Mischungen verwendet, denn eine objektbasierte Zuordnung ist natürlich auch nur sinnvoll für ein identifizierbares Objekt, also beispielsweise ein Darsteller oder ein Auto, dass eine zuordenbare Position im Raum hat und/oder sich bewegt. Für diffuse Atmo-Töne oder Musikeinspielungen genügt eine kanalbasierte Zuordnung.
Bei der objektbasierten Mischung ist für die Zuschauer*innen (im Heimkino) zudem ein Vorteil, dass sie beispielsweise Dialogtöne separat verstärken können (soweit der AV-Receiver dafür ausgelegt ist).

Das Verfahren ist abwärtskompatibel, d.h., herkömmliche Surround- AV-Receiver die "Dolby TrueHD", bzw. "DTS-HD Master Audio" decodieren können, nutzen dann nur den 5.1- bzw. 7.1.-Kern von Dolby Atmos, bzw. DTS:X und 'ignorieren' die Metadaten mit den   Positions- und Bewegungsdaten.

Übertragung der Audiosignale mit HDMI und S/PDIF
DVDs, BluRays und UHD-BluRays enthalten die Audiodaten in codierter Form, beispielsweise komprimiert als "Dolby-Digital"- oder "DTS"-Datei oder auch unkomprimiert als "Dolby True HD"- oder "DTS HD-Master"-Datei. Der Player kann diese Dateien über HDMI unverändert als "Bitstream" übertragen, die Decodierung dieser Dateien zu PCM-Signalen, bzw. einem analogen Audiosignal erfolgt dann im Monitor/Beamer, bzw. dem AV-Receiver oder der Soundbar. Alternativ kann der Player bereits die

Decodierung übernehmen und gibt die Signale dann als PCM-Signale oder analoge Signale aus. Wenn die Zielgeräte entsprechende Decoder aufweisen, ist prinzipiell die Übertragung als Bitstream zu bevorzugen, denn damit werden die auf der DVD/BluRay/UHD-BluRay vorhandenen Audiodaten unverändert, also ohne eventuelle Rendering-Verluste an das Zielgerät übermittelt. Bei einer Wandlung in PCM-Signale vor der Übertragung kann es zudem passieren, dass die Datenrate der Übertragung steigt, da dann ursprünglich komprimierte "Dolby-Digital"- und "DTS"-Dateien für die Übertragung zu unkomprimierten PCM-Signalen gewandelt werden. Das Audiosignal kann dabei jedoch trotz größerer Datenmenge qualitativ nicht besser werden als die ursprünglichen "Dolby-Digital"- und "DTS"-Dateien, es kann andererseits sogar dazu kommen, dass dann für die Übertragung des Bildsignals nur noch eine geringere Bandbreite zur Verfügung steht, die Bildqualität also reduziert wird.
Bei einer Übertragung mit S/PDIF (optisch oder koaxial) kann für Surround-Signale nur Dolby-Digital ausgewählt werden, unkomprimierte PCM-Signale lassen sich via S/PDIF nur in Stereo übertragen.

Audiotechnik im Kino
In einem Kino geht es darum, bis zu 1000 Zuschauer*innen qualitativ hochwertig zu beschallen. Das bedeutet, dass auf allen Plätzen die Lautstärke als annähernd gleich empfunden wird, dass ein hoher Dynamikumfang vom leisesten bis zum lautesten Ton sauber dargestellt wird, dass ein weitgehend linearer Frequenzgang die Filmton-Mischungen unverzerrt wiedergibt, dass kräftige Bässe spürbar sind, dass Sprache klar verständlich ist und auf der Leinwand lokalisiert wird und dass Atmo-Geräusche im Surroundton gleichmäßig hörbar sind und nicht genau lokalisiert werden können. Zudem müssen die Hallanteile im Kinoraum als natürlich empfunden werden, Außengeräusche dürfen nicht eindringen und Nachbarn nicht belästigt werden. Die Bandbreite an Anforderungen ist also hoch.
Die verwendete Technik ist in ihren Dimensionen durchaus mit der Audiotechnik von großen Livekonzerten vergleichbar, im Kino aber weitgehend unsichtbar. Die größeren Lautsprecher sind hinter der Leinwand versteckt, sichtbar für die Zuschauer*innen sind nur die kleineren Surround-Lautsprecher. Dazu kommen die separaten Verstärker für die einzelnen Lautsprecher und der Soundprozessor im Vorführraum. Dieser Soundprozessor, häufig von der Firma "Dolby", ist das Herzstück der Kinoanlage. Über diesen Prozessor wird zunächst das Eingangssignal ausgewählt, z.B. DCP, 35mm-Ton oder ein Mikrofon. Vor allem ist der Prozessor aber für die Dekodierung der verschiedenen Surround-Signale zuständig, er erstellt also beispielsweise aus einem komprimierten Dolby-Digital-Signal wieder für jeden der im Kino genutzten Audio-Kanäle (z.B. 5.1, 7.1, DolbyAtmos) jeweils ein separates Line-Signal. Bei der Zuweisung

zu den einzelnen Kanälen werden dabei jedoch auch die besonders tiefen Frequenzen je nach eingestellter Trennfrequenz ausgefiltert und dem Subwoofer zugeführt. Die einzelnen Audio-Kanäle werden dann als unverstärkte Line-Signale separaten Verstärkern zugeführt. Das derzeit gängige Prozessor-Modell Dolby CP 850 für DolbyAtmos hat beispielsweise 64 separate Line-Ausgänge.

Als Verstärker dienen Power Amplifier, wie sie auch bei Konzerten benutzt werden. Zwar wären auch Aktivboxen denkbar, jedoch ist ein modularer Aufbau mit separaten Verstärkern besser zugänglich, die Kühlung ist einfacher zu realisieren und im Fall eines Defektes sind die Geräte schneller auszutauschen. Zusatzfunktionen, wie etwa Höhen- und Bassregler, sind bei diesen Verstärkern nicht üblich, es geht hier ausschließlich um eine möglichst rauscharme Verstärkung bei hoher Leistung. Die nachfolgenden Watt-Zahlen beziehen sich alle auf die Dauerleistung, nicht auf kurze Leistungsspitzen:
In kleinen Kinos (weniger als 150 Sitze) sind es mindestens 300 Watt pro Lautsprecher in einem Screen-Array (siehe unten), der Verstärker für den Subwoofer kann größer sein, die Surround-Verstärker kleiner. Bei großen Kinos können die Verstärker für die einzelnen Lautsprecher im Screen-Array durchaus auch 2500 Watt oder mehr aufweisen.

Bei den Kino-Lautsprechern sind drei verschiedene Gruppen vertreten: Zunächst gibt es die "Screen-Arrays" für die Front-Töne, also Links, Rechts, Center und je nach Leinwandgröße dazu noch Halblinks und Halbrechts.
Screen-Arrays sind Anordnungen von separaten Lautsprechern für Bässe, Mitten und Höhen für jeweils eine der o.g. Surroundpositionen bei der Leinwand. Bei den einzelnen Arrays sind die Lautsprecher meist übereinander angeordnet und jeder Lautsprecher hat jeweils einen eigenen Signaleingang. Der Abstrahlwinkel soll in der Breite größer sein als in der Höhe, so dass die Sitzreihen möglichst voll erfasst werden, die Reflektionen von Saaldecke und Fußboden aber gering sind. Ein einzelnes Screen-Array kann ein Turm von bis zu 3 Metern Höhe sein und über 200 kg wiegen. Die Arrays sind daher meist hinter der Leinwand platziert und benötigen dann eine schalltransparente Leinwand.

Eine weitere Gruppe bilden die Subwoofer. Mit ihren großen Membranen (bis zu 50 cm Durchmesser und 10 cm Membranhub) sind sie für die sehr tiefen Frequenzen von etwa 20 Hz bis 80 Hz zuständig. Auch sie können Höhen und Breiten von deutlich über einem Meter aufweisen und können Verstärker benötigen, die 2500 Watt oder mehr leisten. Ihre Basswellen sind für die Zuschauer*innen zwar räumlich nicht zu orten, daher würde ein Subwoofer an einer beliebigen Stelle genügen, aber die Aufstellung von zwei oder mehr Subwoofern sorgt für eine gleichmäßigere Verteilung des Schalls im Raum.

Die dritte Lautsprechergruppe sind die Surroundboxen. Sie sind meist im Zuschauerraum sichtbar an den Rück- und Seitenwänden angebracht. Da sie nicht den vollen Frequenzumfang liefern müssen (nur etwa 50 Hz bis 18 kHz) und meist nur Atmo-Geräusche wiedergeben sollen, können sie kleiner und dezenter gehalten werden. Eine größere Abstrahlbreite in der Horizontale ist hier erwünscht. Allerdings werden für eine gleichmäßige räumliche Wiedergabe relativ viele Boxen benötigt: Dolby empfiehlt in seinen THX-Standards einen maximalen Abstand zueinander von 2-3 m. Bei 7.1-Surround-Systemen werden die Surround-Kanäle noch einmal unterteilt in Lss (Left side surround), Rss (Right side surround), Lrs (Left rear surround) und Rrs (Right rear surround).
Mit den neuen immersiven Tonverfahren (z.B. DolbyAtmos und DTS:X) kommt eine weitere Gruppe hinzu, nämlich die "top surround speakers", das sind Lautsprecher an der Saaldecke, die die Geräusche von oben wiedergeben. Sie sollen die gleichen klanglichen Eigenschaften wie die seitlichen Surroundboxen aufweisen.

Die Kinoanlage muss eingemessen sein, d.h., die einzelnen Lautsprecher müssen alle auf einen Referenzlevel kalibriert werden. Neuere Dolby-Prozessoren sind für das Einmessen ausgestattet, sie können einen Testton (Rosa Rauschen, s. u.) ausgeben und mit einem Testmikrofon (Kondensator-Mikrophon mit Kugelcharakteristik und einem linearen Frequenzgang von 50 Hz bis 12 kHz) kann der ankommende Pegel im Dolby-Prozessor gemessen werden. Wenn der Prozessor eine solche Messmethode nicht vorsieht, kann die Messung auch mit einem Schallpegelmessgerät durchgeführt werden. Die Messanordnung ist die gleiche:

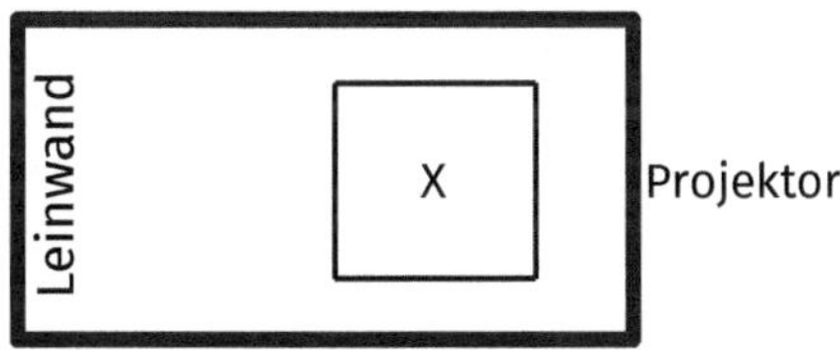

Das Mikrofon, bzw. das Schallpegelmessgerät, sollte am hinteren Drittel des Kinosaals, mittig zwischen den Seitenwänden, an der oben eingezeichneten Position X aufgestellt werden (Empfohlen wird ein Set von 3-5 Mikrofonen, die im oben eingezeichneten Bereich asymmetrisch aufgestellt werden.) Die Mikrofone (bzw. Messgeräte) sollen in einer Höhe von 1,5 Meter aufgestellt werden. Soweit ein Dolby-Prozessor involviert ist, wird dessen Lautstärkeregler auf "7" gestellt, das ist der Referenzwert für die "normale" Kinolautstärke. (In der Praxis sind viele Filme inzwischen wesentlich lauter ausgesteuert, daher liegt der tatsächlich eingestellte

Wert bei einer Vorführung meist darunter, siehe unten.) Als Testton wird ein "Rosa Rauschen" (siehe Seite 349) mit einem Pegel von -20 dB (RMS) eingespielt. Die Lautsprecher werden dann einzeln eingemessen, für die Frontlautsprecher (L, R und C) soll der Pegel dann 85 dB$_{SPL}$ betragen (C-Bewertung, Slow), bei den Surround-Lautsprechern soll der Pegel 82 dB$_{SPL}$ betragen. Der Subwoofer wird höher eingepegelt und zwar auf 95 dB$_{SPL}$, da das menschliche Gehör bei tiefen Frequenzen weniger empfindlich ist.

Für die Pegel von Tonmischungen bei Kinofilmen gibt es Empfehlungen und Konventionen, jedoch keine festen Regeln wie beim TV. Während bei TV-Produktionen -23 dB LUFS vorgeschrieben sind (siehe Seite 281), galt im Kino über viele Jahre als Konvention ein Pegel von -27 LUFS. Damit kann eine hohe Dynamik dargestellt werden, wie laut es dann schließlich tatsächlich wird, hängt aber natürlich schlussendlich von der Einstellung des Lautstärkereglers am Audioprozessor ab. Für eine Dynamik, die der oben genannten Konvention entspricht, war bei den Dolby-Prozessoren im Kino als Lautstärke-Einstellung der Wert "7" Standard. Wenn die Tonanlage mit diesem Verstärkungswert eingestellt ist, sind damit im Kinobetrieb durchaus auch Spitzenpegel bis zu 110 dB$_{SPL}$ möglich, das ist schon extrem laut und bereits nach kurzer Zeit gehörschädigend.

Inzwischen werden Kinofilme jedoch sogar mit einer höheren Lautheit abgemischt. Natürlich darf dabei nicht der mögliche digitale Spitzenpegel überschritten werden, aber die Möglichkeiten einer digitalen Tonmischung erlauben eine wesentlich präzisere Mischung nahe am digitalen Maximum, d.h., Filmtonmischungen können auch deutlich effizienter komprimiert werden, z.B. auf -20 LUFS. Die durchschnittliche Lautstärke rückt damit also wesentlich näher an die obere Aussteuerungsgrenze und der Film erhält so eine wesentlich höhere Lautheit. Es mag für Action-Filme sinnvoll sein, dass sie fast durchgehend hohe Pegel aufweisen, jedoch ist diese durch starke Kompression erreichte Lautheit mit über 100 dB$_{SPL}$ bei der bisherigen Standard-Einstellung am Kinoprozessor zu laut für eine längere Beschallung. Der Lautstärke-Regler des Kinoprozessors muss daher also herunter geregelt werden, üblich ist inzwischen eine Einstellung von 4,5 – 5,5 am Dolby-Prozessor.

Lautsprecher und Kopfhörer

Kopfhörer

Insbesondere für die Kontrolle der Tonqualität am Drehort ist ein Kopfhörer unverzichtbar. Bis auf wenige Ausnahmen sind Kopfhörer mit dynamischen Wandlern ausgestattet, der Aufbau ist ähnlich wie bei dynamische Mikrofonen. (Tatsächlich könnte man solche Kopfhörer auch als Mikrofone verwenden, aber es klingt nicht besonders gut.)

Um eine optimale Kontrolle (Monitoring) des Tons am Drehort zu haben, sollte der Kopfhörer einen linearen Frequenzgang haben, also keine Töne beschönigen (etwa mit einer Höhenanhebung). Der Frequenzbereich sollte mindestens 20 – 15.000 Hz betragen. Am Drehort sollte ein Kopfhörer mit geschlossener Charakteristik verwendet werden, das heißt, dass Geräusche von außen möglichst stark gedämpft werden. Gehört werden soll ja möglichst nur das Signal des Mikrofons und nicht die Umgebung des/der aufnehmenden Person. (Offene und halboffene Charakteristiken sind nur sinnvoll, wenn während der Tonüberwachung mit anderen Mitarbeitern akustisch kommuniziert werden muss.)

Wichtig ist auch der Kennschalldruckpegel, der besagt, welcher Schalldruckpegel in dB bei 1 mW Eingangsleistung erreicht wird (gemessen bei 1 kHz). Professionelle Kopfhörer liegen bei einem Wert über 100 dB. Das eröffnet zum einen die Möglichkeit, sehr laut zu hören, oder im Normalfall, den Kopfhörer-Verstärker nicht so weit aufdrehen zu müssen (-dann kann nämlich dessen Rauschen stören).

Ob der Kopfhörer "ohraufliegend" oder "ohrumschließend" ist, spielt technisch gesehen nicht so eine große Rolle, es ist mehr eine Frage des subjektiven Komforts.

Schwierig ist die Beurteilung eines Stereo-Signals mit Kopfhörern: Die Abmischung eines Stereo-Signals ist zumeist für eine Wiedergabe mit Lautsprechern optimiert, d.h., für eine bestimmte Hörposition in einem Raum. In einem Kopfhörer können die Lautheitsunterschiede zwischen den Kanälen unnatürlich laut erscheinen und die Laufzeitunterschiede nicht mehr korrekt wirken. Damit weist die Wiedergabe nicht mehr die beabsichtigte Räumlichkeit auf.

Lautsprecher

Die meisten Lautsprecher haben eine elektrodynamische Bauweise. Das elektrische Signal vom Verstärker regt eine Spule an, die an der Membran befestigt ist. Die daraus resultierenden Magnetfelder bringen die Membran gegenüber einem fest eingebauten Magneten zum Schwingen und erzeugen damit Schallwellen. Elektrodynamische Lautsprecher gibt es in verschiedenen Ausführungen:

Konuslautsprecher können eine relativ große Membran haben und sind daher für die Wiedergabe tiefer Frequenzen geeignet. Bei höheren

Frequenzen schwingt nur noch der innere Bereich der Membran, die große Masse sorgt für Trägheit und damit eine unbefriedigende Höhenwiedergabe.

Kalotten-Lautsprecher sind mit einer einer relativ kleinen Membran (sozusagen dem Mittelteil eines Konus-Lautsprechers) ausgestattet, die Membran ist nur unwesentlich größer als der Magnet. Damit ist die Masse der Membran vergleichsweise gering und eine gute Höhenwiedergabe möglich. Andererseits sind mit diesem Bauprinzip keine großen Lautstärken zu erreichen.

Druckkammer-Lautsprecher (auch: Hornlautsprecher) sind im Prinzip Kalotten-Lautsprecher. Die Membran ist jedoch in eine Kammer eingeschlossen, die nur ein Rohr als Auslass bietet, dessen Durchmesser kleiner ist, als der der Membran. Die von der Membran erzeugten Luftschwingungen erhalten in dem engen Rohr eine größere Amplitude, die Schallwellen verstärken sich. Der Nachteil ist, dass der Schall stark gerichtet austritt und ein etwas nasaler Klang erzielt wird.

Elektrostatische Lautsprecher sind vom Aufbau mit Kondensator-Mikrofonen vergleichbar. Sie benötigen eine Vorspannung, die dann vom Signal moduliert wird. Dabei muss die Vorspannung deutlich größer als die Signalspannung sein. Diese Lautsprecher arbeiten aufgrund der geringen Membranmasse sehr impulstreu, große Membranflächen sind in dieser Bauweise jedoch nicht realisierbar. Daher werden sie nur für Hochtöner verwendet.

Anders arbeiten Piezoelektrische Lautsprecher: Die angelegte elektrische Spannung führt zu Verformungen von Kristallen, die dadurch wiederum eine Membran anregen. Der dadurch erzeugte Schalldruck ist nur bei höheren Frequenzen ausreichend.

Lautsprecher brauchen ein Gehäuse (Boxen). Schallwellen die eine größere Wellenlänge als den Membran-Durchmesser haben, bewirken einen akustischen Kurzschluss: Ein Signal bewirkt eine Druckerhöhung an der Vorderseite und einen Unterdruck an der Rückseite der Membran. Die umgebende Luft gleicht diesen Druckunterschied aber aus und die Schallwelle neutralisiert sich. Daher muss der Druckausgleich auf der Rückseite der Membran durch ein geschlossenes Gehäuse verhindert werden. Damit die Membranschwingungen in dem Gehäuse nicht reflektiert werden und unkontrolliert auf die Membran zurückwirken, ist das Gehäuse innen schallschluckend gedämpft. Die eingeschlossene Luft setzt der Membran jedoch einen Widerstand entgegen und das wiederum mindert den Wirkungsgrad des Lautsprechers, es geht Leistung verloren. Dieses Problem wird teilweise durch Bass-Reflex-Boxen gelöst. Der von der Rückseite der Membran erzeugte Schalldruck wird durch eine Öffnung nach vorne abgegeben und zu den Schallwellen der Membran-Vorderseite addiert. Dieses Prinzip lässt sich jedoch nicht für alle Frequenzbereiche anwenden, der Umweg durch den Gehäuse-Auslass würde bei einigen Frequenzen für Überlagerungen, bei anderen für Auslöschungen sorgen. Somit muss dieses Bauprinzip auf einen Frequenzbereich optimiert werden, das geht am unproblematischsten bei tiefen Frequenzen.

Für Lautsprecher-Boxen im Heimbereich ist durchaus nicht immer ein linearer Frequenzgang erwünscht, da ist von 'volltönend' und 'Wohlklang' die Rede. Consumer-Boxen sind meistens auf die Wiedergabe von Musik optimiert. Für die Bearbeitung von Fernsehproduktion ist dagegen ein linearer Frequenzgang wichtig (siehe unten: "Tonmischung im Studio").
Bei der Angabe eines Frequenzgangs durch den Hersteller gilt das gleiche wie bei Mikrofonen: Eine Angabe ist nur dann aussagekräftig, wenn ein (möglichst geringer) Toleranzbereich dazu genannt wird, z.B. +/- 3 dB. Ohne diese Angabe sagt beispielsweise ein Frequenzbereich von 40 Hz bis 20 kHz nur aus, dass dieser Lautsprecher die höchsten und tiefsten Frequenzen zwar technisch irgendwie wiedergeben kann, das kann dann aber unhörbar leise und somit völlig nutzlos für das Hörerlebnis sein. Erst eine angegebene, möglichst geringe Toleranz lässt auf einen weitgehend linearen Frequenzgang im genannten Bereich schließen.

Prinzipiell lässt sich nicht sagen, ob Zwei-Wege oder Drei-Wege-Boxen besser sind, das hängt mehr von den verwendeten Bauteilen (Lautsprecher und Frequenzweichen) und dem akustischen Design ab. Eine andere Frage ist, ob Aktiv- oder Passiv-Boxen verwendet werden sollten. Bei guten Aktiv-Boxen ist sicherlich eine optimale Anpassung der Verstärker-Elektronik an die Lautsprecher gewährleistet. Wesentlich ist dabei, dass die Frequenzbereiche für die einzelnen Lautsprecher sauber in den Frequenzweichen getrennt werden bevor sie von den Endstufen verstärkt werden. Die Filterung der Frequenzen ist mit aktiven elektronischen Schaltungen sehr gut und vergleichsweise kostengünstig realisierbar. Für die Aktiv-Boxen spricht außerdem der geringere Platzbedarf, da kein externer Verstärker notwendig ist. Aber auch Passiv-Boxen können sehr gut abgestimmt sein. Zudem bietet ein externer Verstärker mit mehreren Eingängen die Möglichkeit, auf verschiedene Signalquellen unkompliziert zugreifen zu können. Für Aktiv-Boxen müsste dafür ein Umschalter oder ein Mischpult installiert werden (- ein Mischpult ist hier sinnvoller, da damit auch die Lautstärkeregelung erfolgen kann).

Wichtig ist es, bei der Kombination von Verstärkern mit passiven Lautsprechern auf die passende **Impedanz** (frequenzabhängiger Widerstand des Lautsprechers) zu achten. Eine Verstärker-Endstufe, die am Lautsprecher-Ausgang auf 8 Ω ausgelegt ist, wird an einem Lautsprecher mit einer 4 Ω-Impedanz viel zu hoch belastet und kann dadurch zerstört werden. Im umgekehrten Fall (4 Ω-Ausgang an 8 Ω-Lautsprecher) wird das Signal unnötig gedämpft, für eine höhere Lautstärke muss der Verstärker also weiter aufgedreht werden.

Eine weitere wichtige Angabe ist der **Kennschalldruckpegel** (auch: "**Empfindlichkeit**") Er gibt an, welche Lautstärke in dB in einem Meter Entfernung vom Lautsprecher wiedergegeben wird, wenn eine Leistung von 1 Watt an den Lautsprecher abgegeben wird. Ein typischer Wert ist beispielsweise 85 dB (sehr gute Lautsprecher kommen auf über 90 dB). Das kann auch als Spannung angeben werden, im obigen Fall also 85 dB bei 2,83 V/m. Dabei spielt die Impedanz eine Lautsprechers eine wesentliche Rolle: 2,83 V/m gilt für Boxen mit 8 Ω Impedanz, 2,45 V/m bei 6 Ω und 2 V/m bei 4 Ω (es ist jeweils die Quadratwurzel der Ω-Angabe).

Aus dem Kennschalldruckpegel kann geschlossen werden, welche Leistung ein Verstärker bei höheren Lautstärken liefern muss. Wenn also für einen Lautsprecher ein Wirkungsgrad von 85 dB bei 1 W angegeben ist, muss ein Verstärker die doppelte Leistung (= 2 W) liefern, damit 88 dB wiedergegeben werden. Das dB ist hier leistungsbezogen, d.h., je 3 dB verdoppelt sich die Leistung. Für das menschliche Gehör verdoppelt sich die empfundene Lautstärke etwa pro 10 dB (das hängt aber auch von den wiedergegebenen Frequenzen ab). Die oben genannten 85 dB sind da schon recht laut: Ein Fernseher in Zimmerlautstärke weist etwa 65 dB$_{SPL}$ auf, wenn man dicht neben einer Hauptverkehrsstraße steht sind es etwa 85 dB$_{SPL}$ und bei einem Rockkonzert können es 110 dB$_{SPL}$ werden (wenn man es genau nimmt, muss dazu jeweils die Entfernung von der Schallquelle genannt werden). Wenn man nun bei einem Lautsprecher mit 85 dB Kennschalldruckpegel eine Lautstärke von 110 dB$_{SPL}$ erreichen will, dann müssen 25 dB mehr geleistet werden, das bedeutet, dass die Ausgangsleistung des Verstärkers für jede 3 dB Gewinn verdoppelt werden muss. Für 110 dB$_{SPL}$ in einem Meter Entfernung vom Lautsprecher müsste der Verstärker also eine Ausgangsleistung von 300 Watt bieten. Sofern der Lautsprecher einen höheren Kennschalldruckpegel von 88 dB aufweist, wäre es dann nur noch halb so viel. Andererseits genügt für einen Lautsprecher mit 85 dB Kennschalldruckpegel bereits ein Verstärker mit 30 Watt Leistung, um die sehr hohe Lautstärke von 100 dB$_{SPL}$ zu erreichen. Der Kennschalldruckpegel darf nicht verwechselt werden mit dem gelegentlich angegebenen **Wirkungsgrad**, dieser besagt, wie effektiv die elektrische Leistung in Schallleistung umgewandelt wird. Die Angabe erfolgt in Prozent, die resultierende Prozentzahl ist dabei meist überraschend klein: Ein Kennschalldruckpegel von 85 dB besagt, dass nur 0,2% der Verstärkerleistung als Schallleistung wiedergegeben werden. Bei 95 dB sind es immerhin 2%.

Die **Nennbelastbarkeit** (auch: Dauerleistung) besagt, welche Leistung (in Watt) der Lautsprecher dauerhaft verkraftet. (Die Begriffe "RMS" und Sinusleistung, genauer: Sinus-Dauerton-Leistung, sind für Leistungsangaben bei Verstärkern vorbehalten. Siehe auch "RMS", Seite 281) Die **Musikbelastbarkeit** (auch: Musikleistung) wird angegeben für eine kurzzeitige Spitzenleistung, die der Lautsprecher verkraften kann. Dieser Wert ist deutlich höher als die angegebene Nennbelastbarkeit und wird daher gerne für Marketingzwecke genannt.

Lautsprecher-Kabel müssen aufgrund ihres niederohmigen Signals nicht abgeschirmt sein. Die Kabelwege sollten generell so kurz wie möglich sein, um Leistungsverluste zu vermeiden und für Boxenpaare jeweils etwa gleich lang sein, um Leistungsunterschiede zu vermeiden. Wichtig ist ein ausreichender Kabelquerschnitt, für höhere Belastungen bei Bass-Boxen sollten es 4 mm² pro Ader sein, für Mittel- und Hochtöner genügen 1,5 mm². Bei Kabeln über 10 m Länge (und hohen Leistungen) darf es auch mehr sein. Die Kabelquerschnitts-Werte beziehen sich hierbei auf Kupferkabel. (Günstiger erhältlich ist kupferbedampftes Aluminiumkabel, das jedoch höhere Widerstandswerte aufweist, hier müssen dann größere Querschnitte verwendet werden.) Unbedingt ist auf die richtige Polung bei den Anschlüssen zu achten, da es sonst zu starken Interferenzen der Signale kommt.

Je nach Art des Raumes und der Lautsprecher-Aufstellung ist die akustische Anpassung des Signals notwendig. Für die räumlichen Gegebenheiten (Dämpfung, Hall, Resonanzen) sollte der Frequenzgang des Signals mit einem Equalizer oder zumindest Höhen- und Bassregler angepasst werden.

Anforderungen bei Lautsprecher-Boxen für Heimkino-Surround-Anlagen
Besondere Bedingungen gibt es beim akustischen Design für Surround-Lautsprecher, die für den Heimkino-Betrieb optimiert sein sollen. Während es bei Lautsprechern für die Stereowiedergabe von Musik im allgemeinen sinnvoll ist, dass diese akustisch einen breiten Abstrahlwinkel aufweisen, geht es bei Surround-Anlagen um andere Anforderungen: Dialoge sollen im Zuschauerraum klar verständlich sein, Geräusche von definierten Objekte gut räumlich zuzuordnen sein und andererseits allgemeine Nebengeräusche (Verkehrslärm, Waldrauschen, etc.) diffus im Raum verteilt sein. Zudem ist es nicht sinnvoll, wenn alle beteiligten Lautsprecher das volle Frequenzspektrum von den tiefsten Frequenzen bis zu den höchsten Höhen wiedergeben können (- solche Lautsprecher wären relativ teuer, sehr groß und würden den Stromverbrauch erhöhen).

Für die ganz tiefen Frequenzen werden daher Subwoofer verwendet, die den Bereich von 25 Hz bis etwa 80 Hz abdecken. Alle anderen Lautsprecher können dann kleiner gebaut werden, da sie diesen Frequenzbereich nicht wiedergeben müssen. Da die Quelle für sehr tiefe Frequenzen von den menschlichen Ohren nicht zu orten ist, genügt im Prinzip ein Subwoofer für einen Kinoraum, jedoch hängt es dabei sehr von dem Ort der Aufstellung und der Beschaffenheit des Raums ab, ob die Bässe überall gleich gut wahrgenommen werden. Die Aufstellung von zwei Subwoofern sorgt für eine gleichmäßigere Verteilung des Schalls im Raum. Bei Subwoofern gibt es zwei verschiedene Bauweisen mit unter-schiedlichen Klangwirkungen: Zum einen die konventionelle Bauweise mit einer Membran an der Front, die präzise Bassschläge ermöglicht. Zum anderen werden Downfire-Systeme angeboten, bei denen die Membran an der Unterseite sitzt. Die Basswellen werden damit direkt auf den Fußboden geworfen, der dadurch stärker mitschwingt. Die Basswellen werden damit als Erschütterungen des Bodens spürbar, allerdings sorgt die Reflektion über den Fußboden auch dafür, dass die Basswellen für das Ohr diffuser werden.

Auch die anderen beteiligten Lautsprecher haben spezielle Aufgaben: Die Centerbox ist wesentlich für die Wiedergabe von Dialogen. Diese sollen klar verständlich sein und möglichst wenig zusätzliche Hall-Anteile vom Fußboden oder der Decke im Kinoraum bekommen. Andererseits sollen sie auch in der Breite des Zuschauerraums weitgehend gleich gut hörbar sein. Sie müssen daher horizontal eine breite Abstrahlung und vertikal eine schmale Abstrahlung aufweisen (- letzteres mindert die Hall-Anteile). Damit die Center-Box auch knapp unterhalb der Leinwand platziert werden kann, sollte sie eine möglichst geringe Bauhöhe erreichen, daher sind die einzelnen Lautsprecher in der Center-Box quer nebeneinander angeordnet.
Für die Frontboxen links und rechts von der Leinwand gilt eine ähnliche akustische Anforderung wie für die Center-Boxen: Auch bei ihnen sollen die Geräusche von definierten Objekten auf der Leinwand klar verständlich und möglichst genau ihrer räumlichen Position zuzuordnen sein. Sie sollten daher also eine ähnliche Charakteristik wie die Center-Boxen aufweisen. Da sie aber meist neben der Leinwand platziert werden, können die einzelnen Lautsprecher in den Boxen auch hochkant übereinander angeordnet werden. Generell gilt auch hier, was bei einer Stereowiedergabe empfehlenswert ist: Die Boxen links und rechts und der Zuschauer*innen sollen ein gleichseitiges Dreieck bilden, dann sitzt der/die Zuhörer*in im "Sweet Spot", dem optimalen Platz für das Klangerlebnis. (Ob dort die L- und R-Box dann tatsächlich gleichwertig wahrgenommen werden, hängt allerdings auch von den Räumlichkeiten und der Platzierung des Stereo-Dreiecks in dem Raum ab.)

Eine andere Charakteristik sollten die seitlich oder hinten aufgestellten Surround-Effekt-Lautsprecher aufweisen: Sie müssen sowohl einzelne definierte Geräusche, beispielsweise ein von hinten links kommendes Auto, in der räumlichen richtigen Position deutlich wiedergeben, aber gleichzeitig auch diffuse Hintergrundgeräusche im Kinoraum verteilen. Als vorteilhaft haben sich hier Dipol-Lautsprecher erwiesen: Sie haben vorne und hinten je einen Lautsprecher, um die Geräusche diffus zu streuen. Das kann aber auch bei einfachen Boxen ohne Dipol erreicht werden, indem diese nicht direkt auf die Ohren der Zuschauer*innen ausgerichtet werden und zusätzlich Reflektionen von den Wänden nutzen. Oder es kann, wie im Kino, ein Surroundkanal auf mehrere Lautsprecher aufgeteilt werden. Das menschliche Ohr hat übrigens bei Geräuschen von hinten eine etwas andere Frequenzwahrnehmung, diese kann aber durch eine Frequenzanpassung im Verstärker ausgeglichen werden.

Bei den neuen Surroundverfahren DolbyAtmos und DTS:X kommen die zusätzlichen Höhenkanäle dazu. Dafür können an der Kinodecke entweder normale Surround-Lautsprecher verwendet werden, die einen Direktschall an die Zuhörer*innen abgeben, oder sogenannte "Atmos Enabled Speakers", das sind kleine Lautsprecher, die auf vorhandene Boxen aufgesetzt werden können. Sie richten ihren Schall an die Decke, von dort wird er zu den Zuhörer*innen reflektiert. Da allerdings reflektierter Schall einen anderen Klang als Direktschall hat, muss bei diesen Lautsprechern der Frequenzgang angepasst werden und sie sollten ein stark gebündeltes Abstrahlverhalten aufweisen, damit ihr Schall auch nur über die Decke reflektiert wird und nicht auch über die Wände oder gar als Direktschall zu den Zuschauer*innen kommt. Solche "Atmos Enabled Speakers" sollten daher nicht als normale Surround-Lautsprecher für Direktschall eingesetzt werden, sofern es keine Umschaltmöglichkeit für die Charakteristik gibt. Prinzipiell ist immer ein Direktschall von Deckenlautsprechern zu bevorzugen, "Atmos Enabled Speakers" sind eher als (preisgünstiger) Kompromiss für die Wohnzimmergestaltung gedacht.

Um eine einheitliche Sound-Charakteristik (timbre matching) von Links-, Rechts- und Centerboxen zu haben, ist es sinnvoll, sie als Set von einem Hersteller zu erwerben (- ebenso die dazugehörigen Surround-Boxen). Üblich ist dabei für Heimkinos eine Impedanz von 6 Ω für alle passiven Lautsprecher. Wichtig ist zudem bei allen 5.1- und 7.1-Systemen, dass die Frontboxen (links, rechts und Center) möglichst in der gleichen Höhenebene aufgestellt werden, die Centerbox kann notfalls ein wenig tiefer stehen. Die Surround-Boxen hingegen dürfen ein wenig höher stehen.

Die Einmessung des installierten Surround-Systems findet statt, indem der AV-Receiver für jeden einzelnen Lautsprecher ein Rauschen wiedergibt, dieses Rauschen muss dann für alle Lautsprecher auf die gleiche Lautstärke auf der Zuschauer*in-Position gepegelt werden. Besser ausgestattete Geräte können zudem unter Verwendung eines Messmikrofons mit einem Equalizer noch Unterschiede in der Frequenzwiedergabe der einzelnen Lautsprecher korrigieren.

Darüber hinaus muss beim AV-Receiver auch die Entfernung der einzelnen Lautsprecher vom Hörplatz eingegeben werden, da diese Entfernung für die Ortung von Geräuschen wichtig ist – ein Geräusch wird dort verortet, von wo der Schall zuerst eintrifft, wenige Meter machen da schon einen Unterschied. Aus der angegebenen Entfernung wird das unterschiedliche Timing für die Wiedergabe der einzelnen Lautsprecher berechnet.

Im Heimkino ist das größte Problem für den Kinosound übrigens häufig nicht eine qualitativ minderwertige Technik, sondern eher eine ungünstige Aufstellung, sowie ein akustisch schwieriger Raum.

Tonmischung im Studio

Bei einer Tonmischung für Fernseh-Produktionen sind besondere Bedingungen einzuhalten. Für die Bearbeitung von Fernsehproduktion ist ein linearer Frequenzgang wichtig, denn es geht ja darum, den Ton auf Verständlichkeit und Fehler zu prüfen. Man weiß auch nicht, womit der/die Zuschauer*in später den Ton hört, insofern braucht man eine 'nüchterne' Referenz. (Allerdings schadet es nicht, gelegentlich eine Tonmischung mit den Lautsprechern eines schlichten Consumer-Flachbildschirms zu überprüfen, um zu hören, was unter haushaltstypischen suboptimalen Bedingungen von der Tonmischung übrig bleibt.)

Im Studio werden häufig Nahfeld-Monitore (Near-Field-Monitoring) eingesetzt. Nahfeld-Monitore sollten in einem möglichst breiten Abstrahlwinkel einen gleichmäßigen Frequenzgang aufweisen. Ansonsten haben sie keine spezielle Bauweise, gemeint ist mit Nahfeld die Art der Aufstellung. Sie werden in 1 – 1,5 m Entfernung von dem/der Cutter*in platziert, befinden sich damit im akustischen Nahfeld und haben somit (bei optimaler Aufstellung) den Vorteil, dass die Raumakustik eine vergleichsweise geringe Rolle spielt.

Bei der Platzierung ist zu beachten, dass die Monitore keinesfalls in einer Ecke und nicht zu dicht an der Wand stehen, mindestens 0,5m bis 1m Abstand sollten es sein. Der Abstand zur Wand sollte bei beiden Boxen gleich groß sein. Die Hochtöner sollten sich auf Ohrhöhe befinden. Die Einhaltung all dieser Bedingungen bedeutet dann aber auch, dass es nur für eine Person eine optimale Abhörposition gibt, nämlich für den/die Cutter*in.

Schließlich spielt auch die Abhörlautstärke eine große Rolle, sie sollte während der ganzen Tonmischung unverändert bleiben. Eine zu leise Abhörlautstärke könnte dazu führen, dass aufgrund des Verdeckungseffekts leise (Stör-) Geräusche nicht mehr wahrgenommen werden. Eine zu hohe Abhörlautstärke weist umgekehrt eine höhere Dynamik auf, als sie die Fernsehzuschauer*innen später üblicherweise in ihrer Wohnung erhalten können, leise Töne und Sprachanteile sind für die Zuschauer*innen dann vielleicht nicht mehr differenziert wahrnehmbar. Daher gibt es von der ITU (International Telecommunication Union) Empfehlungen für die Abhörlautstärke in Studios:

Für TV-Mischungen werden 78 dB$_{SPL}$ (C-Bewertung, siehe auch S. 277) empfohlen, für Kino-Mischungen 83 dB$_{SPL}$ (C-Bewertung). (Für eine Kino-Mischung sind gegebenenfalls noch weitere Bedingungen zu beachten: Surround-Sound und Kino-Akustik.) Die Abhörlautstärke kann mit einem Schalldruckmessgerät ermittelt werden. Als Testsignal dient 'Rosa Rauschen' (siehe Seite 349) mit einem Pegel von -20 dB (RMS), das Schallpegelmessgerät wird auf 'C-Bewertung' und 'Slow' eingestellt.

Messgeräte und Messtöne

Peakmeter (für Analog-Signale): Zeigt Impulse einer Dauer von mindestens 10 ms (Ansprechzeit) an. Kürzere analoge Übersteuerungen nimmt das Ohr nicht wahr. Ein genormtes Peakmeter (nach DIN 45406) hat einen Anzeigebereich von -50 dB bis +5 dB. Die Anzeige eines Peakmeters entspricht bei kurzen Peaks jedoch nicht der empfundenen Lautstärke.

Peakmeter (für Digital-Signale): Bei Digital-Signalen gibt es keinen Headroom oberhalb von 0 dB$_{FS}$, da das Überschreiten von 0 dB$_{FS}$ auch bei kürzesten Signalen sofort einen unangenehmen Klang auslöst. Daher hat ein Peakmeter für digitale Signale eine Ansprechzeit von nur 1 ms. Um einen hinreichenden Headroom zu gewährleisten, waren deswegen für Fernsehproduktionen (bis 2011) Aussteuerungen nur bis maximal -9 dB$_{FS}$ zulässig. Inzwischen sind für Fernsehproduktionen genauere Messungen gefordert, siehe unten: LUFS-Messgerät.

LUFS-Messgerät: Ersetzt seit 2012 für Fernseh- und Hörfunkproduktionen die bisher gebräuchliche Messung mit dem o.g. Peakmeter (für Digital-Signale). Gemessen und gleichzeitig dargestellt werden mit der LUFS-Messung sowohl Peak-Signale (dBTP), wie auch der durchschnittliche Lautheits-pegel (LUFS) eines Beitrags. Damit kann eine vergleichbar laute Wahrnehmung von verschiedenen Programm-Materialien (z.B. Spielfilm, Nachrichten, Werbung) gewährleistet werden. (Für Details: siehe Seite 281)

VU-Meter: Die Ansprechzeit beträgt 300 ms, d.h., es werden nur Impulse, die mindestens diese Dauer haben, exakt angezeigt. Um dieses teilweise auszugleichen, hat das VU-Meter einen Vorlauf (d.h., es zeigt einen höheren Wert) von +4 bis +6 dB. Die Anzeige des VU-Meters entspricht eher dem menschlichen Lautheitsempfinden als die des Peakmeters. VU-Meter gibt es sowohl als mechanische Zeigerinstrumente wie auch als LED-Anzeigegeräte, manche Peakmeter können auf VU-Anzeige umgeschaltet werden.

Spektrumanalyzer: Zeigt die Pegel der einzelnen Frequenzbereiche, die Breite der Frequenzbereiche beträgt jeweils eine Terz, die angezeigten 31 Mittenfrequenzen sind genormt.

Schallpegel-Messgerät (auch: Dezibel-Messgerät): Für Messungen der vom Ohr empfundenen Lautstärken in Dezibel mit A-Bewertung, die üblicherweise für Lärmmessungen verwendet wird (siehe Seite 276f). Besser ausgestattete Messgeräte erlauben auch eine Messung mit C-Bewertung (weitgehend linear), damit kann beispielsweise eine Surround-Anlage oder auch die Abhörlautstärke eines Schnittplatzes (siehe Seite 345) eingemessen werden. *(Schallpegel-Messtools gibt es* *auch als Apps für Smartphones. Diese sind allerdings nicht kalibriert und die Werte können auch stark von der Handhabung abhängen, z.B. ob das Smartphone hochkant oder flach gehalten wird. Die mit einer App gemessenen Werte können daher nur als Anhaltspunkte genutzt werden.)*

Korrelationsgradmesser: Mit dem Korrelationsgradmesser kann die Monokompatibilität eines Stereosignals beurteilt werden. Die Stereowirkung eines Tonsignals hängt einerseits von Pegelunterschieden zwischen den Kanälen ab (- die Schallquelle wird in Richtung des lautesten Pegels verortet) und andererseits von Laufzeitunterschieden (- die Schallquelle wird in der Richtung verortet, aus der der Schall zuerst eintrifft). Die Pegelunterschiede spielen für die Monokompatibilität keine Rolle, gemessen werden muss aber der Laufzeitunterschied von Stereosignalen, also die Phasenverschiebung zwischen dem linken und dem rechten Kanal. Je weiter nämlich die Phasen verschoben sind, desto mehr Auslöschungen erfährt das Signal beim Zusammenmischen zu einem Monosignal. Die Skala des Messgerätes geht dabei von - 1 (völlig gegenphasiges Signal, nicht monokompatibel) bis + 1 (völlig gleichphasiges Signal, monokompatibel). Ein Signal, das mit + 1 gemessen wird, weist keine Laufzeitunterschiede auf, die allerdings bei einem natürlich erscheinenden Stereosignal durchaus auftreten können. Daher zeigt der Korrelationsgradmesser bei einem durchschnittlichen Stereosignal schwankende Werte zwischen 0 und + 1 an.

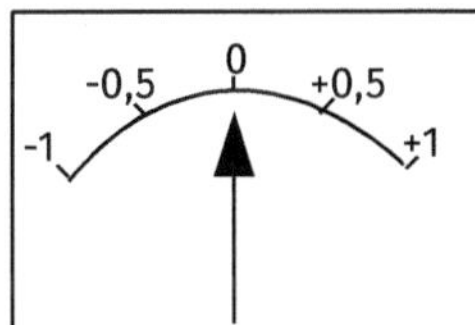

Signal nur in einem
Kanal, links oder rechts

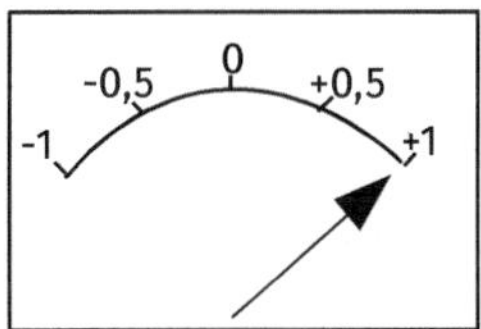

Gleiche Signale
in beiden Kanälen

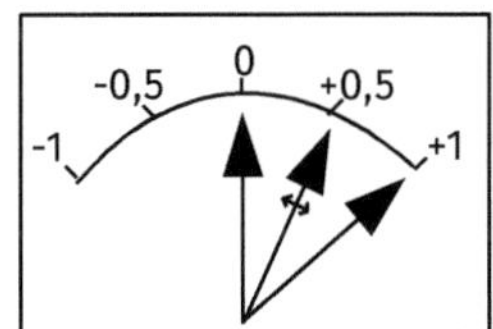

Korrektes Stereosignal,
monokompatibel
(Pegel schwankt
zwischen 0 und +1)

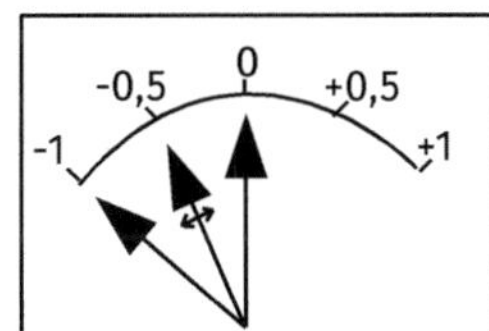

Phasengedrehte Anteile
im Stereosignal,
nicht monokompatibel
(Pegel schwankt
zwischen -1 und 0)

Stereosichtgerät: Das Stereosichtgerät bietet eine visuelle Darstellung des Stereoklangbildes bezüglich der Richtung der Signalanteile. Es werden Basisbreite, Verpolungen und Pegelverhältnisse angezeigt. Hier ist ein digitales Stereosichtgerät dargestellt, das zusätzlich mit einem Korrelationsgradmesser (untere Balkenanzeige) ausgestattet ist.

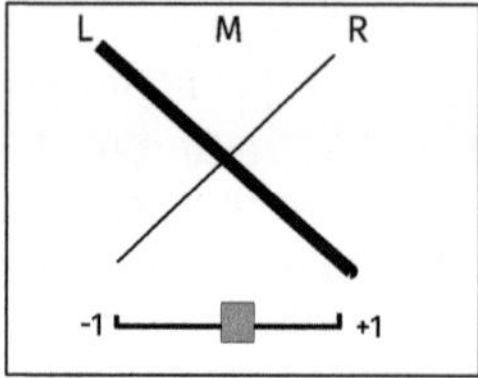

Signal nur in einem Kanal (links)

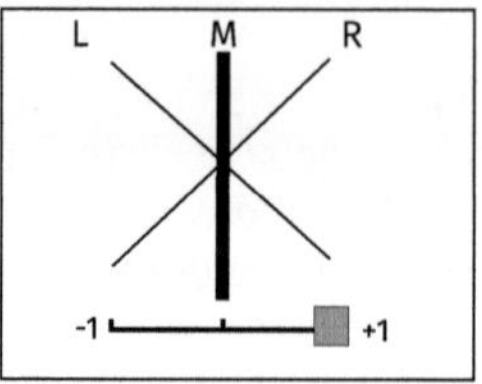

Gleiche Signale in beiden Kanälen

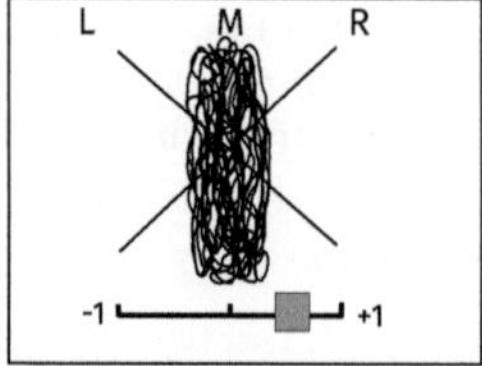

*Korrektes Stereosignal,
monokompatibel*

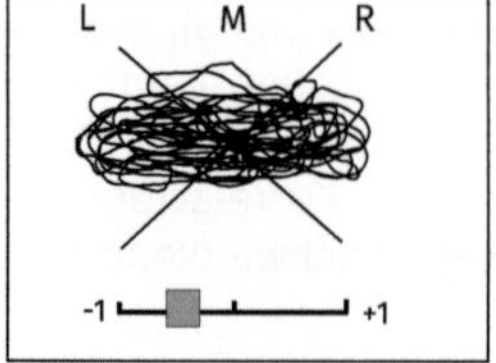

*Phasengedrehte Anteile
im Stereosignal,
nicht monokompatibel*

Messtöne

Für das Einstellen und Kalibrieren von Audio-Geräten, Signalwegen und Lautsprecher-Konstellationen werden im wesentlichen zwei Arten von Messtönen verwendet:

Sinuston: Ein Ton mit einer bestimmten Frequenz, meist 1000 Hz, wird verwendet, um einen Pegelabgleich durchzuführen, z.B. den Abgleich von einem portablem Mixer und einer Kamera, oder auch als Referenzpegel bei einer Aufzeichnung. Üblich ist dabei ein Pegel von -18 dB$_{FS}$, bei Sendemastern schreibt das Pflichtenheft der öff./rechtl. Sender diesen Pegel auch konkret vor. (Ein höherer Pegel sollte ohnehin vermieden werden, um das Gehör der Techniker*innen zu schonen.)
Ein anderes Beispiel für einen häufig verwendeten Sinuston ist der Kammerton A (440 Hz), der auch mit einer Stimmgabel erzeugt werden kann, beispielsweise um ein Musikinstrument zu stimmen.

Rosa Rauschen (auch: 1/f-Rauschen oder Pink Noise) wird verwendet, um die Qualität einer Übertragung mit der vollen Frequenzbandbreite zu testen, z.B. beim Einpegeln und Messen von Lautsprechern einer Surround-Anlage. Das Rosa Rauschen umfasst alle Frequenzen des hörbaren Schalls, jedoch nimmt die Lautstärke der einzelnen Frequenzen mit steigender Frequenz ab und zwar um 3 dB pro Oktave. Dadurch hat das Rosa Rauschen eine ähnliche Energieverteilung wie Musik und es werden alle Frequenzen als etwa gleich laut empfunden. Für das Einmessen von Abhörlautstärken im Kino und am Schnittplatz wird das Rosa Rauschen meist mit einem Pegel von -20 dB (RMS) verwendet.

Darüber hinaus gibt es weitere definierte Rauschtöne, die aber üblicherweise nicht zum Einmessen von Geräten verwendet werden:

*"**Weißes Rauschen**" (White Noise), bei diesem ist die Lautstärke aller Frequenzen gleich laut. Da die Empfindlichkeit des menschlichen Ohres bei steigenden Frequenzen zunimmt, klingt dieser Ton sehr stark höhenbetont, d.h., unangenehm schrill. Es wird z.B. zur Lärm- und Tinnitusbekämpfung eingesetzt, indem es leise anderen Geräuschen überlagert wird und diese damit weniger störend wirken.*

*"**Braunes Rauschen**", auch als 1/f²-Rauschen bezeichnet, ist ähnlich dem Rosa Rauschen, nur dass die Lautstärke mit steigender Frequenz noch stärker abfällt, nämlich um 6 dB pro Oktave. Es wird beispielsweise als Einschlafhilfe benutzt.*

Die oben genannten Messtöne können aus dem Internet bezogen werden, oder auch selbst erzeugt werden, z.B. mit der kostenlosen Open-Source-Software "Audacity".

Anhang:

Steckerbelegungen   (Alle Stecker sind von der Lötseite aus gesehen)

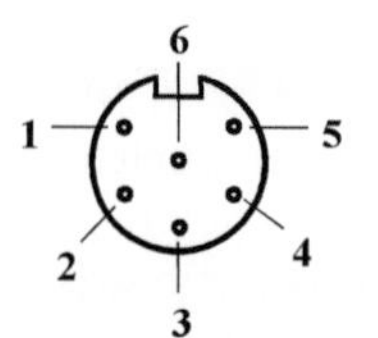

DIN AV (Stecker)

1 = Versorgungsspannung, **2** = Audio links,
3 = Masse (Audio und Video), **4** = Video,
5 = Schaltspannung, **6** = Audio rechts

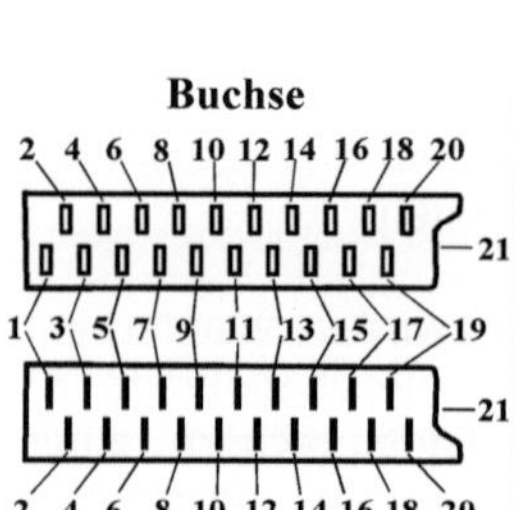

SCART

1 = Tonausgang rechts,
2 = Toneingang rechts,
3 = Tonausgang links/mono,
4 = Audio-Masse,
5 = RGB Blau-Masse,
6 = Toneingang links/mono,
7 = RGB Blau-Signal,
8 = Schaltspannung,
9 = RGB Grün-Masse,
10 = Datenleitung 2,
11 = RGB Grün-Signal,
12 = Datenleitung 1,
13 = RGB Rot-Masse,
14 = Datenleitung 3,
15 = RGB Rot-Signal,
16 = Austastsignal,
17 = Video-Masse,
18 = Austastsignal-Masse,
19 = Videoausgang,
20 = Videoeingang,
21 = Schirmung/Masse

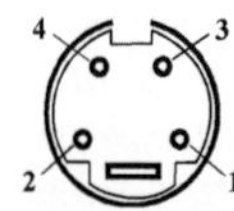

Hosiden / Y/C / S-Video (Stecker)

1 = Y-Masse, **2** = C-Masse, **3** = Y, **4** = C

XLR (Stecker)

1 = Masse, **2** = Heiß (+), **3** = Kalt (-)

XLR 4-Pol für DC (Kupplung)
(von der Steckseite gesehen)

1 = Masse, **2** = unbelegt, **3** = unbelegt
4 = + (12-15 Volt)

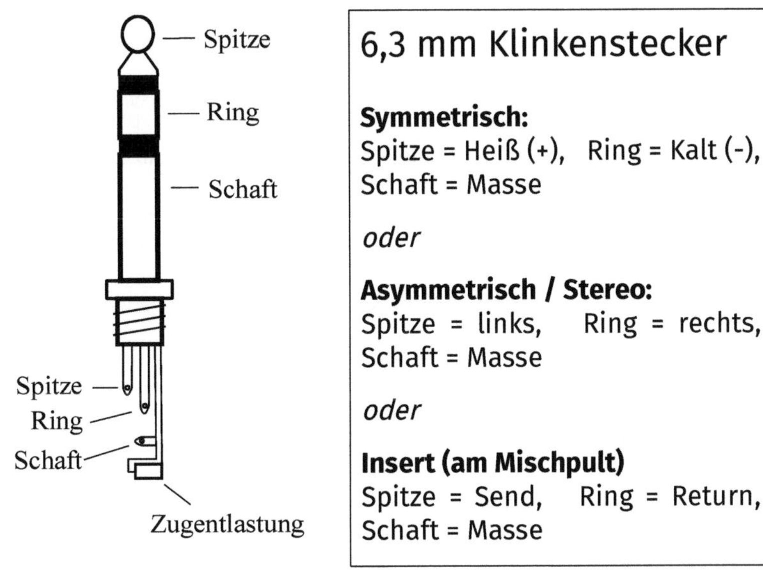

6,3 mm Klinkenstecker

Symmetrisch:
Spitze = Heiß (+),   Ring = Kalt (-),
Schaft = Masse

oder

Asymmetrisch / Stereo:
Spitze = links,   Ring = rechts,
Schaft = Masse

oder

Insert (am Mischpult)
Spitze = Send,   Ring = Return,
Schaft = Masse

*Auf Zeichnungen zur Belegung von Steckern und Buchsen für digitale Signale wird hier verzichtet, da diese für Anwender*innen nicht selbst konfigurierbar oder reparabel sind.*

Literaturhinweise

- Douven, Peter / Mücher, Michael: Broadcast Kamerarecorder. Verlag BET Michael Mücher, Hamburg, 2003.
- Ebner, Michael: Live-Videotechnik. 2. Auflage. Beuth-Verlag GmbH, Berlin Zürich Wien, 2019.
- Finzel, Peter: Test-Disc S.E. Selektierte Testbilder mit Anleitung. Peter Finzel Productions 2006. (vergriffen)
- Hahne, Marille (Hg): Das digitale Kino. Schüren Verlag, Marburg, 2005.
- Henle, Hubert: Das Tonstudio Handbuch. GC Carstensen Verlag, München, 2001.
- Hullfish, Steve / Fowler, Jamie: Color Correction for Video. Second Edition. Focal Press, London, 2009.
- Institut für Rundfunktechnik: Technische Produktionsrichtlinien zur Herstellung von Fernsehproduktionen für ARD, ZDF und ORF. Institut für Rundfunktechnik, München, 2016. (www.irt.de)
- Jahrbuch Kamera. Erscheint jährlich zusätzlich zur monatlichen Fachzeitschrift FILM & TV KAMERA. Ebner Media Group, Köln. (www.filmundtvkamera.de)
- Möllering, Detlef / Slansky, Peter C.: Handbuch der professionellen Videoaufnahme. Edition Filmwerkstatt, Essen, 1993.
- Pieper, Frank: Das P.A. Handbuch. GC Carstensen Verlag, München, 1996.
- Rumsey, Francis / McCormick, Tim: Sound and Recording – An Introduction. Focal Press, Oxford, Fifth Edition 2006.
- Schmidt, Ulrich: Digitale Film- und Videotechnik. 3. Auflage. Carl Hanser Verlag, München, 2010.
- Schmidt, Ulrich: Professionelle Videotechnik. 6. Auflage. Springer Vieweg Verlag, Berlin, Heidelberg, 2013
- Sony Deutschland GmbH (Hg): DVD Technologie. Sony Deutschland GmbH, 2000.
- SRT (Schule für Rundfunktechnik) (Hg): Ausbildungshandbuch audiovisuelle Medienberufe, Hüthig Verlag, Heidelberg, 2000.
- Stotz, Dieter: Audio- und Videogeräte richtig einmessen und justieren. Franzis Verlag, München, 1994.
- Vogel, Andreas / Effenberg, Peter: Handbuch HD-Produktion 2013, Fachverlag Schiele & Schön GmbH, 2012.

Quellenhinweis:

Die Grafiken auf den Seiten 296, 301 und 302 wurden freundlicherweise von der Firma Sennheiser zur Verfügung gestellt.

Stichwortverzeichnis

VU-Meter	346	WSXGA	179
VVC	103	WUXGA	179
W (Watt)	5	WXGA	179
Watt	5	x.v.Colour	162
WAV	311	x/y-Stereophonie	307
Waveformmonitor	213	XAVC	105
Wavelet	72	XCF	112
Weave	83	XDCAM	131
Wechselfestplatten	120	XDCAM-EX	148
Wechselstrom	7	XDCAM-HD	131, 148
Wehnelt-Zylinder	170	XDCAM-HD422	131, 148
Weißabgleich	241	XGA	179
Weißes Rauschen	349	XLR	285, 350
Weißpunkt	165	Xvid	102
Weitwinkeltuch	196	xvYCC	162
Wellenlänge	270	Y (Helligkeitssignal)	46
Wellenwiderstand	11	Y / R-Y / B-Y	47, 89
Welligkeit	25	Y/C	48, 88, 350
White Balance	241	Y/Cb/Cr	89, 161
White Noise	349	Y/Pb/Pr	47, 89, 161
WHSXGD	180	Y/U/V	48, 89
WHUXGA	180	YCC-Farbmodell	161
WHXGA	180	Zebra	250
Wide Screen Signalling	56	Zeilen	41
Widerstand	9, 13	zeilensequentiell (3D)	59
Windows Media Version 9	105	Zeilensprungverfahren	42
Wirkleistung	7	Zeitfehler	143
Wirkungsgrad	340	Zerstreuungskreise	260
WM9	105	zirkulare Polarisation	61
Wow and Flutter	292	Zoomobjektiv	265
WQSXGA	179	γ (Gamma)	245
WQUXGA	180	λ (Wellenlänge)	270
WRMS	292	φ (Farbphasenwinkel)	48
WSS	56	Ω (Widerstand)	9